さわる、楽しむ、
理解する

Premiere Pro
［入門］

さるぱんだ著

技術評論社

●本書の対応バージョン：【Premiere Pro 2023】

本書は、2022年10月21日現在の最新版であるPremiere Pro 2023（バージョン23.0.0）の情報をもとに解説しています。本書の動作は、Premiere Pro 2023において正しく動作することを確認しています。その他のPremiere Proのバージョンでは、一部利用できない機能や操作方法が異なる場合があります。

●特典データのダウンロード方法

本書では以下のダウンロード特典をご用意しています。

▶テロップに活躍！スタイル200種（商用利用可能）
▶切り離して使えるショートカット集（巻末付録のPDF版）
▶もっと知りたい！に応える特典PDF

ダウンロードは技術評論社の本書サポートページから行えます。ダウンロード時にはパスワードを求められますので、索引（P.287）の「ら行」にある【ラバーバンド】のページ数を入力してください。

本書サポートページ
https://gihyo.jp/book/2022/978-4-297-13136-4/support/

●学習用データのダウンロード方法

上記、本書サポートページにて、本書の学習用データもダウンロードいただけます。ご利用にあたっては、本書P18をご確認ください。

※特典データおよび学習用データは、著作権法によって保護されています。ダウンロードし、データを利用できるのは書籍をご購入のかたに限ります。本書の学習目的を超えた利用、および第三者への譲渡、二次利用に関しては固くお断りいたします。

はじめに

「動画編集って難しそう……」と思っていませんか？

Premiere Proはテレビや映画の現場でも使われており、非常に多機能ですが、初心者に難しいソフトというわけでもありません。
実際、はじめてみると「こんなに簡単にできるんだ！」「動画をつくるのって面白い！」と思っていただけるはずです。

そして、どうせやるなら楽しみながら、しっかりと身につく方法で覚えたいですよね。

この本は**「さわる・楽しむ・理解する」をコンセプト**に書いています。

本書は、**4章までで動画を実際につくりながら、Premiere Proの基本的な使い方を学べる**ようになっています。
3章まで読み進めていただくと基本操作が理解でき、4章では、ほかのPremiere Proの本ではあまり大きく取り上げることのない**「テロップ」についてもしっかり解説**しています。

テロップはデザイン的な知識も多少は必要になります。とはいえ、基本的なルールや理屈を理解しておけば、初心者でも見やすいテロップをつくることは難しくありません。

私は長年、テレビ業界で放送局の映像制作会社スタッフとして、テロップやCGなどに携わってきました。その経験を活かし、本書でもテロップについてしっかりと解説しています。

さらに、**5章以降では、Premiere Proの高度なテクニック**についてたっぷりと紹介しています。基本操作を覚えたうえで、より多彩な表現力を身につけていきましょう。

また、Premiere Proを使うときにぜひ使ってほしいのがショートカットです。本書はボタン操作だけでなく、**ショートカットを用いた操作方法で進めていくので、実践的な操作が身につきます。**
おまけで、切り離して使える便利なショートカット集もついているので、本書を読み終えたあともお手元に置いて使っていただけます。

さあ、それでは映像制作を楽しんでいきましょう。
これからPremiere Proをはじめるあなたのお供として、この本が少しでもお役に立てれば幸いです。

さるぱんだ

contents

基本スキル 編

Chapter 1 Premiere Pro ってなんだろう

Chapter 2 Premiere Pro にさわってみよう ～動画の配置から書き出しまで

Chapter 3 映像だけの「白素材」をつくろう ～カット編集と音調整の基本

Chapter 4 文字をのせて「完パケ」をつくろう 〜テロップの基本

テクニック編

Chapter 5 プロ級品質のための映像テクニック

Chapter 6 プロ級品質のための音声テクニック

Chapter 7 時短のための効率化テクニック

Chapter 8 こんなときはどうすればいい？ Q&A

Appendix 特典PDF

こちらはダウンロード特典の目次です。PDFのダウンロード方法については、本書のP2をご確認ください。

基本スキル 編

Chapter 1

Premiere Pro ってなんだろう

Premiere Proってどんなソフト？

動画制作をはじめる前に、Premiere Proがどんなソフトなのか押さえておきましょう。また、契約形態や、Premiere Proを使うことのメリットについても解説します。

Premiere Proとは？

Premiere Proは、Adobe社が提供している「動画編集」ソフトです。動画編集は、素材の中から必要なシーンを抜き出し、テーマに沿って並べ、そこに音楽（BGM）やテロップ、エフェクトなどの味付けをして、1つの作品としてまとめ上げる作業のことです。

映画やテレビ番組などを中心に使われるソフトですが、最近はYouTubeの動画でもよく使われるようになりました。そのため、放送局や制作会社だけでなく、個人で使用されるかたも増えています。

シーンの抜き出し

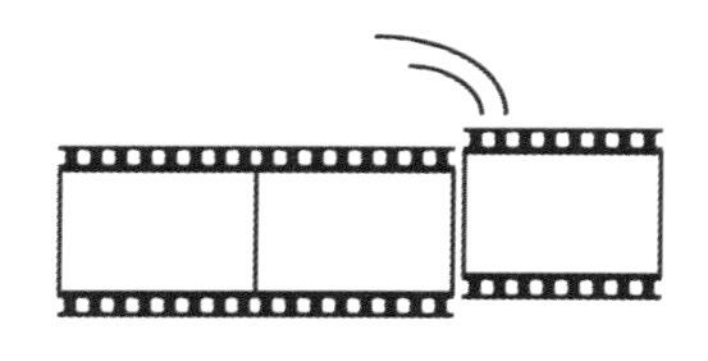

テーマに沿って並べる

+

音楽やテロップの追加

映像の完成！

Premiere Proはサブスクリプション契約

個人の場合、Premiere Proだけを契約して使える「単体プラン」と、Photoshop（画像編集）・Illustrator（イラスト）・After Effects（映像加工）などAdobeの全ソフトが使える「コンプリートプラン」の2種類があります。**ともに月もしくは年ごとのサブスクリプション契約**です。また、学生などであれば、割安で使える学生・教職員プランもあります。

Adobe製品同士の連携が可能

他の編集ソフトと違い、Premiere ProはAdobe製品と連携できるのが大きな利点です。例えば、Photoshopのデータ（.psd）をレイヤーごとに読み込んだり、Photoshop側で変更を加えて保存するとPremiere Proでも自動で反映されたりします。

また「Dynamic Link」機能を使うことで、After Effectsと双方向でファイルの読み込みが可能になり、変更もリアルタイムで反映してくれます。

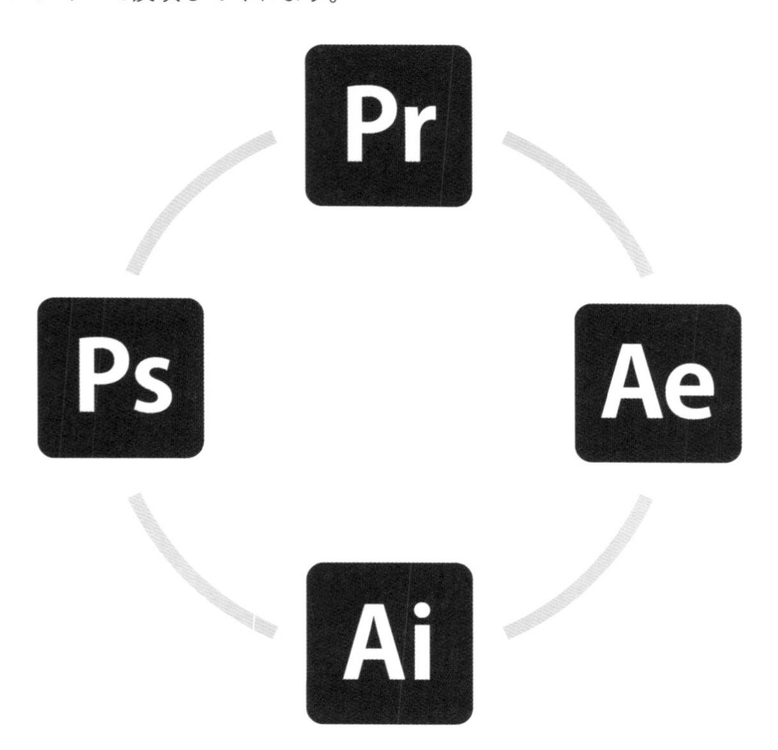

その他のメリット

- 新しい機能が使える最新バージョンへのアップグレードが可能。また、過去のバージョン（最新より2バージョン）も使える
- Adobe Fontsを使うことで、500以上の日本語フォントを含む20,000以上のフォントを、各種制作物に商用利用可能。有名なモリサワフォントなども一部使用できる
- Creative Cloudライブラリ（以下、CCライブラリ）は、クラウド上に保存したデータを、各種アプリケーションで使用することができ、グループでの共有も可能

動画制作における「編集」の位置づけ

Premiere Proが担うのは、動画制作の中の「編集」の部分です。まずは動画制作というものが、どんな流れでできているのかを確認していきましょう。

「編集」は動画制作の一要素

動画を制作するときは、最初に企画があり、それに沿って撮影し、編集が行われます。編集は、**企画や撮影があってこそのもの**です。テレビの場合は、試写や、MA（Multi Audio：整音や、ナレーションなどの追加作業）など工程が多くなりますが、YouTube動画など、他の場合でも全体的な流れは同じになります。

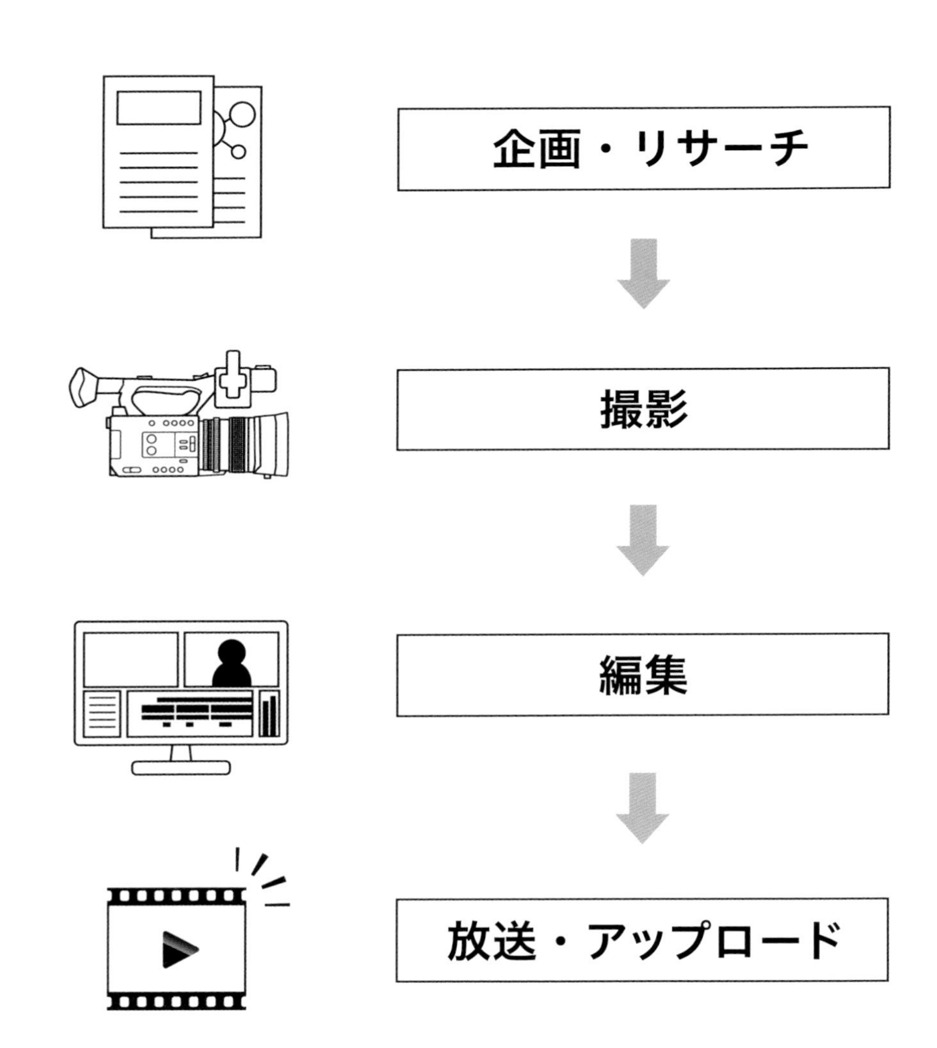

企画・リサーチ

動画制作は、まず企画からです。**最初にしっかり「ターゲット(誰に見てもらうのか)」や「目的(なぜ動画をつくるのか)」などを決めて取り掛かる**ようにします。そのうえで、撮影対象のことを調べます。企画が具体的になっていればいるほど、どのように撮影・編集すればいいのかが見えてきます。

・具体的な作業：企画書作成、画コンテ、キャスティング、打ち合わせなど

撮影

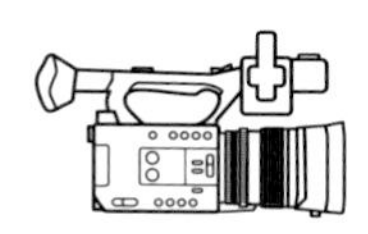

企画・リサーチに沿って撮影します。今はスマホでも撮影ができる時代です。カメラを所持していない場合は、まずはスマホで撮影してみましょう。何を撮っていいかわからないかたは、まず企画(テーマ)です。パートナーやお子さん、ご自身やご両親でも構いませんし、犬や猫などもおすすめです。**漠然と撮るのではなく、どんな映像にしたいかをしっかり想像しながら撮れるのが理想**です。なお、**撮影前に必ずカメラの設定を確認**してから撮るようにしてください。撮影後にサイズが小さかった、音声が入っていなかったなどのトラブルが起きないよう気をつけましょう。

・具体的な作業：ロケハン(ロケーション・ハンティングの略：撮影前の確認や下見)、撮影

編集

Premiere Proで行う作業は、この編集に該当します。まずは基本操作を覚えつつ、30秒程度の短い動画からはじめてみてください。あまり細かいカット割りをせず、カット数も5カット程度にするのがいいでしょう。**同じ素材でも、つなげる順番が違うと意味も違ってきます。意味が違うと、見る人にどう伝わるかも変わります。**自分が伝えたいことが、映像を見てくれる人に伝わるように考えて、構成するのが編集です。

放送・アップロードなど

編集したデータを、書き出して納品します。テレビであれば、あらかじめ決められたフォーマット(XDカムなど)で書き出してからオンエアされます。YouTubeでは「.mp4」ファイルなどに書き出してアップロードします。**「書き出し」とは、編集データをビデオファイルに変換すること**です。

編集って具体的に何をするの？

動画の「編集」は、撮影した映像から必要なカットを抜き出し、つないで1つにまとめることからはじまります。あわせて、色や音、テロップなどを調整して完成度を高めていきます。

動画編集の流れを一覧する

編集は料理と似ています。食材（素材）をどんな手順で、どう料理するか、その人次第で結果は大きく変わります。

カット編集　カラコレ　音楽・効果音　合成・エフェクト　尺調整

※カット編集以降は順不同。内容によって異なります。

「白素材」　テロップ　書き出し　「完パケ」　納品/アップロード

カット編集

料理でいう下ごしらえにあたります。映像素材の中から、必要な箇所を抜き出し、構成に沿って並べます。動画編集の基本であり、これがしっかりできるかどうかで全体のクオリティが決まります。

カラーコレクション

カラーコレクション（以下、カラコレ）は色を整えることです。撮影するカメラ、設定によって映像の色合いは異なります。そのため複数カメラで撮影した素材を使うときは調整が必須です。

カラーコレクションとカラーグレーディングの違い

カラーコレクションと似た言葉でカラーグレーディングがありますが、こちらは、色をテーマに応じて調整（演出）することをいいます。例えば、ホラーであれば全体を薄暗く青みがかった映像にしたり、夕日の映像であればよりダイナミックにオレンジや赤を強調したりといったことです。

音楽・効果音の追加、音の調整

音は映像を見ている人の感情に訴えかける重要な要素です。**「何を伝えたいか」によって選ぶ音楽も変わりますし、映像と合わせることで没入感が増します。**また、効果音の追加だけでなく、ノイズ除去や音全体のバランス調整なども行います。

合成・エフェクトの追加

クリップ（カット）そのものにかけるエフェクトや、**クリップとクリップの間のつなぎ目にかけるトランジション（場面転換）**などがあります。これを追加することによって、見た目の印象がガラリと変わります。

尺調整

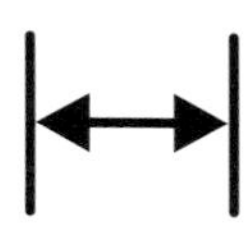

映像の尺（時間）が決まっている場合は、調整が必要になります。YouTubeの場合はそれほど気にする必要はありませんが、例えばテレビの場合、厳密に尺が決まっていて、1秒たりとも長くても短くてもいけません。

「白素材」をつくる

動画編集では、まず白素材（しろそざい）をつくります。**白素材とは、完成品にテロップやクレジットが入っていない映像のこと**です。他にも白、白素（しろそ）、白マザーなど複数の呼び方があります。

テロップ

テロップは情報の補足のために入れます。**適切な文字量、色やサイズ、レイアウトなどの見やすさ、読み切れる尺など、文字を映像にのせるだけでも気をつけたほうがいい点がたくさん**あります。また、演出として使われることもあり、どう見せるか考えるのもテロップの面白いところです。

白素材を「完パケ」にする

白素材が完成したら、テロップなどを入れて完パケ（完全パッケージの略）にします。他にも、黒、黒素材、マスターなどの呼び方があります。あとは納品やアップロードをして終了です。

学習用データと2章以降の準備

2章からは、学習用データを使用して学習していくので、事前にダウンロードしてください。また、Premiere Proを契約すると無料で使えるAdobe Fontsも有効化します。

学習用データのダウンロード方法

本書で解説している内容のデータは、下記のウェブサイトからダウンロード可能です。事前にPremiere Proをインストールしたうえでご使用ください。

URL https://gihyo.jp/book/2022/978-4-297-13136-4/support/

※本データは著作権法によって保護されています。ダウンロードし、データを利用できるのは書籍をご購入のかたに限ります。本書の学習目的を超えた利用、および第三者への譲渡、二次利用に関しては固くお断りいたします。

学習用データのフォルダー構成

ダウンロードした学習用データ（zipファイル）を展開すると、章別に、各節（5-1、5-2など）のフォルダーが入っています。

各節の「01_project」フォルダー内の「○-○.prproj」を開くと、その節のプロジェクトが開きます。「02_footage」にはプロジェクトで使用する動画素材、「03_sample」には完成した見本データが入っています。

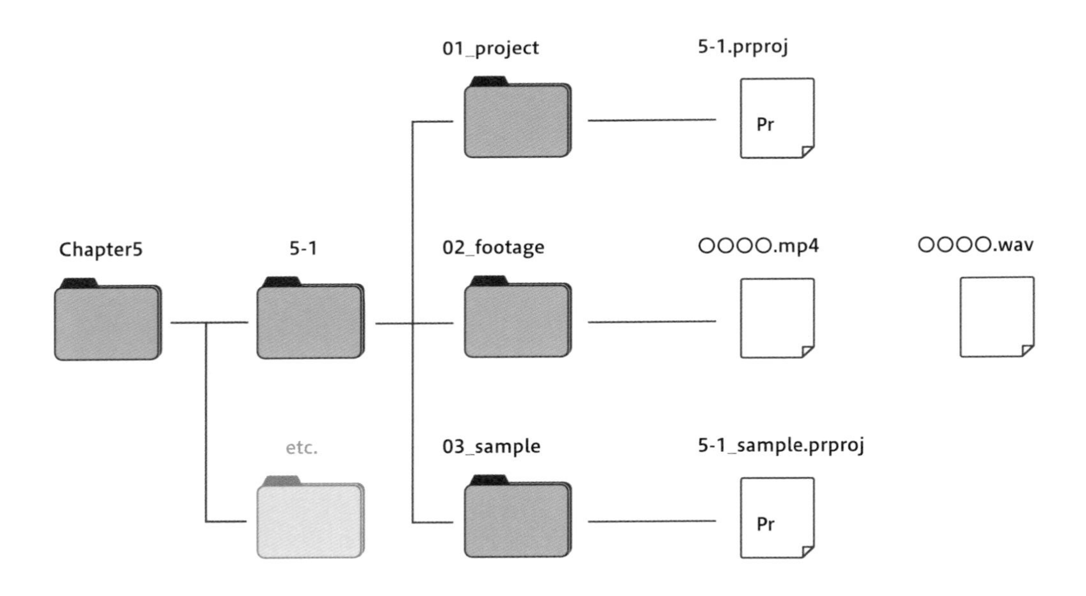

学習用データを利用する前に　[Adobe Fontsのアクティベート]

学習用データ内のフォントは「Adobe Fonts」の「アドビ日本語フォント基本パック」を使用しています。学習用データをご利用の際は、必ずAdobe Fontsをアクティベート（有効化）してご利用ください。ここではサイトからのアクティベート方法を紹介します。

1 ウェブ上で「アドビフォント」と検索するか、「https://fonts.adobe.com」にアクセスし、画面上部の「フォントパック」をクリックします❶。

2 **フォントは個別、またはまとめてパックでアクティベートが可能です。**今回は「アドビ日本語フォント基本パック」をアクティベートしましょう。
同パックの、「パックを見る」をクリックします❷。

3 画面右の「すべてのフォントをアクティベート」をクリックします❸。ログイン画面が表示される場合はログインしてください。

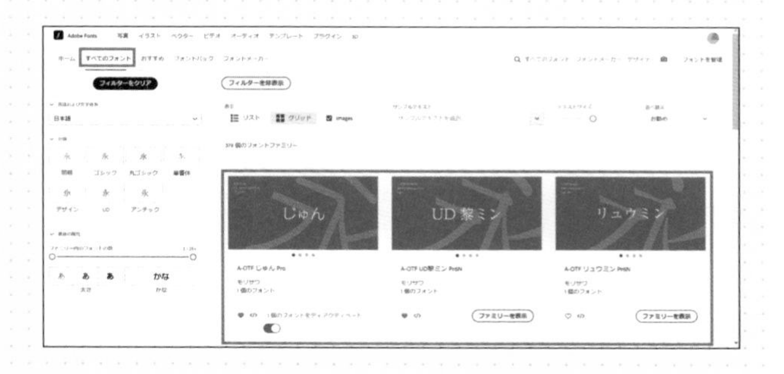

Check!

アクティベートのしすぎに注意

フォントを大量にアクティベートすると、フォントの選択肢が増えすぎて迷うので、慣れるまでは必要に応じて追加するのをおすすめします。個別にアクティベートを行う場合は、画面上部の「すべてのフォント」を選択し、表示されるフォントの中からお好みのフォントをアクティベートします。

プロジェクトフォルダーの準備をする

ダウンロードした学習用データは、デスクトップに置くとファイルが散乱してしまうので、特定の場所にプロジェクトフォルダーを作成し、そこに移動してください。

本書では、PC→ビデオの中に、新規フォルダーを作成して進めていきます。**ディスクに余裕があり、Cドライブ以外にデータ保存可能なかたは、そちらにプロジェクトフォルダーの作成をおすすめします。**

1 「PC」を開き、「ビデオ」をダブルクリックします❶。

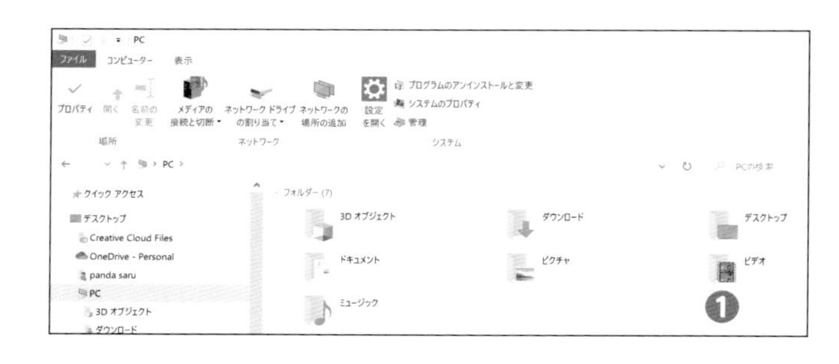

2 キーボードの Ctrl + Shift + N、または右クリック→新規作成→「フォルダー」を選択し、フォルダー名を「Pr_Intro」と入力します❷。

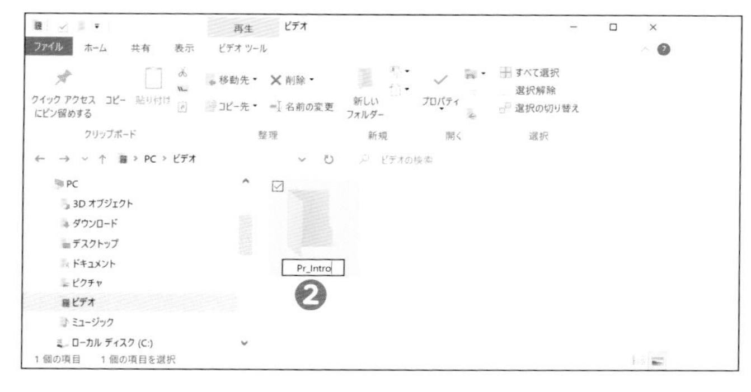

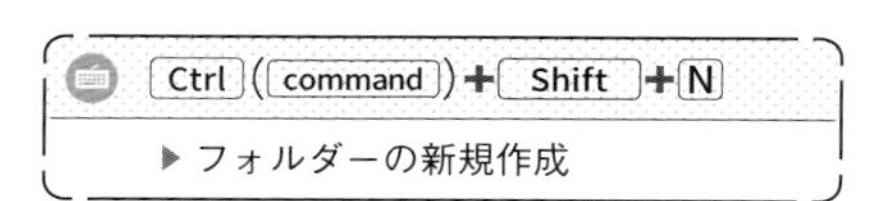

▶フォルダーの新規作成

3 「Pr_Intro」フォルダーを開き、その中に「Video」フォルダーを作成します❸。これは、次の章で行う作業の準備です。

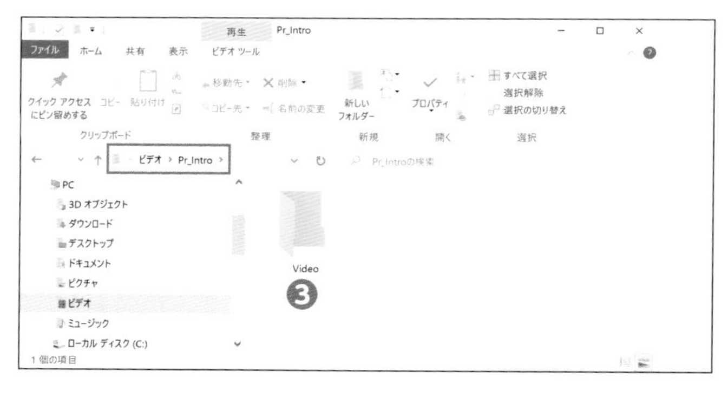

4 続けて、ダウンロード→解凍した学習用データの「Chapter2」～「Chapter8」フォルダーを移動しておきます❹。これで準備完了です。

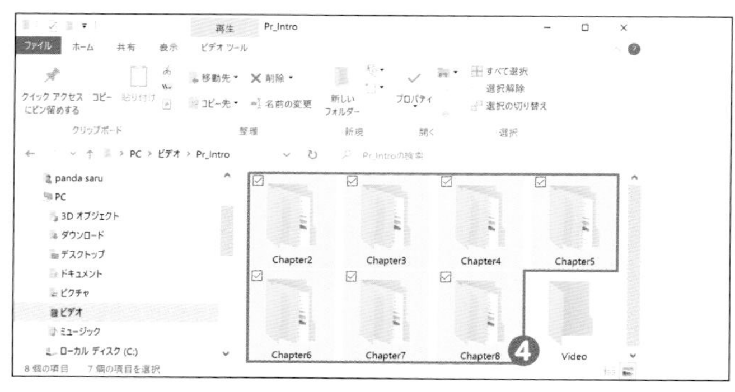

基本スキル 編

Chapter 2

Premiere Proにさわってみよう～動画の配置から書き出しまで

Premiere Proを起動して プロジェクトをつくってみる

さあ、ここからあなたの動画編集がはじまります！まずはPremiere Proを起動して、編集に必要となるプロジェクトファイルを作成しましょう。

Premiere Proを起動する

1 スタートメニュー（Windowsマーク）❶を表示して、アプリ一覧の中から「Adobe Premiere Pro」❷をクリックします。

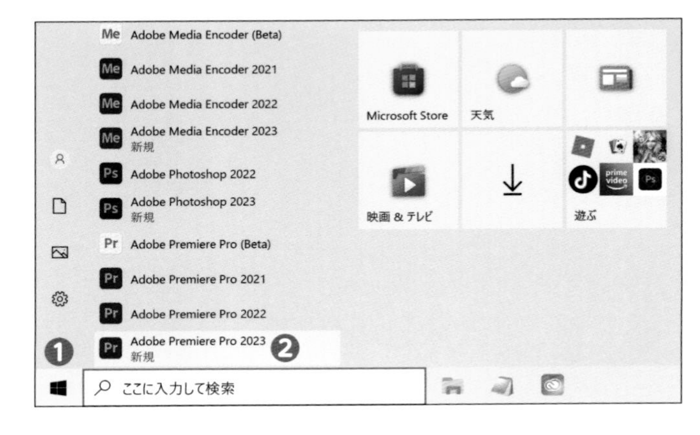

2 起動画面が表示され、その後、「ホーム画面」が表示されます。

次回から素早く起動

起動後に、タスクバーのPremiere Proのアイコンを右クリックして、「タスクバーにピン留めする」を選択すると、常にタスクバーにアイコンが表示され、次回から素早く起動できるようになります。

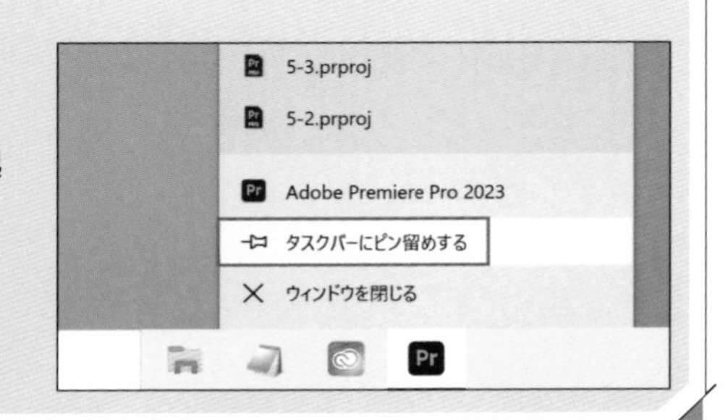

プロジェクトファイルを作成する

プロジェクトファイルは**「どの素材を使い、どう編集しているか」を記録するための情報ファイル**です（拡張子は.prproj）。Premiere Proでは、まずプロジェクトファイルを作成して、その中に動画や音楽を読み込んで編集していきます。それでは、新規プロジェクトを作成していきましょう。

1 「新規プロジェクト」をクリックします❶。

2 読み込み画面が開きます。プロジェクト名の欄をクリックし、新しく作成するプロジェクト名を入力します❷。ここでは「kakidashi」とします。
続いて、プロジェクトの保存先の欄をクリックします❸。

3 表示される一覧から「場所を選択…」をクリックします❹。

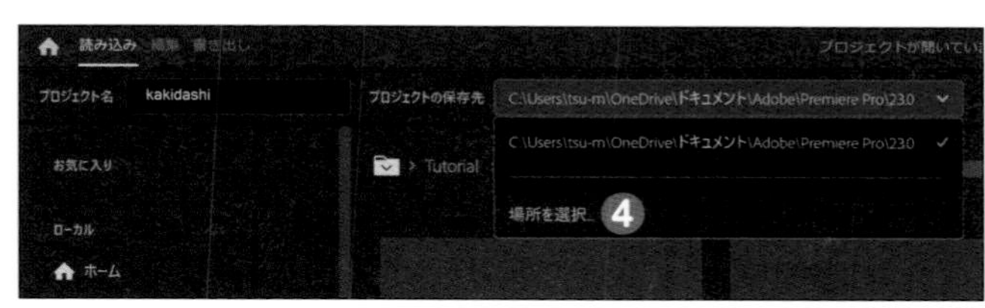

4 プロジェクトの保存先を指定します。今回はPC→ビデオ→Pr_Intro→「Chapter2」フォルダーを選んで❺、「フォルダーの選択」をクリックします❻。

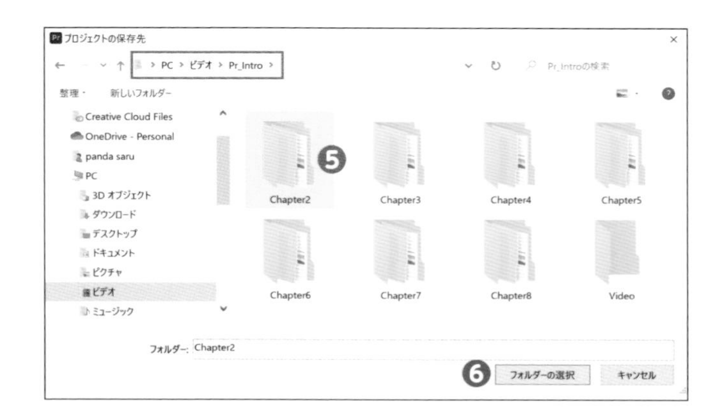

5 動画素材を読み込みます。画面左のムービー（Windowsの「ビデオ」フォルダーのこと）をクリックすると❼、「Pr_Intro」フォルダーが見えます❽。フォルダー左上のチェックボックスは外しておき、ダブルクリックして「Chapter2」→「2-1」と階層をたどっていきます。

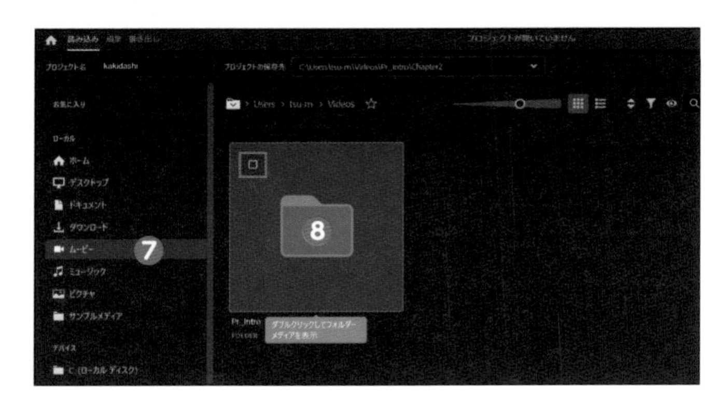

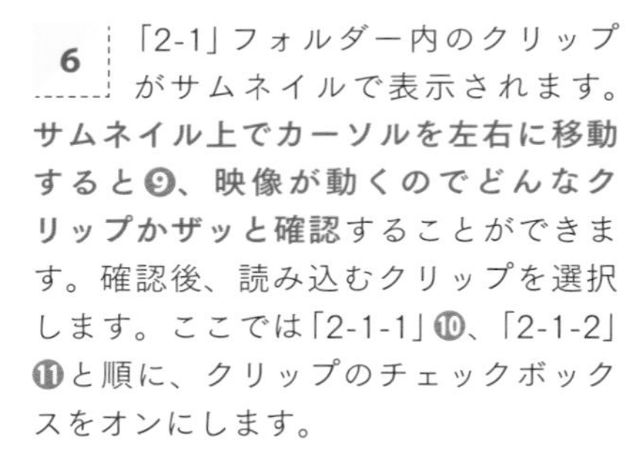

6 「2-1」フォルダー内のクリップがサムネイルで表示されます。**サムネイル上でカーソルを左右に移動すると❾、映像が動くのでどんなクリップかザッと確認**することができます。確認後、読み込むクリップを選択します。ここでは「2-1-1」❿、「2-1-2」⓫と順に、クリップのチェックボックスをオンにします。

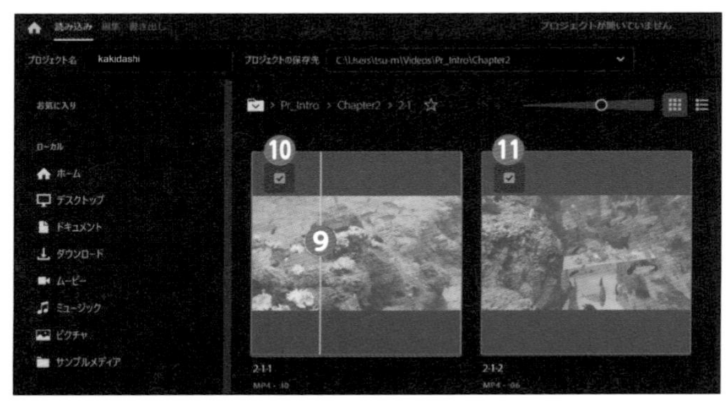

7 今回は「新規ビン」はオフ⓬、「シーケンスを新規作成する」はオンの状態にして⓭、「作成」をクリックします⓮。

⓬**新規ビン**：オンにすると、選択クリップが新規ビン（フォルダー）に入った状態でプロジェクトが作成される
⓭**シーケンスを新規作成する**：オンにすると、選択クリップをシーケンスに並べた状態でスタートする

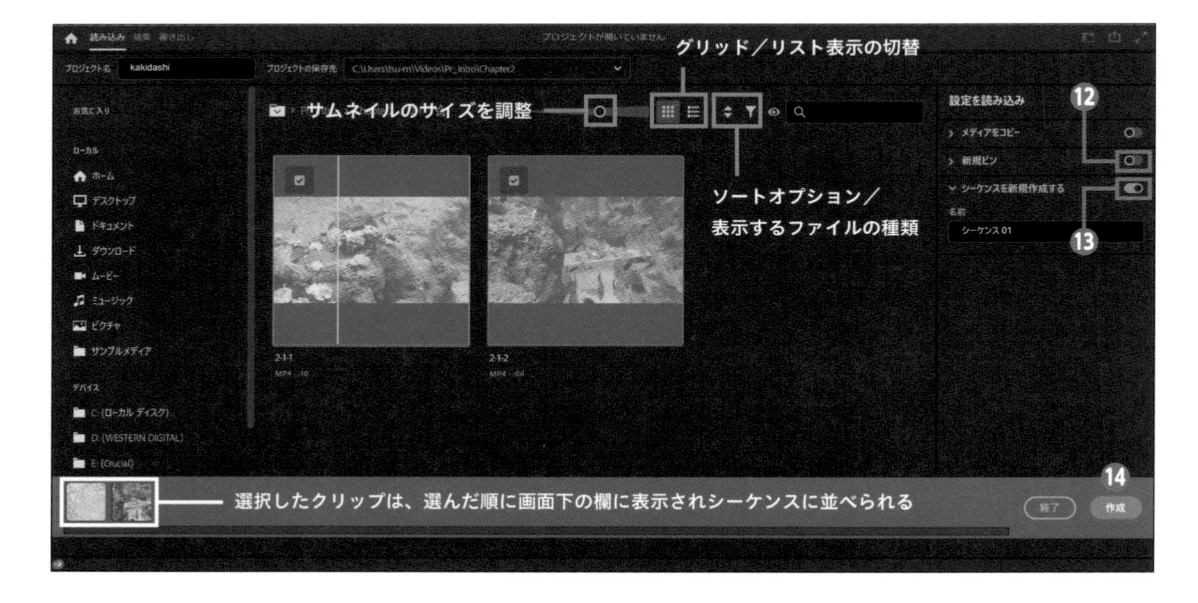

8 プロジェクトが作成され、画面が切り替わります。先ほど選択した素材クリップとシーケンスが、プロジェクトパネルに表示されています⑮。ここでは、「リスト表示」のボタンをクリックしてリスト化しておきます⑯。また、タイムラインパネルには、読み込んだクリップが配置された状態になっています⑰。

9 以降の作業のため、画面右上のワークスペースのアイコンをクリックし⑱、ワークスペースを「編集」に切り替えておきます⑲。

Check!

フォルダーのお気に入り登録

手順6の画面でフォルダー階層の「☆」マークをクリックすると、画面左の「お気に入り」欄にフォルダーが追加され、次回から素早くアクセスできるようになります。

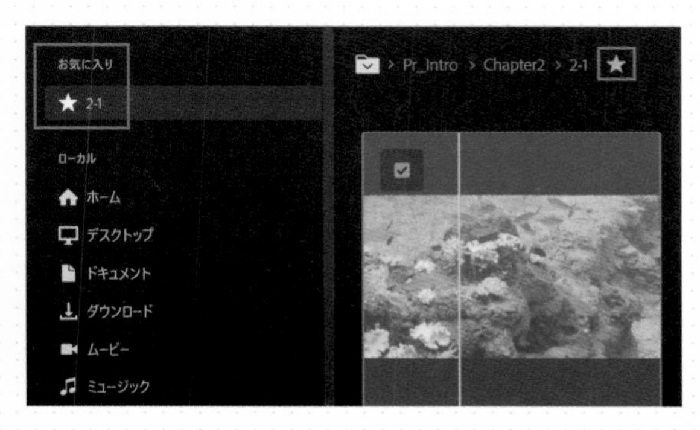

2-2 画面の見方を覚えよう

Premiere Proの画面は、複数のパネルで構成されています。ここでは、各パネルにどんな役割があるのかを見ていきましょう。

ワークスペースとは？

ワークスペースとは編集画面全体のことです。運動するときは動きやすい服装に着替えるのと同じで、作業内容に応じて、画面の構成を切り替えることで効率よく作業できます。

ワークスペースは自分好みにレイアウト変更もできます。リセットも簡単にできるので、慣れてきたら、ご自身の使いやすいようにどんどんカスタマイズしていきましょう（→P254）。

各パネルの意味を理解しよう

Premiere Proは各パネルの配置を自由にカスタマイズできるので、人によって画面構成が違ってきます。そこで大切なのは、各パネルの意味を理解することです。書籍やYouTubeなどの解説画面がどんな構成でも、各パネルの意味さえ理解していれば戸惑わなくなります。

「編集」ワークスペースの画面の見方

ワークスペースを「編集」に切り替えると、以下のような画面になります。ここでは、特に大切な4つのパネルだけ覚えてください。**読み込んだ素材を管理する「プロジェクトパネル」❻、その素材を確認する「ソースモニター」❹、素材から抜き出したデータを編集する「タイムラインパネル」❽、編集した映像を確認する「プログラムモニター」❺**の4つです。

❶**メニューバー**：各種メニュー。各項目をクリックすると、さらに項目が表示される
❷**画面切替**：ホーム（家アイコン）／読み込み／編集／書き出しを切り替える
❸**プロジェクト名**：今、開いているプロジェクト名
❹**ソースモニター**：読み込んだ素材を表示する画面
❺**プログラムモニター**：タイムラインのシーケンス（並べられた一連のクリップ）の映像を表示、再生する
❻**プロジェクトパネル**：読み込んだ素材（動画、音楽、静止画など）を管理する画面
❼**ツールパネル**：編集で使用する各種ツール。右下に小さな三角形のマークがあるツールは長押しで別ツールに切り替え可能
❽**タイムラインパネル**：映像や音声を編集して、時系列に並べていく場所
❾**オーディオメーター**：再生中、クリップの音量をリアルタイムで表示する
❿**ワークスペース**：作業画面を切り替える
⓫**クイック書き出し**：保存場所とプリセット（どの形式、どのサイズで書き出すか決められたもの）を選ぶだけで書き出せる
⓬**ビデオ出力を最大化**：フルスクリーンに切り替える。Alt＋N（shift＋command＋F）でも可能。また、Escを押すことで元に戻せる

タイムラインとシーケンスの関係

映像編集のわかりにくい用語に「シーケンス」があります。簡単にいえば、**話のひとまとまりがシーケンス、それを時系列で表示したものがタイムライン**です。シーケンスはタイムライン上で確認することになります。

タイムラインとシーケンスは、料理とお皿の関係に似ています。**「料理」がシーケンスで、「お皿」がタイムライン**です。まず、**クリップ（カット）を集めて並べたものがシーン**です。そして、**シーンがさらに集まったものがシーケンス**です。

オムライスに例えると、玉ねぎやごはん、ケチャップという具材が「クリップ」にあたり、それらがひとまとまりになってチキンライスという「シーン」になります。それに焼いた卵やケチャップが組み合わさったものがオムライスという一つの料理、つまり「シーケンス」です。それを「タイムライン」というお皿にのせます。

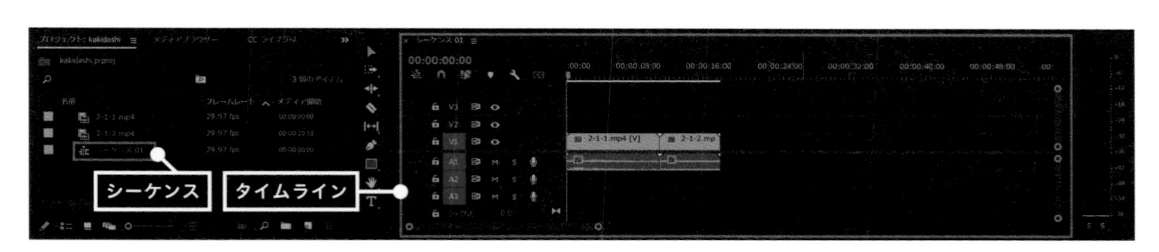

再生して確認してみる

読み込んだ映像を再生して確認しましょう。タイムラインの映像は、プログラムモニターに表示されます。再生は基本となる操作なので、ショートカットを使った操作に慣れておくことをおすすめします。

動画を再生する

まずはタイムラインに配置されているクリップを再生してみましょう。

1 2-1で読み込んだクリップが、2つ並んでいるのが確認できます❶。まずはタイムラインの、ボタンなどが何もない箇所をクリックして選択します。選択したパネルは、青枠で囲まれた状態になります❷。

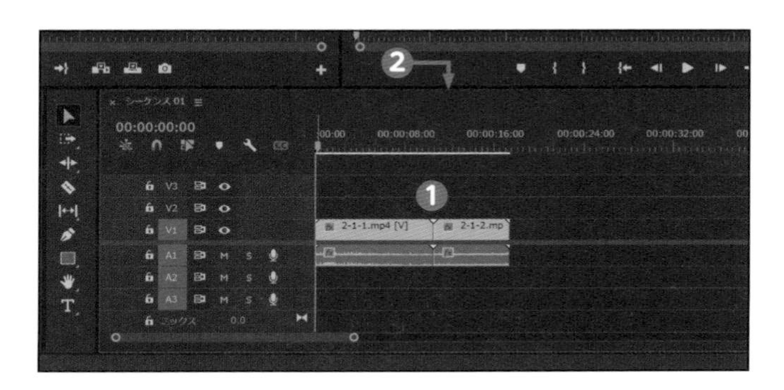

2 キーボードの Space ／ L 、またはプログラムモニターの「▶」をクリックすると❸、映像が再生されます❹。 Space **は再生／停止どちらも可能で、** L **は押すたびに倍速になります。** この操作は、ソースモニターでも共通です。

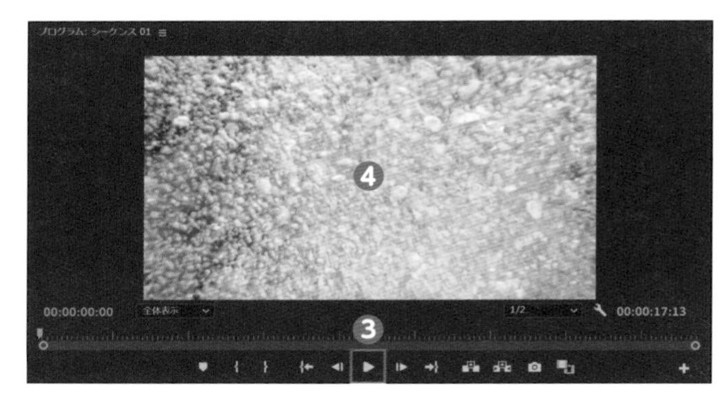

- Space ▶再生／停止
- J ▶左へシャトル
- K ▶シャトル停止
- L ▶右へシャトル

3 再生中は、タイムラインの現在位置を示す「再生ヘッド」が右に動き続けます❺。プログラムモニターの再生ヘッドとも連動しており❻、最後まで再生されると、自動で止まります。

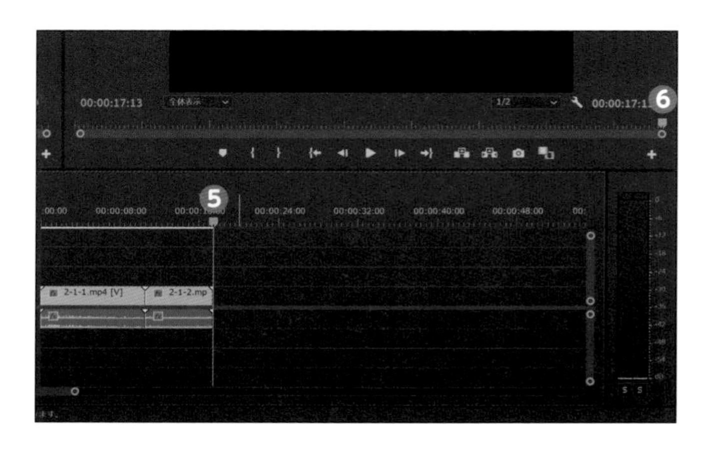

キーの押しすぎに注意

PCのスペックや環境によっては、巻き戻し（J）早送り（L）を連打しすぎると、PCに負荷がかかり、再生ヘッドの移動がカクカクになってしまったり、強制終了することもあるので注意してください。

プログラムモニターの画面構成

❶**タイムコード**：再生ヘッドの位置の時間

❷**ズームレベルを選択**：プログラムモニターの表示倍率（画面サイズ）を変更する

❸**再生時の解像度**：解像度（画質）を変更。解像度を落とすと、再生時の負荷を軽減する

❹**設定ボタン**：プログラムモニター用のメニューを表示する

❺**イン／アウトデュレーション**：イン点からアウト点までの時間。インアウト未設定時は、シーケンスのトータル時間

❻**再生ヘッド**：現在位置。バーの左端がタイムラインの頭、右端がタイムラインのお尻

❼**マーカーを追加（M）**：タイムラインにマーカー（目印）を追加する

❽**インをマーク（I）**：タイムライン上でイン点（始点）を設定する

❾**アウトをマーク（O）**：タイムライン上でアウト点（終点）を設定する

❿**インへ移動（Shift＋I）**：再生ヘッドが、マークしたイン点に移動

⓫**1フレーム前へ戻る（←）**：再生ヘッドが1フレーム前に戻る

⓬**再生／停止（Space）**：タイムラインを再生、もう一度押すと停止する

⓭**1フレーム先へ進む（→）**：再生ヘッドが1フレーム先に進む

⓮**アウトへ移動（Shift＋O）**：再生ヘッドが、マークしたアウト点に移動

⓯**リフト**：イン点、アウト点の設定後に行う。インアウト間を削除する

⓰**抽出**：イン点、アウト点の設定後に行う。インアウト間をリップル削除する（削除し、詰める）

⓱**フレームを書き出し**：再生ヘッドの位置の、静止画を切り出す

⓲**比較表示**：2画面で比較表示する。詳細はP193で解説

⓳**プロキシの切り替え**：プロキシを作成している場合、元のクリップと切り替える

⓴**ボタンエディター**：表示するボタンのカスタマイズ（追加／削除／リセット）をする

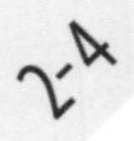

追加で素材を読み込んでみる

素材を追加するときは、メニューやショートカットから読み込む方法と、ファイルをプロジェクトパネルに直接ドラッグする方法があります。

素材を追加で読み込む

1 ここで、画面右上のワークスペースアイコンから「アセンブリ」に変えてみましょう❶。**アセンブリは、画面左にプロジェクトパネルが大きく表示されるので、素材の選別に適したワークスペース**です。

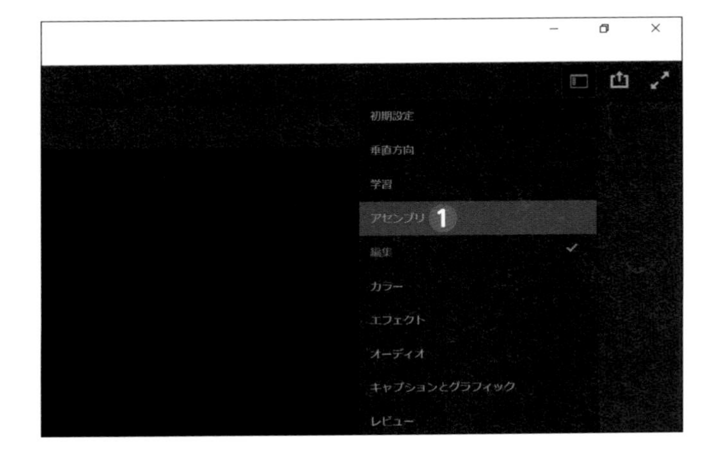

2 クリップを読み込みます。キーボードの Ctrl + I、またはプロジェクトパネル内で右クリックして「読み込み」を選択します❷。

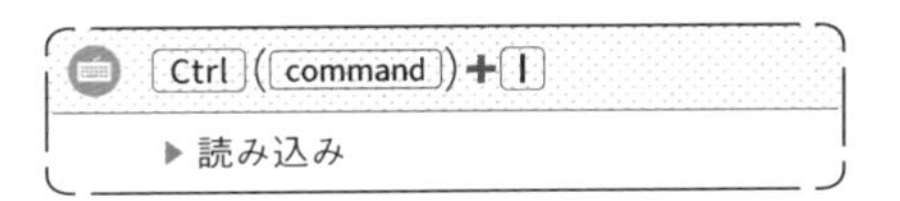

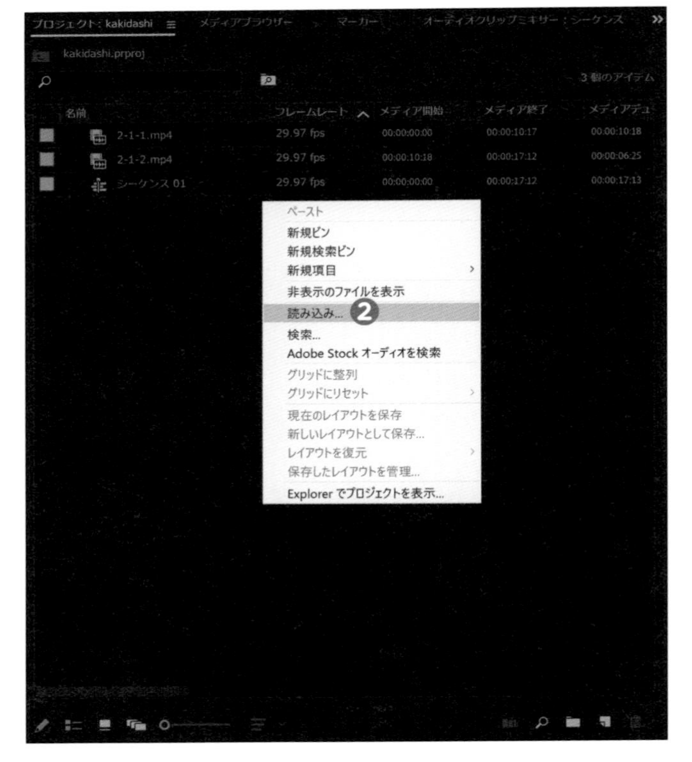

3 別の画面が開くので、ビデオ→Pr_Intro→Chapter2→「2-4」フォルダーの中から、「2-4-1.mp4」「2-4-2.mp4」を Ctrl（command）+クリックなどでまとめて選択し❸、「開く」をクリックします❹。

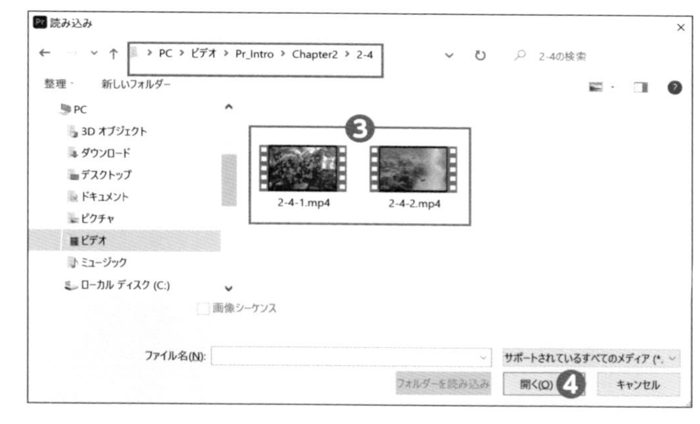

4 プロジェクトパネルに読み込んだファイルが表示されます❺。

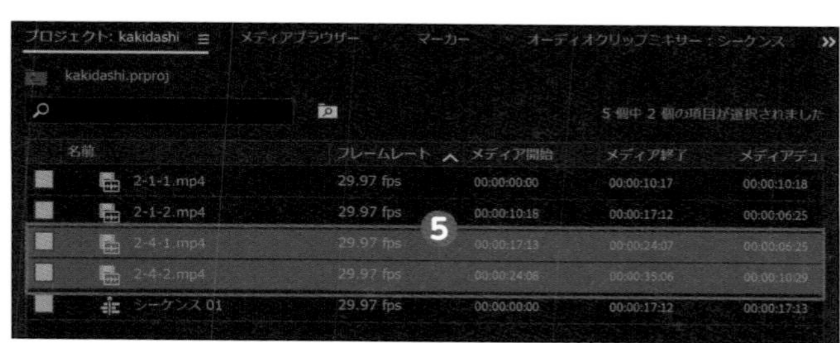

Check!

他の読み込み方法

素材を読み込むには以下の方法もあります。

- ファイルまたはフォルダーごと、プロジェクトパネルに直接ドラッグ
- 「読み込み」に切り替えて読み込む

クリップを読み込む前にサムネイルで確認したり、拡張子ごとに選別したいのであれば「読み込み」に切り替えるのがいいでしょう。
また、素材を読み込む際は、1つのフォルダーにまとめて入れておき、フォルダーごと読み込めば一度で済みます。この方法なら、リンク切れ（→P284）が起きた場合も、一度に解決できます。

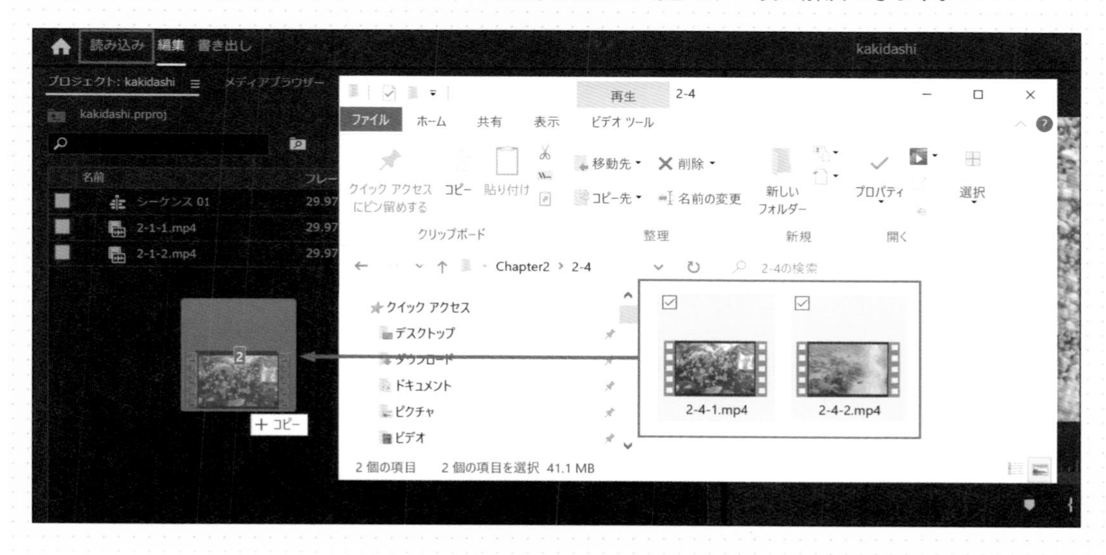

ビン(フォルダー)で素材を整理する

Premiere Proでは**フォルダーのことを「ビン」**といいます。

1 ビンの作成はいくつか方法があります。以下の方法でビンを作成してください。

▶プロジェクトパネルを選択した状態(青枠がついた状態)で、キーボードの Ctrl ＋ B

▶画面右下のフォルダーアイコンをクリック❶

▶パネル内で右クリック→「新規ビン」を選択❷

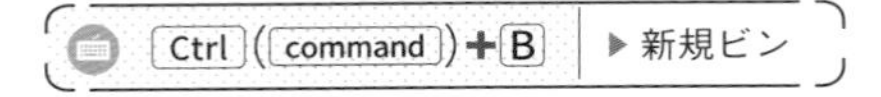

2 名前が「ビン」だと、中に何が入っているかわかりません。ビンの名前の部分をクリックすると変更できるので❸、わかりやすい名前にしましょう。ここでは、「fish」としておきます。

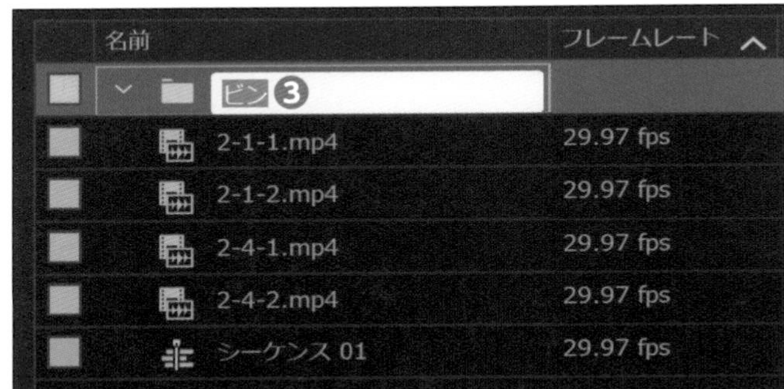

3 変更したビンに、クリップを入れます。ドラッグで囲むか、Shift や Ctrl (command) を押しながら4つのクリップを複数選択し❹、ビンにドラッグします。

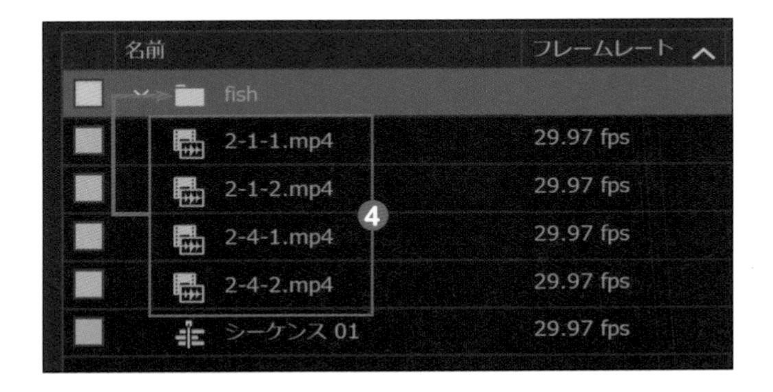

4 「fish」ビンの中にクリップが格納され、スッキリしました。「>」をクリックすると❺、展開して中身が表示されます。

プロジェクトパネルの表示形式を切り替える

プロジェクトパネル左下のアイコンをクリックすることで、素材の表示形式を変更可能です。

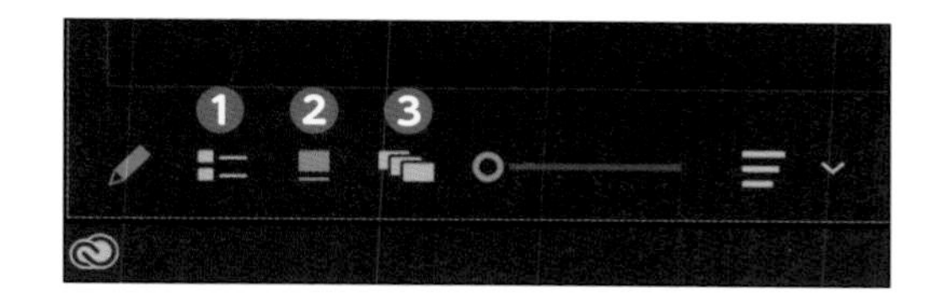

❶ リスト表示

素材がテキスト一覧で表示されます。名前以外にも、フレームレート（1秒あたりのコマ数）、デュレーション（尺の長さ）など、さまざまな情報を確認できます。

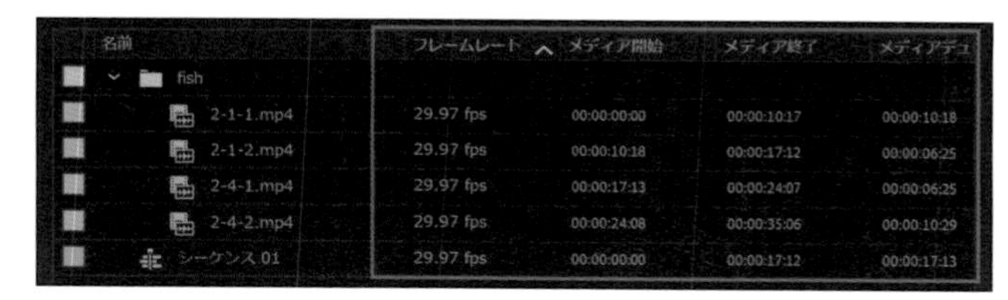

❷ アイコン表示

素材がサムネイルで表示されます。また、右下にアイコンが表示され、一目で状態がわかるようになっています。

リスト表示	アイコン表示	表示
アイコンなし		ビデオクリップまたは画像クリップの表示
		オーディオクリップの表示
		シーケンスの表示
		モーショングラフィッククリップの表示

Adobe公式サイトより引用

❸ フリーフォーム表示

アイコン表示と同じくサムネイルで表示されますが、プロジェクトパネル内で、素材を自由に動かせます。**タイムラインに配置する前に、構成を考えたりするときに便利です。**

また、グループごとにまとめて、そのままシーケンスに配置するなど直感的な操作が可能です。ただし、フリーフォームの移動は Ctrl + Z などで巻き戻しができません。

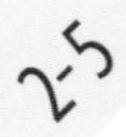

読み込んだ素材を確認してみる

追加で読み込んだ素材を、プロジェクトパネルやソースモニターで確認します。どちらの画面でも映像をプレビューして確認することができます。

プロジェクトパネルで素材を確認する

読み込まれた素材は、プロジェクトパネルで簡易的に確認できます。

1 「fish」ビンをダブルクリックします❶。

2 ビンが、別タブとして開きます❷。リスト表示になっている場合は、プロジェクトパネルを選択した状態で、キーボードの Ctrl + Page Down または、「アイコン表示」ボタンを押して変更します❸。
また、ズームスライダーを右に移動してサムネイルを大きくします❹。

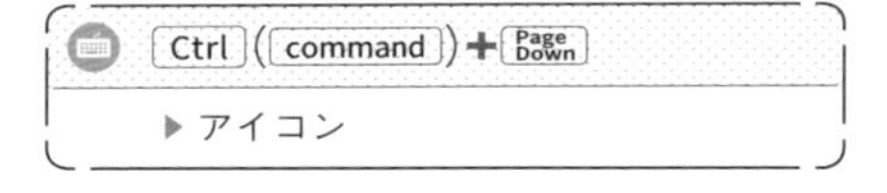

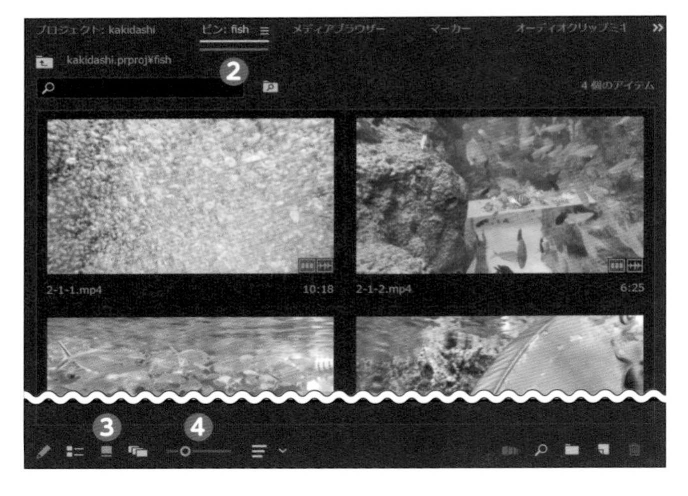

3 アイコン表示の場合、クリップの上でカーソルを左右にスライドすると、サムネイルの映像が動くので、サッと内容を確認できます❺。
また、サムネイルの下の青線は再生バーを表していて❻、黒い「■」がクリップの現在位置を示す再生ヘッドです❼。

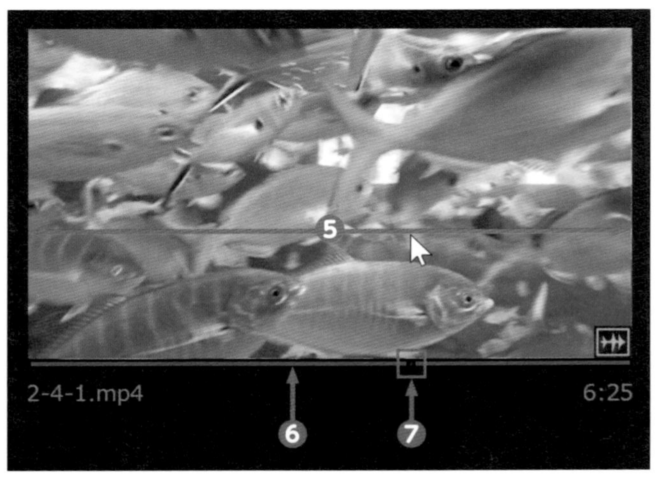

ソースモニターで素材を確認する

次は、プロジェクトパネルのクリップを、ソースモニターで確認します。

1 プロジェクトパネルの「2-4-2.mp4」をダブルクリックすると❶、ソースモニターにクリップが表示されます❷。アイコン表示の場合、カーソルと再生ヘッドが連動しているので、クリップをダブルクリックした位置でソースモニターに表示されます。

2 キーボードの Home を押すと、再生ヘッドが頭に移動します❸。同時にソースモニターの映像も、クリップの頭の映像に切り替わります❹。

ソースモニターの各種ボタンや操作は、プログラムモニターと同じです。キーボードの Space ／ L、または「▶」をクリックすると❺、動画が再生されます。

Home ▶ シーケンスまたはクリップ開始位置へ移動

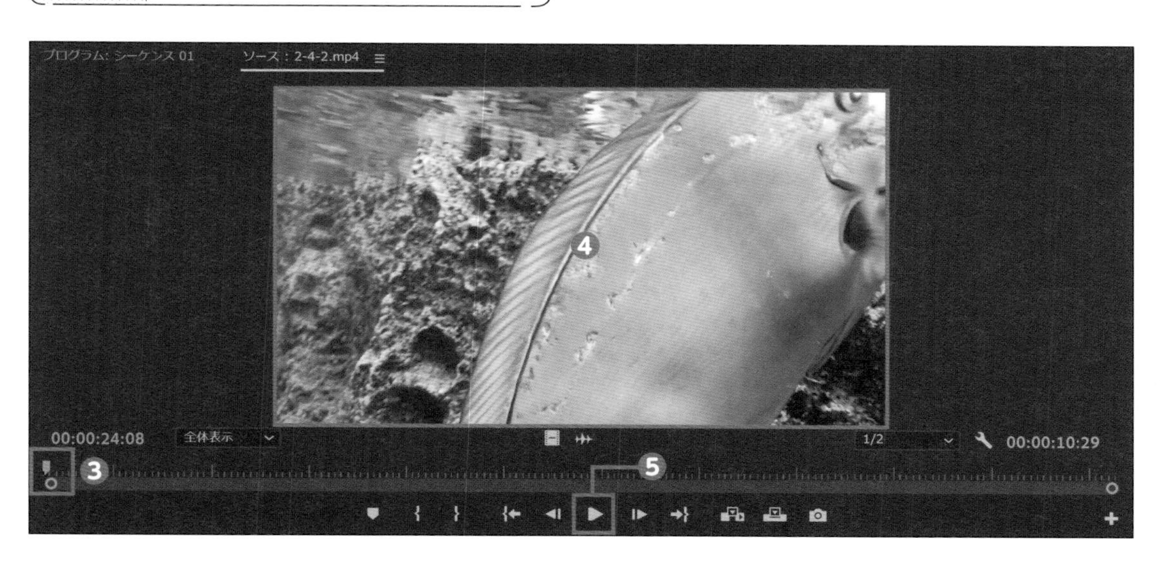

2-6

クリップをタイムラインに配置してみる

クリップをタイムラインに配置します。これには、プロジェクトパネルから行う方法と、ソースモニターから行う方法があります。どちらもよく使うので、覚えておきましょう。

プロジェクトパネルから配置する

プロジェクトパネルのクリップをドラッグして、タイムラインに配置してみましょう。

1 クリップを丸ごとタイムラインへ配置するときは、リスト表示のほうがやりやすいのでおすすめです。パネルを選択した状態で、キーボードの Ctrl ＋ Page Up 、または「リスト表示」ボタンを押して変更します❶。

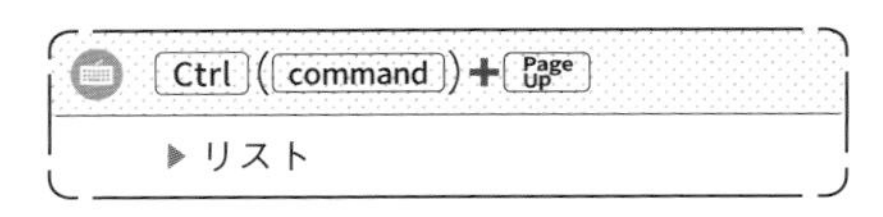

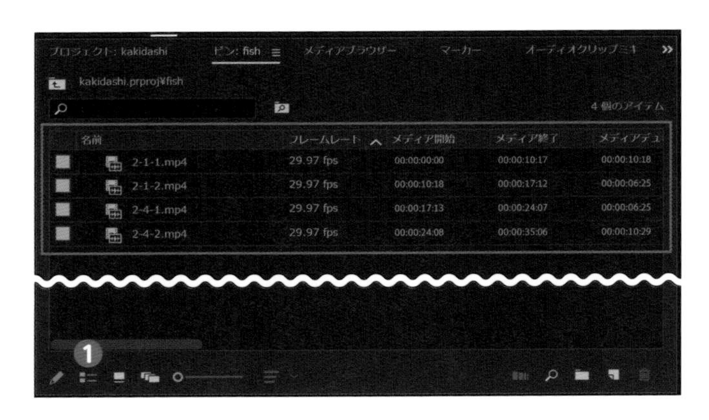

2 「2-4-1.mp4」のクリップを、タイムラインパネルの「2-1-2.mp4」の後ろにドラッグすると❷、**磁石のようにくっつきます**。これは「**タイムラインをスナップイン**」という機能がオンになっているからです❸。

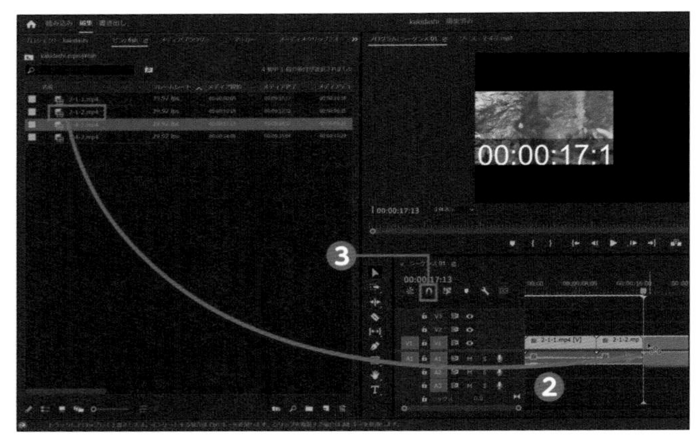

Check!

☞ タイムラインをスナップイン

タイムラインパネルの磁石アイコンをオン（青い状態）にしておくことで、再生ヘッドやクリップに近づけると吸着します。ドラッグ時に、手前のクリップに吸着できていれば、クリップ間に「グレーのマークと黒線」が表示されます。気づかない間に上書きしてしまうこともあるので、リスク軽減のためにも基本はオンにしておくのがおすすめです。

スナップインは、キーボードの S でオンオフが可能です。

S ▶ タイムラインをスナップイン

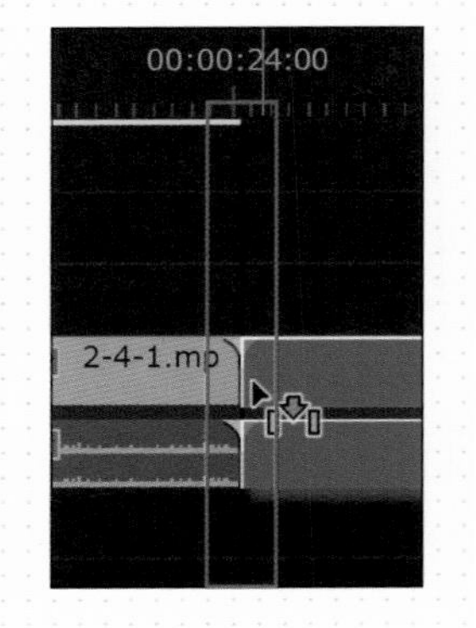

3 モニターを見ると、「プログラム：シーケンス01」となっています❹。これは今「プログラムモニター（タイムラインの映像）」を見ているということです。**ワークスペース「アセンブリ」ではモニター画面が1つ**なので、ソースモニターとプログラムモニターを切り替える必要があります。
ここで、ワークスペースを「編集」に変えましょう。画面右上のワークスペースアイコンをクリックし❺、一覧から「編集」を選択します❻。

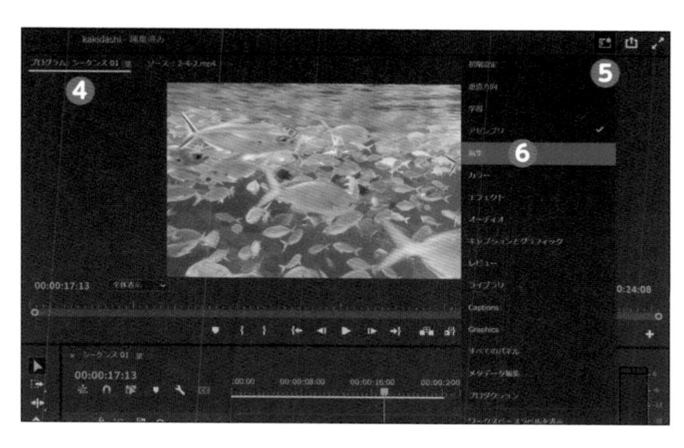

4 ワークスペース「編集」では、**ソースモニターとプログラムモニターが別々の表示になります。**素材の確認をしながら、同時にシーケンスの表示もできる編集画面です。複雑そうに感じるかもしれませんが、役割を色分けすると、素材と編集の2つの要素だけです。

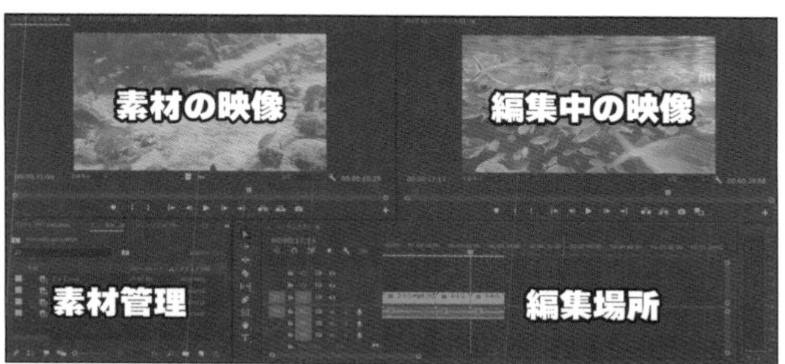

ソースモニターから配置する

次は、ソースモニターから素材を配置します。ソースモニターは、主に素材の確認と抜き出しに使いますが、これについては3章で解説します。

1 プロジェクトパネルの「fish」ビン→「2-4-2.mp4」のクリップをダブルクリックし❶、ソースモニターに読み込みます❷。

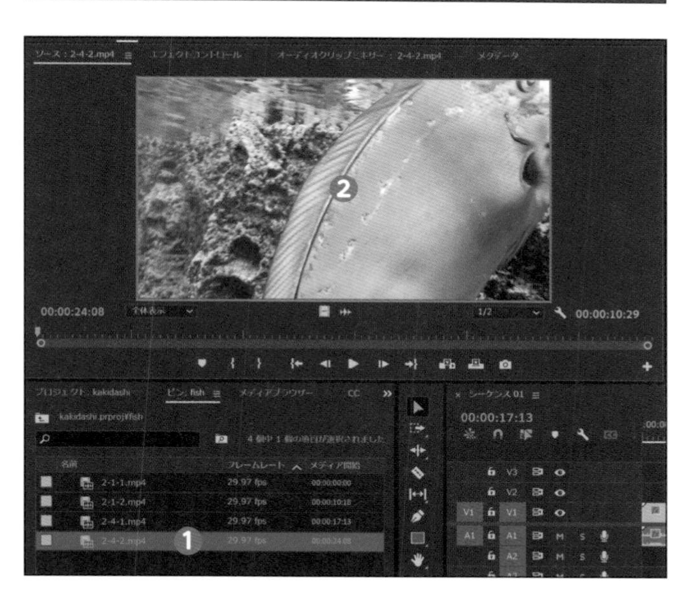

2 ソース画面をドラッグして、タイムラインの「2-4-1」のクリップの後ろに配置します❸。プロジェクトパネルに読み込んだ4つのクリップがすべてタイムラインに並びました。

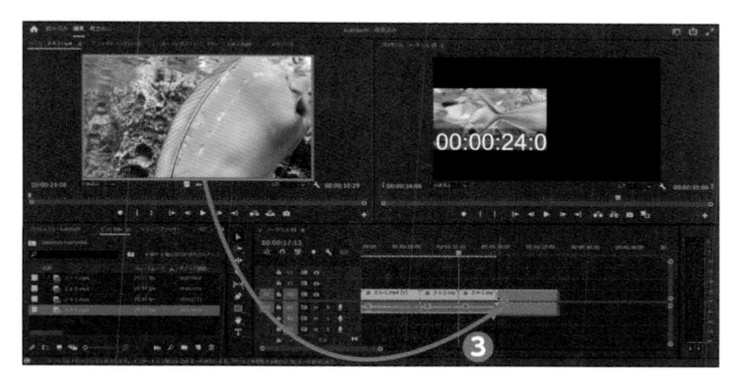

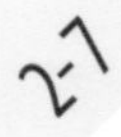

こまめに保存する [保存と自動保存]

動画編集をしていると、作業によっては処理が重くなり、Premiere Proが強制終了してしまうことがあります。データを失わないために、こまめな保存を心がけましょう。

プロジェクトを保存する

強制終了は突然やってきます。防ぐことはできないので、何か一区切りついたときやエフェクトをかける前など、**こまめに保存することが、大切なデータを失わないための保険**になります。

1 キーボードの Ctrl ＋ S 、または画面上部のメニューバーからファイル❶→保存❷を選択すると、プロジェクトが保存されます。

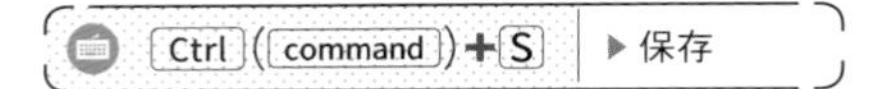

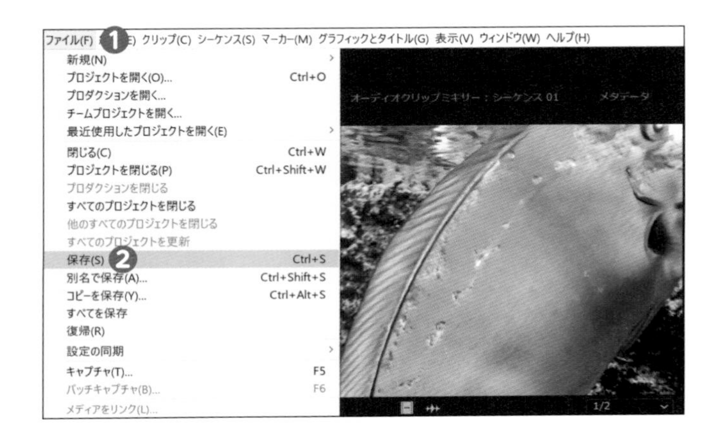

自動保存を設定する

作業に集中していると、保存を忘れてしまうことは多々あります。そんなときに便利な機能が自動保存です。Premiere Proでは、一定間隔で自動保存する機能があります。これによって、ソフトが強制終了してもデータ損失を回避できる場合があります。

1 ここでは、自動保存の間隔を変更する方法を紹介します。メニューバーの編集❶（Macは「Premiere Pro」）→環境設定❷→自動保存❸をクリックします。

2 自動保存の設定画面が開きます。自動保存の間隔を、任意の時間に変えてみましょう。ここでは仮に「5」と入力します❹。
設定後、「OK」をクリックします。なお、他の設定項目は下記の通りです。

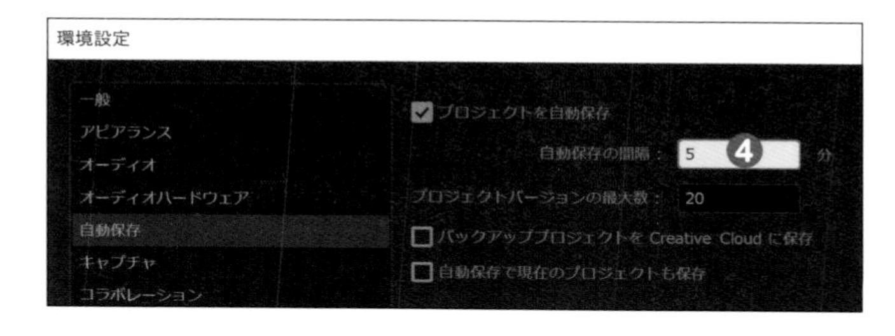

▶**プロジェクトバージョンの最大数**：自動保存するプロジェクトの最大数
▶**バックアッププロジェクトをCreative Cloudに保存**：バックアップをCCクラウド上に保存する
▶**自動保存で現在のプロジェクトも保存**：自動保存と同時にプロジェクトの保存も自動で行う

3 自動保存されたファイルは、**設定を変更していなければ、プロジェクトファイルと同じ場所に保存**されます。これは、メニューバーのファイル→プロジェクト設定→スクラッチディスクの中の「プロジェクトの自動保存」の欄を見れば確認できます。ファイルの復元についてはP285で解説します。

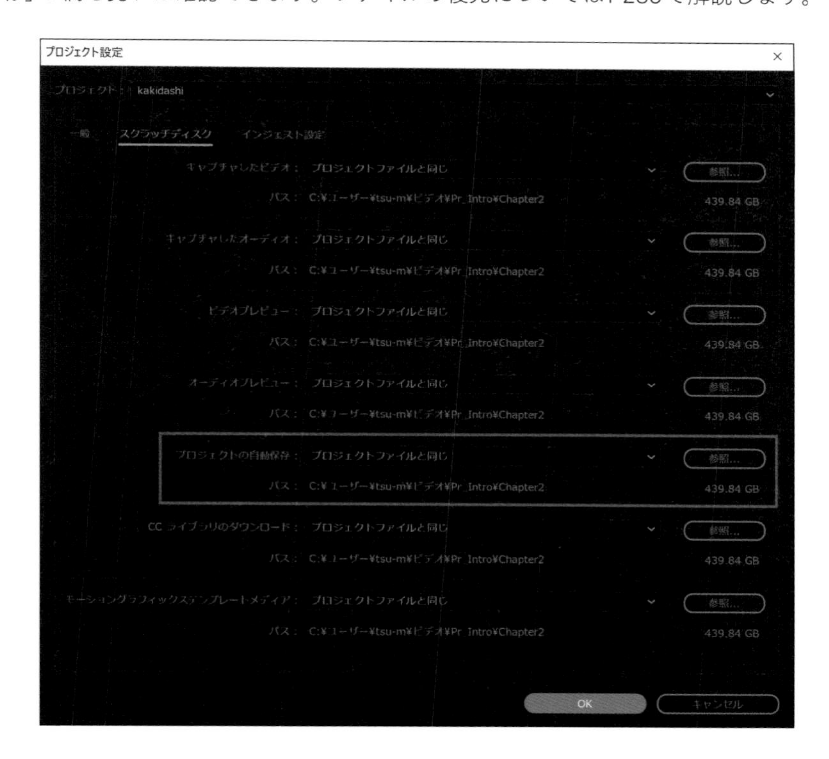

Check!

自動保存設定の考え方

例えば、自動保存の間隔が「5分」、プロジェクトバージョンの最大数が「20」であれば、5分ごとに、20ファイルまで作成します。20ファイル作成後は最大数の20をキープしたまま、5分ごとに、古いものから上書きしていきます。つまり、

・5分×20＝100分前（1時間40分前）までさかのぼれる

ということです。ちなみに、上記の内容は作業し続けた場合の話です。プロジェクトを開いているだけでは自動保存は行われず、ファイルに更新があった場合に限ります。自動保存の間隔は、環境や好みに合わせて設定してください。

間違えたら取り消そう

一部の操作を除き、何か間違えたときは取り消しが可能です。また、作業履歴からさかのぼってやり直すこともできます。ここでは、間違えて上書きしてしまったときの対応をご紹介します。

間違えた操作を取り消す(アンドゥ)

編集中に、うっかりクリップを動かしてしまったり、上書きしてしまうことがあります。そんなときは慌てずに戻しましょう。

1 ここでは、あえて間違えた場合を再現します。タイムラインの一番後ろの「2-4-2.mp4」のクリップを、左側にあるクリップのいずれかに重ねるようにドラッグすると❶、クリップが上書きされます❷。

2 今回は元に戻したいので、キーボードの Ctrl ＋ Z を押します。上書きされたクリップが、元に戻りました❸。

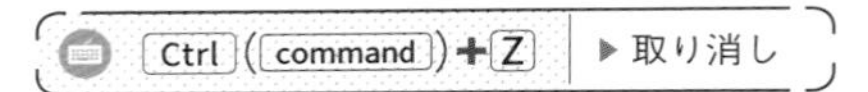

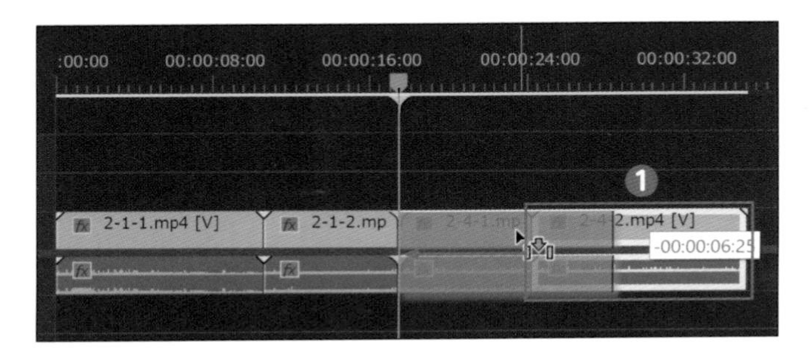

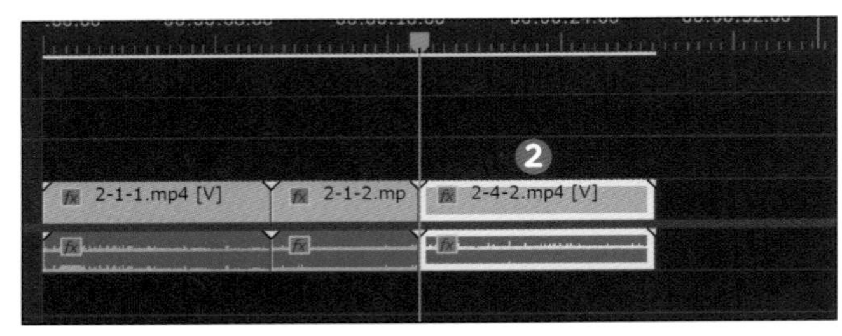

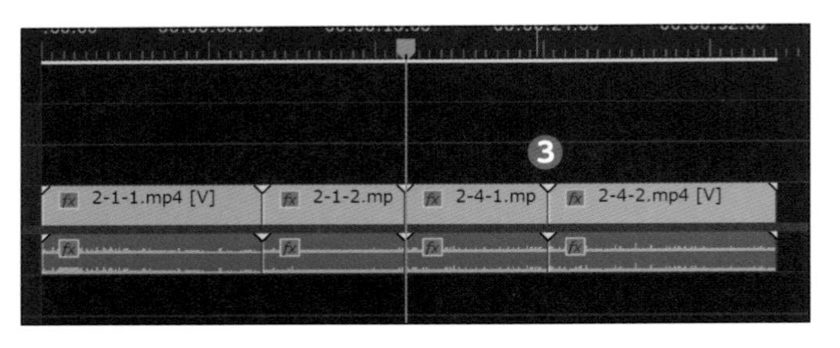

取り消しをやめる

取り消しをしたものの、やっぱりそれもやめたい。そんなときは、やり直し(リドゥ)をしましょう。

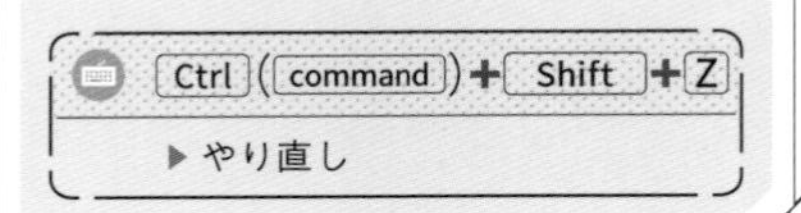

Check!

さかのぼってやり直したいときは？

メニューバーのウィンドウ→「ヒストリー」から可能です。ヒストリーは作業履歴を細かくさかのぼれる機能です。

ワークスペース「編集」では、プロジェクトパネルと同じ位置に格納されています。「>>」からヒストリーを表示できます。プロジェクトを閉じると、履歴は消えてしまうので注意してください。

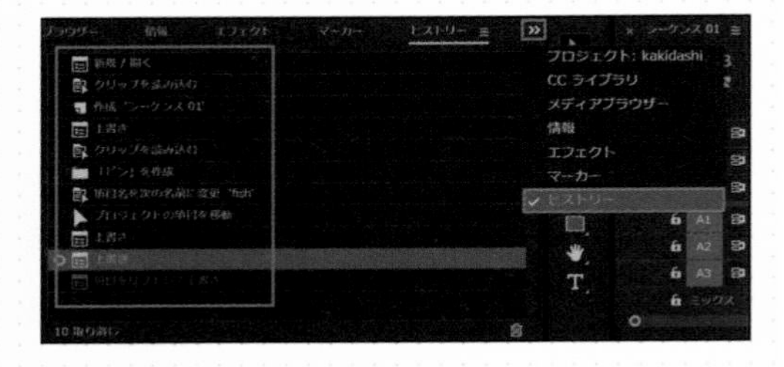

動画を書き出してみる

動画編集したデータは、あくまで編集データです。書き出しをすることで、初めて1つの「動画ファイル」として扱えるようになります。

動画を書き出す

シーケンスを書き出して、動画ファイルにしてみましょう。

1　書き出したいシーケンスを選択した状態で❶、キーボードのCtrl+M、または画面左上の「書き出し」をクリックします❷。

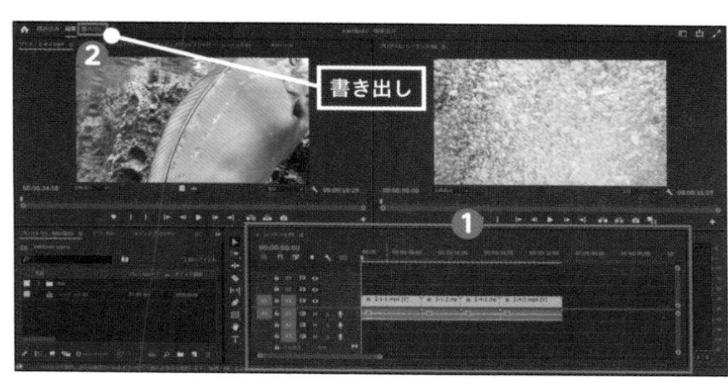

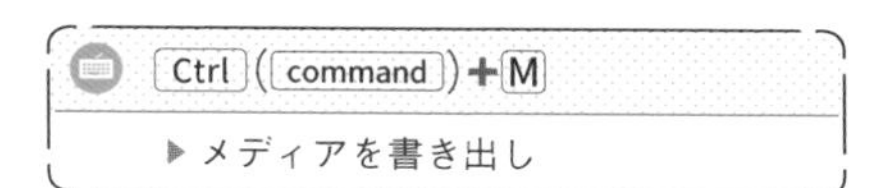

2　書き出し設定の画面に切り替わります。**「書き出し」は、編集データを動画ファイルにするための設定画面**です。
ここでは、ファイル名と保存場所を設定して書き出してみましょう。「ファイル名」の欄をクリックして「kakidashi_test」と入力し❸、「場所」の青くなっている文字をクリックします❹。

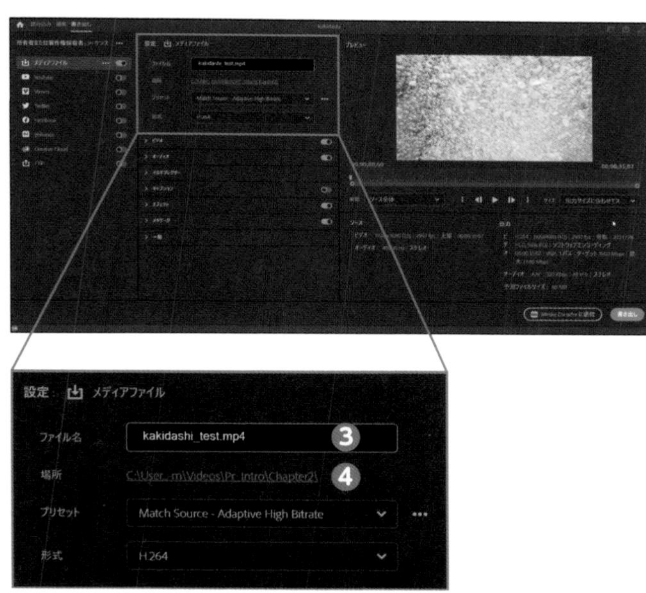

3　別の画面が開くので、保存先を選択します。ここでは、PC→ビデオ→Pr_Intro→Videoと階層をたどっていき❺、保存をクリックします❻。

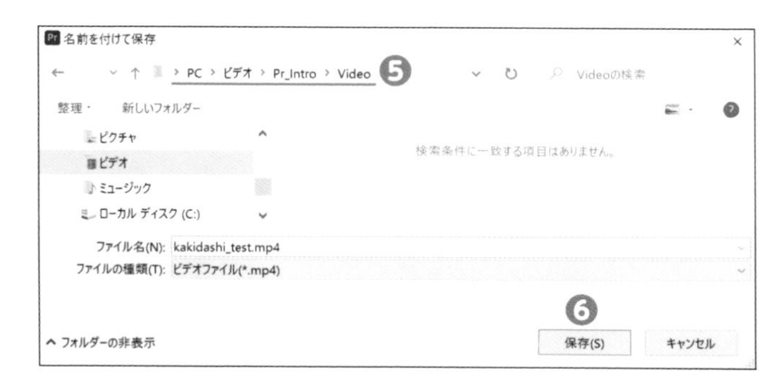

4 プリセットが「Match Source-Adaptive High Bitrate」❼、形式が「H.264」❽になっているのを確認します。
「Match Source-Adaptive High Bitrate」は自動で素材に応じた画面サイズ／高画質設定にしてくれるプリセットです。

5 画面右下の「書き出し」をクリックすると❾、自動で書き出し（エンコード）がはじまります。書き出し中は作業できないので、完了まで待ちます。

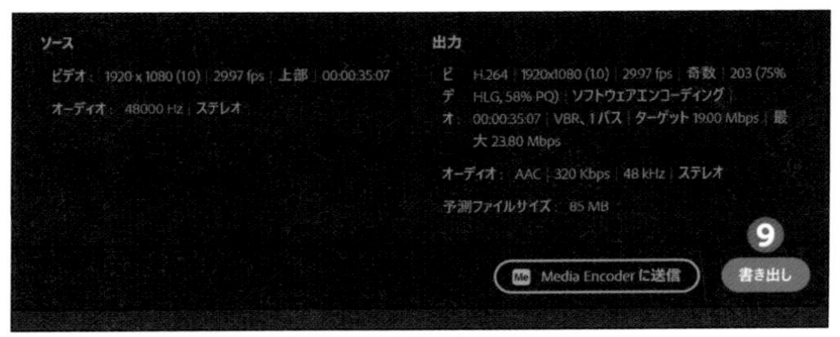

6 書き出し終了後、PC上で確認すると、指定した保存場所（ここではVideo）に動画ファイルが作成されているのが確認できます❿。

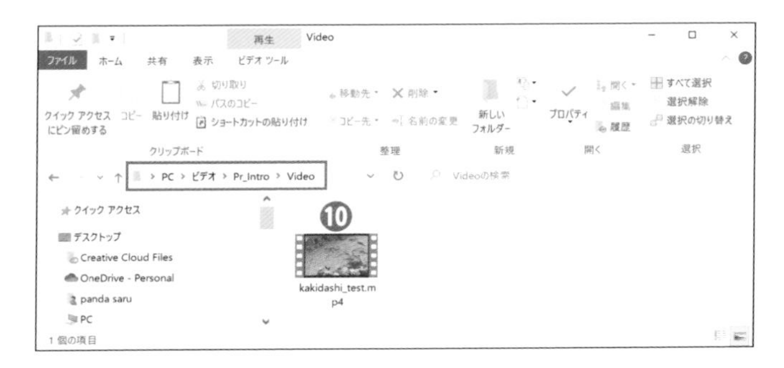

7 動画ファイルをダブルクリックして再生し、内容を確認します。

\ Check! /

☞ **必ず動画ファイルでも確認を**

Premiere Proのタイムライン上で再生して何も問題がなくても、書き出してファイル化してみると、どこかカクついていたり、ノイズが入っていたりする可能性もあります。書き出し後は、必ず動画ファイルでも確認するようにしてください。

書き出しってなんだろう

動画編集のデータは「ビデオ(映像)」と「オーディオ(音声)」の2つでできています。これらはそのままの状態(非圧縮)だと、とても大きなサイズになってしまうので、ファイルを「圧縮」する必要があります。**品質をできるだけ落とさず圧縮する技術を「コーデック」**といい、Premiere Proでは**書き出し画面の「形式」**にあたります(次ページの❻)。コーデックはビデオ/オーディオそれぞれに種類があり、用途に応じて選びます。これをどれにするかで映像の品質が決まります。

また、ビデオとオーディオのデータは別々なので、それを**「コンテナ」(MOV、AVI、MP4などの拡張子)に入れて、1つのファイルにします。**

圧縮して、コンテナに入れて、1つのファイルにする作業が書き出しです。書き出しは別名「エンコード」とも呼ばれます。

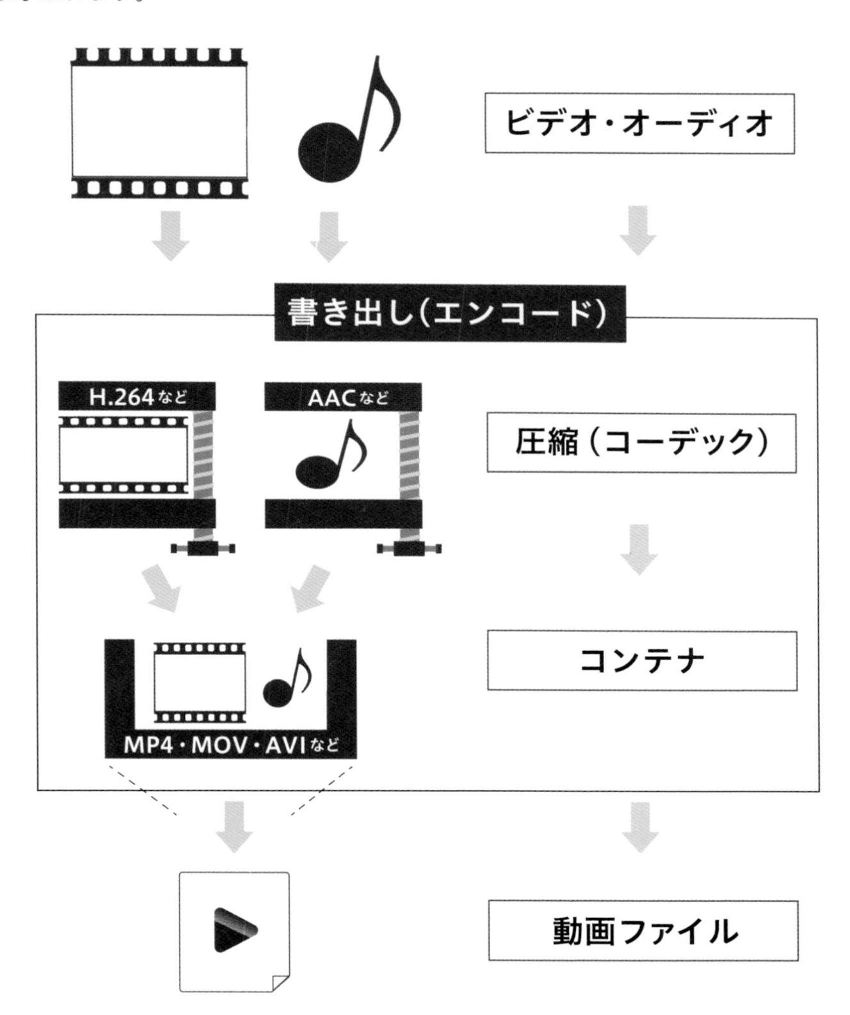

YouTubeなどで主に使われる拡張子

YouTubeにアップされる動画など、近年よく使われる動画は、「.mp4」と呼ばれる拡張子であることが一般的です。コーデック(形式)は「H.264」になります。**H.264はデータ容量を抑えながらも、画質をキレイに保つことができるコーデック**です。

● 書き出し設定の画面構成

動画ファイルは、何で再生するかによって、再生できる形式が決まっているので、それに対応した設定で書き出す必要があります。その設定を決めるのが「書き出し設定」です。画面構成は大きく分けて「保存先」「出力設定」「映像の内容」の3つに分かれます。

❶**メディアファイルの保存先を追加**：ファイルの保存先を追加する。4KとフルHDなど、サイズ違いのファイルを同時に書き出し可能

❷**各種SNSなどへの投稿**：ログイン設定をしておくとファイル作成と同時に、投稿が可能

❸**ファイル名**：書き出すデータのファイル名を指定する

❹**場所**：書き出すデータの保存場所を指定する

❺**プリセット**：形式／サイズ／フレームレートなどを、あらかじめ決められたパターンから選択する

❻**形式**：プリセットを選択すると、形式も自動で変わる。別途、指定も可能

❼**各種詳細設定**：「>」を押して展開することで、ビデオやオーディオの設定を細かく変更できる

❽**出力映像**：書き出す映像が表示される

❾**再生ヘッドの位置**：再生ヘッドの位置がタイムコードで表示される

❿**イン／アウトデュレーション**：インアウトの時間を表示。通常時はトータル時間が表示される

⓫**範囲**：書き出し範囲を設定。ソース全体、ソースイン／アウト、ワークエリア、カスタムから選択

⓬**プレビュー用の操作画面**：書き出すファイルの確認操作用

⓭**サイズ**：出力するサイズを選択する。出力サイズに合わせてスケール、出力サイズ全体にスケール、出力サイズ全体にストレッチから選択

⓮**ソース／出力情報**：サイズや形式などの情報一覧が表示される

⓯**Media Encorerに送信**：Media Encoderのキュー（書き出し設定）に追加する

⓰**書き出し**：Premiere Proで書き出しを実行する

■「⓯Media Encoderに送信」について

これを使用する前提として、Adobe Media Encoderをインストールしておく必要があります。Media Encoderは書き出しに特化したソフトで、Premiere Proを契約すると、こちらも利用できます。Media Encoderを使う主なメリットは、Premiere Proとは別ソフトでの書き出しなので、「軽い作業なら続けられること」。もう1つは、「複数の書き出しをまとめてできること」です。ただし、バックグラウンドでの作業は、PCにそれなりに負荷がかかるので注意してください。

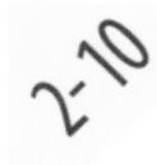

Premiere Proを終了する

動画編集が済んだら、Premiere Proを終了させます。また終了後に、あらためてプロジェクトを開くときの方法についても解説します。

Premiere Proを終了する

1 書き出したファイルが問題なければ、キーボードの Ctrl + Q、またはメニューバーのファイル❶→終了❷をクリックして、Premiere Proを終了します。

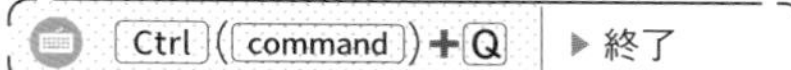

2 保存されていない場合は、メッセージが出ます。保存する場合は「はい」を選択します❸。

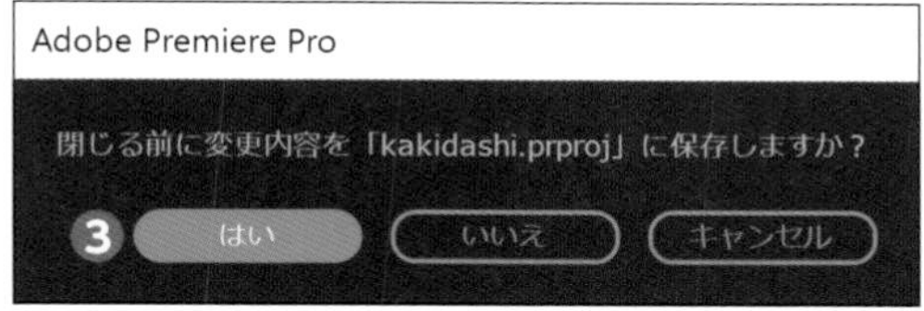

あらためてプロジェクトを開く

1 再度、プロジェクトを開くには、Premiere Proのホーム画面で「最近使用したもの」の一覧から選択するのがもっとも簡単です❶。
「プロジェクトを開く」❷や、PC上のプロジェクトファイルをダブルクリックして開くこともできます。

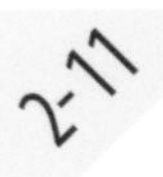

動画編集で覚えておきたいワード4選

ここでは、動画編集をしていくうえで、よく使われる用語について解説します。動画を扱うなら基本といえる用語ですので、ぜひ覚えておいてください。

タイムコード

「タイムコード(略してTC)」は簡単にいえば、**映像や音声の位置を時間軸で表したもの**です。**映像や音声の位置を示す「住所」**ともいえます。

タイムコードは、左から順に「時：分：秒：フレーム」の4つで構成されます。

フレームの繰り上がりに注意

この4つの中で、気をつけないといけないのが「フレーム」です。「分」「秒」などは「59」の次が「60」ではなく次の位に繰り上がりますが、**フレームは、次項で説明するフレームレートによって、繰り上がる数字が変わってきます。**

例えばフレームレートが**「30fps」の場合、1秒間は「30フレーム」**になります。カウントは「0」からはじまり、29フレームの次は30ではなく「1:00(1秒)」になります。60fpsの場合は、カウントが59フレームの次が「1:00」になります。

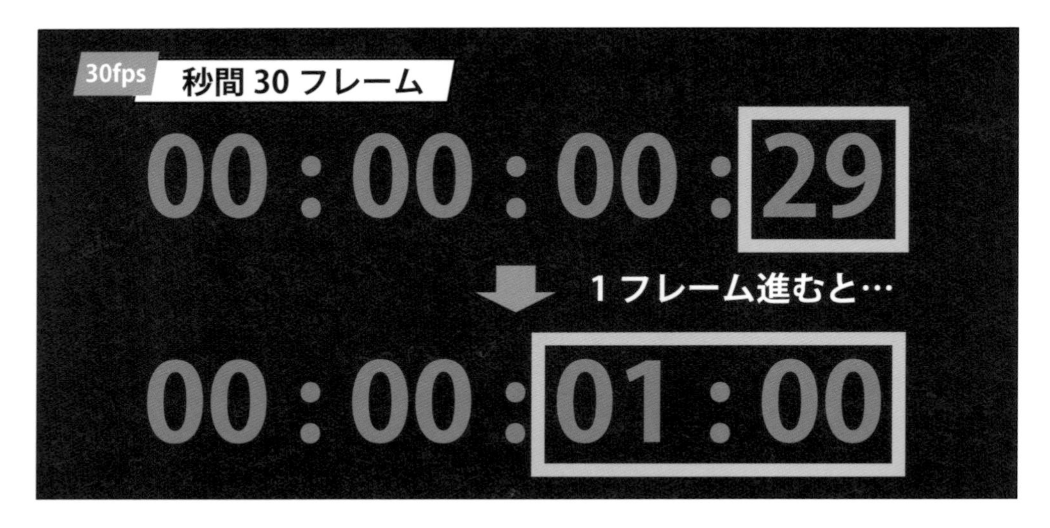

フレームレート

「フレーム」は、**タイムコードで表せる最小単位**のことです。パラパラ漫画の1コマ＝1フレームだと思ってください。動画もそれと同じで、1枚1枚の静止画が連続してコマ送りになっています。

そして、**1秒間が何フレームで構成されているかを示したものが「フレームレート」**です。単位は「fps（frames per second）」で表されます。フレームレートは、**メディアや内容によって適正値が変わります。**映画は24fpsとされていますし、テレビは30fpsです（厳密には29.97fps）。テレビゲームでは60fps、PCゲームでは240fpsのものもあります。

フレームレートの違い

24fps　秒間24フレーム：映画

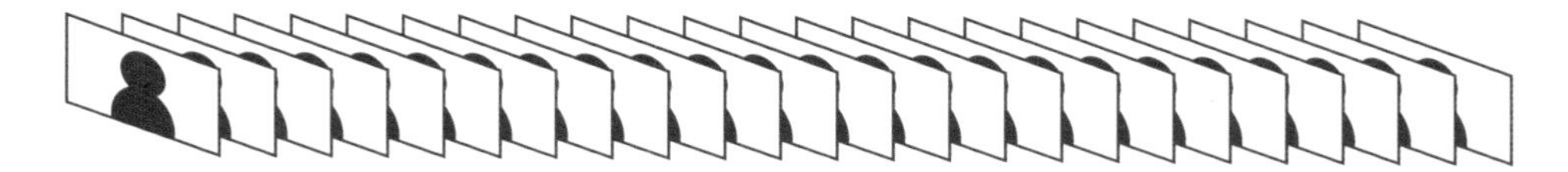

30fps　秒間30フレーム：テレビ

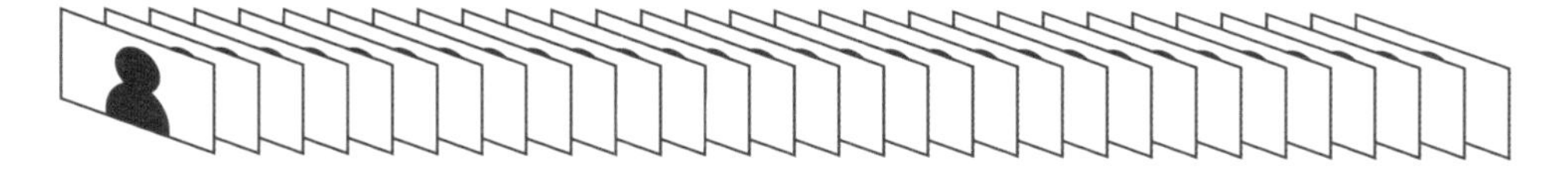

60fps　秒間60フレーム：ゲーム、スポーツ映像など

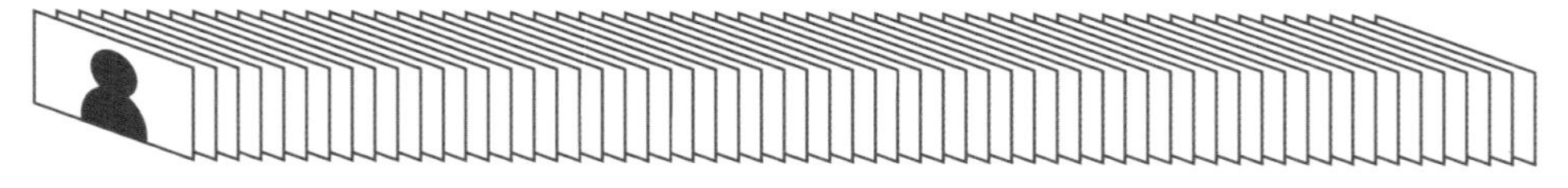

※YouTubeは24fps～60fps

フレームレートが高いほうがフレーム数（コマ数）が多いので、動きはより滑らかになり、データ容量も大きくなります。しかし、人の目に自然な動きに見えるのは30fpsとされており、フレームレートが高ければいいというものでもありません。**映像の用途によって適正値が変わる**、ということです。

解像度

「解像度」は、画像の密度(細かさ)を表したものです。画像は「ピクセル」と呼ばれる、小さな四角い点が集まってできています。ピクセル数(画素数)は、「横の数」×「縦の数」で表記し、4Kの場合は「3840 × 2160」、つまり横3840、縦2160のピクセル数で構成されています。

ちなみに、**4KはフルHDを4枚敷き詰めたサイズ**です。

4K(3840×2160)

フルHD(1920×1080)

HD
(1280×720)

アスペクト比

画面の横と縦の比率を「アスペクト比」といいます。地上アナログ放送では「4:3」でしたが、現在は地上デジタル放送となり「16:9」の比率になっています。

比率	名称	主な用途
4:3	スタンダード	一部のDVD、既に終了した地上アナログ放送など
16:9	ワイド	テレビ(地上デジタル放送)、YouTubeなど現在の映像の主流
1:1	スクエア	Instagramなど
2.35:1	シネマスコープ	主に映画。テレビやYouTubeでも、映画的な表現にしたいときは、あえて黒帯を入れてこの比率にする場合も

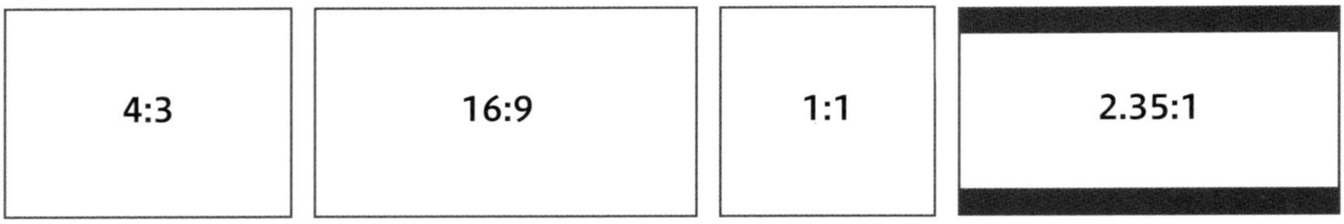

4:3　16:9　1:1　2.35:1

画面サイズとカメラワークの基礎知識

被写体の切り取り方によって画面サイズの呼び名が変わります。また、カメラの動き方など、編集をするにあたり知っておいてもらいたいことついて解説します。

画面サイズ(撮影サイズ、構図)

画面サイズは、被写体のサイズ感を表すときの言葉です。細かく分かれていますが、「ロング」「ミドル」「アップ」など、ざっくりした名称で呼ぶことも多いです。

主な画面サイズの名称

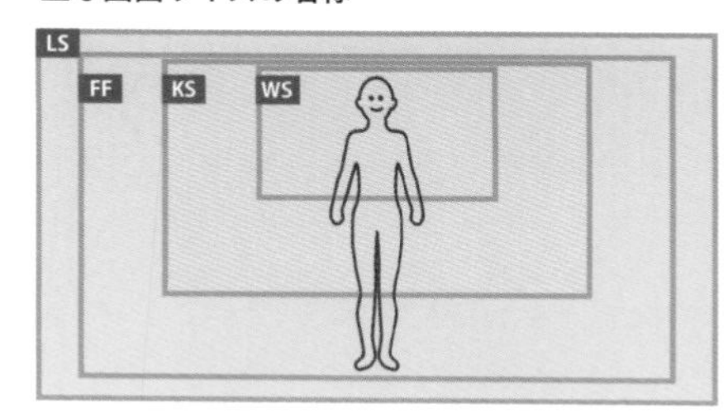

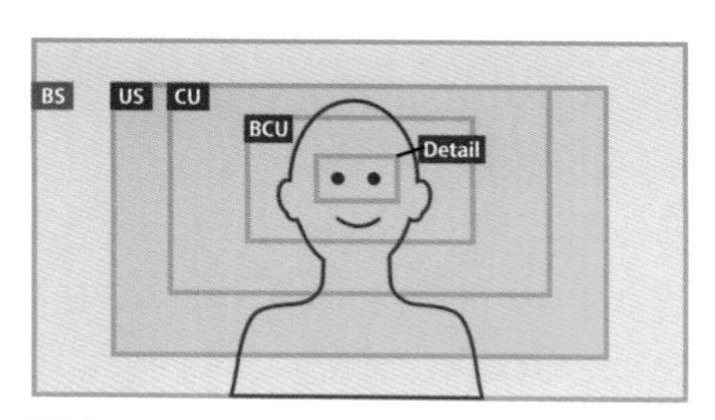

- LS Long Shot(ロングショット)
- FF Full Figure(フルフィギュア)
- KS Knee Shot(ニーショット)
- WS Waist Shot(ウエストショット)
- BS Bust Shot(バストショット)
- US Up Shot(アップショット)
- CU Close Up(クローズアップ)
- BCU Big Close Up(ビッグクローズアップ)
- Detail Detail Shot(ディテールショット)

ロング(ロングショット)

ロングショットは主に風景や建物の外観などに使われるサイズで、人物込みの場合、**頭から足まで被写体の全体像がわかるものをフルフィギュア**(略してFF)といいます。

▶ **ロングに含まれるもの**:LS、FF

ミディアムorミドル(ミドルショット)

ミドルショットは**表情と動きがわかるサイズ**です。膝から上をニーショット、腰から上をウエストショット、胸から上をバストショットといいます。特にバストショットは、安定感があるのでインタビューによく使われます。

▶ **ミドルに含まれるもの**:KS、WS、BS

アップ(アップショット)

被写体に寄ったものがアップショットです。**表情をしっかり見せる役割**を持ちます。顔に寄ったものをクローズアップ、さらに寄ったものをビッグクローズアップ(どアップ)、目や口元など部分的な映像はディテールといいます。

▶ **アップに含まれるもの**:US、CU、BCU、Detail

カメラワーク

フィックス（FIX、カメラ固定）

フィックスは**カメラを固定して撮る映像**のことで、撮影の基本とされます。三脚を使って撮ることが多いですが、あえて手持ちで自然な揺れを利用し、臨場感などを出す場合もあります。**画面が固定されていることで、落ち着いた映像になります。**

パン（カメラを固定したままの水平／垂直移動）

カメラ位置は固定したまま、左右、または上下に振る撮り方をパンといい、主に「広さ」や「高さ」を表現するときに用います。また、カメラを上に振ることをパンアップ、下に振ることをパンダウンといいます。

例えば、高いビルを撮影するとき、フィックス（固定）だと上から下まで入りませんが、パンアップならビルを上から下まで見せることができます。

ドリー（カメラごと移動）

ドリーは、**移動しながらの撮影方法**のことです。本来は、撮影用のタイヤ付き移動台のことを指しますが、足で移動しながらの撮影もドリーという場合があります。**臨場感や遠近感を出すことができます。**

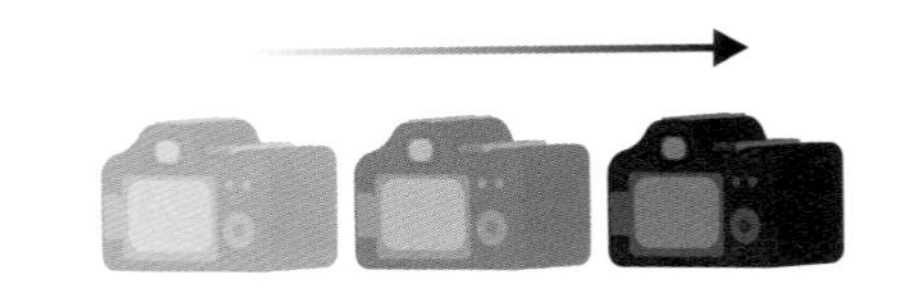

ズーム（拡大／縮小）

ズームは**拡大／縮小して撮影する方法**です。被写体に寄っていくのがズームイン、被写体から引いていくのがズームアウトです。

ズームインは被写体に注目させる効果や、細かい部分を見せるとき、緊張感などを表現するときに使います。ズームアウトは被写体の状況説明や、視線の解放などの役割があります。

他にも、トラック（被写体を追いかける）やスピンショット（被写体を中心に回り込む）などさまざまな撮影技法があります。

基本スキル 編

Chapter 3

映像だけの「白素材」をつくろう
～カット編集と音調整の基本

動画編集の基本「カット編集」

カット編集とは、素材の映像から必要な部分を抜き出し、つないでいくことです。また、ただ並べればいいというものではなく、意味のある編集を行うためには「構成」を意識する必要があります。

「カット」と「編集」の意味

映像はテロップ（文字情報）がなくても、それ自体が情報を持っています。**その情報を整理、構成して、見やすい形にまとめることが編集です。**テレビを見ていて、「今の映像、何か変……」と感じることは少ないですよね。それは、前後のつながりがおかしくないように、カットが編集されているからです。ではカット編集の「カット」はどういう意味でしょうか。カットには3つの意味合いがあります。

❶**カット**：抜き出す（抜き出した）映像　例：「このカット使おう」
❷**カットする**：削除する　例：「ここ、カットして」
❸**撮影現場でのカット**：撮影の停止　例：「はい、カット！」

映像業界ではどれも使われる言葉ですが、使い方によって意味が変わるので混乱してしまいます。カット編集のカットは、このうち❶の意味で、**抜き出した映像（カット）をつなぐ編集**のことをいいます。複雑な加工などを必要としないものであれば、**素材から必要な箇所を抜き出して、タイムラインに配置する。**手順としてはこれだけです。

編集の裏には「構成」がある

普段なんとなく見ている映像でも、意識的に見ると、**カットごとに役割がある**ことに気づきます。これを支えているのが**「構成」**です。映像を適当に並べることと、前後のつながりを意識して意味のある構成にするのではクオリティに圧倒的な差が生まれます。

構成は形にする

構成は実際に形にしましょう。これがあると自身の確認にもなり、撮影スタッフとのイメージ共有や、クライアントとの打ち合わせもしやすくなります。

各シーンを、どんなアングルや構図で撮るかを考えてあらかじめ決めておくのがカット割りで、**そのカットごとのスケッチや内容をまとめたものを画コンテ**（絵コンテとも）といいます。絵が描けない場合は、文字のみの「字コンテ」としてまとめておきましょう。

画コンテは設計図と同じです。なんとなく撮影したものより、構成を元に撮影されたカットのほうが、映像も意味を持ち、それが見る人にも伝わります。

構成の参考例

ここでは、構成の例をご紹介します。少しずつ被写体の情報がわかっていく、という構成のパターンです。

例えば、「ある男が立っている……」。そう聞いて、皆さんはどんな場面をイメージするでしょうか？　どこにいるのか？ どんなふうに立っているのか？ 見た目は？ 天気は？ 時間帯は？など、さまざまな疑問が浮かぶと思います。それを具体的に形にしていきます。

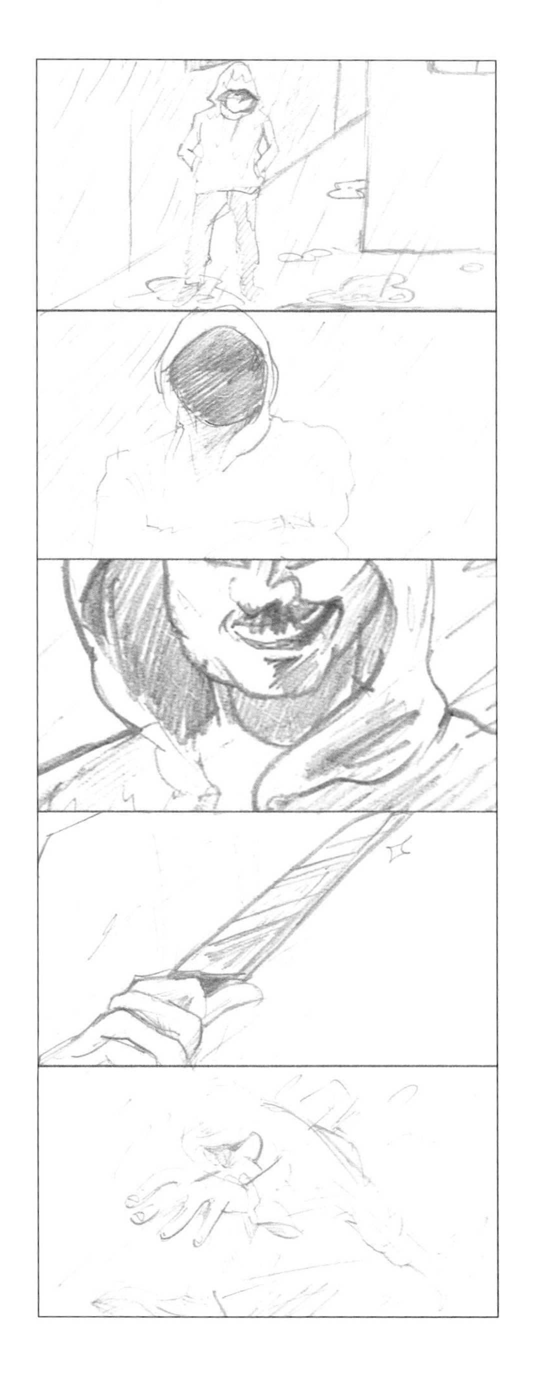

雨が降り、傘もささずに、ずぶ濡れで突っ立っている……パーカー姿、フードをかぶっていて顔がよく見えない。周りに人のいない細い路地、じっとこっちを見ている……

▶ ロングショット（全体的な情報）

男に寄る。このサイズなら通常、顔は認識できるが、まだ男の表情は暗くてよく見えない。雨の音、雷がゴロゴロなっている。

▶ ミドルショット（より被写体の情報がわかる）

さらに寄る。雷が鳴り響き、暗くてよく見えなかった顔が見える。ここでまだ顔出ししたくないなら、ギリギリと噛みしめた口元など。

▶ アップショット（被写体の表情がわかる）

さて、このあとはどうなるでしょうか？
手に持った凶器のアップ……
走り出す足元……
男が目の前に迫ってくる。
ここでカメラが揺れて画面が真っ暗に……
息が荒くなった男……
などイメージがいろいろと膨らむかと思います。

これは一例ですが、カットにはそれぞれに役割がある、ということがおわかりいただけたでしょうか。**映像で状況を説明し、意図したことをわかりやすく伝えるには構成が必要です。**そして、**実際に映像をつなげていくのがカット編集です。**

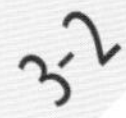

学習用ファイル／3-2_shiro.prproj

不要な部分を切り取ってみる

タイムラインに配置したクリップの、頭とお尻の不要な箇所を切り取ることを「トリミング」といいます。トリミングの方法にはいくつかありますが、まずは基本となるドラッグによる方法です。

ドラッグでトリミングする

それでは「白素材」をつくっていきましょう。ワークスペースは「編集」を使用します。

1 学習用データのChapter3→3-2→01_projectにある「3-2_shiro.prproj」を開くと、タイムラインにクリップが1つ配置されています❶。まずは、タイムラインを拡大して見やすくしましょう。タイムラインパネルを選択してキーボードの[:](コロン)を数回押すか、下にあるスクロールバーを内側にドラッグすると❷、クリップが大きく表示されます❸。

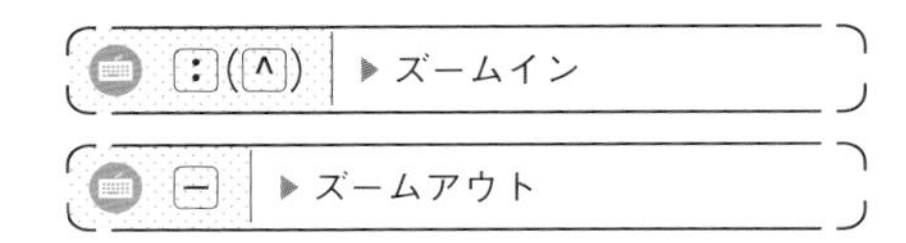

※テンキーの[−]は不可

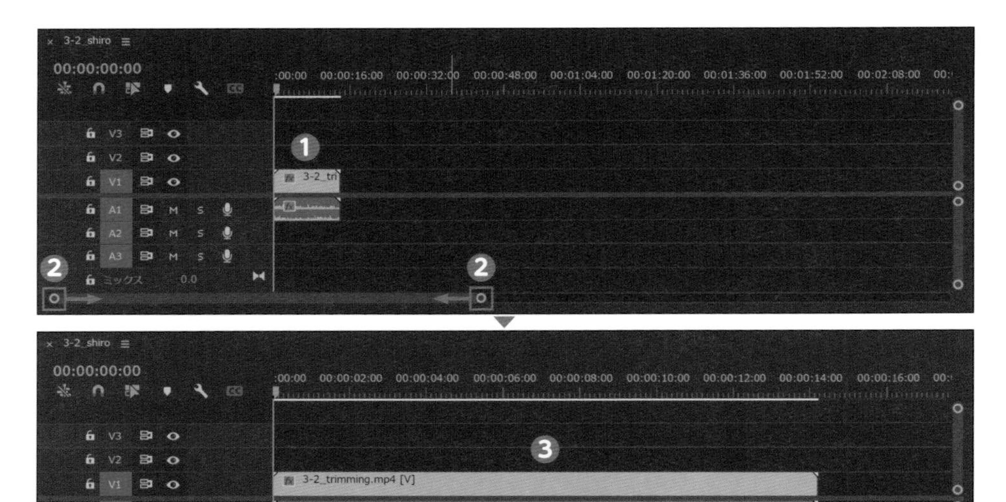

2 まず、再生してどんな映像か確認してみましょう。キーボードの[Space]／[L]、または「▶」をクリックすると❹、動画が再生されます❺。最後まで再生すると、クリップのお尻で自動で止まるので、[Home]を押して、再生ヘッドを頭に戻します。

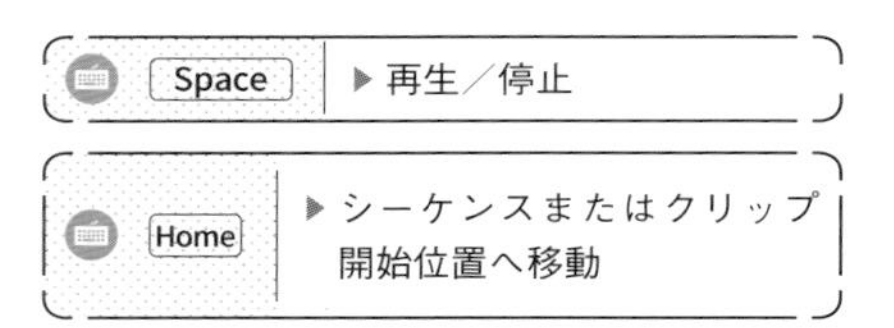

3 ここで、作業を進める前に、3-1の冒頭の『「カット」と「編集」の意味』をもう一度、再確認しましょう。

- 編集とは、集めた情報(映像含む)を整理、構成して、見やすい形にまとめること
- 動画というのは、テロップ(文字情報)がなくても、映像だけで情報を持っている

このクリップの場合、**最初に牧場のロング(全体像)→左にパンして(カメラを振って)広さを見せる→止めて映像を落ち着かせる**、という流れです。つまり、この映像を見ることで、ここが牧場で、どのくらい広くて、動物や人がいるということがざっくりとわかります。その情報が読み取れるなら、それ以上に長々と見せる必要はありません。つまり、このクリップはまだクリップの前後を削る余地があります。

4 もう一度、頭から再生し、次は「ココからスタートしたい」と思う位置で、キーボードの Space / K で停止します。再生ヘッドの上部をドラッグでも可能です❻。ここでは、見本としてタイムコード(以下、TC)[00:00:03:10]とします❼。

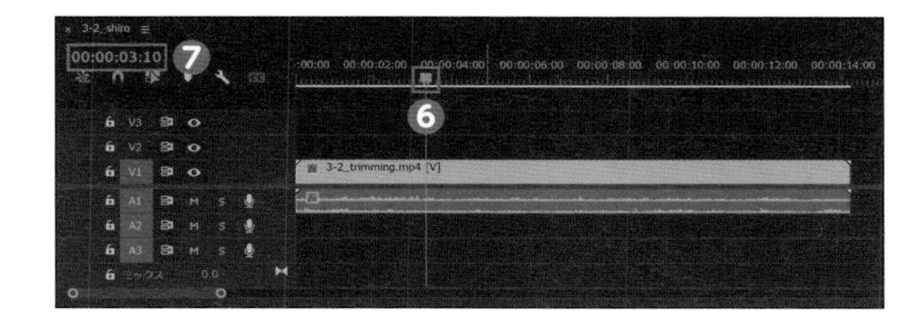

K ▶シャトル停止

5 クリップの頭にカーソルを持っていくと、赤いカッコと矢印に変化するので❽、右にドラッグして、再生ヘッドの位置([00:00:03:10])まで持っていきます❾。

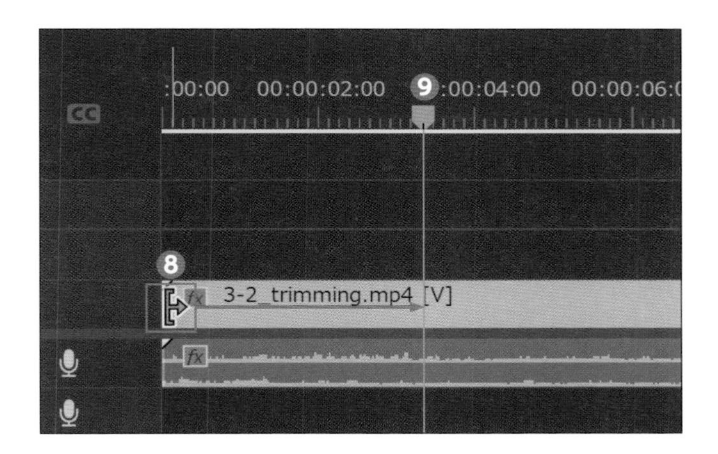

6 ドラッグ時に、再生ヘッドの上下に三角形のマークが表示されれば、再生ヘッドの位置まで正しくトリミングできている証拠です❿。三角形のマークは「タイムラインをスナップイン⓫」が有効になっていると表示されます(→P36)。

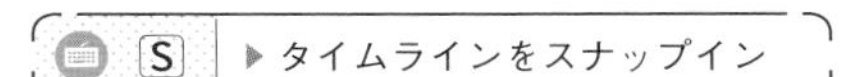

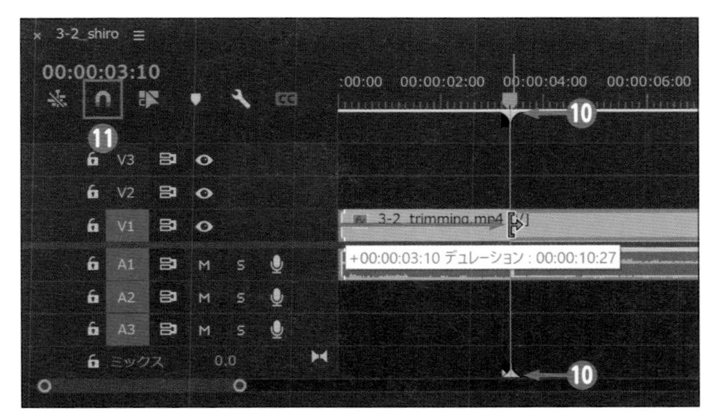

7 ドラッグした箇所がトリミングされます⑫。ちなみに、この位置にした理由は、動画がはじまり、一呼吸おいてからパンがはじまるちょうどいい位置だからです。

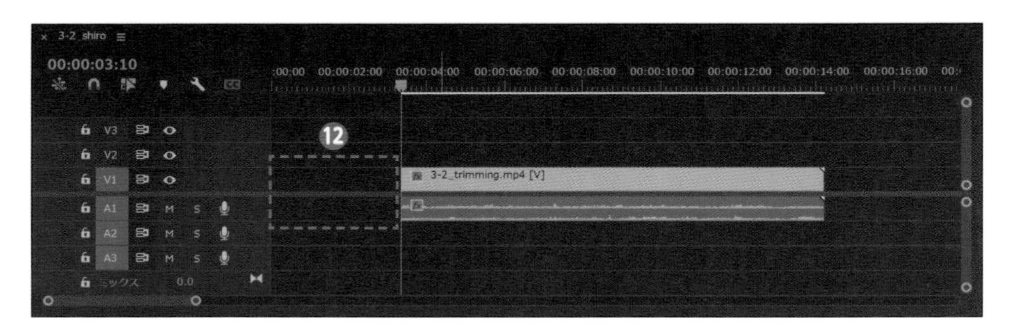

8 今度はお尻側をトリミングします。再生して、パン（カメラの振り）が終わって動きが落ち着き、一呼吸おいたタイミングで停止します。ここでは、TC［00:00:13:00］で停止します⑬。

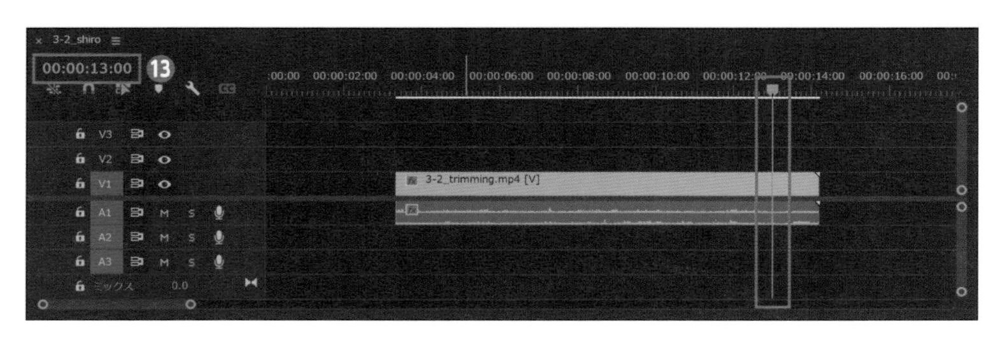

9 クリップのお尻にカーソルを持っていくと、赤いカッコと矢印に変化するので⑭、ドラッグして再生ヘッドの位置まで持っていきます⑮。

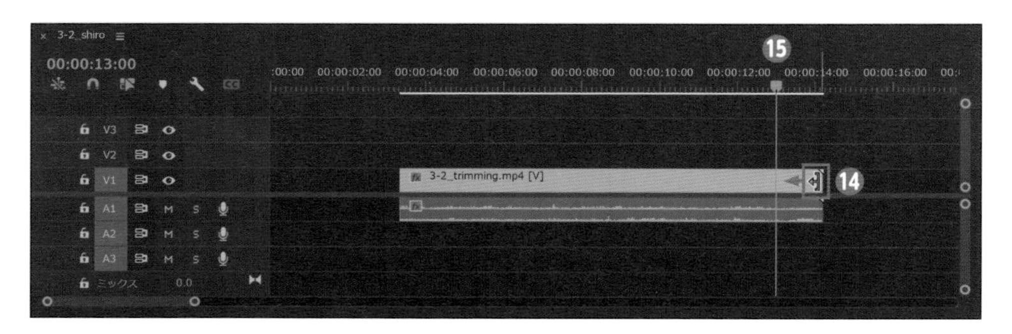

10 お尻側のトリミングができました⑯。

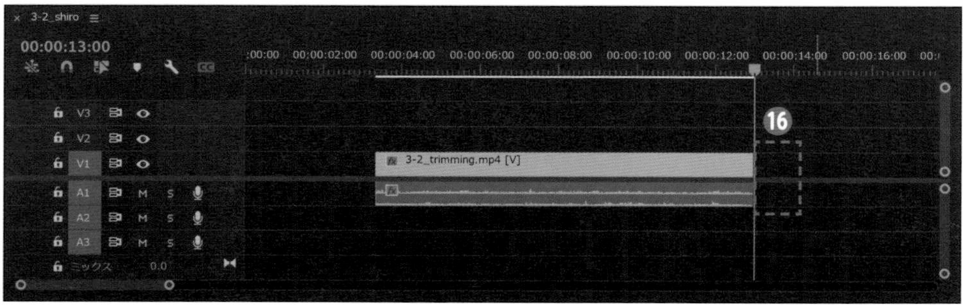

11 トリミングは完了しましたが、頭側にはトリミングによってできた空白があります。これを「ギャップ」といいます。頭の部分のギャップをクリックして選択し⑰、キーボードの Delete で削除します。

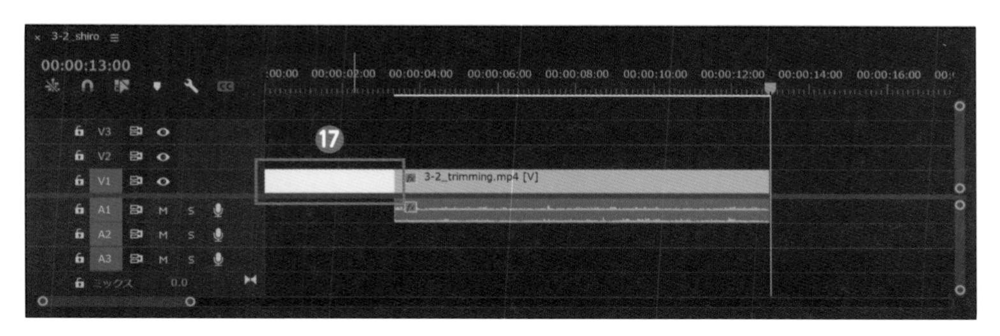

ギャップとは？

タイムライン上でトリミングしたり、クリップを削除したりしたときにできる空白の部分です。ギャップを再生すると黒味(くろみ)(真っ黒の映像)が流れてしまいます。基本的にギャップは削除します。

12 ギャップが削除され、詰まりました⑱。最後にキーボードの Home を押して、再生ヘッドを頭に移動し、再生して確認します。問題なければ保存して、次の項目に進みましょう。

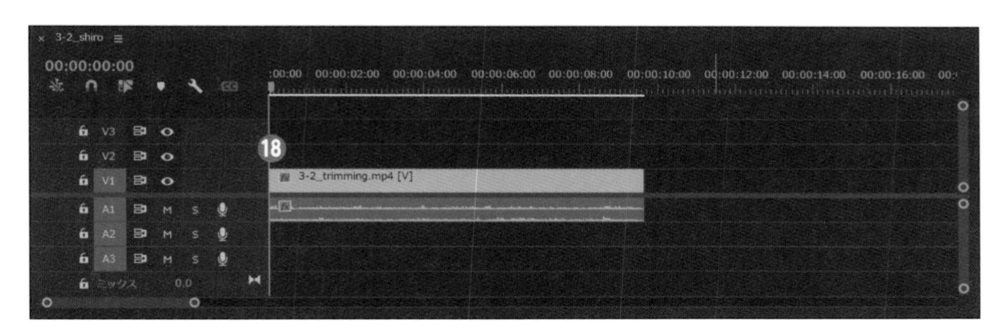

Check!

トリミングした箇所は隠れているだけ

トリミングした箇所は削除されたわけではありません。隠れているだけです。ドラッグして引き延ばせば、トリミングした箇所が表示されるので、修正や微調整も簡単に行えます。

不要な部分を切り取りつつ、前に詰めてみる

タイムラインに配置したクリップの頭またはお尻の不要な箇所をトリミングし、同時にギャップ（空白）を詰める方法をリップルトリミングといいます。

リップルツールでリップルトリミングする

リップルトリミングは「トリミングする→ギャップを詰める」という流れを同時にできるので、通常のトリミングに比べてひと手間省けます。積極的に使っていきましょう。

1 3-2のデータをそのまま使用します。プロジェクトパネルの中から「3-3-1_ripple.mp4」を選択し❶、3-2でトリミングしたクリップの後ろにドラッグします❷。

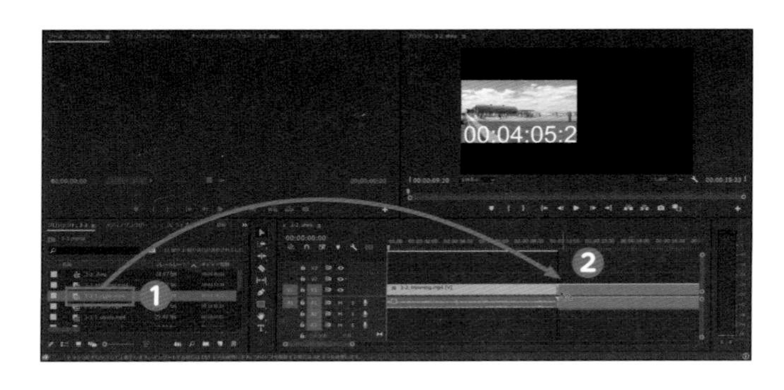

2 キーボードのB、またはツールパネルの中からリップルツール を選択します❸。**リップルツールは、クリップの頭かお尻でのみ使用可能で**、それ以外の場所では、カーソルに赤い斜線が入り使えません❹。

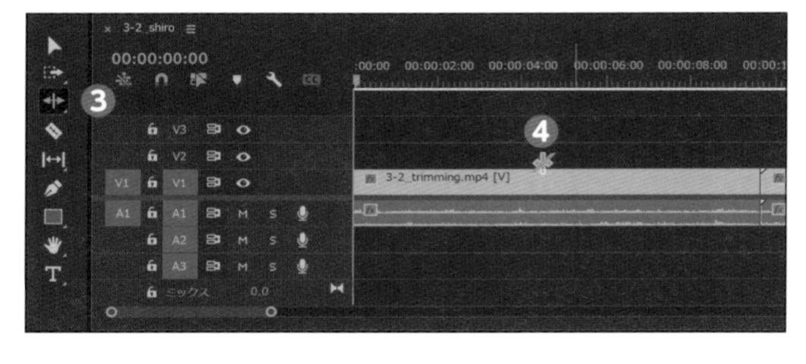

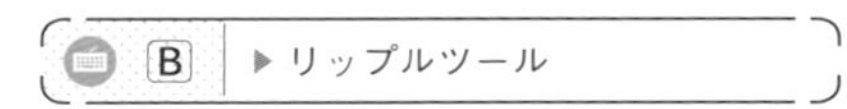

3 リップルツールの状態で、カーソルをクリップの頭に持っていくと、黄色のカッコと矢印になります❺。

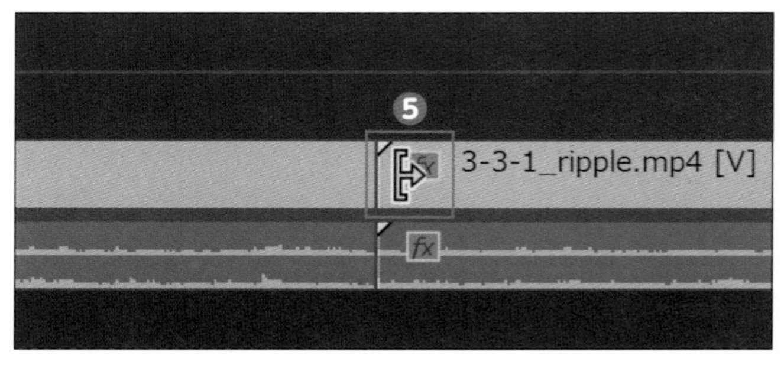

Check!

ショートカットでリップルツールに切り替え！

リップルツールへの切り替えは、ショートカットを使うのが一番簡単です。クリップの頭かお尻にカーソルがある状態でCtrlを押すと、一時的にリップルツールに切り替えられます。

※カーソル位置が編集点（クリップの境目）だと「ローリングツール」になるので注意

4 そのまま右へ、「＋2:20」❻となるまでドラッグします。ドラッグ時に表示されるのは、トリミングするデュレーション(時間)です。「2:20」は2秒(60フレーム)＋20フレーム＝80フレームです。

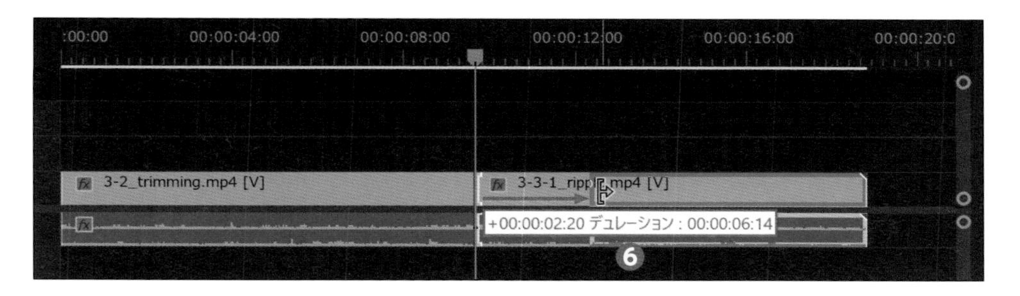

5 トリミングと違い、ギャップ(空白)ができずに、前に詰まりました❼。リップルトリミングをクリップの頭側で行うと、その分お尻が短くなります❽。

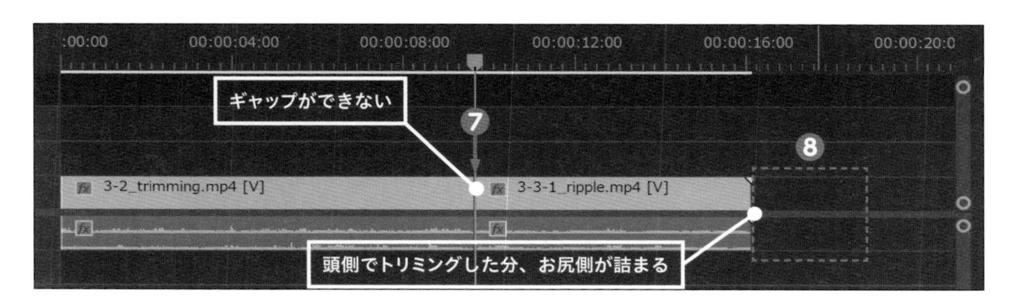

6 キーボードの V 、またはツールパネルの選択ツールをクリックして❾、カーソルを元に戻しておきます❿。

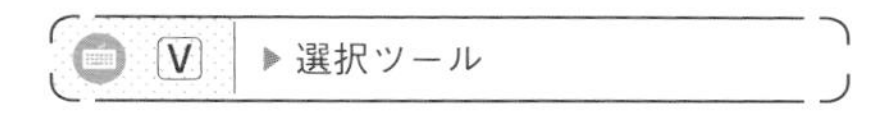

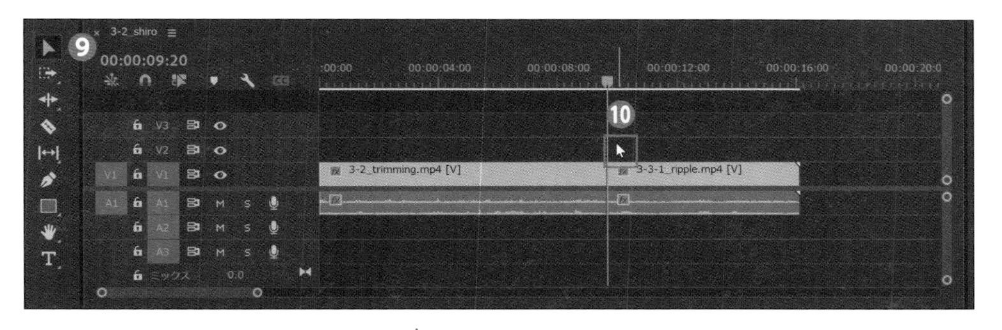

Check!

クリップの端にある三角形の意味

タイムラインに配置したクリップをよく見ると、お尻の部分に三角形のマークがあります。これは、クリップの頭や、お尻がトリミングされていない状態の目印です。このクリップの場合、お尻側は素材クリップそのままの状態ということです。

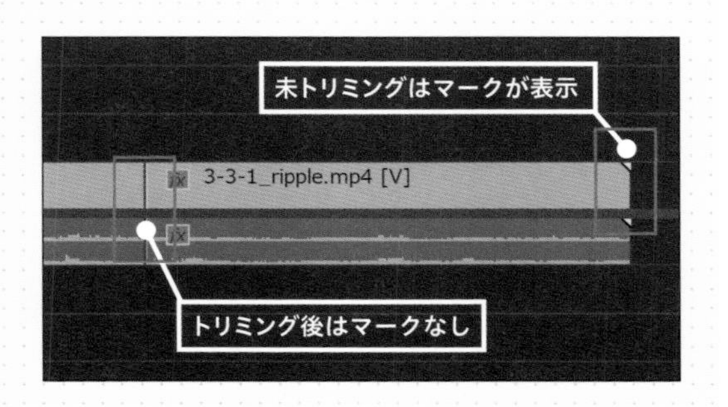

再生ヘッドと前の編集点の間をリップルトリミングする

ショートカットを使い、再生ヘッドと手前の編集点の間をトリミングしつつ詰めます。**編集点とは、クリップ（カット）のつなぎ目のこと**です。

1 適宜、タイムラインを縮小し、プロジェクトパネルから「3-3-2_mae.mp4」を選択し❶、先ほどリップルトリミングしたクリップの後ろにドラッグします❷。

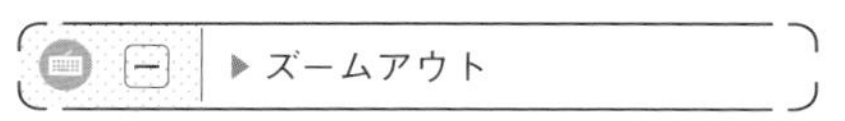

※テンキーの－は不可

2 再生して確認します。テンポよく見せるため、豚が身を乗り出す直前までリップルトリミングします。ここでは、再生ヘッド❸を、TC[00:00:20:24]まで進めます❹。

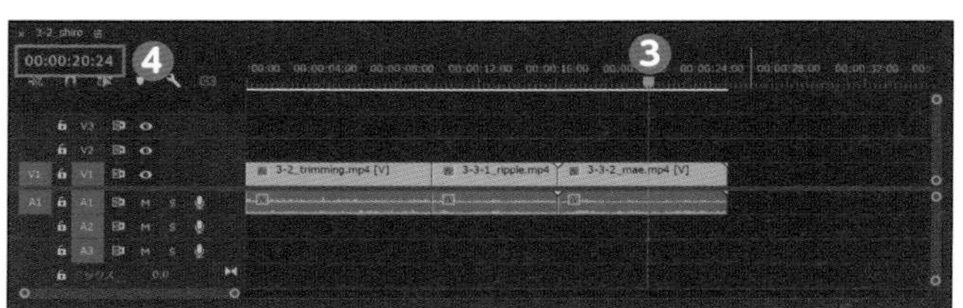

3 キーボードのQを押すと、前の編集点（クリップの頭）と再生ヘッドの間❺が、リップルトリミングされます。**ショートカットを使ったリップルトリミングはクリップを選択する必要がなく、再生しながらでも可能です。**

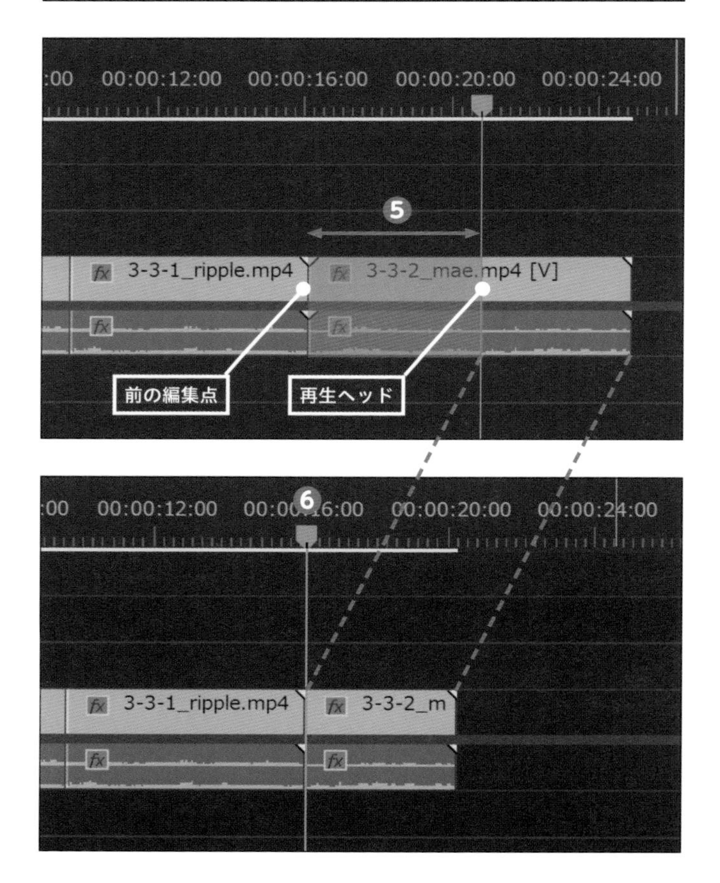

4 ❺がトリミングされ、再生ヘッドより右側にあったクリップが、再生ヘッドごと手前の編集点まで移動します❻。

再生ヘッドと次の編集点の間をリップルトリミングする

次は再生ヘッドから、次の編集点までをリップルトリミングします。

1 「3-3-3_ushiro.mp4」を選択し❶、先ほどのクリップの後ろにドラッグして❷、再生して確認します。

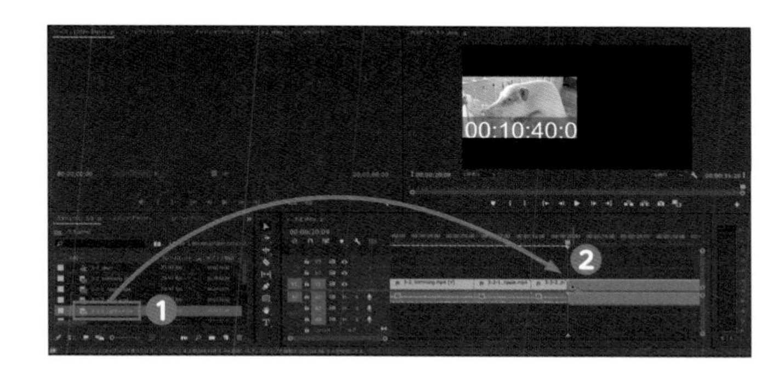

2 このクリップでは、オウムが女性の肩に乗っています。女性の顔とオウムが見えなくなる箇所まで使用したいので、ここでは再生ヘッド❸を、TC［00:00:27:00］まで進めます❹。

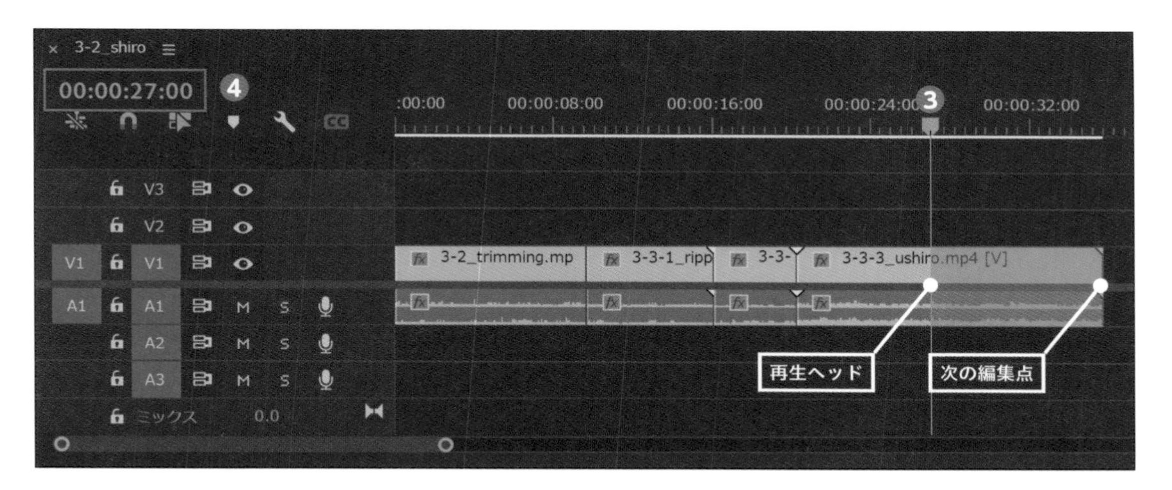

3 キーボードのⓌを押すと、再生ヘッドと次の編集点の間❺がリップルトリミングされました。

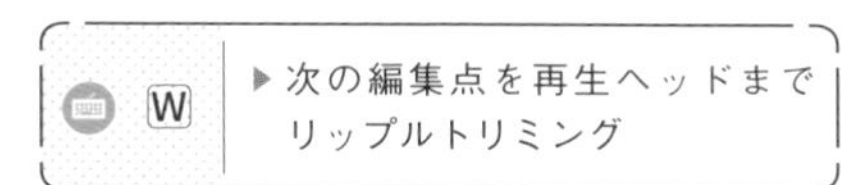

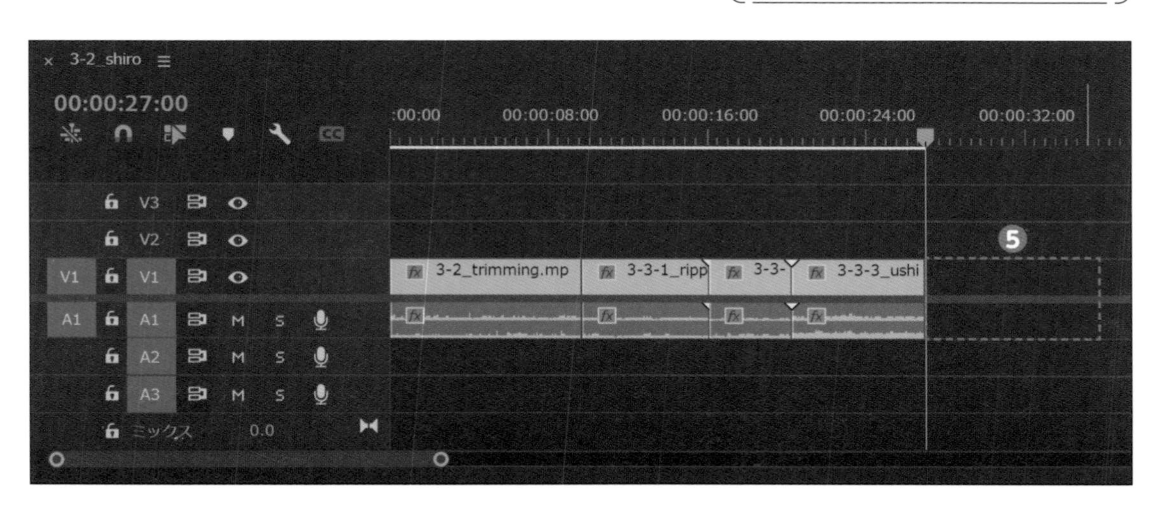

編集点を追加して、分割→削除してみる

クリップとクリップのつなぎ目である編集点を追加するとクリップが分割され、不要な部分を削除したり入れ替えたりできるようになります。編集点の追加は、レーザーツールやショートカットを使います。

レーザーツールで分割し、リップル削除する

レーザーツールは、クリップを分割して編集点を追加し、切り分けるときに使います。

1 3-3のデータをそのまま使用します。プロジェクトパネルの中から「3-4-1_laser.mp4」を選択し❶、3-3でリップルトリミングしたクリップの後ろにドラッグし❷、再生して確認します。

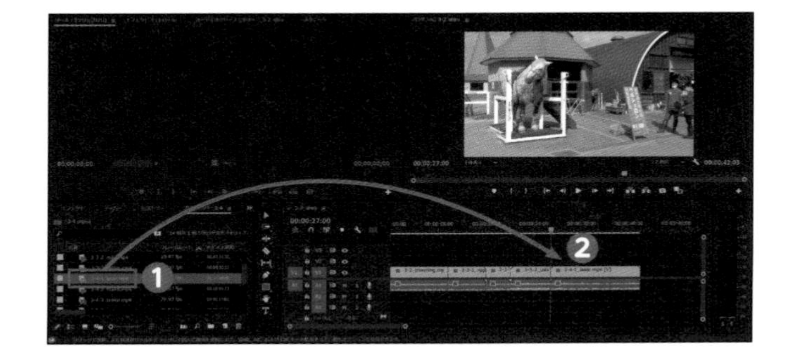

2 このクリップは、巨大な馬にカメラがズームしてから止まります。今回は、途中のズームしている箇所を分割して、削除してみましょう。再生ヘッド❸をズームする直前（TC [00:00:31:00]❹）までドラッグし、キーボードのC、またはツールパネルのレーザーツールを選択します❺。**レーザーツールはクリップの途中以外では使えません❻。**

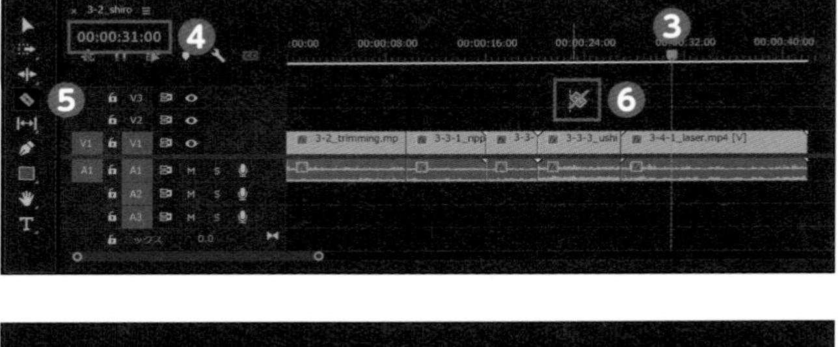

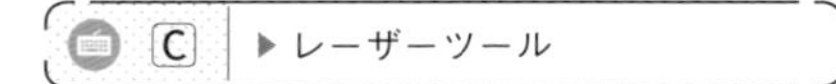

3 クリップの上にカーソルを持っていくと、カミソリマークになるので、再生ヘッドの位置でクリックして編集点を追加します❼。カーソルが、再生ヘッドの位置にあれば、上下にグレーの三角形のマークが出ます❽。

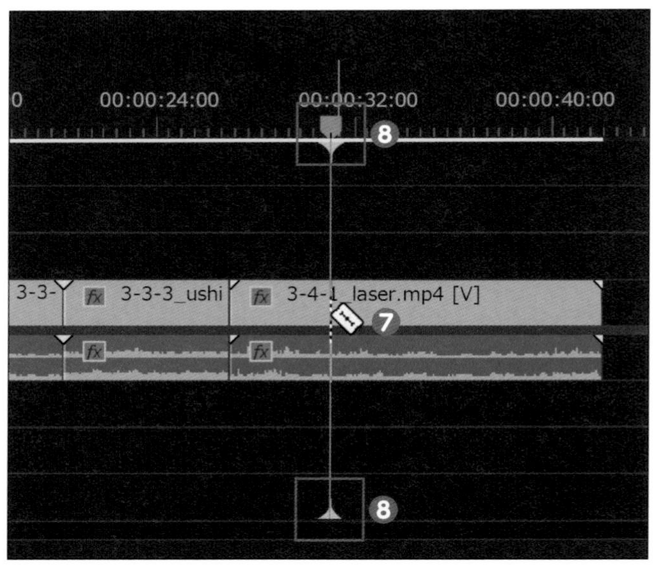

4 クリップに編集点が追加され、分割されました。レーザーツールのまま、キーボードの[Space]、または「▶」ボタンで再生し❾、ズーム後の落ち着いたタイミング(TC［00:00:35:03］❿)で、再度レーザーツールでクリックして分割します⓫。

5 キーボードの[V]を押して選択ツールに戻し、3分割した真ん中のクリップを選択して⓬、[Shift]+[Delete]でリップル削除します。

※Macの場合は[shift]+後方削除キーもしくは[option]+前方削除キー

● リップル削除とリップルトリミングの違い

クリップまたはギャップを「削除」して詰めるのが「リップル削除」、クリップを「トリミング」して詰めるのが「リップルトリミング」です。

6 レーザーツールで3分割したクリップの真ん中部分が削除されました⓭。再生して確認します。

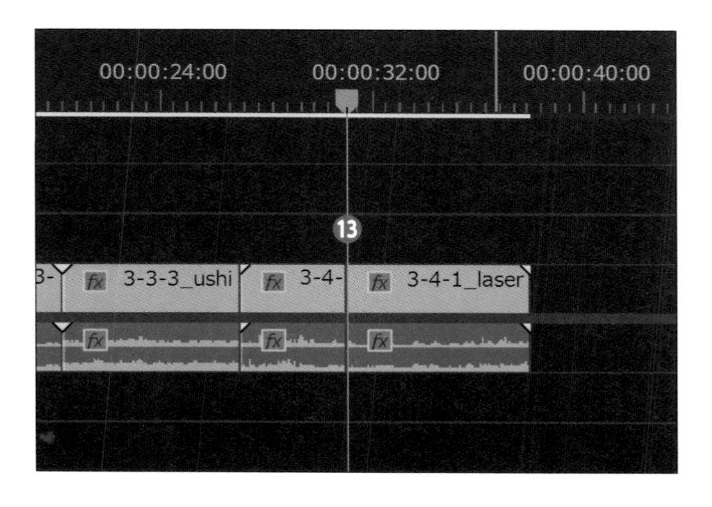

● レーザーツールのバリエーション

レーザーツールの状態で、通常のクリックだとビデオとオーディオを分割、[Alt]([option])+クリックでビデオ、またはオーディオのみ分割、[Shift]+クリックで全トラックを分割、というように効果が変化します。

編集点をすべてのトラックに追加する

複数のトラックにクリップがある場合（→P156など）に、まとめて編集点を追加するときは、レーザーツールよりも「編集点をすべてのトラックに追加」が便利です。

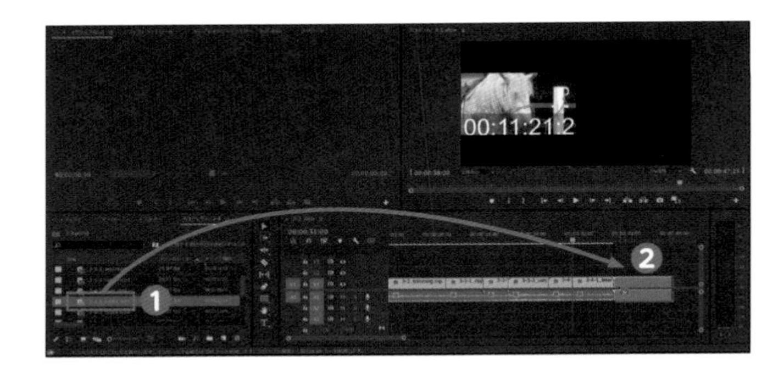

1 プロジェクトパネルの中から「3-4-2_tsuika.mp4」を選択し❶、タイムラインに配置されているクリップの後ろにドラッグします❷。再生して確認します。

2 再生ヘッド❸を、TC[00:00:41:29]に移動し❹、キーボードの Ctrl + Shift + K を押してクリップに編集点を追加します❺。

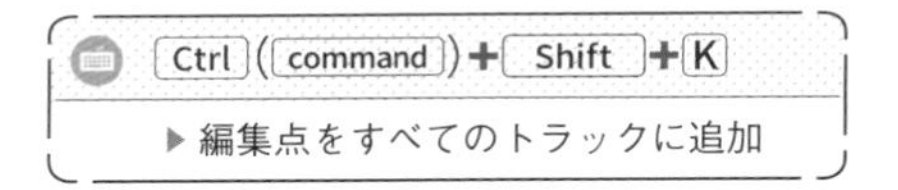

Ctrl（command）+ Shift + K

▶ 編集点をすべてのトラックに追加

3-2_shiro
00:00:41:29
00:00:32:00
00:00:48:00
V3
V2
V1
A1
A2
A3
ミックス
0.0
3-4-1_laser
3-4-
3-4-2_ts

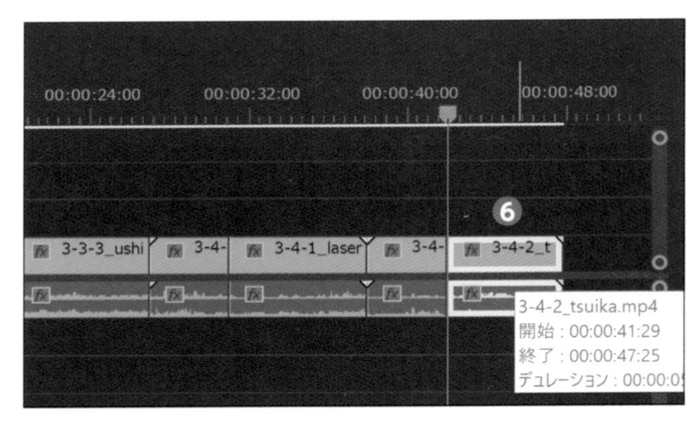

3 カットした後ろのクリップを選択し❻、キーボードの Delete を押して削除します。

4 別のクリップでもう一度やってみましょう。プロジェクトパネルの中から「3-4-3_tsuika.mp4」を選択し❼、タイムラインに配置されているクリップの後ろにドラッグします❽。

5 適宜、タイムラインを拡大して見やすくします。再生直後は子供が笑っていないので、腕を動かすところから使います。再生ヘッド❾を、TC［00:00:44:21］まで移動し❿、キーボードの Ctrl ＋ Shift ＋ K を押します⓫。

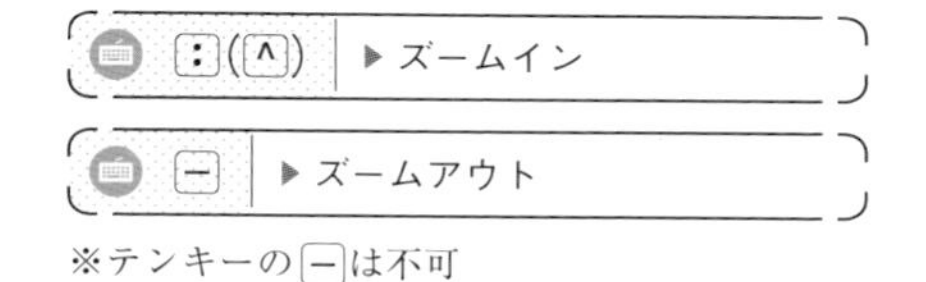

※テンキーの − は不可

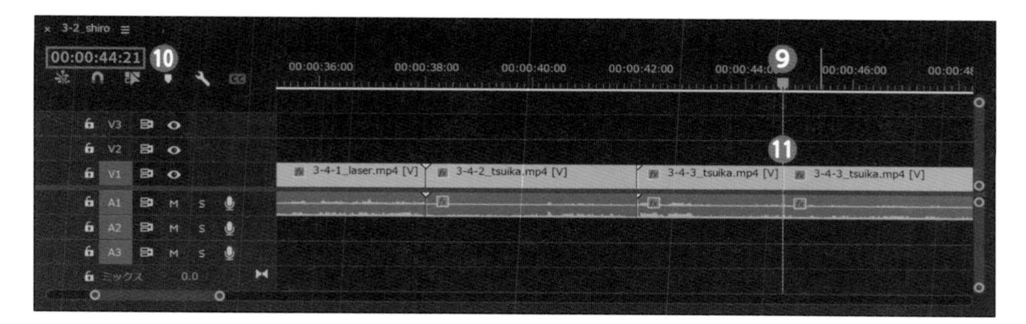

6 続いて、女性がうなずく直前（TC［00:00:49:16］⓬）で、再び Ctrl ＋ Shift ＋ K でカットします。これでクリップが3分割されました⓭。

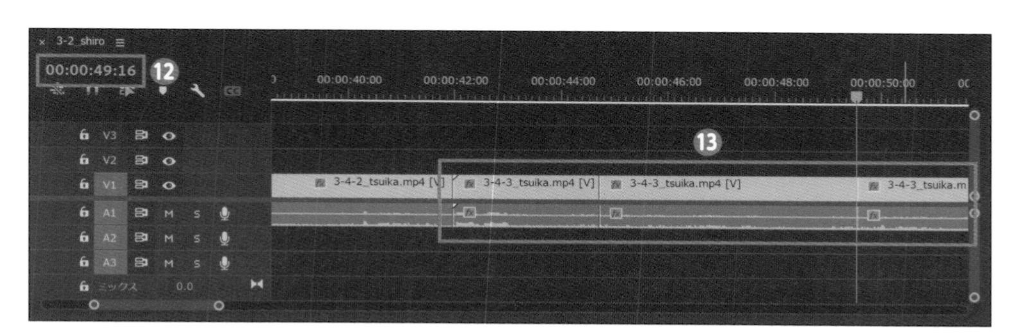

7 3分割したクリップのうち、前⓮と後ろ⓯を、Shift を押しながら選択し、Shift ＋ Delete でリップル削除します。クリップの真ん中部分が前に詰まるので、再生して確認します。

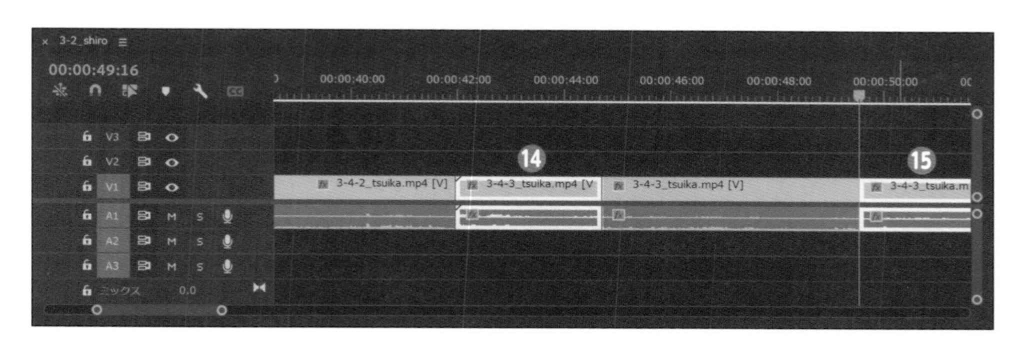

Check!

ショートカット変更で1キーで使えるようにする

「編集点をすべてのトラックに追加」はとてもよく使いますが、デフォルトのショートカットでは3つのキーを同時押ししなければいけません。このような場合は、1キーで使えるようにショートカットを変更するといいでしょう。詳しくはP246で解説しています。

範囲を決めて、削除してみる

編集では、範囲を指定して削除したり、そこに別クリップを挿入したりすることがあります。範囲を決めてリップル削除することを「抽出」といいます。

範囲を指定して抽出する ［インポイントとアウトポイント］

範囲を設定するときの、**はじまりの位置をインポイント（イン点）、終わりの位置をアウトポイント（アウト点）**といいます。抽出するためには、まずインポイントとアウトポイントを設定します。

1 3-4のデータをそのまま使用します。必要に応じて、タイムラインの幅を縮小しておきます。プロジェクトパネルの中から「3-5_tyuushutsu.mp4」を選択し❶、タイムラインに配置されているクリップの後ろにドラッグします❷。

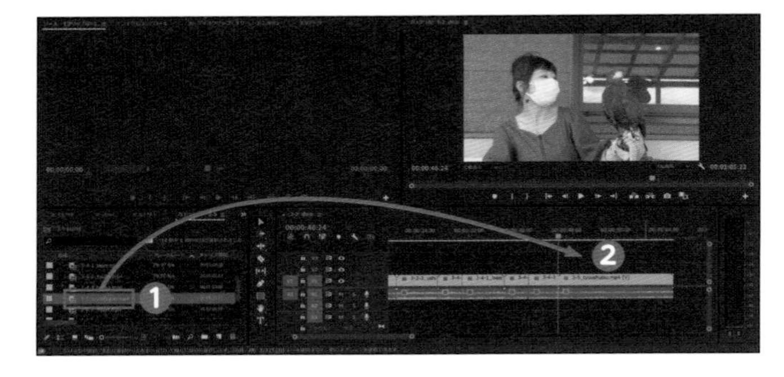

2 女性の手にタカが乗っているバストショットから、タカのパンアップにつなげるために、間を削除します。
再生ヘッド❸を、TC［00:00:50:26］まで移動し❹、キーボードの I、または「インをマーク」ボタンを押して❺、イン点を打ちます。

I ▶インをマーク

3 再生ヘッド❻を、パンアップの直前（TC［00:00:59:00］）で止めて❼、キーボードの O、または「アウトをマーク」ボタンを押して❽、アウト点を打ちます。これで、インアウトが打てました。

O ▶アウトをマーク

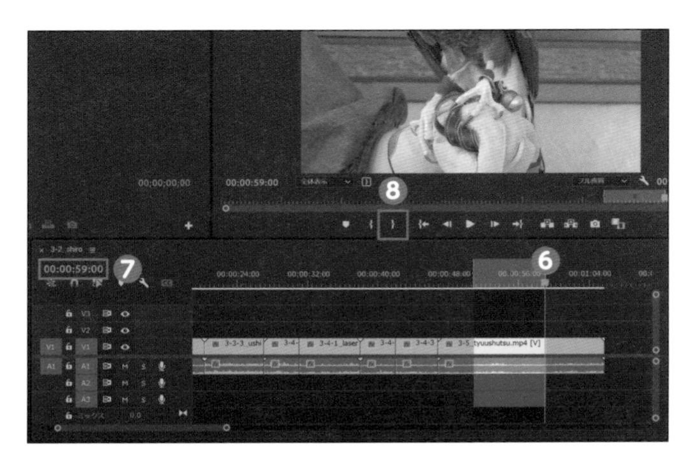

4 キーボードの;(セミコロン)、またはプログラムモニターの「抽出」ボタンを押すと❾、インアウト間がリップル削除されます❿。

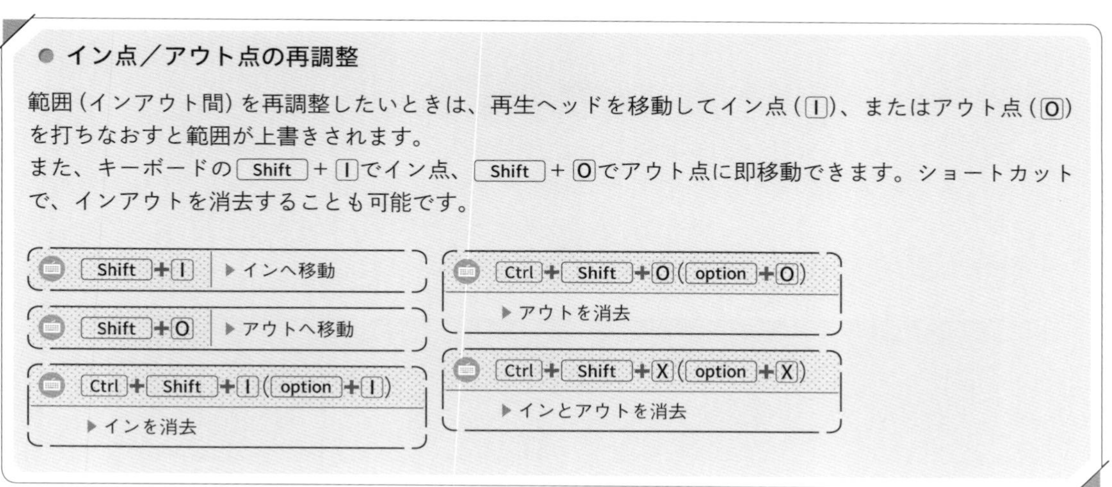

● イン点／アウト点の再調整

範囲(インアウト間)を再調整したいときは、再生ヘッドを移動してイン点(I)、またはアウト点(O)を打ちなおすと範囲が上書きされます。
また、キーボードの Shift + I でイン点、Shift + O でアウト点に即移動できます。ショートカットで、インアウトを消去することも可能です。

- Shift + I ▶インへ移動
- Shift + O ▶アウトへ移動
- Ctrl + Shift + I (option + I) ▶インを消去
- Ctrl + Shift + O (option + O) ▶アウトを消去
- Ctrl + Shift + X (option + X) ▶インとアウトを消去

Check!

☞ インアウト間を「削除」したいときは？

インアウト間をリップル削除ではなく、ただ単に「削除」したいときは「リフト」を使います。リフトで削除すると、ギャップが詰まりません。

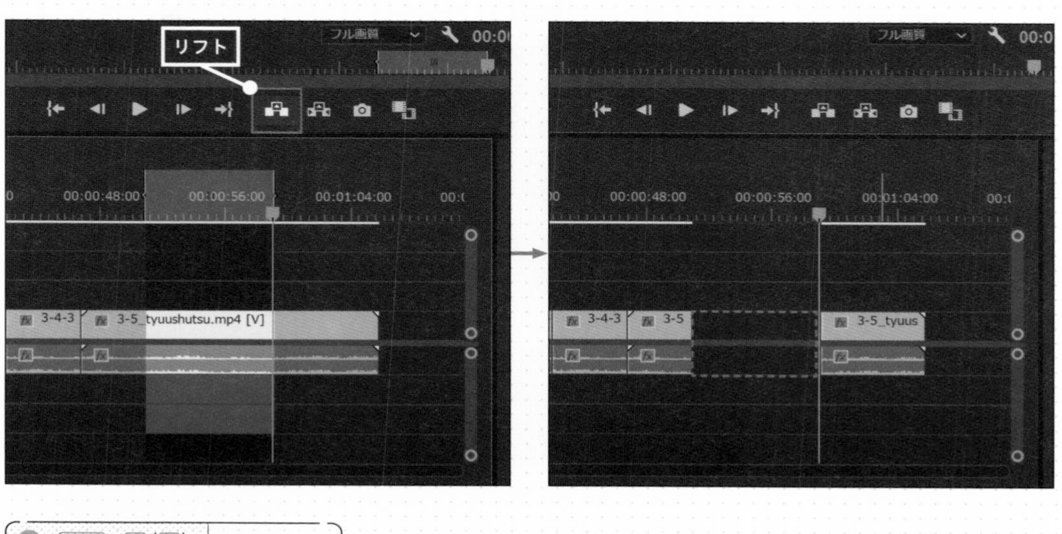

Ctrl + ; (;) ▶リフト

column

超重要！アウト点を打つときの注意

Premiere Proには、再生ヘッドの便利な移動方法があります。タイムラインパネルを選択した状態でキーボードの[↑]／[↓]を押してみてください。**再生ヘッドがどこにあっても、前後の編集点に移動できます。**Premiere Proに慣れてくると、ショートカットを使って編集点を移動することが当たり前になってきます。

[↑] ▶前の編集点へ移動

[↓] ▶次の編集点へ移動

「頭の1フレーム目」に移動することに注意

編集点の移動は、細かくいうと**各カットの「頭の1フレーム目」**に移動します。タイムラインを拡大するとわかりやすいですが、再生ヘッドに青い横棒がくっついているのが見えます。これは、**再生ヘッドが今、その1フレームを表示している**ということです。この横棒は拡大しないと見えないだけで、常にあるものです。

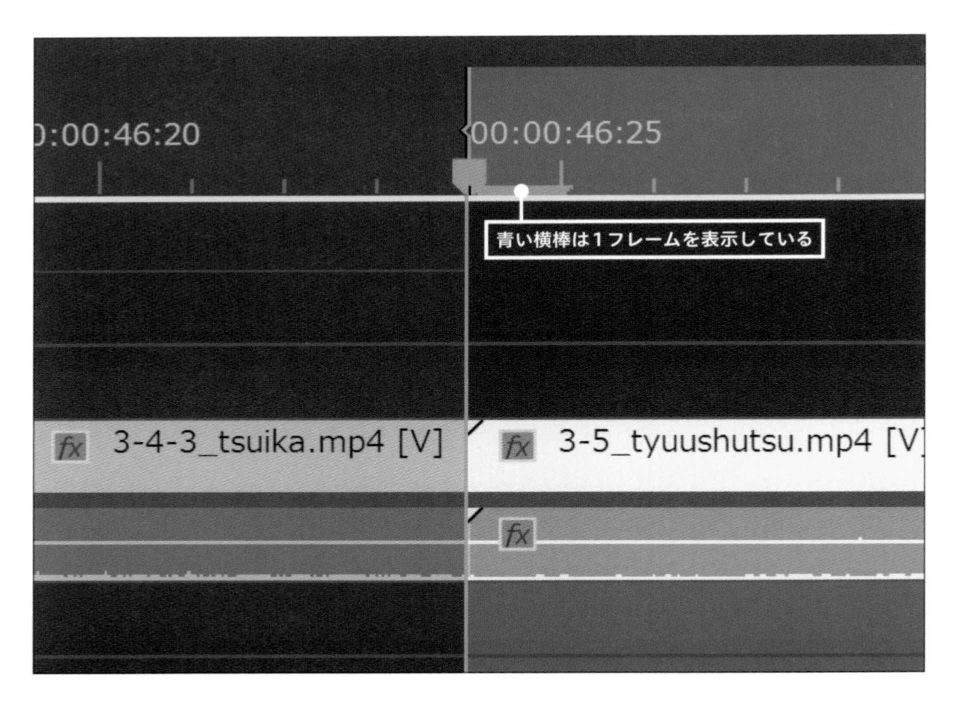

それを踏まえたうえでのお話になりますが、アウト点を打つときに注意が必要です。イン点は再生ヘッドの位置を基準にするので特に問題ありません。しかし、**アウト点は「お尻の1フレーム」を選択する必要があります。**……にもかかわらず、次の編集点に移動して、そのままアウト点を打つと、**次のクリップの頭の1フレームを含んでしまう**ことになります。

どこまで含むか意識してアウト点を打つ

先ほどのタカのカットを例にすると、前半は女性とタカのクリップ、後半はタカのパンアップの2カットになっています。

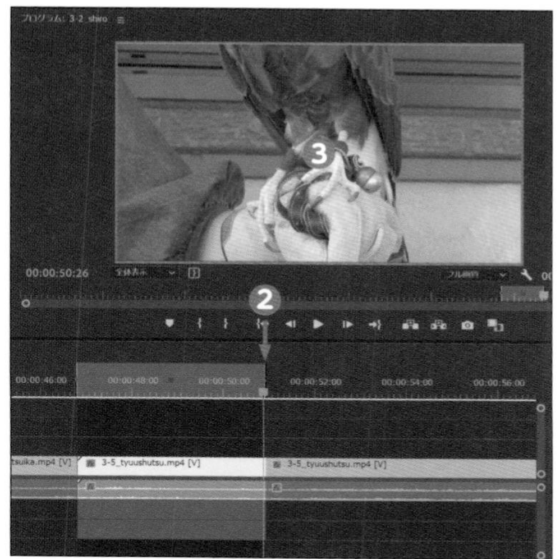

この状態で、手前のカットにインアウトを打つ場合にやってしまいがちなのが、女性とタカのカットの頭でイン点（I）を打ち❶、キーボードの↓を押して次の編集点（次のカットの頭）に移動、そのままアウト点（O）を打つ❷、という操作です。ところが、これだと、次のカットの頭の1フレームを含んでしまうことになります❸。

回避方法は、次の編集点に移動したら、1フレーム戻してアウト点を打つことです❹。その際、必要のないフレームが含まれていないかプログラムモニター❺などで確認しましょう。

正確なフレーム数を抜き出す必要があるときに1フレームずれてしまうと大変なことになります。どこまで含むかを意識してアウト点を打つようにしてください。

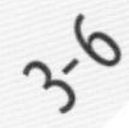

学習用ファイル／3-6.prproj

必要なカットを抜き出してみる

前節ではタイムライン上でイン点とアウト点を指定しました。今度は「ソースモニター」でクリップのイン点、アウト点を設定してから、タイムラインに配置します。

構成に合わせてカットを置く

- タイムラインに配置してから、不要な箇所を取り除く
- 必要なカットを選び抜き、使う範囲（インアウト）を決めてから、タイムラインに配置する

一見同じように見えますが、そこには大きな違いがあります。それは、頭の中に「構成」があるかどうかです。行き当たりばったりで不要な箇所をトリミングするよりも、**構成を念頭に置きながら、必要な箇所を選んで配置していくほうが、まとまった映像が出来上がります**。構成がある分、そのカットがどういう役割か理解できているからです。

カットを抜き出してインサート（挿入）する

1 3-5のデータをそのまま使用します。キーボードの End を押して、再生ヘッドをタイムラインの一番お尻に移動しておきます❶。その状態で、プロジェクトパネルの中から「3-6-1_insert.mp4」をダブルクリックし❷、ソースモニターに読み込みます❸。

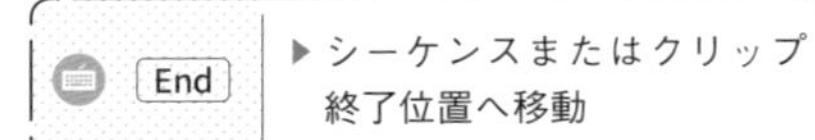

2 再生して確認します。フクロウが身を乗り出してエサを食べようとするので、顔がしっかり見えた位置（TC［00:12:10:01］❹）をスタートにします。キーボードの I 、または「インをマーク」ボタンをクリックし❺、イン点を打ちます。

I ▶インをマーク

3 次はアウト点を決めます。エサを食べ、こちらを見て一瞬止まったところまでを使います。
再生ヘッドを❻、TC［00:12:16:21］で止め❼、キーボードの O または「アウトをマーク」ボタンをクリックします❽。

O ▶アウトをマーク

4 キーボードの , （コンマ）を押してインサートします。あるいは、「インサート」ボタンをクリック❾、またはソースモニターの画面を Ctrl （ command ）を押しながらタイムラインにドラッグでも可能です。

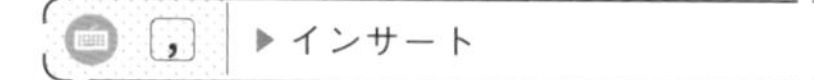

, ▶インサート

5 タイムラインの再生ヘッドの位置に挿入されました❿。再生して確認します。
インサートは、**再生ヘッドの位置にクリップを挿入します。後ろにクリップがある場合、インサートするクリップの長さだけ後ろにずれ込みます。**

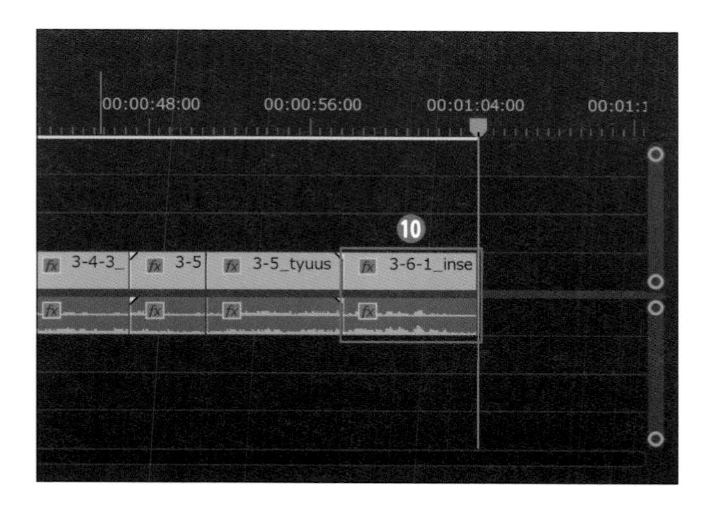

Check!

☞ 素材を効率よく確認するには？

素材の確認は、慣れるまでは等倍速度で確認し、慣れてきたら倍速、4倍速と速度を上げていきましょう。倍速で見て、気になる箇所だけ等倍に戻すようにすれば、効率よく素材をチェックできます。
なぜそのカットのその範囲を使ったか、理由が説明できると映像に説得力が増します。少しずつ意識していきましょう。

カットを抜き出して上書きする

1 次は、上書きで配置してみましょう。再生ヘッドが、タイムラインの一番お尻にある状態で❶、プロジェクトパネルの中から「3-6-2_uwagaki.mp4」をダブルクリックし❷、ソースモニターに読み込みます❸。

2 ここでは、フクロウがエサを食べはじめる直前をイン点にします。ソースモニターの再生ヘッド❹を、TC［00:12:36:24］で止めて❺、キーボードの I 、または「インをマーク」ボタンをクリックしてイン点を打ちます❻。

3 アウト点は、食べ終えたところまでを使います。ソースモニターの再生ヘッドをTC［00:12:42:15］で止めて❼、キーボードの O 、または「アウトをマーク」ボタンをクリックし❽、キーボードの . （ピリオド）を押して上書きします。あるいは「上書き」ボタンをクリック❾、ソースモニターの画面をタイムラインにドラッグでも可能です。

4 ここで一度、前後のつなぎを確認してみましょう。タイムラインパネルを選択した状態で、キーボードの ↑ を押して再生ヘッドを1つ手前の編集点に移動し❿、キーボードの Shift + K を押して前後を再生します。

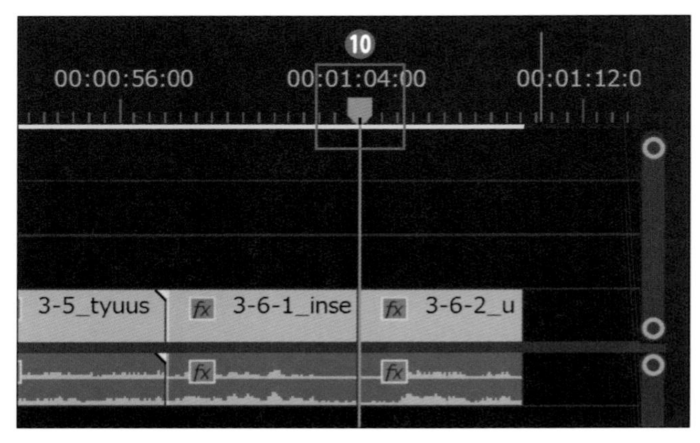

前後を再生

「前後を再生」は再生ヘッドの前後を再生したあとに、自動で再生ヘッドの位置に戻るので、繰り返し同じ箇所を確認するのに便利です。再生範囲は、メニューバーの編集（Macは「Premiere Pro」）→環境設定→「再生」のプリロールとポストロールの長さを変えることで変更可能です。

5 再生してみると、手前のフクロウのロングでは、フクロウが画面の右側を向いています。しかし、次のアップではフクロウは画面右側を向いていません。この違和感をなくしましょう。
キーボードの[Ctrl]+[Z]、またはクリップを選択→[Delete]を押して、先ほど配置したフクロウのアップを削除します⑪。

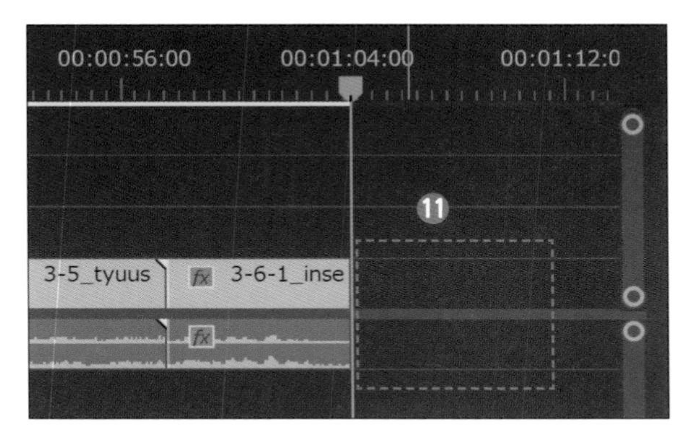

6 タイムラインのフクロウのロングを頭から再生して、フクロウが画面右側を向く手前（TC［00:01:02:28］⑫）で再生ヘッドを停止し⑬、もう一度、キーボードの[.]（ピリオド）を押します。

7 ソースモニターでインアウトを打ったクリップが、再生ヘッドの位置から上書きされました⑭。

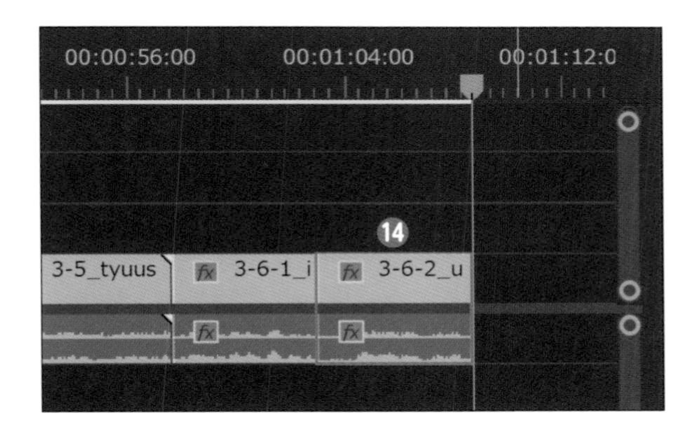

8 再度、キーボードの[↑]を2回押して、フクロウのロングの頭から再生します⑮。**同じ被写体で、サイズ違いのカットをつなぐときは、切り替わる前後で「向き」なども合わせるとより自然になります。**

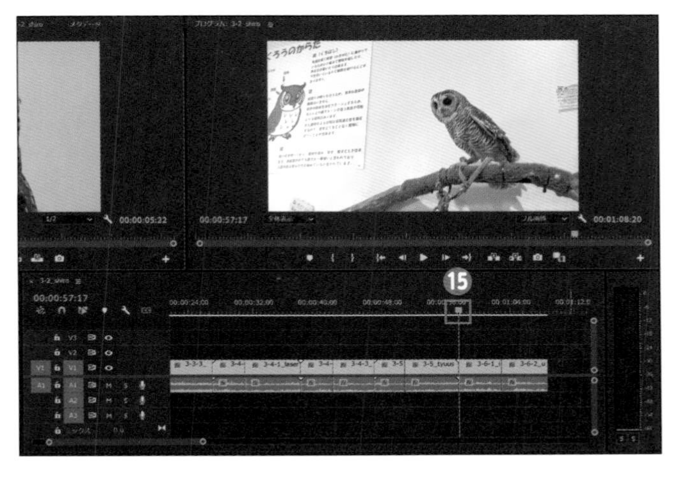

3-7 プログラムモニターへドラッグしてみる

プロジェクトパネルやソースモニターの素材は、「プログラムモニターへドラッグ」することでもタイムラインに配置できます。この場合、複数のメニューから配置方法を選択できます。

プログラムモニターからインサート（挿入）する

1 3-6のデータをそのまま使用します。キーボードの End を押して、タイムラインの一番後ろに再生ヘッドを移動します❶。プロジェクトパネルの「3-7-1_sounyu.mp4」❷を、プログラムモニターにドラッグすると複数メニューが表示されるので、真ん中の「挿入」の欄でドロップします❸。

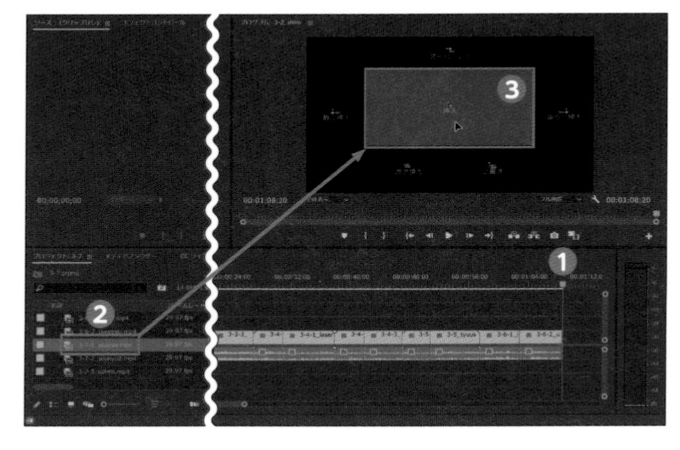

2 タイムラインの再生ヘッドが、一番後ろにあったので、クリップも一番後ろに挿入されました❹。

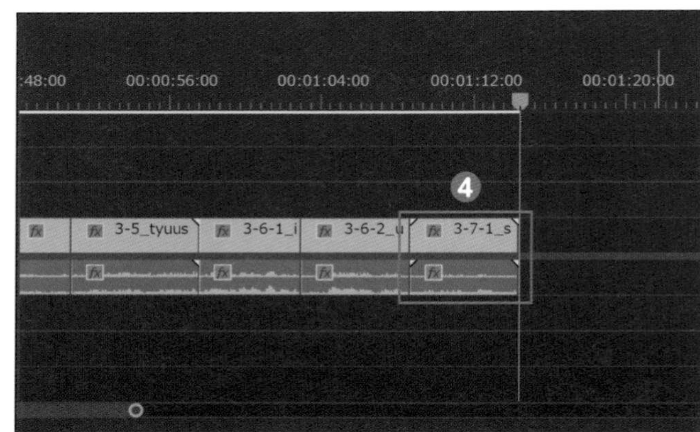

3 タイムラインパネルを選択後、キーボードの↑を押して、1つ手前の編集点に戻り❺、プロジェクトパネルの「3-7-2_sounyu2.mp4」❻を、プログラムモニターの「挿入」の欄にドラッグすると❼、背景にクリップが表示されます。これは背景に再生ヘッドの位置のクリップが表示されるためです。

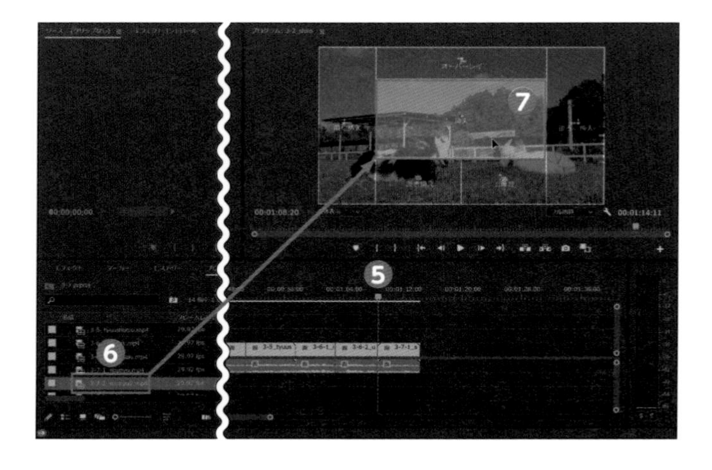

4 ドロップすると、クリップの間に挿入（インサート）されました❽。

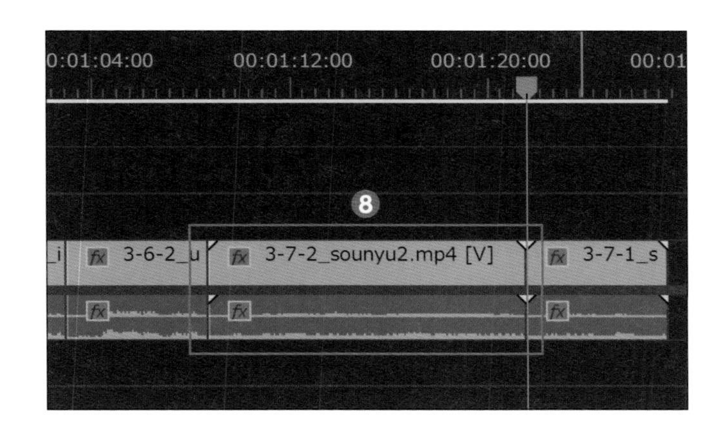

クリップの後ろに挿入する

1 再生ヘッドを、後ろから1つ手前のクリップの途中に、あえて移動します❶。プロジェクトパネルの中から「3-7-3_ushiro.mp4」❷を、プログラムモニターの「後ろに挿入」の欄にドラッグします❸。

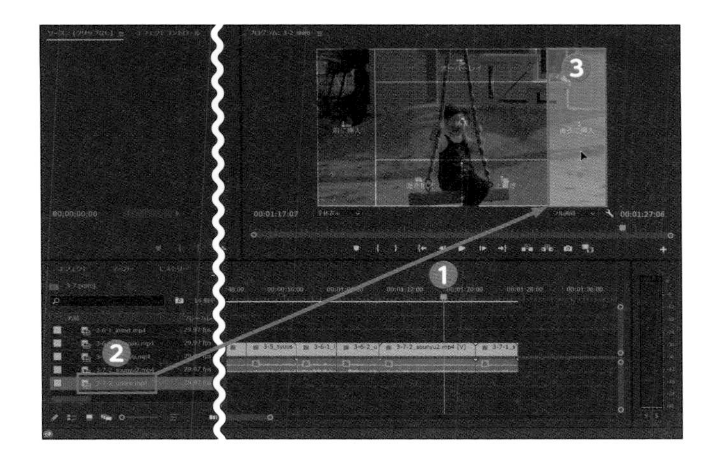

2 再生ヘッドのあったクリップの後ろに挿入されました❹。「前に挿入」、「後ろに挿入」**は再生ヘッドの位置がクリップの途中でも、そのクリップの前、または後ろに挿入されます。**ここで一度、保存しておきましょう。

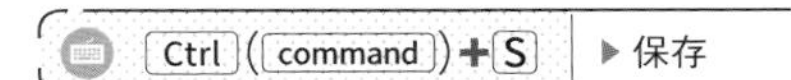

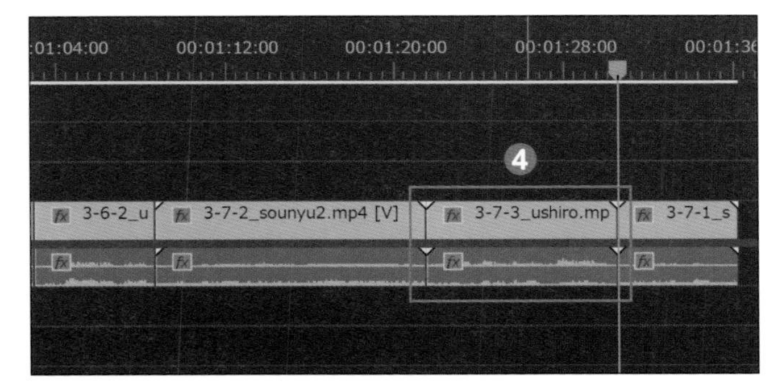

インポイントアウト点を打ちたいときはソースモニターから

プログラムモニターへのドラッグは、ソースモニターからでも可能です。インアウトを打ったうえで配置したいときは、ソースモニターから行います。

● プログラムモニターへのドラッグ時の画面

プロジェクトパネルの素材や、ソースモニターに読み込んだ素材を「プログラムモニター」に向かってドラッグすると、下のような分割された画面に切り替わります。

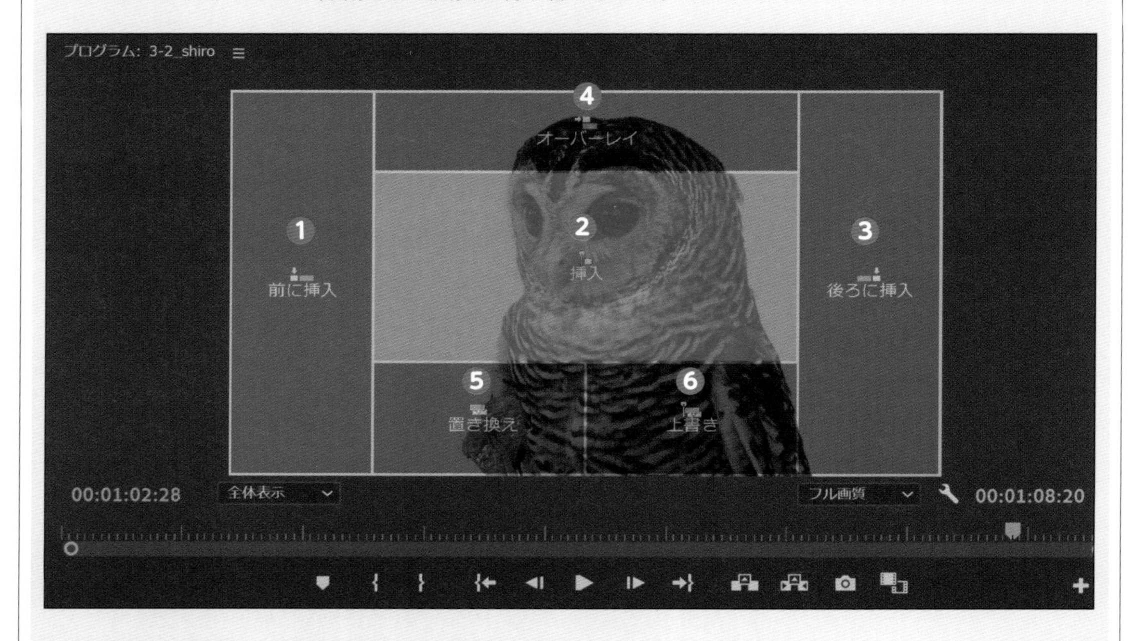

❶前に挿入：再生ヘッド位置のクリップの前に挿入
❷挿入：再生ヘッド位置にクリップを挿入。インサートと同義
❸後ろに挿入：再生ヘッド位置のクリップの後ろに挿入
❹オーバーレイ：再生ヘッド位置を起点に、上のトラックに配置
❺置き換え：再生ヘッド位置は関係なく、選択しているクリップと置き換え
❻上書き：再生ヘッド位置で上書き。上書きボタンと同義

■ 適用される対象は2種類

これらは大きく分けて、2つのグループに分かれます。

- **クリップが基準**：前に挿入、後ろに挿入、置き換え
- **再生ヘッドの位置が基準**：挿入、オーバーレイ、上書き

クリップが基準のもの、再生ヘッドの位置が基準のもの、それぞれの前に言葉を付け足すとわかりやすくなります。

- (クリップの) 前に挿入
- (クリップの) 後ろに挿入
- (クリップと) 置き換え

- (再生ヘッドの位置に) 挿入
- (再生ヘッドの位置に) オーバーレイ
- (再生ヘッドの位置に) 上書き

色合いを自動補正してみる

Premiere Proには、色調整の方法がいくつもあります。まずは一番簡単な、色を自動補正してくれる機能を使ってみましょう。

色合いを自動補正する

1 3-7のデータをそのまま使用します。ワークスペースは「カラー」を使うため、画面右上のワークスペースアイコンをクリックし❶、「カラー」を選択します❷。あわせてソースモニターのタブをLumetriスコープに変更しておきます❸。Lumetriスコープについては3-9で解説します。

2 ここでは、最初のクリップ(牧場のロング)に自動補正をかけてみましょう。
再生ヘッドをタイムラインの頭に移動し❹、最初のクリップを選択した状態で、画面右のLumetriカラーパネルにある「基本補正」をクリックします❺。

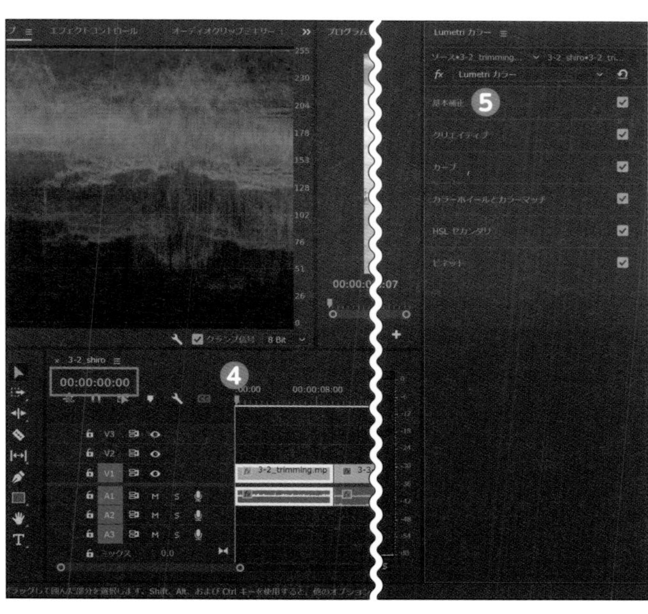

3 「自動」をクリックするだけで、自動補正がかかります❻。このクリップの場合、露光量や彩度が上がり、色鮮やかに明るくなりました❼。**Lumetriカラーパネル左上の「fx」を押すと❽、効果をオフにできる**ので、適用前と見比べることができます。

● 手動調整は5章で

クリップによっては、自動補正を適用するとバランスの悪い色味になることがあるので、そのときは手動で補正しましょう。手動での補正についてはP188で解説します。

Check!

FXバッジの色

クリップにエフェクトをかけると、「FXバッジ」と呼ばれるアイコンの色が変化します。色は複数あり、エフェクトの状態によって変わります。
ここでは、何も効果がかかっていない状態が「グレー」、Lumetriカラーを適用すると「紫」になるとだけ覚えておいてください。

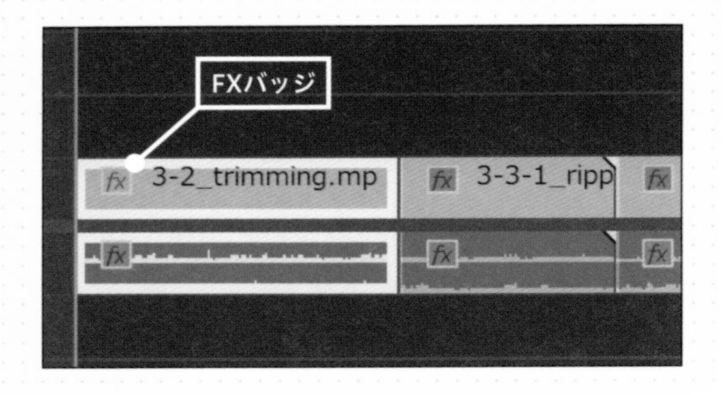

FXバッジの色	状態の説明
グレー	エフェクトなし(デフォルトの状態)
紫	固有でないエフェクト(ブラー/クロップ/レンズフレアなどのドラッグで適用する追加のエフェクト)が適用された状態
黄色	固有のエフェクト(モーション/不透明度/タイムリマップなどの最初から項目としてあるエフェクト)の変更や、オーディオの自動一致などが適用された状態
緑色	固有のエフェクトが変更され(黄色)、追加のエフェクト(紫)が適用された状態
赤の下線	ソースクリップエフェクトが適用(素材にエフェクトが適用された状態)

3-9 ホワイトバランスを補正してみる

クリップごとに違う「白」を、ホワイトバランスで補正します。あわせて、色の確認に使う「Lumetriスコープ」の「波形」の見方も覚えましょう。

クリップごとに違う「白」を整えるホワイトバランス

昼間の太陽、夕日、電球、蛍光灯など、撮影環境によって光源の色は変わります。人間の目は優秀なので、普段、それほど光源の色の違いを意識することはないかもしれません。ですが、カメラは色の違いを律儀に拾うため、色味を補正し、**白を白く映すための設定であるホワイトバランスが必要**になってきます。

特に、複数台のカメラを使ったマルチカメラ編集の場合は、カメラごとに色味が違ってくるのでホワイトバランスの調整は必須です。

ホワイトバランスをとる

1 3-8のデータをそのまま使用します。フクロウのクリップ（TC［00:00:57:17 ～］）を選択し❶、「Lumetriスコープ」を確認します（ソースモニターのタブから表示）。

Lumetriスコープは、ベクトルスコープ／ヒストグラム／波形などさまざまな表示が可能です。波形（RGB）以外になっている場合は、画面内で右クリックし、表示されるメニューの中から「波形（RGB）」を選択します❷。

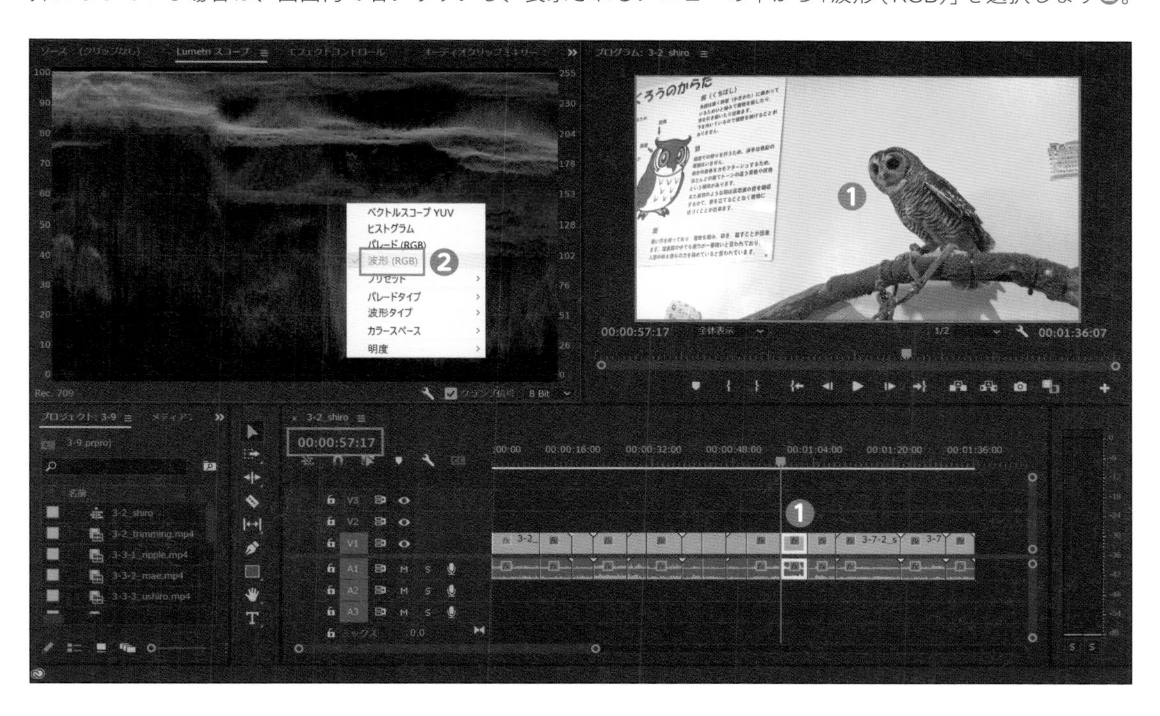

2 波形(RGB)について、ここでは、ざっくりと次のことだけ覚えておいてください。

- 横軸が映像と連動している(画面左側の要素が、波形でも左側に表示される)❸
- 縦軸が輝度で、上にいくほど明るく、下にいくほど暗い色を示す
- 波形(RGB)は、輝度と、R[レッド]、G[グリーン]、B[ブルー]の要素が確認できる

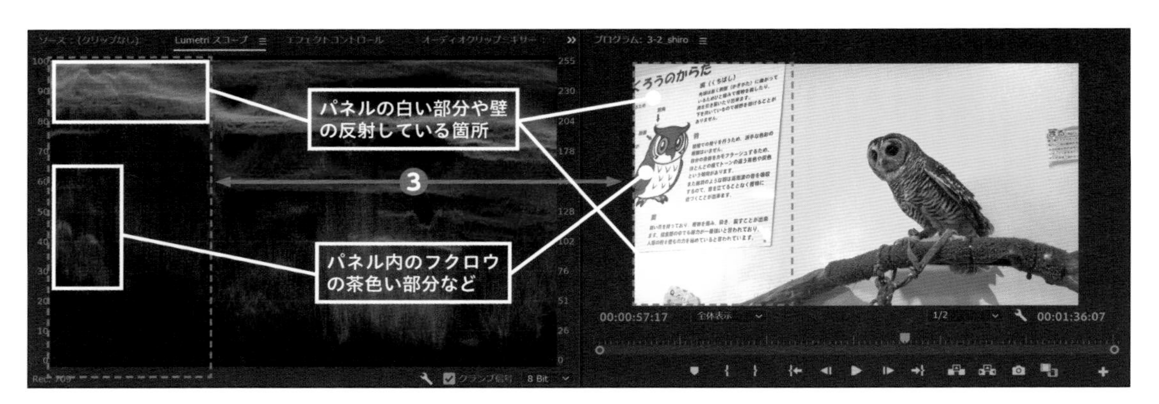

3 Lumetriカラーパネルの「カラー」の項目内、「ホワイトバランス」のスポイトをクリックします❹。**カーソルがスポイトに変わるので、映像内のホワイトバランスを整えるために白い部分をクリック**します❺。

4 ホワイトバランスが自動調整されました。補正前は赤みが強かった映像が、全体的にナチュラルになりました❻。波形(RGB)で見ると、明るい赤い部分も少し下がったのが確認できます❼。また、Lumetriカラーパネルの色温度と、色かぶり補正の数値も変化しました❽。この数値は、スポイトでクリックする場所がわずかに違うだけでも変わります。

カラーの項目

- **ホワイトバランス**:白を調整する
- **色温度**:スライダーを左で青が強く、右でオレンジが強くなる
- **色かぶり補正**:スライダーを左で緑が強く、右でマゼンタが強くなる
- **彩度**:色の鮮やかさを調整する

属性を別のクリップにペーストする

クリップのビデオやオーディオの属性（エフェクトなどの数値）はコピーすることができます。

1 先ほど、ホワイトバランスをとったフクロウのロングを選択して❶、キーボードの Ctrl ＋ C でコピーします。続けて属性をペーストしたいクリップを選択し（ここでは、隣のフクロウのアップ）❷、キーボードの Ctrl ＋ Alt ＋ V を押します。あるいは、クリップを右クリック→「属性をペースト」でも可能です。

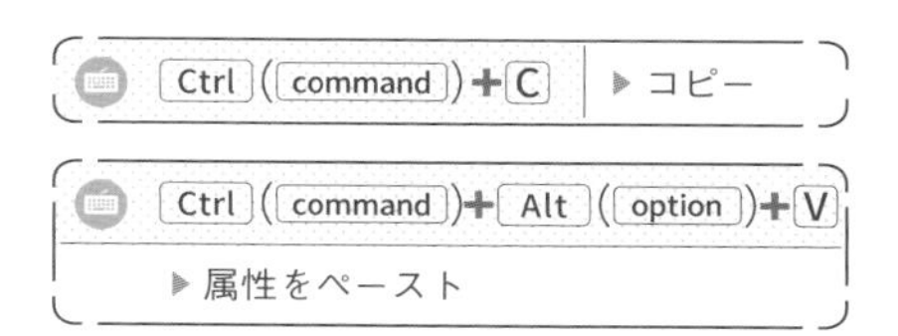

2 別の画面が表示されるので、ここではビデオ属性→エフェクト→Lumetriカラー❸のみにチェックを入れて Enter 、または「OK」をクリックします。

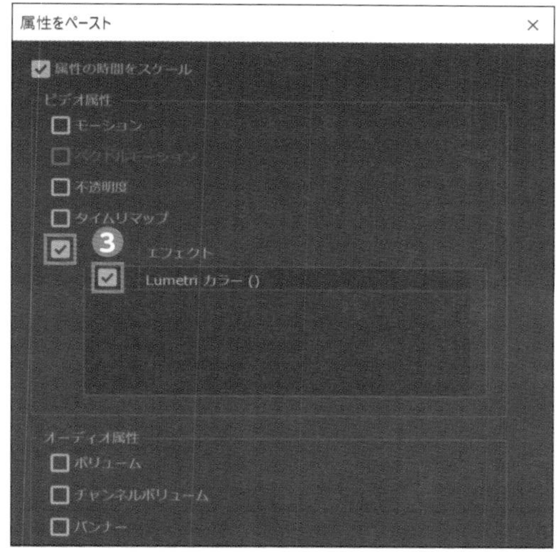

● ペーストできる内容

- **ビデオ属性**：モーション／ベクトルモーション／不透明度／タイムリマップ／エフェクト
- **オーディオ属性**：ボリューム／チャンネルボリューム／パンナー

3 フクロウのアップにも同じ設定がコピーされました。数値を確認します❹。
タイムラインのクリップもFXバッジが紫に変化し、エフェクトが適用されたのが確認できます❺。

音を自動調整してみる

音量はクリップごとに違います。大きすぎる音、小さすぎる音は調整して聞き取りやすくしましょう。ここでは「ラウドネス」を基準値として音量を自動補正します。

音声レベルの運用基準値：ラウドネス

音の調整をするにあたり、知っておいてもらいたいのが「ラウドネス」です。これは人が耳で感じる音量の指標です。また、**「音は大きすぎても小さすぎてもダメ。この範囲にしましょう」**という平均ラウドネス値を、**ターゲットラウドネス値**といいます。

Premiere Proのラウドネス設定

テレビ	-24.0 LKFS ／ LUFS（±1）
YouTube	-14 LKFS ／ LUFS
Netflix	-27 LKFS ／ LUFS

※LKFSとLUFSは規格の違いだけで基本は同じ単位

テレビの場合、-24.0 LKFS ／ LUFSと決められていて、誤差±1の範囲に揃えることで、番組ごとの音声レベルのバラつきを防いでいます。YouTubeや映画、その他のメディアではそれぞれ基準値が違うため、**各メディアに合わせた音声レベルで作成する必要があります**（上の表を参照）。この単位は、数値が「0」に近いほど音が大きくなります。

音声レベルの単位：デシベル

映像では、音声レベルの単位に「-dB（デシベル）」を使います。ラウドネスが人間の感覚を加味するのに対して、デシベルは音や振動の強度を表します。こちらも「0」に近づくほど大きくなります。「-dB」を、人間の耳で感じる指標に計りなおしたものがラウドネスです。

音の調整方法

音の調整は、大きく分けて**トラック単位とクリップ単位**に分かれます。さらに、クリップ単位の調整は、エッセンシャルサウンドを使った自動調整、ゲインなどの手動調整に分けられます。次ページから紹介するのはエッセンシャルサウンドを使った自動調整です。

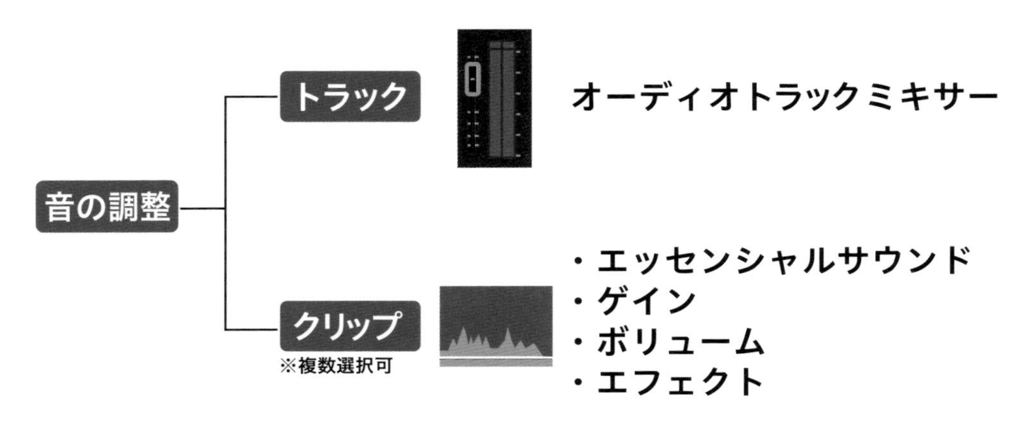

クリップ単位で自動調整する：ラウドネスの自動一致

あらかじめ用意されている項目を選んで設定するだけで、項目に合わせた音量に自動調整してくれる機能が「ラウドネスの自動一致」です。

1 3-9のデータをそのまま使用します。画面右上のワークスペースアイコンをクリックし❶、ワークスペースを「オーディオ」に変更します❷。

2 ここで、音の調整をする前に波形を見やすくしましょう。タイムラインパネルを選択し、Shift ＋ B を数回押して、オーディオトラックの縦幅を拡大します❸。オーディオのスクロールバーでも調整が可能です❹。再生すると、各クリップの音量に多少ばらつきがあるのが確認できます。

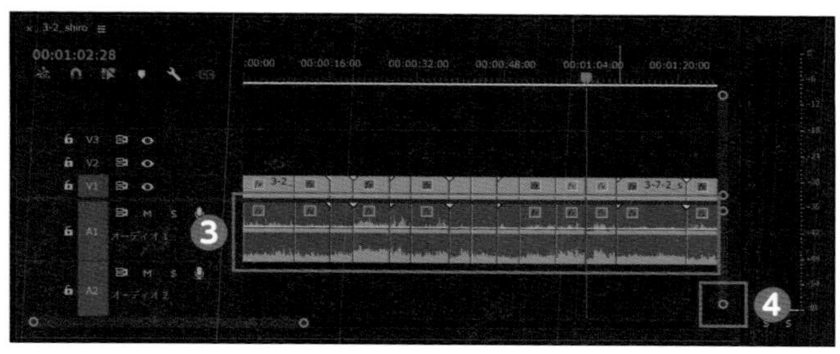

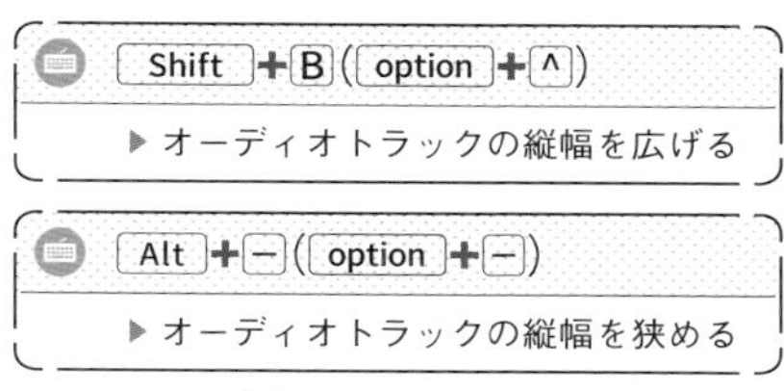

Shift ＋ B（option ＋ ^）
▶ オーディオトラックの縦幅を広げる

Alt ＋ −（option ＋ −）
▶ オーディオトラックの縦幅を狭める

※テンキーの − は不可

3 続けて、キーボードの ¥ を押してシーケンス全体が見える状態にしてから❺、キーボードの Ctrl ＋ A ですべてのクリップを選択します❻。クリップを選択すると、エッセンシャルサウンドパネルのオーディオタイプが選べるようになるので「環境音」をクリックします❼。

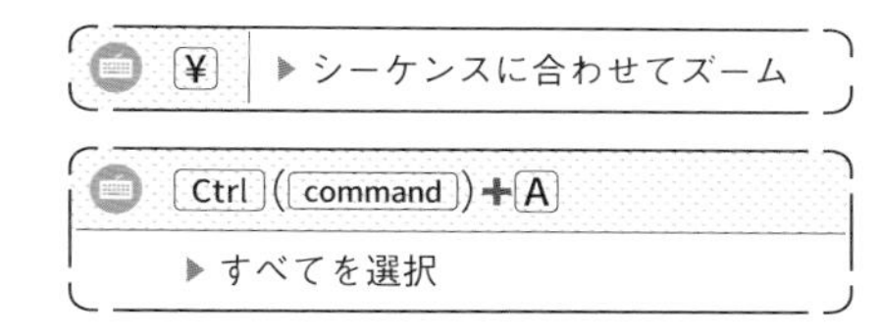

¥ ▶ シーケンスに合わせてズーム

Ctrl（command）＋ A
▶ すべてを選択

4 設定画面に切り替わります。「ラウドネス」をクリックして❽、「自動一致」をクリックすると、文字が青くなり適用されます❾。

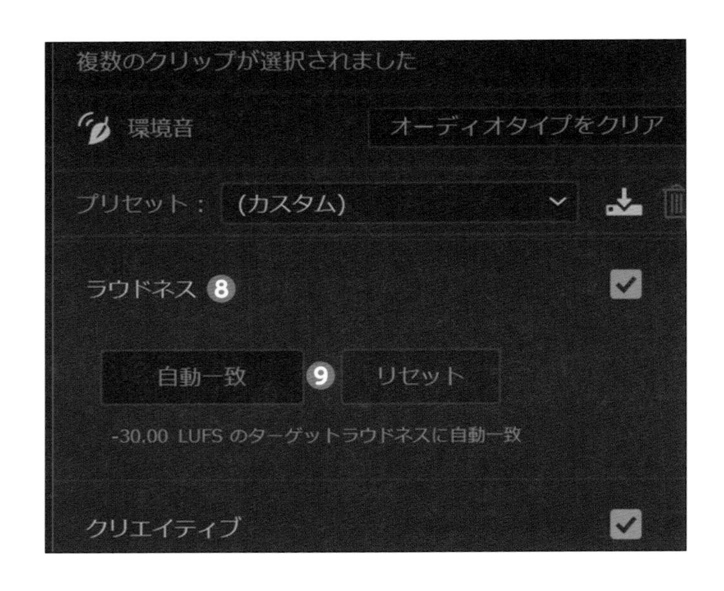

5 自動一致が適用されて、選択したクリップが環境音の音量に調整されます。同時に、オーディオのFXバッジが黄色に変わります❿。再生して、音量が一定になったのを確認します。

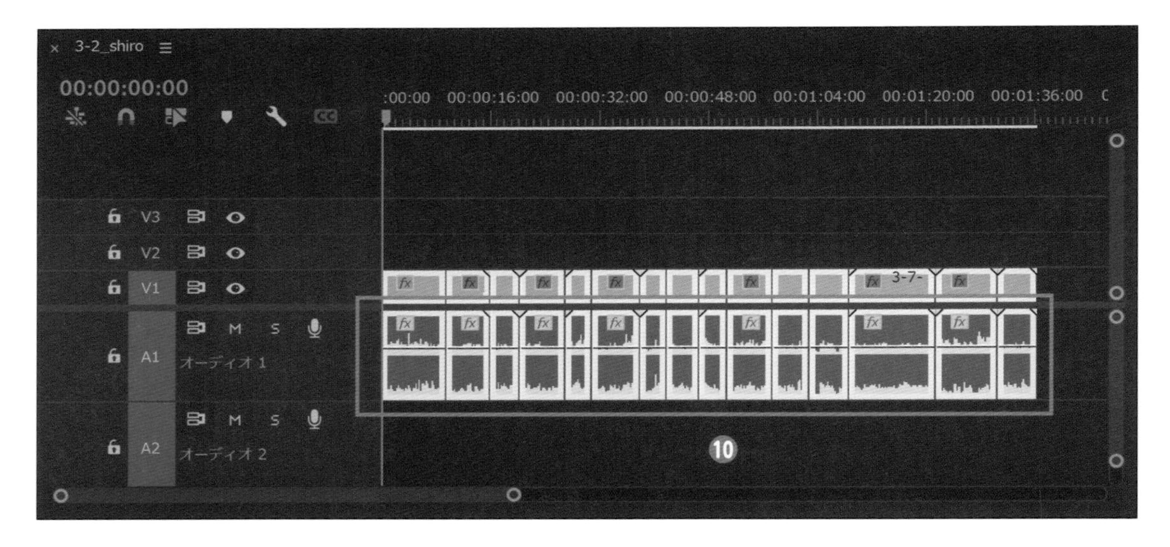

オーディオタイプ

オーディオタイプ（音の種類）は大きく4つに分けられます。選択するオーディオタイプによって設定できる項目が変わってきます。また、「自動一致」を適用したときの基準値がそれぞれ異なります。

オーディオタイプ	自動一致の値	主な用途
会話	-23 LUFS	ナレーション、インタビュー、セリフなど
ミュージック	-25 LUFS	音楽・歌。会話の後ろで流れるBGMなのか、セリフなどと同じように聴かせるのかで調整が必要
効果音	-21 LUFS	演出用の音。SE（Sound Effectの略）とも呼ばれる　例：クイズの正解音（ピンポン）など
環境音	-30 LUFS	その場の音、またはそれを再現したもの

Check!

☞ ラウドネス「自動一致」のリセット

1 ラウドネスの自動一致をリセットするときは、適用したクリップを選択している状態で、エッセンシャルサウンドパネル内の「リセット」を押します❶。

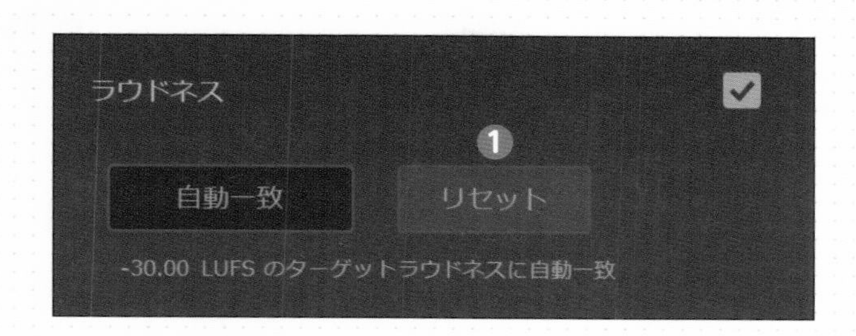

2 自動一致がリセットされて、文字がグレーになります❷。ただし、オーディオタイプはまだ環境音が適用されている状態です。続けて「オーディオタイプをクリア」をクリックします❸。

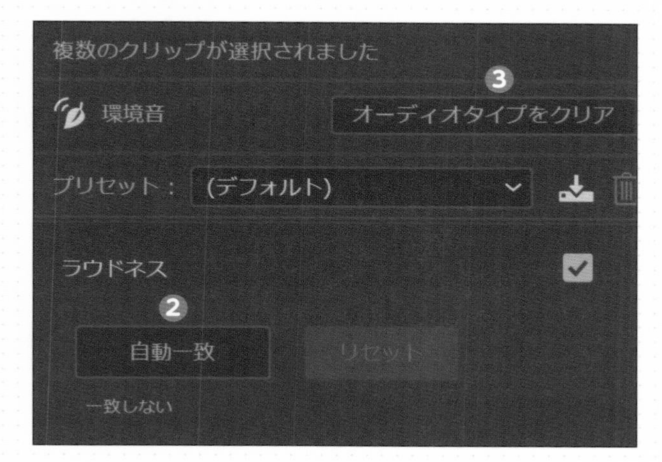

3 エッセンシャルサウンドパネルが適用前の状態に戻りました❹。

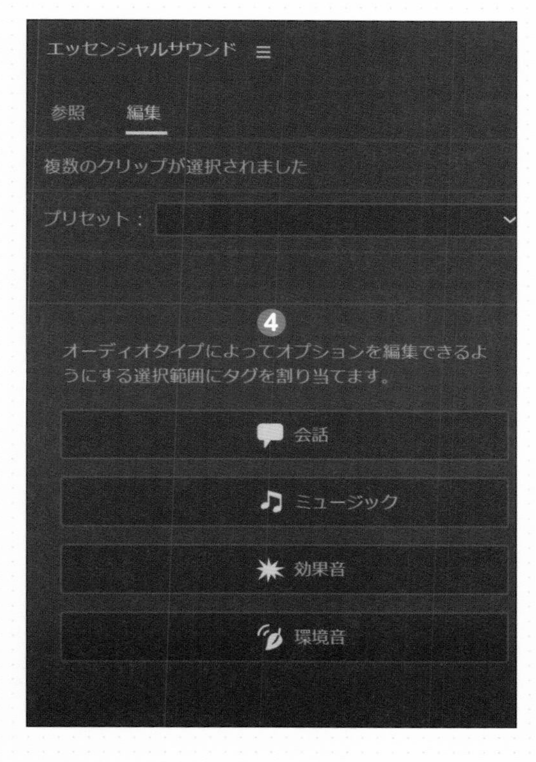

音楽(BGM)を入れてみる

動画に音楽を追加します。音楽は主体として聞かせるパターンもあれば、ナレーションなどをメインとして、BGM(背景音、Background Musicの略)として入れる場合もあります。

オーディオクリップを追加して、音量を確認する

1 3-10のデータをそのまま使用します。キーボードの Ctrl ＋ I を押して❶、読み込むファイルを選択します。ここでは、PC→ビデオ→Pr_Intro→Chapter3→3-2→02_footage→「春のテーマ -Spring field- 尺調整後.wav」❷を読み込みます。

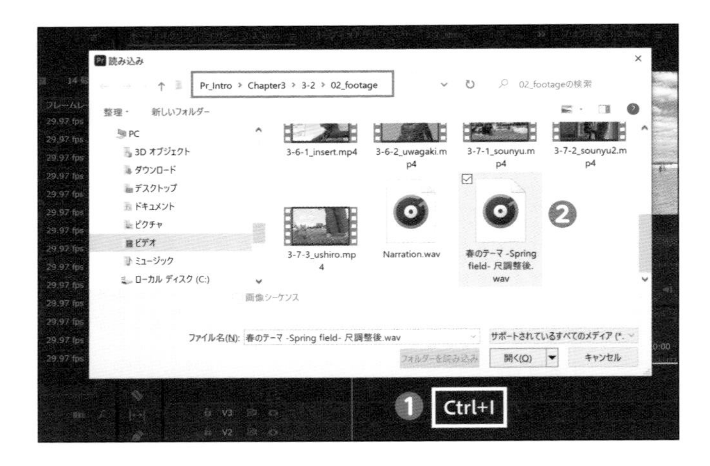

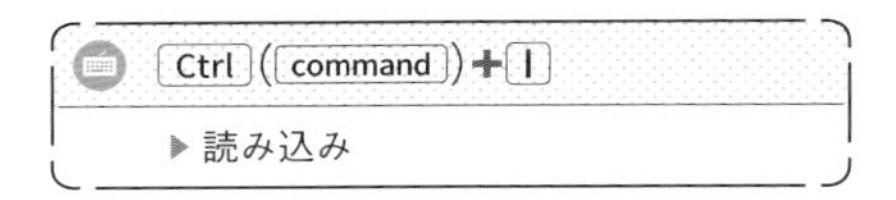
Ctrl(command)＋I
▶読み込み

2 読み込んだ「春のテーマ -Spring field- 尺調整後.wav」を、A2のオーディオトラックにドラッグします❸。ビデオの頭に合わせて入れます。

3 このまま再生すると、ビデオクリップの音と、オーディオクリップの音が同時に再生されるので、音楽単体の音量がよくわかりません。**確認したいトラックの「S(ソロトラック)」ボタンをクリックすると❹、Sの文字が黄色くハイライト化され、そのトラックのみ再生される**ようになります。再生して、オーディオメーターを確認すると、ところどころオレンジがかっているのが確認できます❺。これは音量が大きすぎることを意味します。

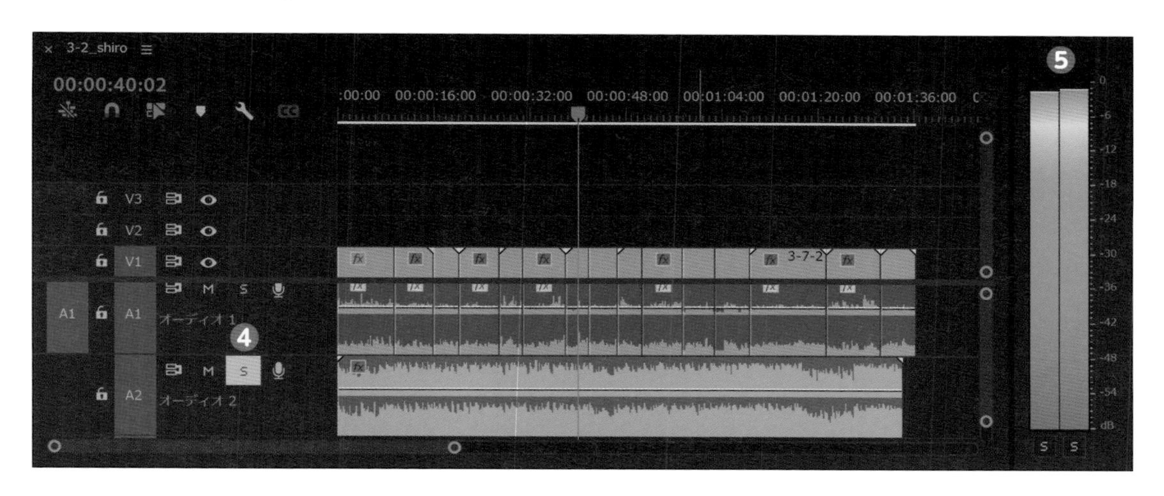

4 音が大きいことを、視覚的にわかりやすくするために、オーディオメーターパネルの**メーター内か数字の位置(赤枠の範囲)で右クリック**して「カラーグラデーションを表示」のチェックを外します❻。

5 再生すると、オーディオメーターの色が「赤／黄／緑」にクッキリと分かれて見えるようになりました❼。

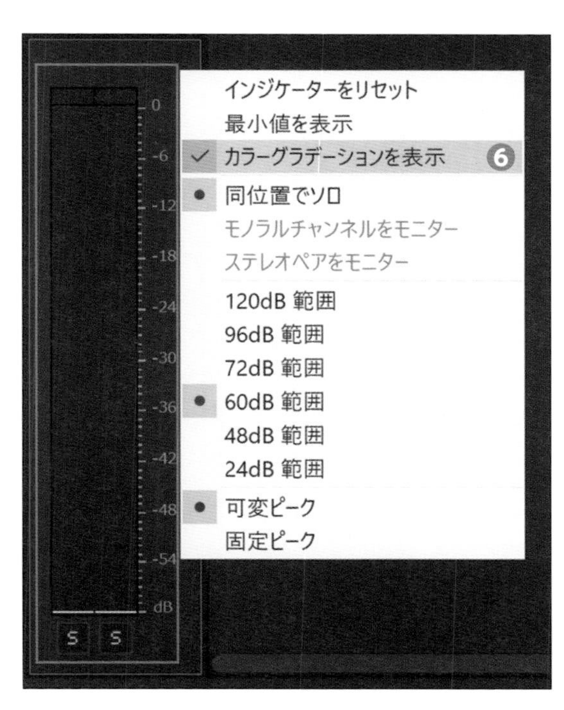

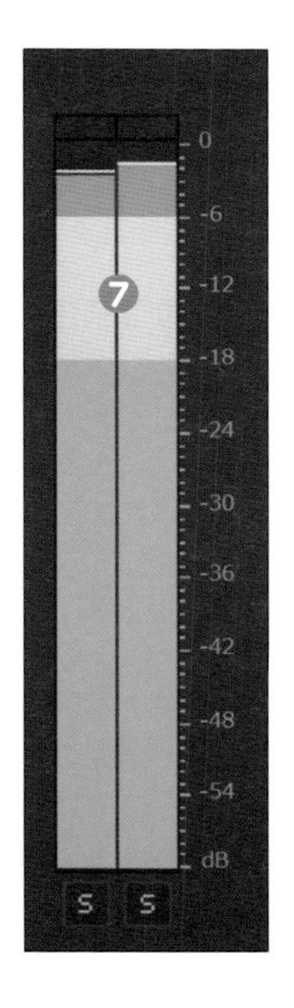

オーディオゲインで音量を調整する

1 次は、音を手動で調整していきましょう。A2トラックのオーディオクリップを選択した状態で❶、キーボードの[G]を押します❷。クリップを右クリック→「オーディオゲイン」でも可能です。

[G] ▶オーディオゲイン

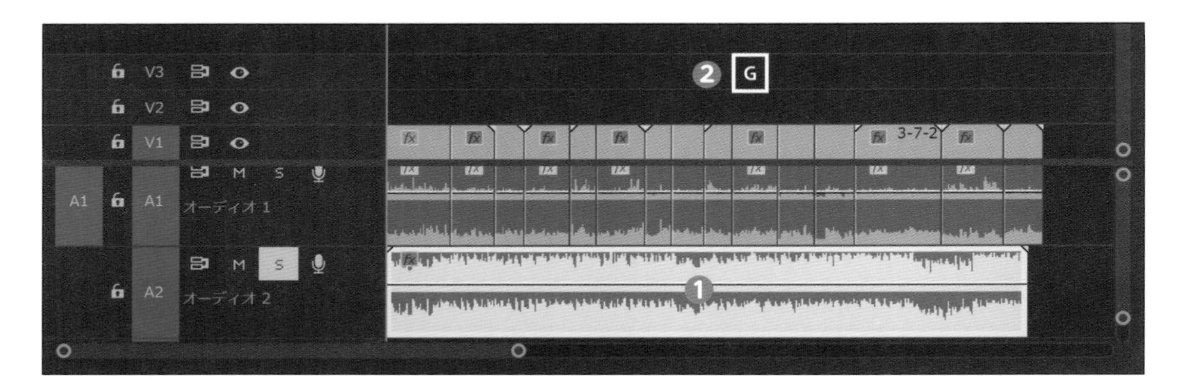

2 別の画面が開くので、ゲインの調整の数値を「-8」と入力し❸、キーボードの[Enter]または「OK」をクリックすると、オーディオクリップの音量が「-8dB」下がります。

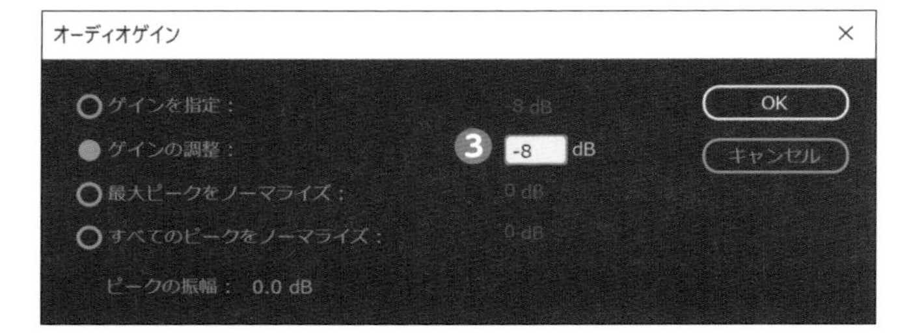

3 A2トラックのオーディオクリップの波形が小さくなったのが確認できます❹。ソロトラックボタンをクリックして解除し❺、もう一度再生すると、ビデオクリップの音と音楽が同時に聞こえます。オーディオメーターでも確認すると、赤い部分が見えなくなっています❻。

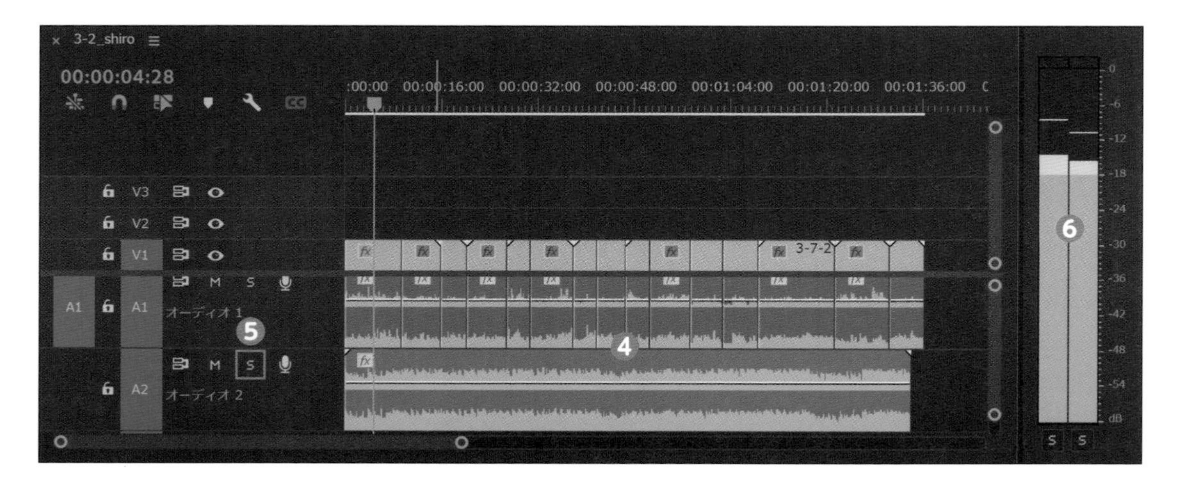

曲のはじまりの位置を調整する

1 ここでは、音楽が少し遅れてはじまるように開始位置を変更します。適宜、見やすいようにタイムラインを拡大してください。キーボードのHome❶→Shift＋→を3回押し❷、再生ヘッドをTC［00:00:00:15］に移動します❸。

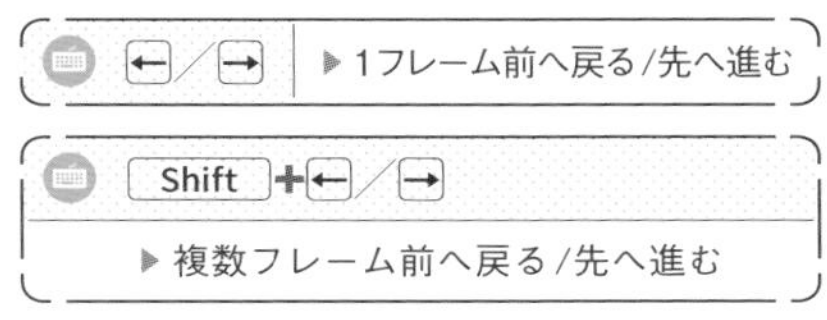

※5フレームずつ移動

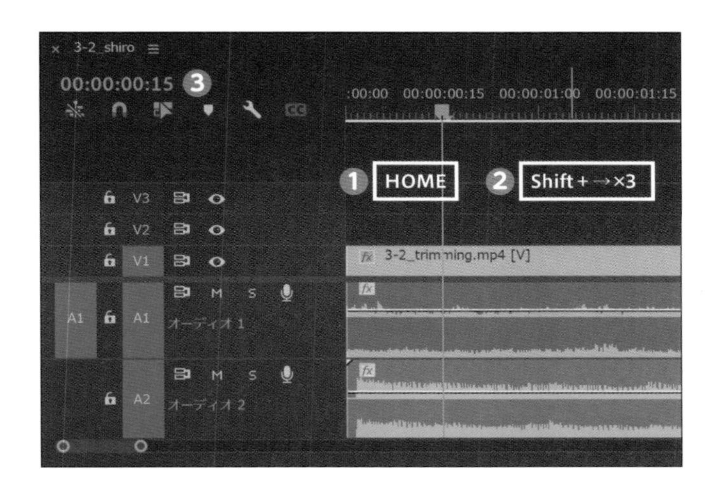

2 続けて、A2のオーディオクリップの頭を再生ヘッドに合わせて、移動します❹。
次は、ビデオクリップの音にフェードをかけていきます。

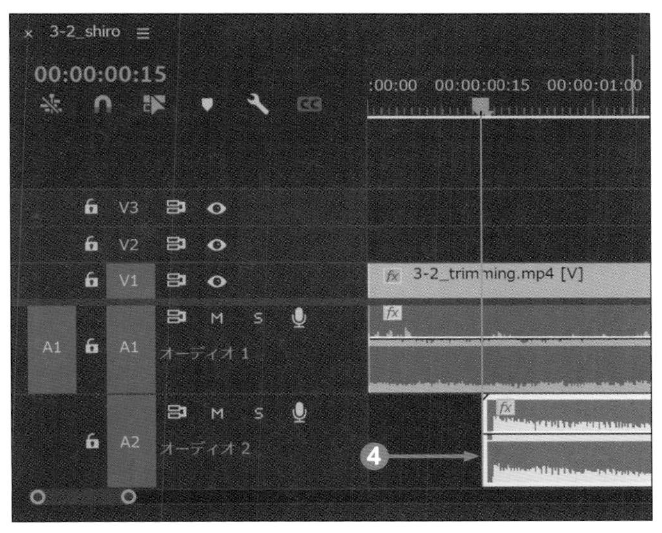

Check!

「0dB」を超えないように注意！

音で絶対やってはいけないことは、「0dB」を超えることです。0dBを超えると、音割れが発生します。
音割れがどういう状態か確認したい場合は、試しに「ゲインの調整」の数値を＋30dBなどに上げて、波形が正しく表示できない状態で再生してみてください。オーディオメーター上部が赤く点灯し、再生すると、ひび割れたような音になるのがわかります。音割れ確認後は、保存せずに元の設定に戻してください。

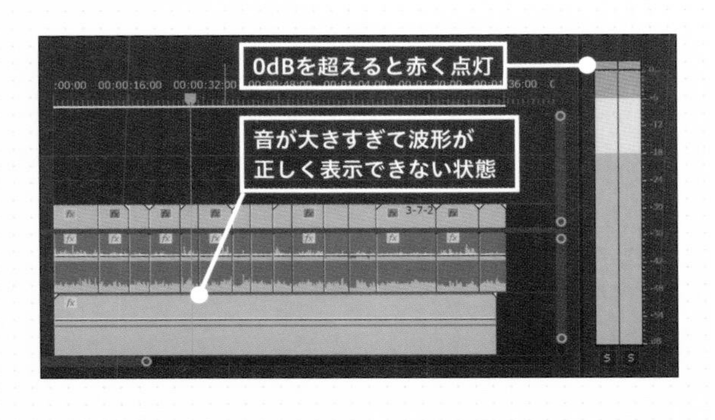

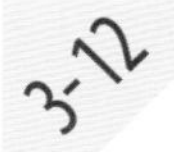

音を徐々に大きく／小さくしてみる

徐々に音が聞こえてくるのがフェードイン、徐々に音が消えていくのがフェードアウトです。前のクリップの音声をフェードアウトしつつ、後ろのクリップの音声をフェードインすることをクロスフェードといいます。

音を確認しやすくする

1 ワークスペースを「エフェクト」に変更し、左上のパネルは「エフェクトコントロール」を選択します❶。続けて、波形を見やすくするために、タイムラインそのものを拡大しましょう。画面中央のプログラムモニターとタイムラインの間(黒い部分)❷を上にドラッグします。

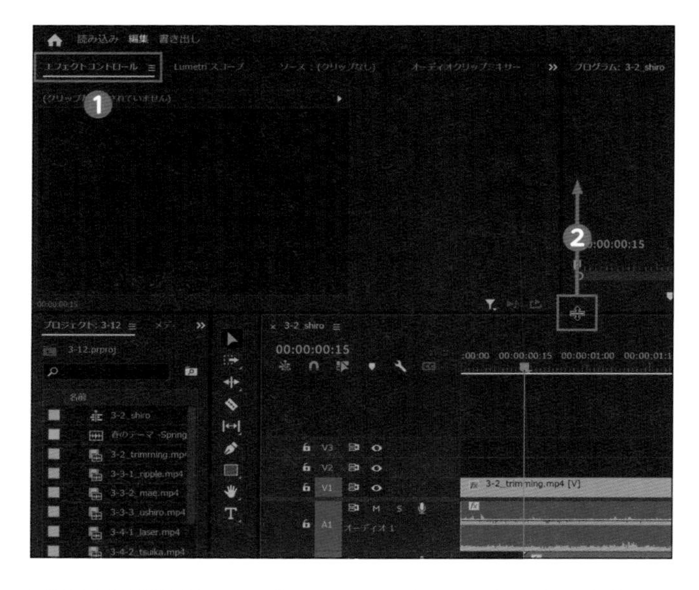

2 音声を確認します。そのまま再生するとA2トラックの音楽も流れるので、「M(ミュート)」ボタンを押して、一時的に無音化します❸。A1トラックのソロボタンをオンでもOKです。再生すると、ビデオクリップの音だけが聞こえます。

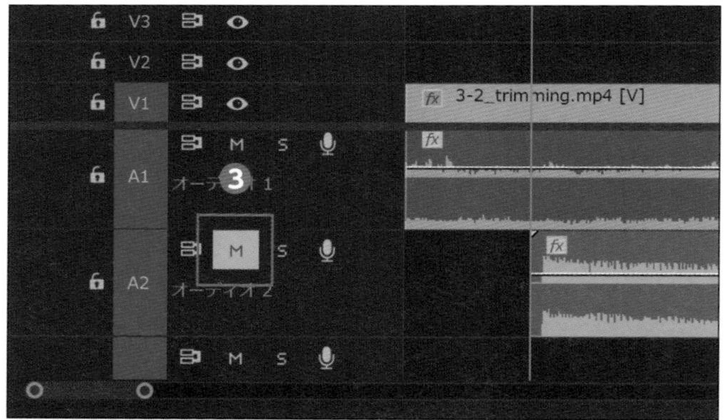

レイアウトをリセットしたいときは？

変更したワークスペースは、一時的に配置が記憶されます。初期配置に戻したいときは、キーボードの Alt + Shift + 0、またはウィンドウ→ワークスペース→「保存したレイアウトにリセット」で戻せます。

Alt (option) + Shift + 0
▶ 保存したレイアウトにリセット

フェードイン／フェードアウトを設定する

1 エフェクトパネルの検索窓に「フェード」と入力し Enter を押すと❶、コンスタントゲイン／コンスタントパワー／指数フェードの3種類が確認できます❷。
なお、検索窓に文字入力した状態だと他のエフェクトが表示されないので、**別のエフェクトを適用するときは、検索窓の文字を消去しましょう。**

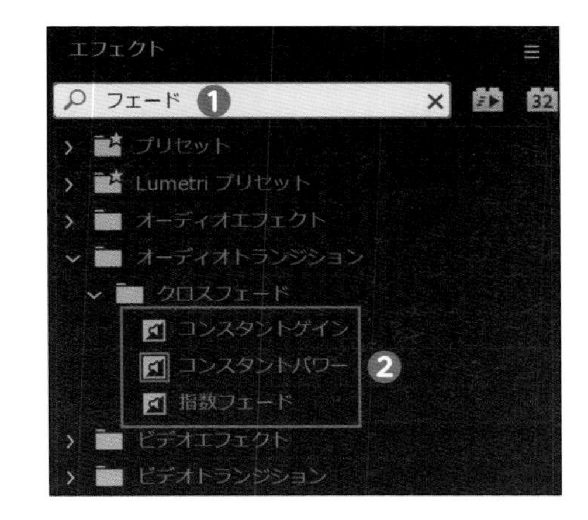

2 編集点に再生ヘッドがある状態(ここでは、クリップの頭)でキーボードの Ctrl ＋ Shift ＋ D、またはエフェクトパネルのコンスタントパワーを、A1トラックのオーディオの頭の部分にドラッグして適用します❸。**コンスタントパワーは、滑らかに音が移り変わるトランジション**です。タイムラインが拡大している状態であれば、適用したトランジション名が確認できます。再生すると、ゆるやかに音が聞こえるようになったのが確認できます。

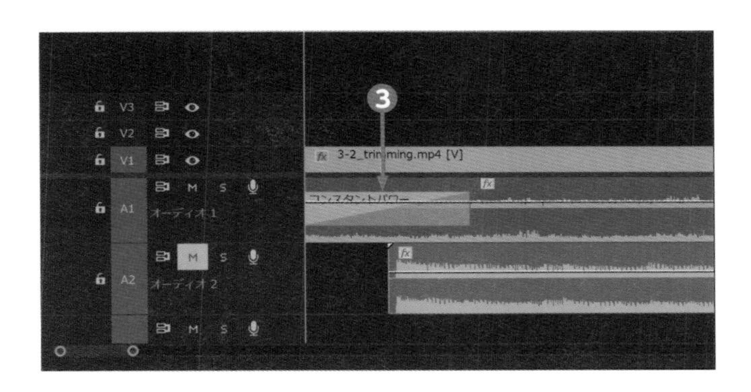

Check!

デフォルトトランジション

トランジションとは、編集点(クリップのつなぎ目)にのみ適用可能なエフェクトです。トランジションは、ビデオトランジションとオーディオトランジションに分かれます。そして、ビデオ／オーディオそれぞれ「デフォルトトランジション」が設定されていて、オーディオは「コンスタントパワー」が初期設定です(青い枠が目印)。

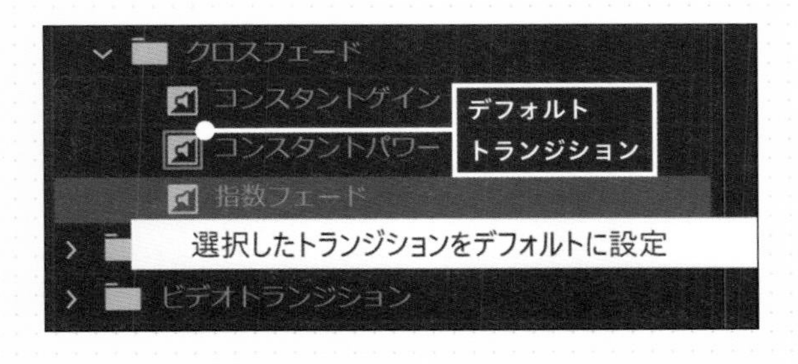

デフォルトトランジションは、ショートカットで適用できます。デフォルトトランジションを変更するときは、適用したいエフェクトを右クリック→「選択したトランジションをデフォルトに設定」で可能です。
デフォルトのトランジションは、クリップを何も選択せずに行うと、「再生ヘッドの位置に適用」、クリップを選択していると(複数も可)、「選択クリップの前後に適用」になります。なお、トランジションはのりしろが必要なので、尺が足りないときは適用できません(→P153)。

3 タイムラインパネルを選択し、キーボードの End を押してシーケンスのお尻に移動したら、指数フェードをドラッグします❹。**指数フェードは、音の減衰が速い(小さくなるのが速い)オーディオトランジションです。**

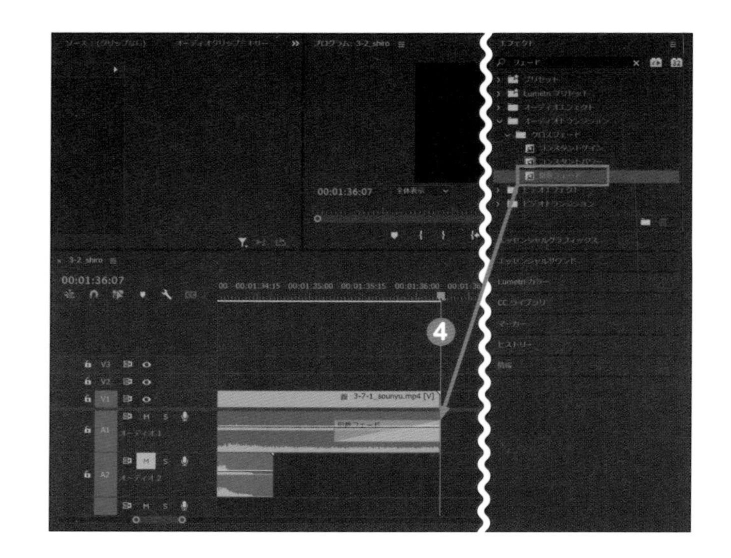

▶ シーケンスまたはクリップ終了位置へ移動

フェードアウトの長さを調整する

1 エフェクト適用後の音を確認します。確認は、5秒くらい前から再生するようにしてください❶。

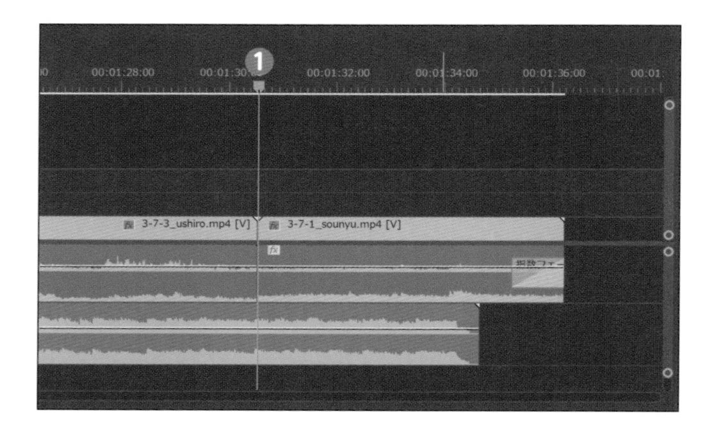

少し手前から確認する理由

少し手前から確認するのは、直前すぎると、変化がわかりにくいからです。オーディオに限らず、カットのつなぎや、エフェクト／トランジションを適用したときは、少し手前から確認するのをおすすめします。

2 再生すると、人の声や動物の鼻息などが聞こえるので、思い切ってフェードを長く伸ばしましょう。**トランジションもドラッグで引き延ばしたり、縮めたりすることが可能です。**ここでは、TC [00:01:31:00] まで、トランジションを伸ばします❷。再度、少し手前から再生して確認します。

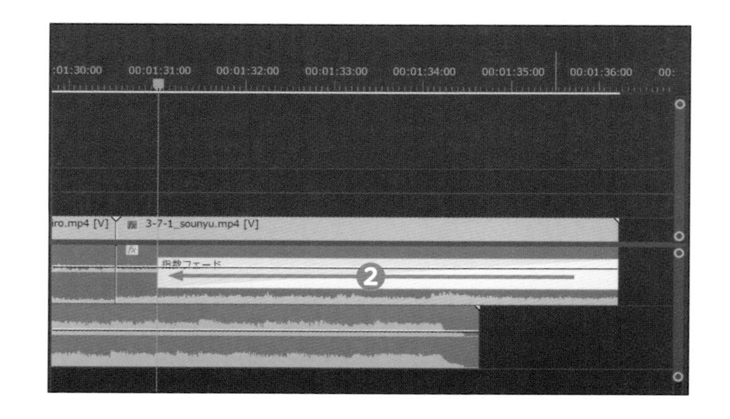

3 最後にもう1つ調整します。音楽より先にビデオクリップの環境音が終わるようにします。A2トラックの音楽が終わる少し手前(ここではTC [00:01:34:00])に再生ヘッドを移動し❸、A1のビデオクリップの「オーディオのお尻」で、Alt (option)を押しながら、再生ヘッドの位置までドラッグします❹。

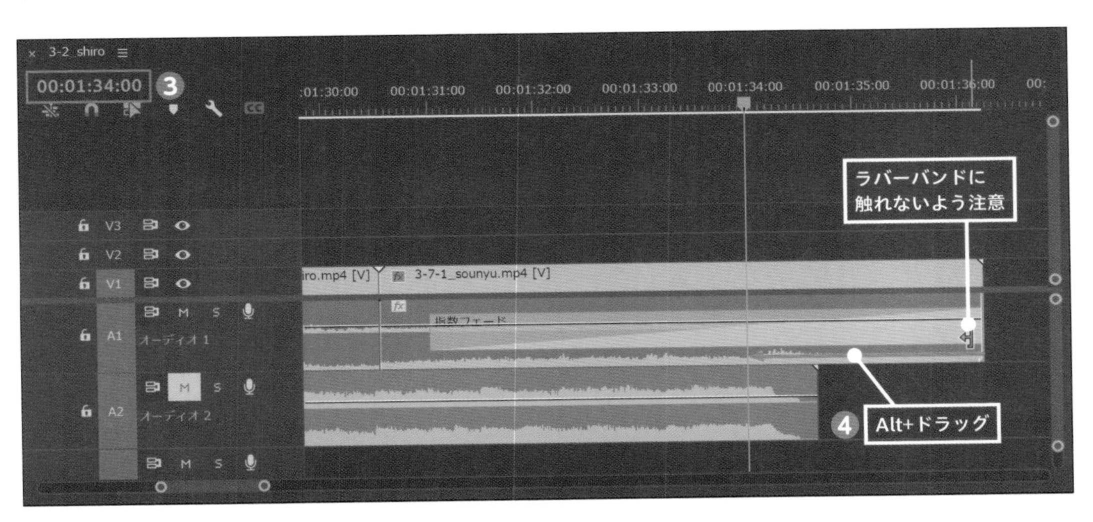

4 これで、A1トラックの環境音が、A2の音楽よりも先に終わるようになりました。最後にA2トラックのミュートボタンを押して解除し❺、終了です。再生して確認します。

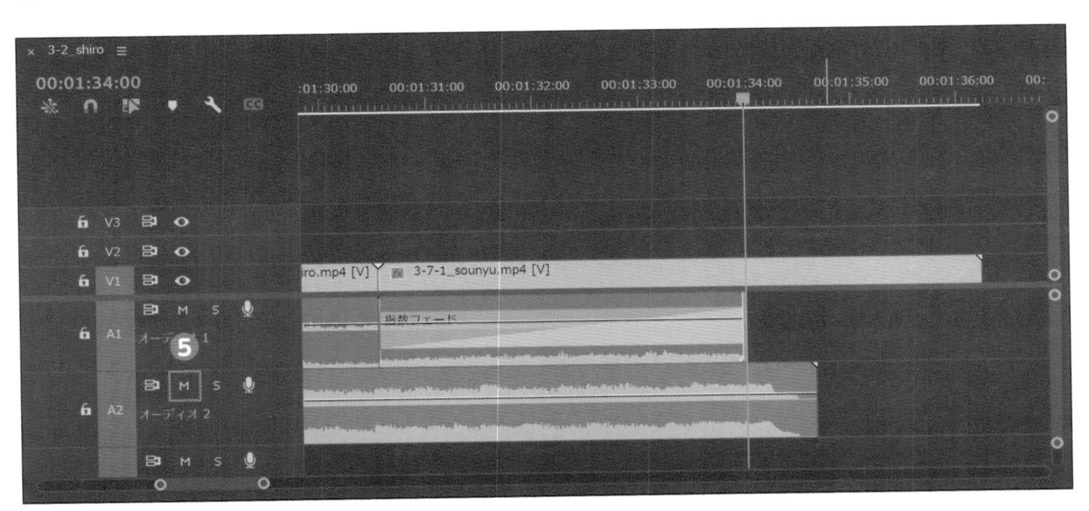

Check!

ビデオクリップのビデオ／オーディオを個別にトリミング！

クリップの頭かお尻で、Alt (option)を押しながらドラッグすると、ビデオクリップのリンクを保ったまま、ビデオ／オーディオを個別にトリミングできます。Alt (option)+クリックで、ビデオ、またはオーディオを選択してからドラッグでも可能です。
オーディオのドラッグ時は、ラバーバンド(白い線)を動かすと音量が変わってしまうので注意してください。

Check!

オーディオトランジションの違い

オーディオトランジションは3種類あり、デフォルトトランジションは「コンスタントパワー」です。

	コンスタントゲイン	一定速度で前のクリップの音量を下げ、後ろのクリップの音量を上げる。音の変化が一定のため、クロスフェードで使うと、コンスタントパワーに比べて音の変化がわかりやすい。
	コンスタントパワー	徐々に前のクリップの音量を下げ、後ろのクリップの音量を上げる。切り替わりが滑らかで自然に感じやすい。クロスフェードでの使用がおすすめ。反面、フェードアウトとして使うと、最後に音が残ったような感じになってしまう。
	指数フェード	音の変化がハッキリしている。クロスフェードとして使うと、一旦音が沈んで谷間ができる(あえて谷間を作りたいときはアリ)。最後に長めのフェードアウトとして使うとキレイに音が消える。

オーディオトランジションは、クリップ単体、またはクロスフェードとして使います。クリップ単体の場合、頭でフェードイン/お尻でフェードアウト、クロスフェードは2つのクリップ間に使うもので、片方の音量を下げつつ、もう片方の音量を上げます。

「このパターンなら絶対コレ」というものはありませんが、筆者のおすすめを記載しておきます。

- フェードイン → コンスタントゲイン/コンスタントパワー
- クロスフェード → コンスタントパワー
- フェードアウト → 指数フェード(長め)

Check!

環境音と音楽の使い分け

環境音は、その場の雰囲気を伝えたり、臨場感を出したいときに使います。例えば、動物園の映像は、動物の鳴き声や、子供が喜んでいる声が入っているほうが、楽しさや現場の雰囲気がより伝わります。海辺では波の音が聞こえたほうがいいですよね。反対に展示会などの映像では、環境音が入っていると、足音や話し声が聞こえて、展示物に集中できません。
音楽と環境音のバランスは常に一定ではありません。見る人にとって心地よいバランスを探っていきましょう。

3-13 ナレーションをのせてみる

次はナレーションをのせてみましょう。ナレーションは解説や語りのことです。ここでは、トラックミキサーを使って、トラック単位で音の調整をします。

ナレーションをのせる

今回のナレーションは筆者が映像を再生しながら収録し、ノイズも除去しているものを配置するので、位置調整は不要です。

1 3-12のデータをそのまま使用します。キーボードの［Ctrl］（［command］）＋［I］を押して❶、読み込むナレーションのファイルを選択します。ここでは、PC→ビデオ→Pr_Intro→Chapter3→3-2→02_footage→「Narration.wav」❷を読み込みます。
さらに、タイムラインのビデオトラックとオーディオトラックの間にある「グレーのライン」❸を上にドラッグして、オーディオトラックの表示範囲を広げます。

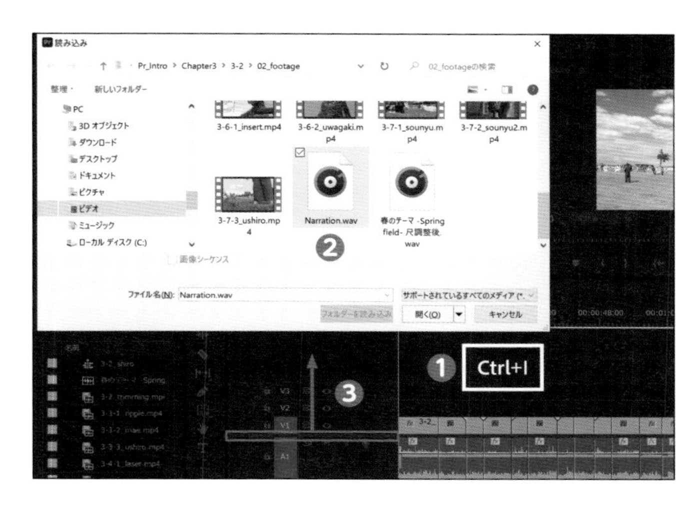

2 プロジェクトパネルの「Narration.wav」を、A3トラックの頭にドラッグします❹。

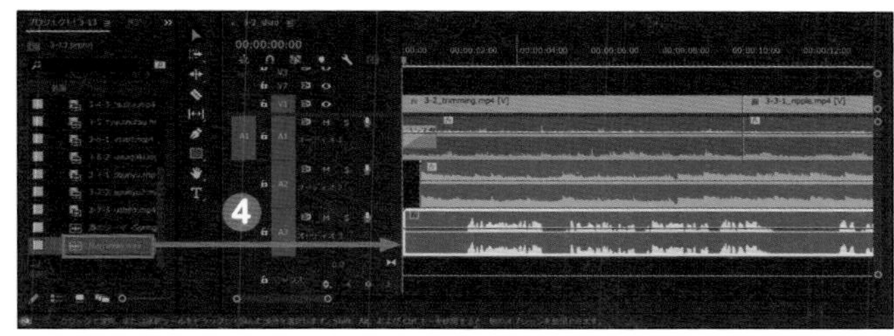

3 再生すると、音楽や環境音が大きいのがわかります。ナレーションを追加したので再調整します。A2トラックの音楽クリップを選択した状態で❺、画面右の「エッセンシャルサウンド」を開き、「ミュージック」を選択します❻。

4 ラウドネスの「自動一致」を適用します❼。再生して確認すると、まだ音楽や環境音が大きく感じます。

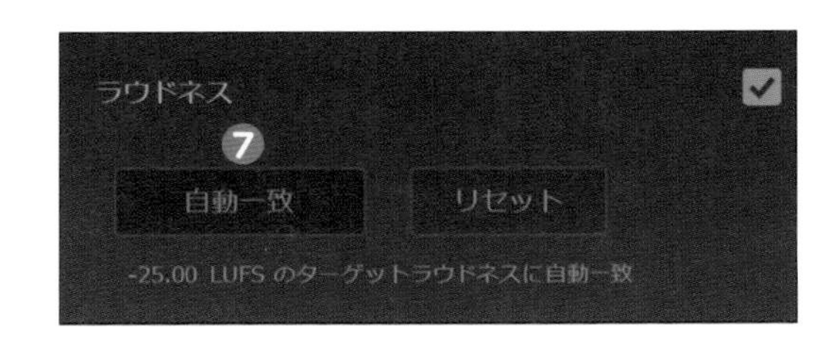

5 ワークスペースを「オーディオ」に変更して、オーディオトラックミキサーで、トラック単位で調整します。オーディオトラックミキサーのタブを選択し❽、スクロールバーを下げます❾。

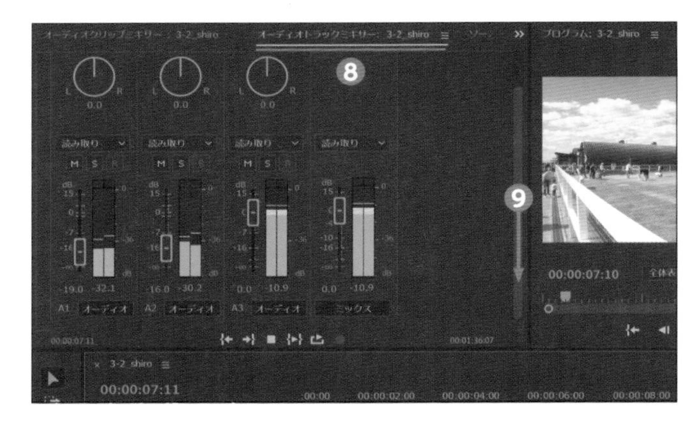

6 左からA1(環境音)／A2（BGM)／A3（ナレーション)／ミックストラック(すべてのトラックの音)のオーディオメーターが確認できます。

フェーダー❿、または青い数字⓫をドラッグすると、トラック単位で音量が変わります(再生中も可)。ここでは、テレビの音量を基準に設定してみましょう。A1トラックを「-19.0」⓬、A2トラックを「-16.0」⓭にします。設定後、再生して確認すると、ナレーションがしっかり聞き取れて、BGMや環境音がほどよく聞こえるようになりました。これで「白素材」の出来上がりです。保存して次へ進みましょう！

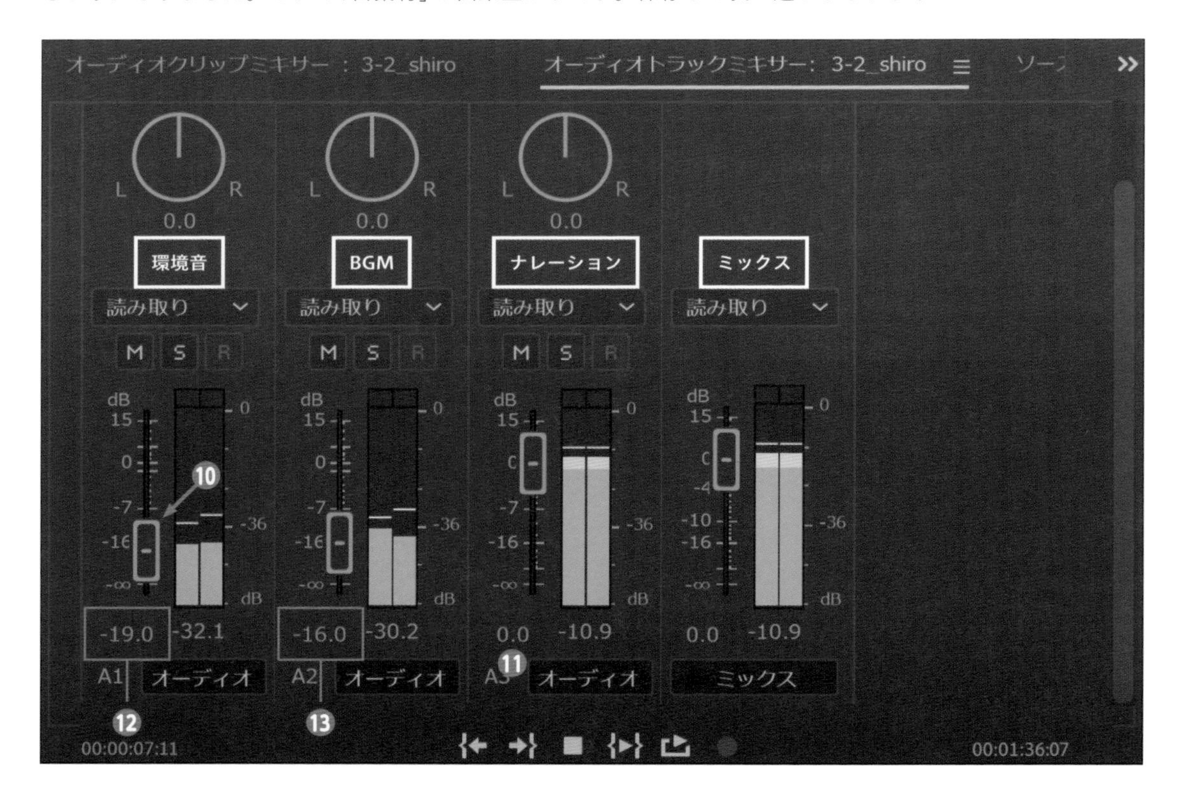

音声レベルの目安（筆者の場合）

	テレビ	YouTube
会話	-10dB ～ -14dB ※ピークを-6dB	-4dB ～ -8dB ※ピークを-2dB
ミュージック	-20dB ～ -24dB	-18dB ～ -24dB
効果音	-12dB ～ 18dB　※音による	-6dB ～ -12dB　※音による
環境音	-24dB ～ -26dB	-18dB ～ -24dB
ラウドネス	-24.0LKFS ／ LUFS（±1）	-14.0LUFS

※この範囲で調整すれば、テレビのラウドネスが-24.0LKFS ／ LUFS（±1）になるわけではありません。

上記はあくまで目安です。内容や、各クリップの音の優先度によって変わります。特に効果音は、一定ではなく、音によって違ってきます。

YouTubeの音に関する注意点

今回は、テレビを基準として「-24LKFS（±1）」になるように調整しました。テレビの場合、ラウドネスが適正範囲内に収まらないと納品できませんが、YouTubeではそこまで神経質になる必要はありません。ただし、以下の2点だけは守るようにしましょう。

- 音割れに注意する
- 音が小さすぎる状態を避ける

YouTubeは、音が大きすぎる場合、アップロード時に自動で調整されます。そのため、ある程度音量が大きくても問題ありません。ただし、**音割れが発生している状態は避けなければなりません。**アップロード時に調整されるからといって、**音割れが直るわけではありません。**結果として聞くに堪えない状態になり、低評価をつけられる原因にもなってしまいます。

また、**もう一つ注意点しなければならないのは「音が小さい場合」**です。**音声レベルが低いからといって、高くしてくれるわけではなく、低いものは低いままです。**

例えば、テレビ用に納品したものを、そのままアップロードすると、YouTube上では、小さい音声になってしまいます。

音の調整は、今回のように自動調整だけでは難しいことも多く、部分的に調整が必要な箇所なども出てきます。手動での音調整やラウドネスの測り方については6章で紹介します。

column 画コンテの例

3-1で紹介した画コンテは、画（絵）の部分のみを抜粋したものです。ここでは内容や音などを記入したものをサンプルとして掲載します。

S/C	画面 /Picture	内容 /Action	セリフ、音 /Dialogue,Sound	時間 /Time
3-1		ある男が立っている。 雨が降っている中、 フードを被っていて 顔がよく見えない。 周りに人のいない 細い路地。 こっちを見ている。 男の全身姿。 ロングショット。	・雨の音 ・雷がゴロゴロ なっている	3
3-2		男の表情が よく見えない。 男の上半身。 ミドルショット。 （バストショット）	・雨の音 ・雷がゴロゴロ なっている	4
3-3		雷が鳴り響き、 一瞬明るくなり 暗くてよく 見えなかった口元が わずかに見える。 ギリギリと 噛みしめた口元。 アップショット。	・強くなる雨音 ・雷の轟音	2
3-4		雷によって 照らされた明るさで 手に持っているのが ナイフだとわかる。 手元のアップ。 力強く握りしめる手。 アップショット。 （どアップ） 眼を見開く被害者	・強い雨音 ・雷が連続で 落ちる音	2
3-5		勢いよく走り出す男。 足元。 飛び散る水たまり。 全身〜上半身。	・雨音 ・雷 ・走り出す音 ・水たまり	4

基本スキル 編

Chapter 4

文字をのせて「完パケ」をつくろう
～テロップの基本

テロップの役割

テロップは、映像にのせる文字情報のことで、スーパー（スーパーインポーズ）ともいわれます。テロップは映像によって必要かどうかが変わってきます。

「情報」か「演出」か

テロップの役割は大きく分けて2つあります。

情報を伝えるテロップ

1つは、**映像だけでは伝えきれないことを表現するための「補足情報」**です。極論、映像だけですべて伝わるのであれば、テロップは不要といえます。例えば、ドラマでテロップが少ないのは、俳優の演技や、細かいカット割りなど、ほぼ映像だけで伝わるようにつくられているからです。

一方で、ニュース番組ではいつ、どこで、誰が、何をしたか、何が起きたかなど「情報」を伝えるのが目的で、映像だけでは伝えきれないためにテロップが必要になります。

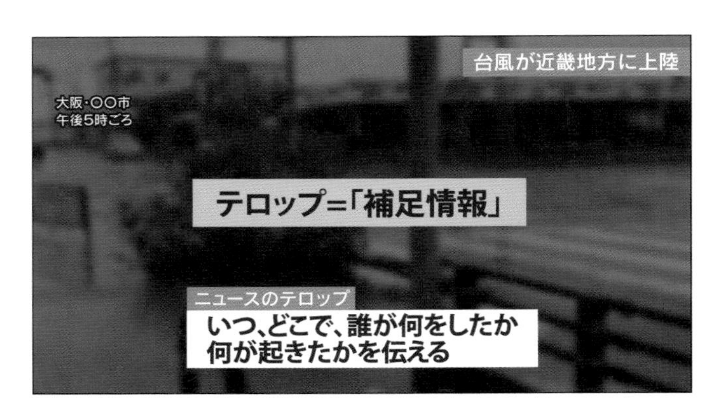

ジャンルによるテロップ数の違い

ジャンル	テロップの数	理由
ドラマ	少ない	俳優の演技や細かいカット割りなど、映像だけでほぼ伝わるようにつくられているため
ニュース	多い	いつ、どこで、誰が、何をしたかなど、情報量が多く、映像だけでは伝わらないため

演出としてのテロップ

もう1つは、「演出」としてのテロップです。**インパクトや迫力、面白さなどを優先する場合**に使われます。例えば、ミュージックビデオなどの大胆な動きを取り入れた、一瞬しか表示されない歌詞などです。

テロップをつくるときは「情報」、「演出」どちらにするかで、つくり方や見せ方が変わります。

テロップ作成前にしておくべき設定

テキストレイヤーの環境設定は、テキストの「境界線」に関する設定の項目です。一度設定しておくだけでいいので、事前に変更しておきましょう。

「境界線」には種類がある

テロップ作成では、テキストを見やすくするために「境界線」というテキストの外側に色付きのフチをつける機能をよく使います。

境界線には種類があり、初期設定では「マイター結合」になっています。**マイター結合は、文字や境界線のサイズが大きいほど角ばった文字になり、さらに角のトゲが目立ちます。**基本は、トゲはないほうがキレイなので、**まず基本設定を「ラウンド結合」に**しておきましょう。

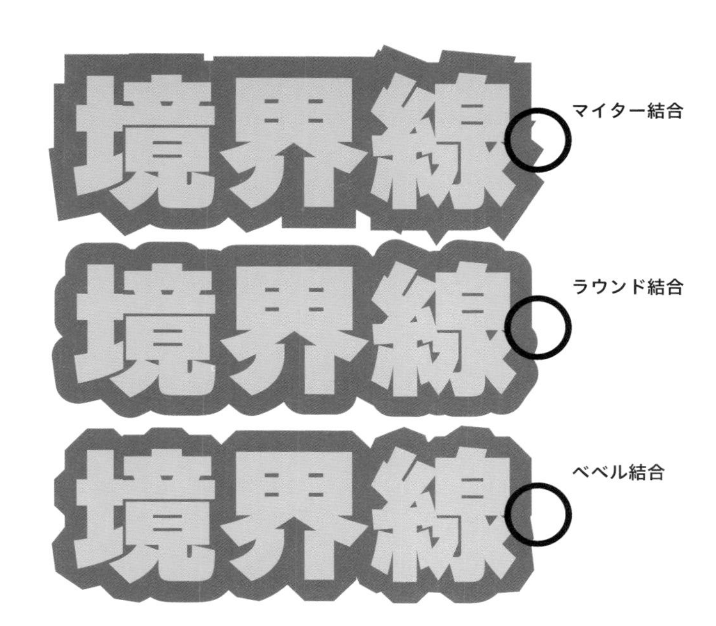

テキストレイヤーの環境設定を変更する

1 エッセンシャルグラフィックスパネル右上の「≡」マーク❶→テキストレイヤーの環境設定❷を開きます。
「テキストレイヤーの環境設定」は、エッセンシャルグラフィックスパネルが開かれていれば、どのワークスペースでも設定が可能です。

2 別の画面が表示されるので、線種の線の結合を、マイター結合から「ラウンド結合」に変更し❸、Enter または「OK」を押します。
これで、テキストに境界線をつけた場合の処理が変わります。一度設定すれば、それ以降につくるテキストすべてに適用されます。

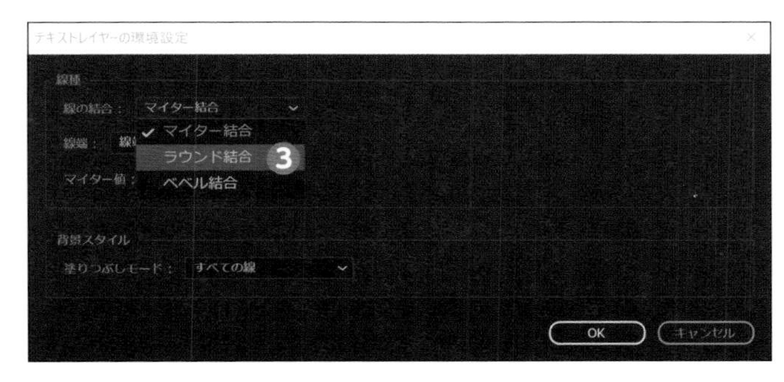

● テキストレイヤーの環境設定

「テキストレイヤーの環境設定」には、いくつかの項目があります。テロップ（テキスト）の場合は、「線の結合（マイター／ラウンド／ベベル）」だけ気にしておけばOKです。

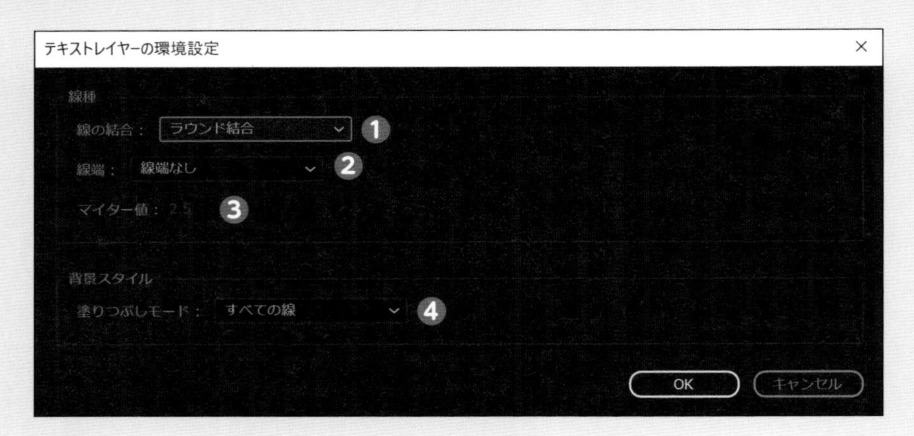

❶**線の結合**：マイター結合／ラウンド結合／ベベル結合の中から選択。マイターは角の比率を調整可能。ラウンドは丸く、ベベルは角ばった線になる

❷**線端**：線端なし／丸型線端／角型線端の中から選択。文字ではなく、線を引いたときに有効。「丸型線端」は先が丸く飛び出し、「角型先端」は角が飛び出す

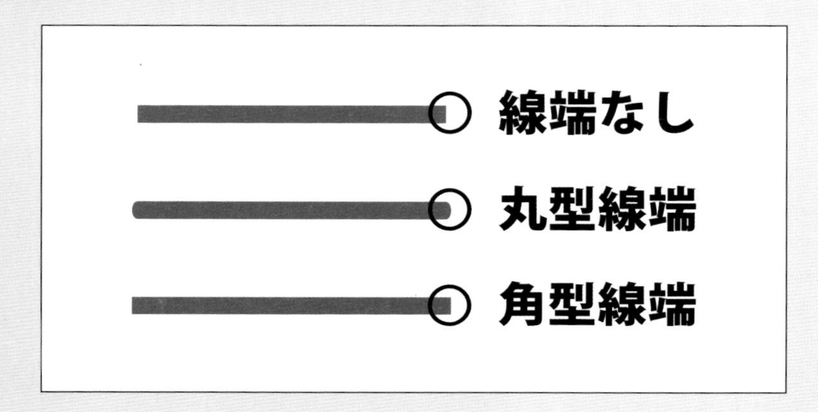

❸**マイター値**：線の結合を「マイター結合」選択時のみ有効。角の尖り具合（比率）を設定。数値が大きいほど尖り具合が大きくなる

❹**背景スタイル**：すべての線／行ごとで選択。アピアランスの背景を適用したときに文字全体か、行ごとかを選択

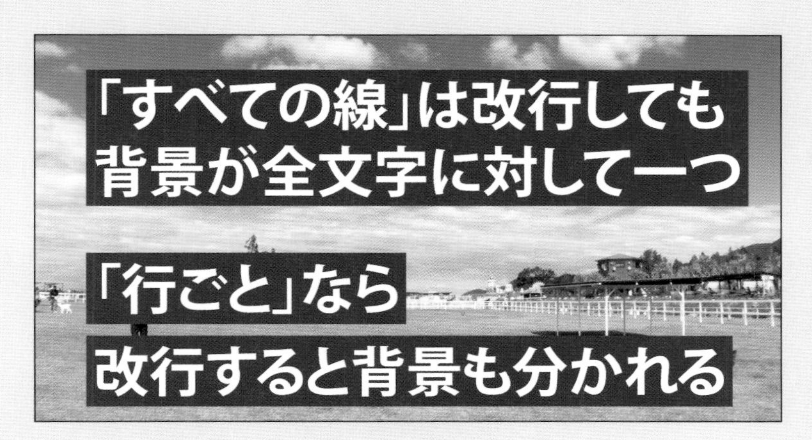

■ 1テキストごとに設定するには？

テキストレイヤーの環境設定と同じ設定が、エッセンシャルグラフィックスパネル→アピアランスの欄の「スパナアイコン」を押すことでも表示されます❺。こちらはグラフィックプロパティと呼ばれており、1テキストごとの個別の設定です。テキストを個別にマイター結合やベベル結合にしたいときは、ここで設定しましょう。

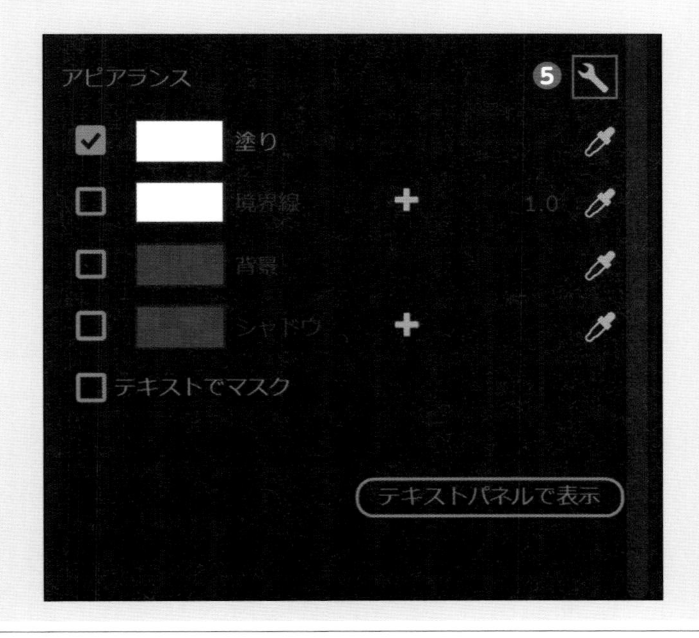

テロップをつくってみる

テロップ作成は、エッセンシャルグラフィックスパネルを使用します。パネルにはテロップの整列／装飾だけでなく追従の機能などもあります。

テロップ作成の準備をする

3章で作成したデータにテロップをのせていきます。この章からはじめるかたは、「shiro.prproj」(3章の完成データ)を開いてください。

1 **テロップ作成時は、プログラムモニター付近にツールパネルが近くにあるほうが便利です。**ここでは、「キャプションとグラフィック」ワークスペースのプログラムモニター❶を少し広げたものを使用します。また、エッセンシャルグラフィックスパネルの編集タブ❷を表示しておきます。

2 ナレーションに合わせてテロップを入れるので、A3トラックの波形を見やすくするためにオーディオの縦幅を広げます❸。タイムラインパネルを選択して Shift + B (option + ^) を押すか、オーディオのスクロールバーで調整します❹。次に、シーケンスの頭から再生し、ナレーションのはじまる位置を確認します。確認後、ナレーションの波形がはじまる直前(ここではTC [00:00:01:25]❺)で再生ヘッドを停止します❻。

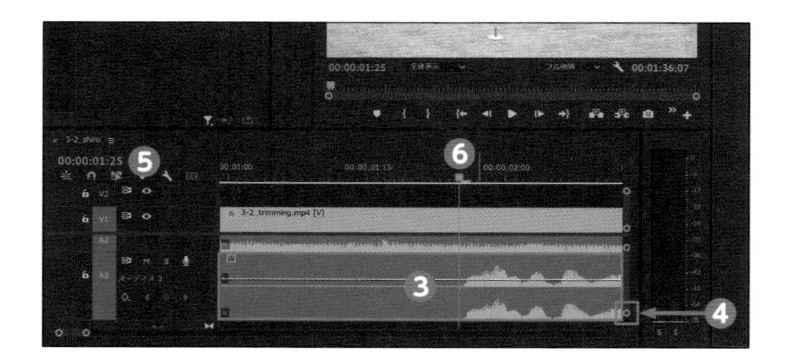

テロップを作成する

1 キーボードの Ctrl ＋ T を押すと、プログラムモニターに、「新規テキストレイヤー」と青枠で囲われたテキスト（テロップ）が作成されます❶。テキストが青枠のときは選択状態なので、選択ツールで移動できます。

> Ctrl（command）＋T
>
> ▶横書きテキスト

2 プログラムモニターの「新規テキストレイヤー」の文字をダブルクリックすると、青枠から赤枠に変わり、文字入力可能な状態になります❷。ここでは「ワールド牧場」と入力します。

3 テキストをいったん、画面の真ん中に移動しましょう。
エッセンシャルグラフィックスパネルの、「整列と変形」の「水平方向に中央揃え」❸と「垂直方向に中央揃え」❹のボタンをそれぞれクリックします。文字の整列は、赤枠（入力状態）のままでも可能です。

4 テキストが画面中央に移動しました❺。

フォントと太さを変更する

続いて、フォントを変更します。動物の映像なので、丸みのあるフォントにしてみましょう。

1 まずはフォントを確認しやすいように、選択ツールをクリックして、テキストを赤枠（入力状態）から青枠（選択状態）に切り替えます❶。テキストをクリックしなくても、選択ツールに切り替えた時点で青枠になります❷。

2 エッセンシャルグラフィックスパネルの、フォント名が表示されている欄をクリックすると❸、アクティベート／インストールしているフォント一覧が表示されます。ここでは「平成丸ゴシック Std」を選択します❹。

3 続いて、フォントの太さを選択します。フォント名の下に表示されているのが、フォントの太さで、フォントによって選べる太さや表記が違います。ここでは「W8」を選択します❺。

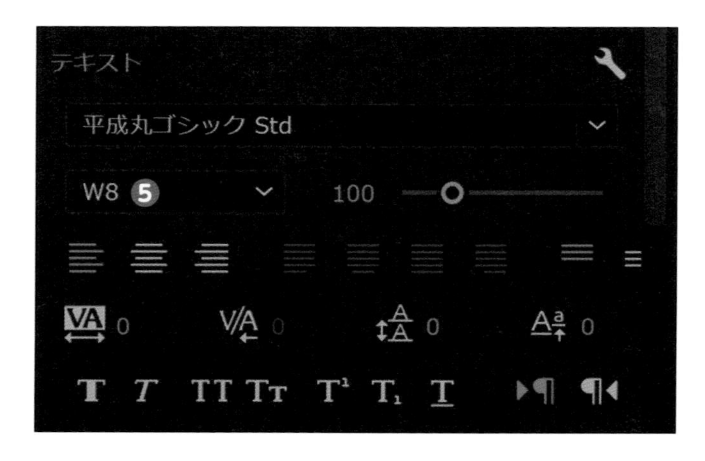

サイズと位置を決める

このテロップは、キーワードテロップ（小見出しやイメージ用）として扱うので、少し大きめのサイズにします。

1 テキストサイズは、「フォントサイズ」の欄で、数字をクリックして直接入力するか❶、数字またはスライダーを上下左右にドラッグします❷。ここでは「140」にしましょう。数字を変更すると、プログラムモニターのテキストサイズも変わります。

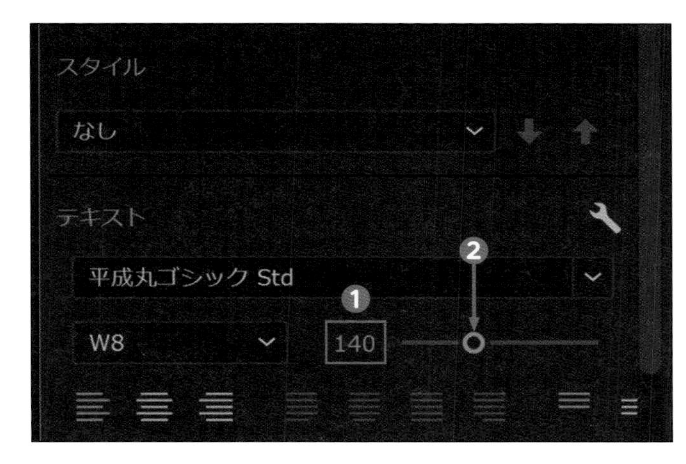

2 位置の調整は、プログラムモニターのテキストを直接ドラッグするか、「整列と変形」の「位置」のX軸（横）／Y軸（縦）の数値を変更します。今回は、正確な位置に移動するため、数値入力を行います。
位置の数値をクリックして「980／990」と入力すると❸、テキストが画面右下に移動します❹。

Check!

☞ フォントのお気に入り登録

よく使うフォントは、フォント名の左の「☆」をクリックしてお気に入りに登録しましょう❶。フォント一覧のフィルターの「☆」をクリックすることで❷、お気に入りだけを表示できます。
また、雲にチェックの入ったマークをクリックすると、「Adobe Fonts」のみが表示されます❸。Adobe CCのマークをクリックすると❹、Adobe Fontsのサイトが開くので、すぐにアクティベートを行うことができます。

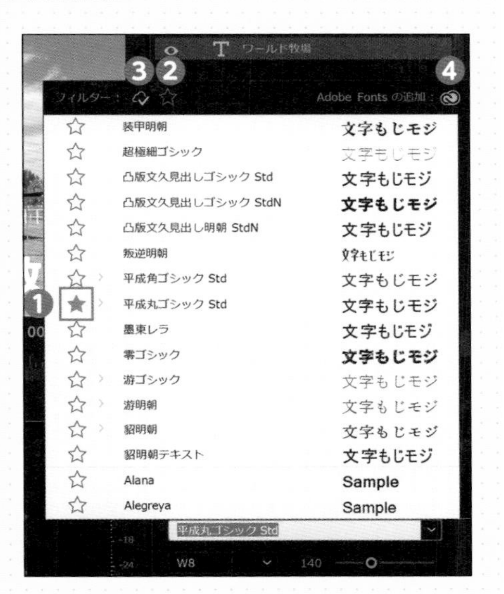

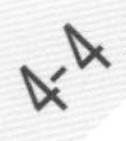

セーフマージンを表示してみる

「セーフマージン(別名セーフティエリア)」は、テレビ画面でテロップや動きのあるオブジェクトが正しく表示される適正範囲の目安を、枠で示したものです。テロップ作成時に、ガイドラインとして使います。

セーフマージンの表示方法

セーフマージンは、モニター画面(ソース、プログラムともに)で右クリック→「セーフマージン」で表示できます。他の方法として、以下では、モニター下部のボタンから表示する方法をご紹介します。

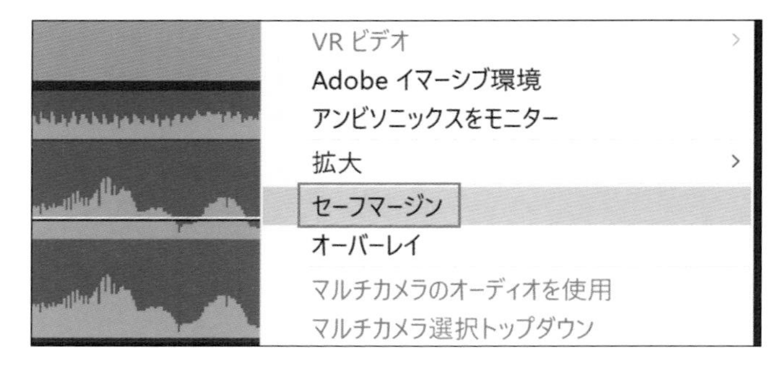

「セーフマージン」ボタンを表示する

1 4-3のデータをそのまま使用します。プログラムモニター右下の「+」を押すと、モニター下部に表示するボタンをカスタマイズできます❶。ボタン一覧の中から「セーフマージン」ボタンを、カメラボタン(フレームを書き出し)のあたりにドラッグして❷、「OK」を押します。**ボタンは二列まで表示可能です。**ボタン設定は、「レイアウトをリセット」を押すと初期設定に戻せます❸。

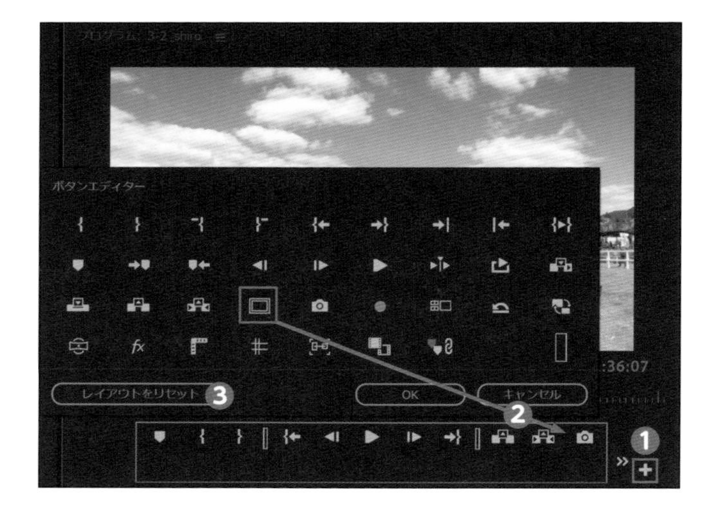

2 「セーフマージン」ボタンをクリックすると❹、モニターに、二重の枠線が表示されます。**内側の枠がテロップなどの適正位置を示すタイトルセーフマージン❺、外側の枠がテロップを含むオブジェクトの動きの適正範囲を示すアクションセーフマージン❻です。**
なお、一覧に表示しきれないボタンは、「>>」❼を押すか、モニターパネルの横幅を広げると表示されます。

セーフマージンのサイズを変更する

セーフマージンはサイズ変更できます。YouTube投稿がメインで、シークバー（画面下部の再生箇所を示す赤い線）にテロップをかぶらないようにつくりたいかたは、そのままがおすすめです。

1 設定変更は、プロジェクト起動後に、メニューバーのファイル→プロジェクト設定→一般❶から行います。

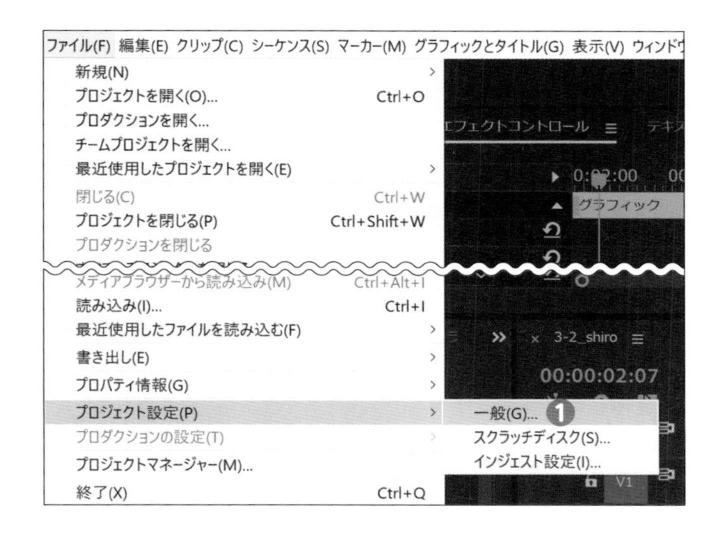

2 別の画面が開くので、「タイトルセーフエリア」と、「アクションセーフエリア」の数値を変更します。ここでは、現在のテレビ放送に合わせてみましょう。放送局にもよりますが概ね、下記の内容とされています。

▶タイトルセーフエリア
10%横❷／10%縦❸
▶アクションセーフエリア
7%横❹／7%縦❺
※2022年10月現在

数値を変更したら、「OK」をクリックします。

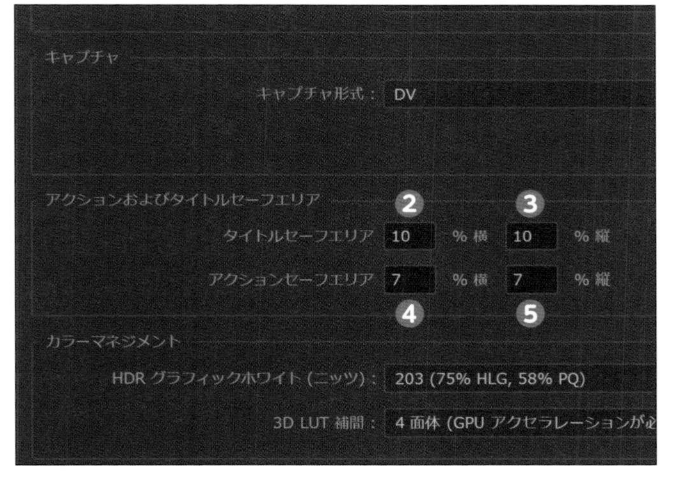

3 セーフマージンのサイズが変更されました。これはあくまでテレビ放送用です。1つの目安としてお考えください。なお、**セーフマージンはプロジェクトごとに設定する必要があります。**

4-5 テロップに色と境界線をつけてみる

テキストやシェイプに境界線やシャドウをつけるといった装飾は、エッセンシャルグラフィックスの「アピアランス」の項目で行います。アピアランスは、外観、身だしなみといった意味があります。

塗りの色を変更する

アピアランスの「塗り」は、テキストやシェイプ（図形）そのものの色を指します。

1 4-4のデータをそのまま使用し、「ワールド牧場」のテキストに色をつけていきます。まずはテキストをドラッグで囲うか、選択ツールでクリックします❶。続けて、エッセンシャルグラフィックスパネル→アピアランスの「塗り」のカラー❷をクリックします。

2 カラーピッカーが表示されるので、色を変更します。ここではカラーコード#「E3CA34」❸と入力し、Enter または「OK」をクリックします。

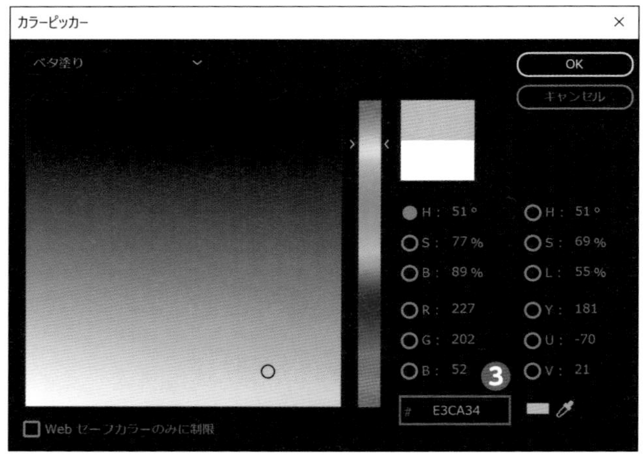

カラーコードとは？

カラーコードは、Web上で表現される色を指定するための制御コードで、「#」に続く6桁の16進数で表したものです。簡単にいえば色の住所のようなもので、ピンポイントで色を指定できます。

3 テキストが黄色くなりました❹。ちなみに、この映像に対して、この黄色の文字は見にくいのでは？ と思えた人は正解です！ 次は、この状態に境界線をつけていきます。

境界線を追加する

境界線（またはエッジ）は「塗り」の外側に別の色で縁取りする機能です。縁取りをすることでテロップを目立たせて、見やすくすることができます。ただし、色の組み合わせ次第では見にくいテロップになってしまうので注意が必要です（→P146）。

1 テキストを選択した状態で、「境界線」の項目にチェックを入れて有効にします❶。ここでは、境界線の幅を「30」❷に変更し（数字が小さいほど細い）、ストロークを「中央」に変更します❸。

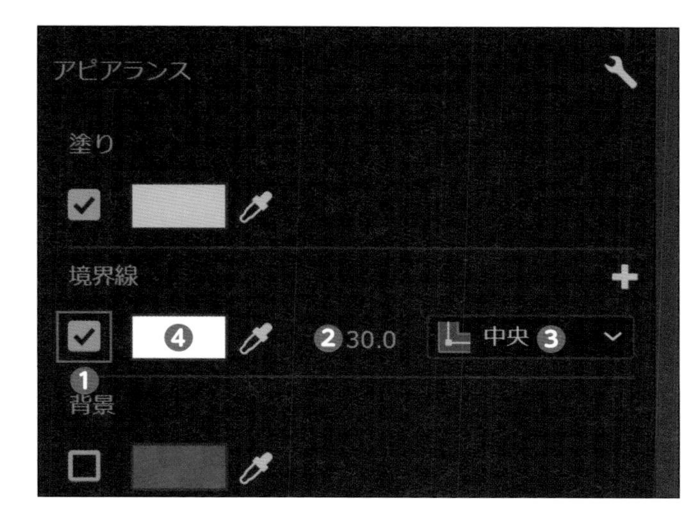

2 テキストに境界線がつきました。しかし、黄色い文字に白い境界線なので、まだ見にくい状態です。次は境界線の色を変更しましょう。

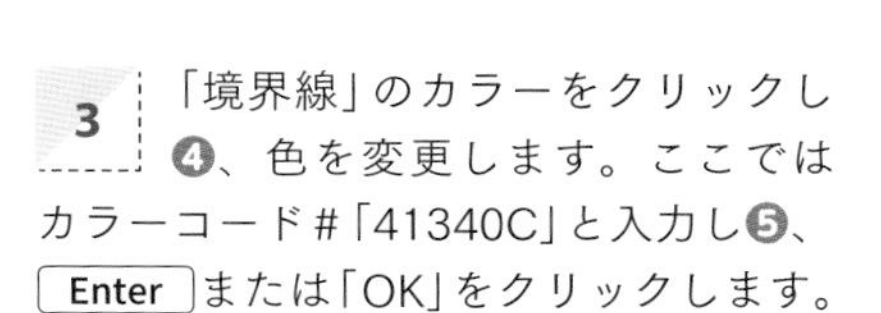

3 「境界線」のカラーをクリックし❹、色を変更します。ここではカラーコード#「41340C」と入力し❺、Enter または「OK」をクリックします。

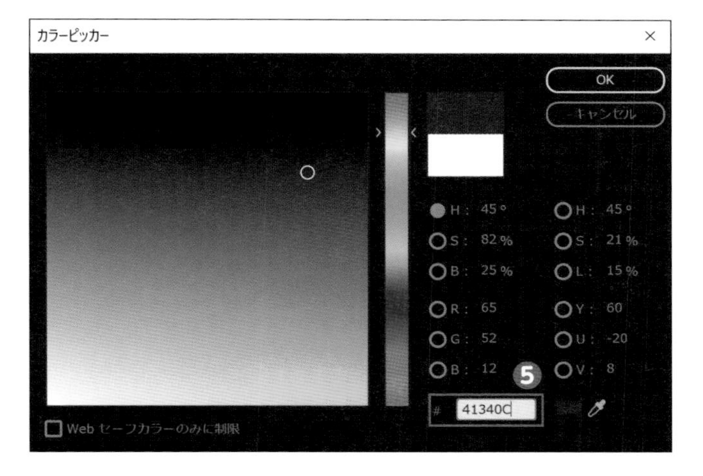

4 境界線の色が茶色になりました。黄色の文字（塗り）だけだと、背景の草の色と似ていてわかりにくかったものが、色の濃い境界線をつけたことで、周囲との色の差が出て見やすくなりました。

境界線をアレンジする

1 ここからはアレンジです。さらに境界線を追加してみましょう。テキストを選択して、「境界線」の欄の「+」ボタンを押すと追加できます❶。

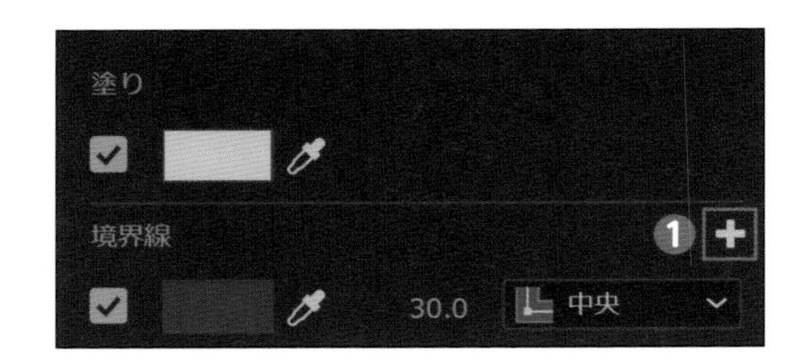

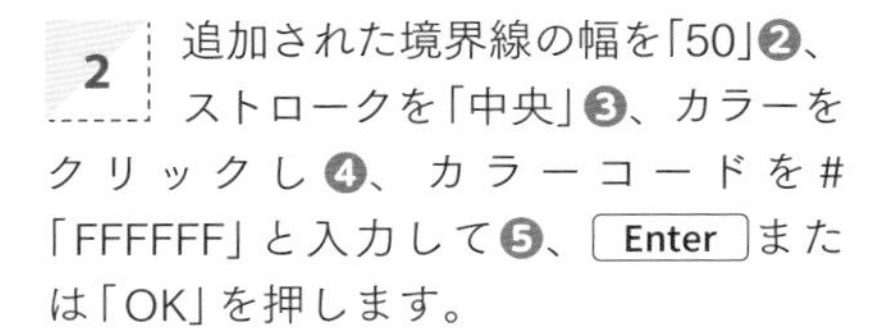

2 追加された境界線の幅を「50」❷、ストロークを「中央」❸、カラーをクリックし❹、カラーコードを#「FFFFFF」と入力して❺、Enter または「OK」を押します。

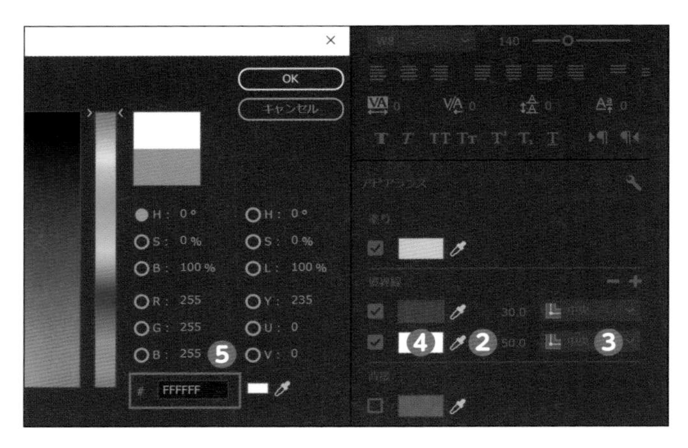

3 境界線が二重になりました。これでこのテロップは完成です。二重の境界線（二重エッジ）は、テロップをより目立たせたい、ポップなイメージにしたいときに効果的です。

Check!

テキストの文字間隔を調整するトラッキング

テキストをダブルクリックして、入力状態（赤枠）にしてから、もう一度クリックすると、文字を選べる状態になります。矢印キーと Shift を組み合わせて、テキストの「ド」と「牧」だけを選択し❶、テキストの欄のトラッキングの数値を「70」にします❷。
すると、「ド」と「牧」それぞれの、次の文字との間隔が少し開きます。このように選択したテキスト、またはテキスト全体の文字間を調整することを「トラッキング」といいます。

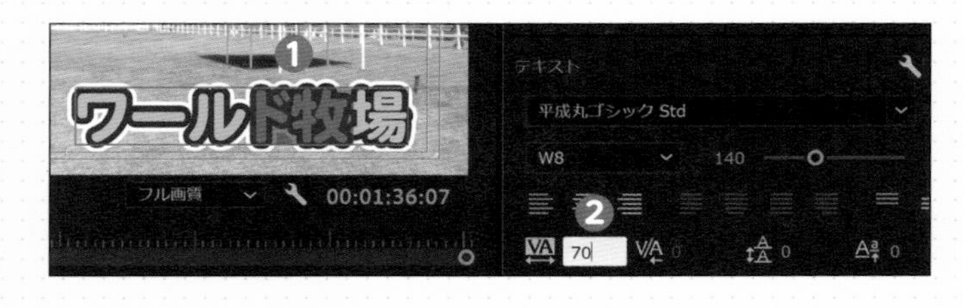

テロップの長さを調整してみる

テロップを追加すると、初期設定では5秒間表示されるようになっています。これを映像に合わせて、最適な位置で終わるようにテロップの長さを調整します。

タイムラインを見やすく整える

1 **テロップ作成後は「長さの調整」が必要**です。尺を決めるときは、ある程度縮小しているほうが見やすいので、何度か[-]を押して、タイムラインを縮小します。今回の場合は、テロップ(V2)とナレーション(A3)が同時に確認できる縦幅にしておくと作業しやすくなります。
また、テロップが配置されているV2トラックの「ターゲットトラック」をクリックしてオン(青い状態)にしておきます❶。**オンにすると、矢印キーの上下で編集点の移動をしたときに、テロップの開始位置と終了位置にも再生ヘッドが止まるようになります**❷。

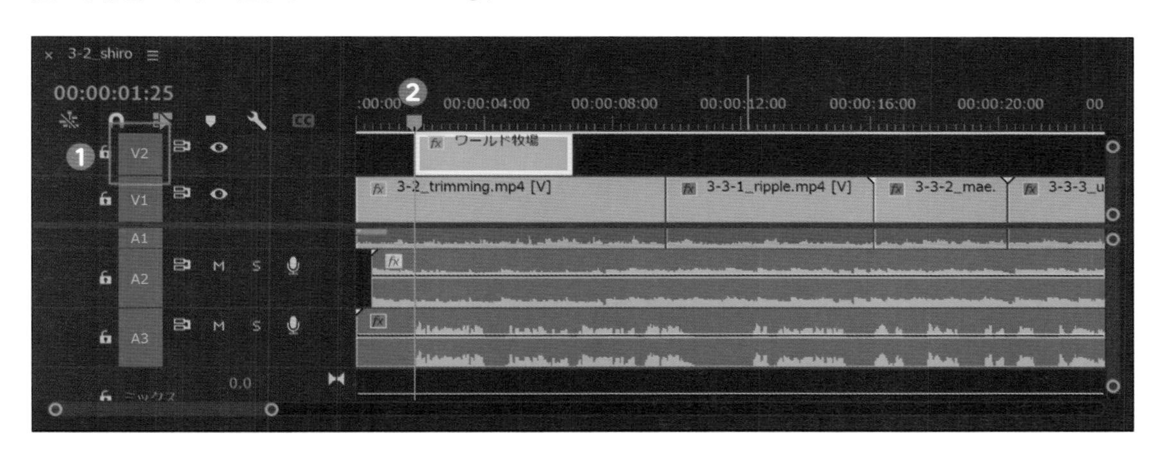

Check!

タイムラインの縦幅調整ショートカット

タイムラインの横幅の調整は、ショートカットの[-]／[:]([-]／[^])で行いますが、縦幅の調整は、ここで紹介するショートカットや、タイムライン右端のズームスクロールバーを駆使して調整します。

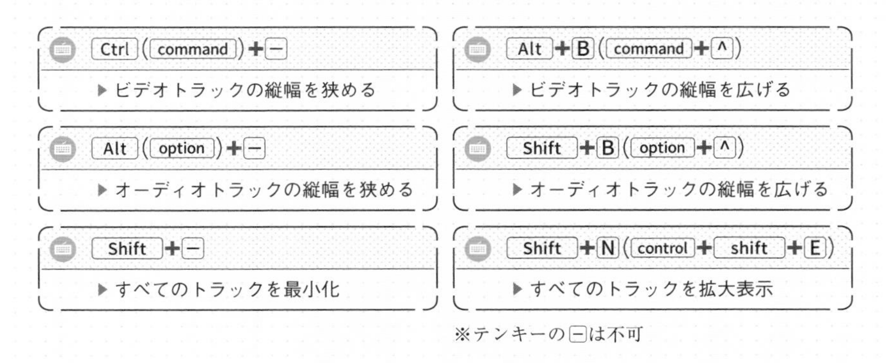

※テンキーの[-]は不可

テロップの長さを調整する

頭から再生して、テロップがこのあたりまで出ていると気持ちいいなと思うところで止めます。このとき、ナレーションの終わるタイミングに合わせるのがいいのか、あえて少し残すのがいいのかなど考えて止めてみてください。

1 ここでは、ナレーションが終わり一呼吸おいたところで再生ヘッドを停止します❶(TC [00:00:11:17]❷)。次に、テロップのクリップのお尻側をクリックすると、赤いカッコが表示されます❸。

2 この状態でキーボードの[E]を押すと、再生ヘッドの位置までクリップが伸びます❹。ドラッグで伸ばしても構いません。再生して確認します。

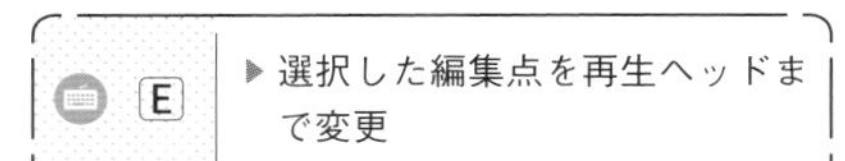

テキストの長さの初期設定

テキストレイヤーを含む「静止画」の尺は、初期設定で5秒です。メニューバーの編集(Macは「Premiere Pro」)→環境設定→「タイムライン」の「静止画像のデフォルトデュレーション」から変更できます。また「秒」単位を、フレーム単位にも変えられます。

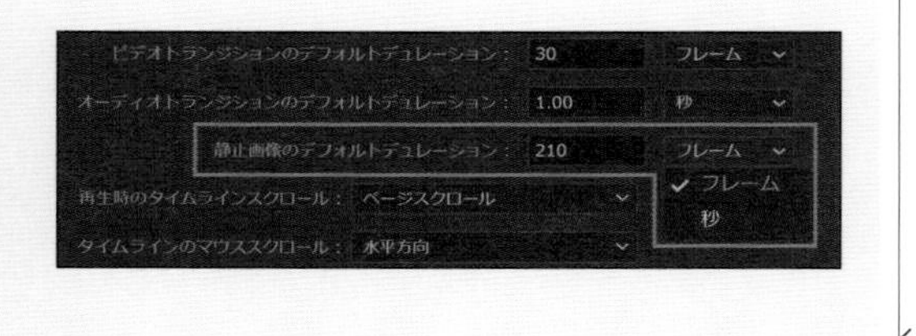

テロップの最適な終了位置とは？

テロップの開始位置は、ナレーションや説明がはじまるタイミングで出すのであまり迷うことはありません。しかし、**終了位置は内容次第で変わります。**

例えば、「ワールド牧場」のテロップは、ナレーション終わりピッタリ（TC [00:00:10:15]）ではなく、少し余韻を持たせています。理由は、カットが変わって少し落ち着いたタイミング（羊が止まるタイミング）だからです。次の画を見る準備が整ったタイミングともいえます。

編集は、映像を見る人のことを考えてつくる必要があります。そして、見る人は初見です。テロップもどこまであると見やすいかを考えてつくっていきましょう。

Check!

再生時に、テロップが太くつぶれてしまうときは？

再生時に、テロップが太くつぶれてしまうときは、2つの設定を確認してみましょう。プログラムモニターにカーソルがある状態で右クリックし❶、「高品質再生」にチェックします❷。もう一つは、画質が「フル画質」になっているかどうかを確認してください❸。

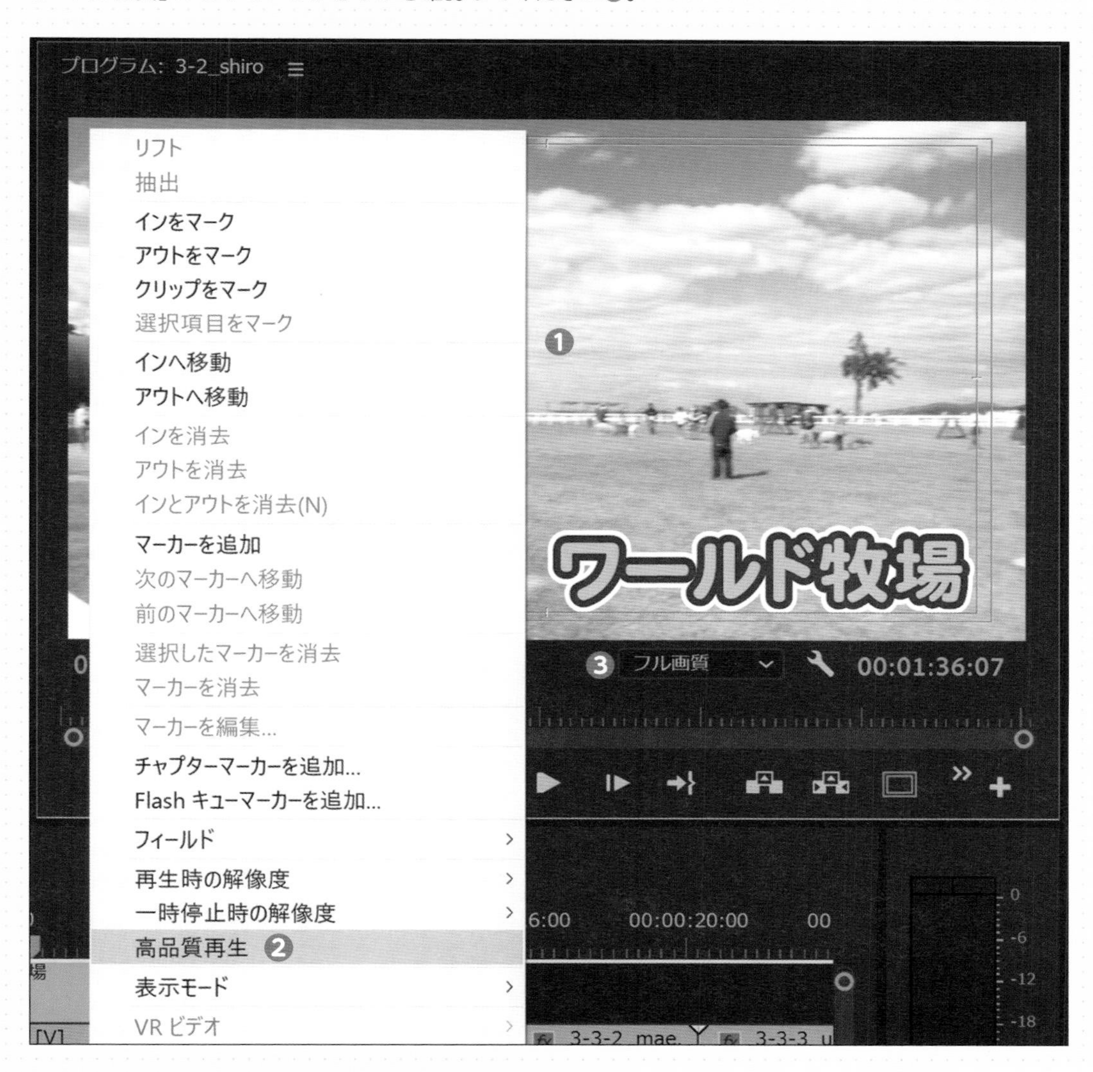

テロップにベースをつけてみる

テキストにベース（四角い枠のこと、別名マット、ザブトンとも呼ばれる）をつけることがあります。ベースがあることで、背景の映像が動いていても文字を見やすくしたり、強調したりできます。

説明テロップの見出しをつくる

次はアピアランスの「背景」を利用して説明テロップをつくります。説明テロップとは、特定の用語などを詳しく説明するテロップのことです。

1 ここでは、再生ヘッドをTC［00:00:12:11］に移動し❶、キーボードの[Ctrl]＋[T]を押して、新規テキストレイヤーを追加します❷。

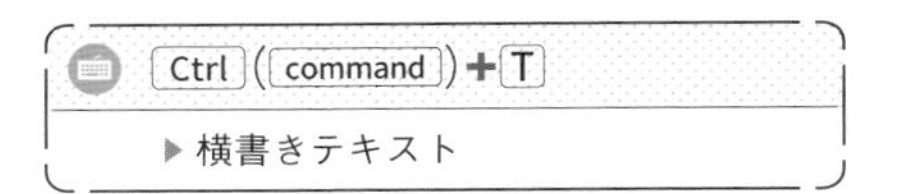

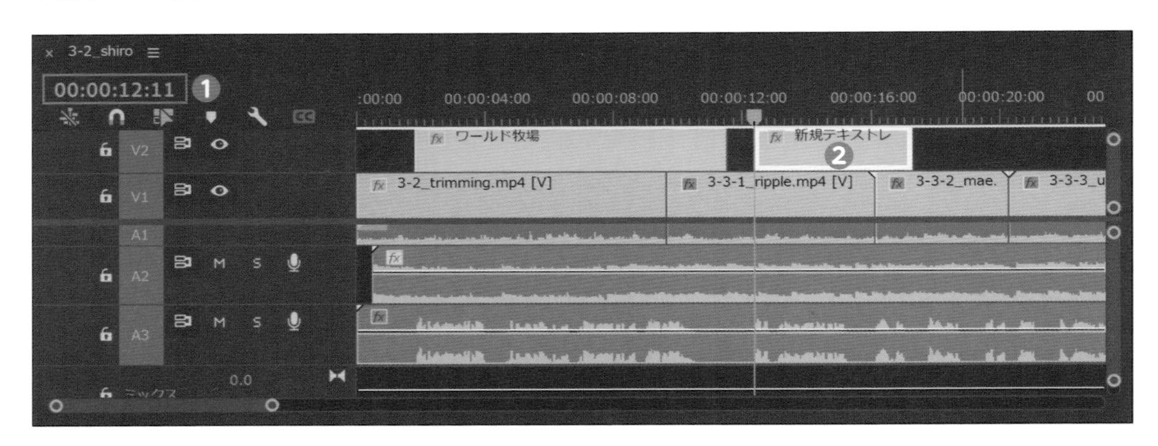

2 新規テキストレイヤーの文字を、再度「ワールド牧場」に打ち換えます❸。テキストは、手前に選択したアピアランスの設定が残る仕様です。

3 一度アピアランスの設定を戻します。選択ツールに切り替えてから、「境界線」の「－」ボタンを押して❹、2つ目の境界線を削除し、1つ目の境界線もチェックを外します❺。テキストが黄色の塗りだけになります。

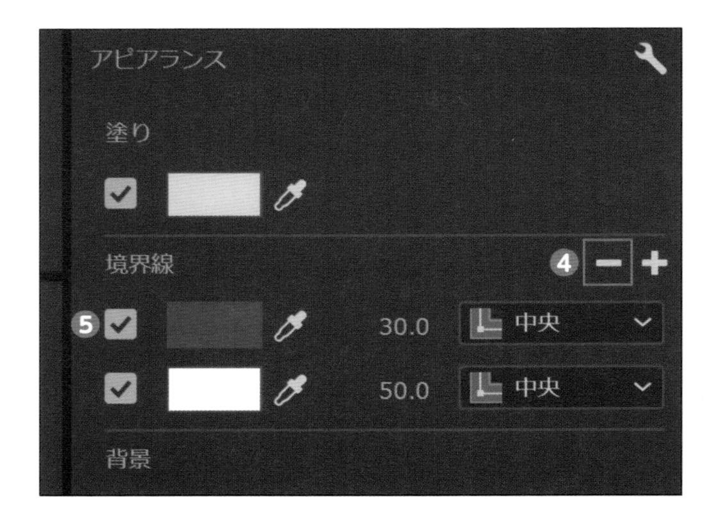

4 「塗り」のカラーをクリックして❻、白(カラーコード#「FFFFFF」)にします❼。続けて Enter または「OK」をクリックします。

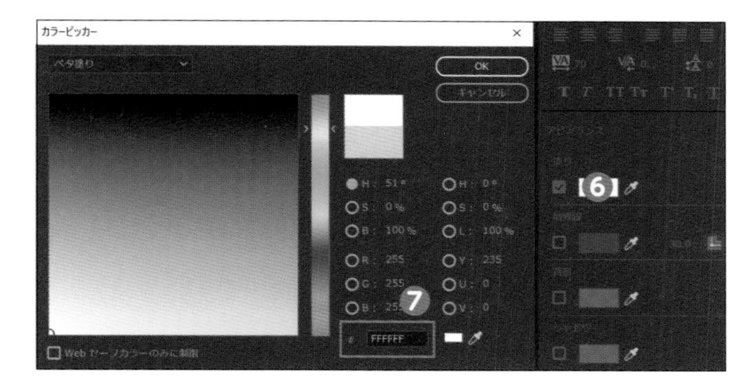

5 「背景」にチェックを入れて❽、ベースをつくります。カラーをクリックし❾、茶色(カラーコード#「41340C」)にします❿。

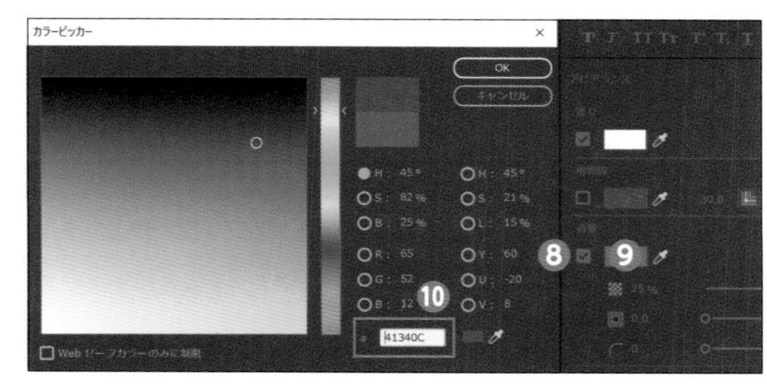

6 「背景」にチェックを入れると不透明度とサイズのパラメーターも表示されます。ここでは、不透明度「75%」⓫、サイズを「20」⓬と入力します。

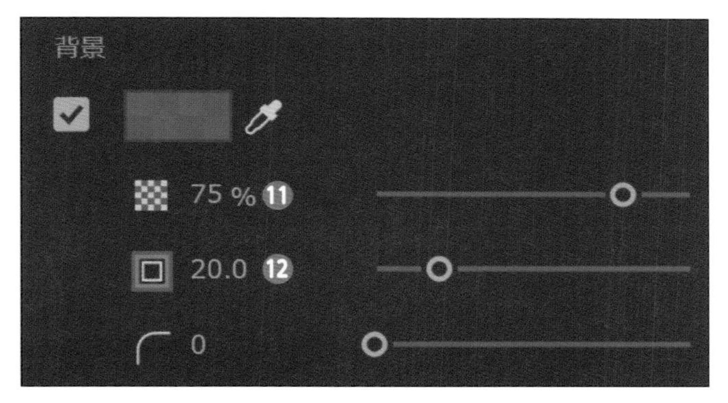

● **背景のパラメーター**

- **不透明度**：ベースの不透明度。0%で透明、100%で透けなくなる
- **サイズ**：ベースのサイズを変更。数値を上げると大きくなる
- **角丸の半径**：ベースの角の丸みを調整する。0だと完全な四角。数値を上げると丸みが強くなっていく

7 続いて、位置とフォントサイズを変更します。ここでは、下記のように入力します。

⓭位置：96.0 ／ 771.0
⓮フォント：平成丸ゴシック Std
⓯フォントスタイル(太さ)：W4
⓰フォントサイズ：58
⓱トラッキング：0

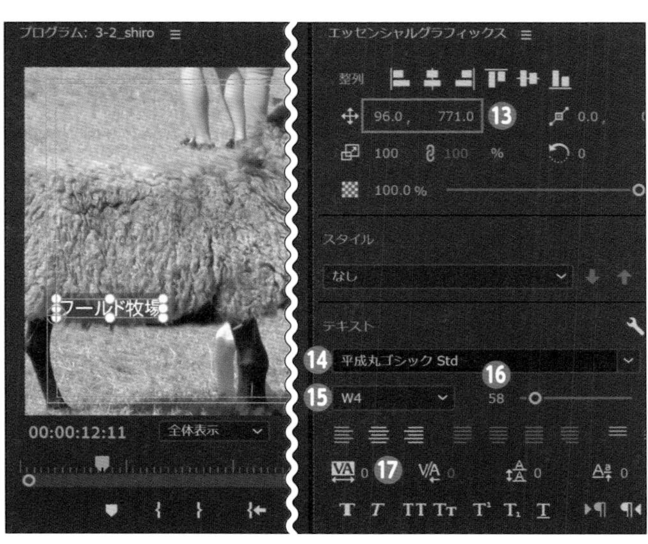

説明部分を作成する

1 続けて、Ctrl（command）＋T を押すと、別レイヤーの新規テキストが作成されるので❶、位置とフォントサイズを下記のように入力します。

❷位置：98.0 ／ 893.0
❸フォントサイズ：90

2 新規テキストレイヤーの文字を、「約5000㎡の広さがあり［半角スペース］馬・羊・小動物など［改行］さまざまな動物たちが過ごしている」と打ち換えます❹。打ち換えるときに、位置がわずかにずれることがあるので注意してください。

3 続いて、色や境界線を変更します。選択ツールに切り替えてから、ここでは、下記のようにアピアランスを設定します。

❺塗りのカラー：茶（#「41340C」）
❻境界線のカラー：白（#「FFFFFF」）
❼境界線の幅：15 ／ストローク：中央
❽背景のカラー：白（#「FFFFFF」）
❾背景の不透明度：40％
❿背景のサイズ：20

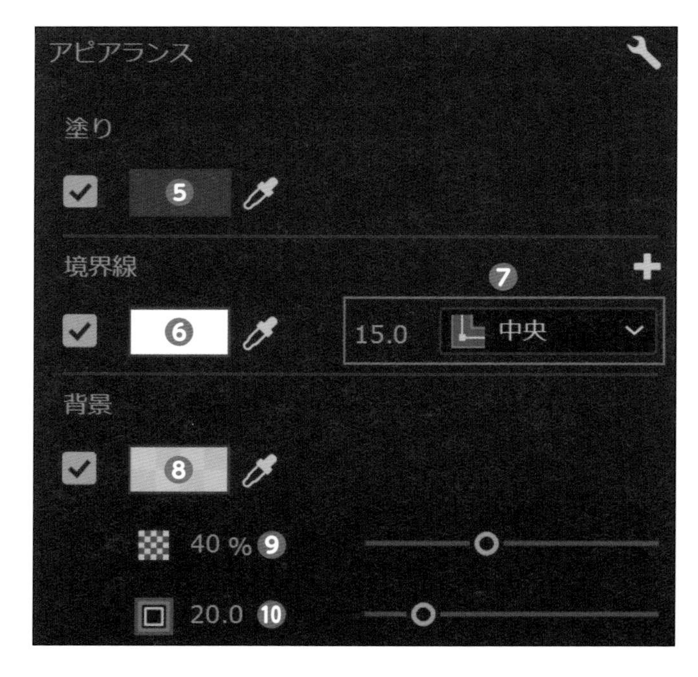

4 見出しのベースが茶色、説明文のベースが白の説明テロップになりました⓫。

テロップの位置ズレを修正する

1 ここで、一度テロップの位置を拡大して確認してみましょう。「全体表示」を「400%」に切り替えると❶、映像が拡大表示されます。スクロールバーで調整して❷❸、説明テロップの、左端の部分が見える状態にします。

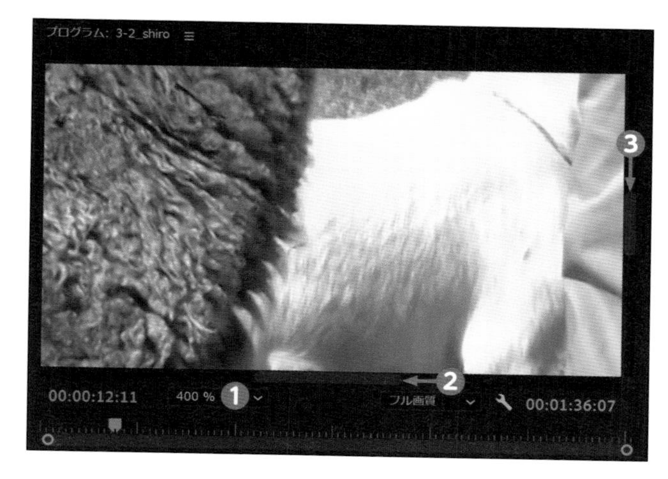

2 拡大映像を見ると、説明テロップの背景ベースが、見出しのベースとずれているのが確認できます❹。これは、境界線にチェックを入れたことで、その幅に応じてベースも大きくなったためです。

3 テキストの位置を調整します。X軸の数値をクリックして、キーボードの[↑]を押して、左端が揃うまで移動します(ここでは105❺)。同じくY軸の数値をクリックして、[↑]で移動します(ここでは903❻)。

Check!

微調整は矢印キーで

大まかな位置合わせはプログラムモニター上でドラッグ、微調整は[Ctrl]+矢印キーと、[Ctrl]+[Shift]+矢印キーを使って調整するのがおすすめです。

[Ctrl]([command])+矢印キー
▶選択したオブジェクトを上下左右に1つ移動

[Ctrl]([command])+[Shift]+矢印キー
▶選択したオブジェクトを上下左右に5つ移動

4 左端がピッタリ揃い、見出し（ワールド牧場）テロップとの間の境目が見えなくなりました❼。**細かいズレは、全体表示だとなかなか気がつかないので注意が必要です。**

5 表示を「全体表示」に戻しておきます❽。説明テロップができました。位置がセンターからずれていますが、これは次に解説するレスポンシブデザインを設定してから調整します。

Check!

最終チェックはフルスクリーン表示で

編集画面で、キーボードの[Alt]+[N]、または画面右上の「フルスクリーンビデオ」ボタンをクリックすると、フルスクリーン表示になります。フルスクリーンのまま、[Space]での再生や、[J]／[K]／[L]を使った巻き戻しや早送りなども可能です。元の画面に戻すときは、再度[Alt]+[N]を押すか、[Esc]を押します。書き出し前の最終チェックは、細かいミスを防ぐ意味でもフルスクリーンで行うようにしましょう。

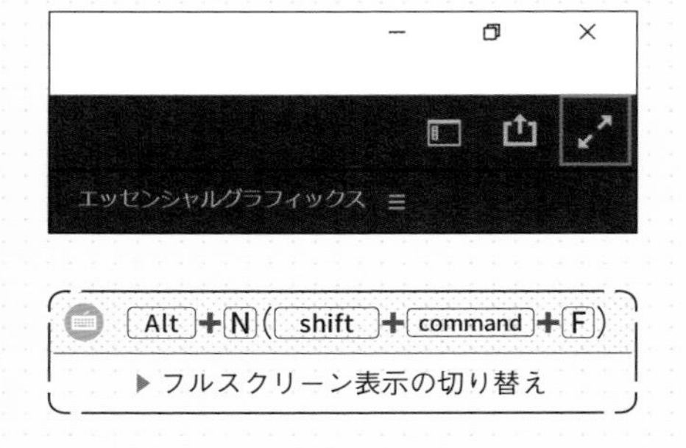

[Alt]+[N]（[shift]+[command]+[F]）

▶ フルスクリーン表示の切り替え

column テロップの要約について

先ほどの説明テロップと、ナレーションが違っていることにお気づきでしょうか。ここで、テロップの「要約」についても触れておきましょう。演出の場合を除き、テロップは短く、わかりやすく表記するのが正解といえます。数秒ごとに変わってしまうので、短時間で理解する必要があるからです。

先ほどの説明テロップでいえば、次のように要約しています。

- **ナレーション**：「およそ5000平方メートルの広さがあり、馬や羊、ヤギやミニブタ、フェレットやオウムなど多種多様の動物たちが過ごしています」

- **テロップ**：「約5000㎡の広さがあり 馬・羊・小動物などさまざまな動物たちが過ごしている」

ナレーションそのまま

要約したテロップ

ナレーションだと気にならなくても、そのままテロップにすると文字数が多く読みにくいものになってしまいます。説明テロップは、2行までで収めるのがいいでしょう。2行が難しい場合は、無理せず2枚に分けましょう。

インタビューなどの場合も、話がまとまっておらず、わかりづらい場合は、内容を丸々テロップにするのではなく、要約したほうが視聴者に伝わりやすくなります。

ちなみに、テレビ放送の場合、ナレーションでは「およそ」というところを、テロップでは「約」と表記します。「およそ」の3文字を、「約」の1文字に減らせるからです。ナレーションでも「約（やく）」というほうが短くて済むのですが、「百（ひゃく）」などに聞き間違えないように配慮しています。もし「約50万円」と「150万円」を聞き間違えてしまうと大変なことになりますよね。視聴者が誤解を招く表現はできる限り避けましょう。

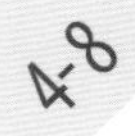

4-8 テロップを親子関係にしてみる

Premiere Proの「レスポンシブデザイン」は、特定のテロップやオブジェクトに、別のテロップやオブジェクトを追従させる機能です。

レスポンシブデザインを設定する

テロップやオブジェクトに親子関係（子が親に追従する機能）を設定します。

1 4-7のデータをそのまま使用します。説明テロップの、見出し部分（ワールド牧場）をクリックすると❶、「レスポンシブデザイン-位置」のメニューが表示されます❷。

2 レスポンシブデザインは、選択しているデータを何に追従させるかという設定です。「追従」の「ビデオフレーム」をクリックして❸、「約5000㎡の…」を選択します❹。ここで選択したものが「親」になります。

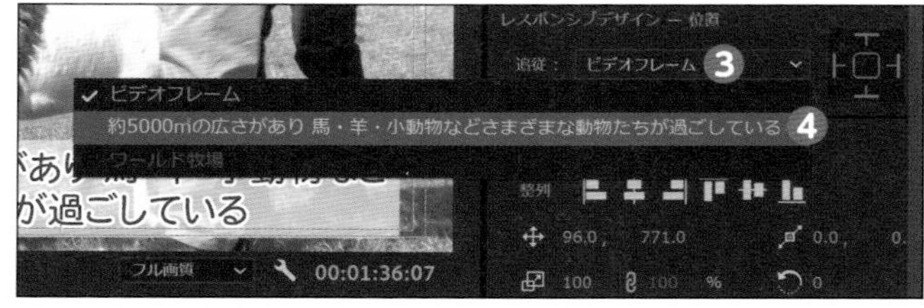

3 続けて、親のどこに追従させるかを選択します。ここでは、十字ボタンの「左」❺と「下」❻をクリックします。この時点で「整列と変形」の位置の数値も変化します❼。

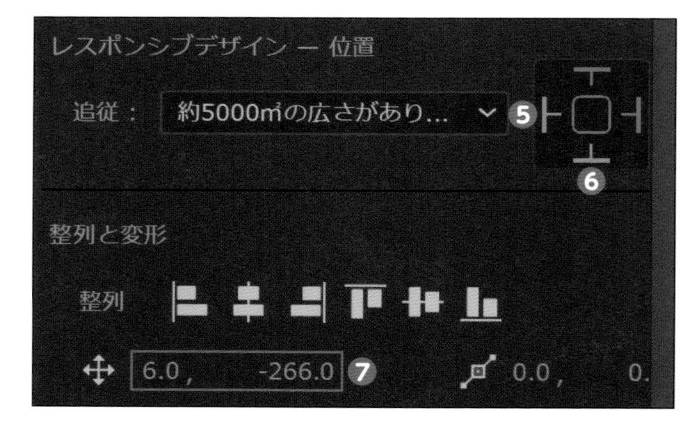

4 説明部分のテキスト（約5000㎡の…）を選択し❽、「水平方向に中央揃え」ボタンをクリックして❾、センター揃えにします。
見出しのテキスト（ワールド牧場）が追従して動いたのが確認できます。

テロップの長さを調整する

最後に、説明テロップをどこまで表示させるか設定します。

1 V2トラックの、説明テロップのお尻をクリックし、赤いカッコを表示させます❶。続けて、テロップを開始位置付近（TC [00:00:12:11]）から再生し❷、自分がココ！と思う場所で停止します。

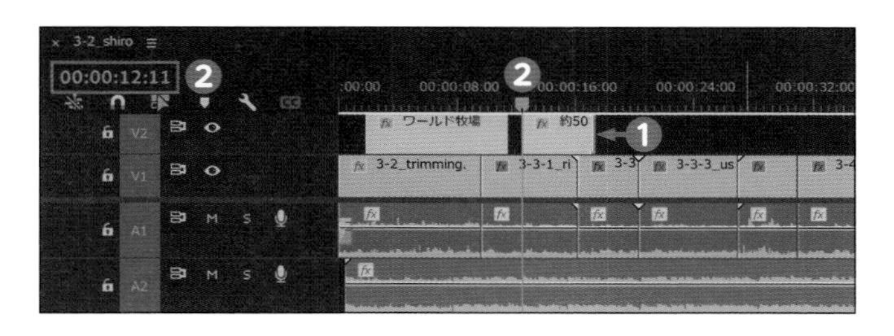

2 おそらく、多くのかたがナレーション終わりの位置で止めたのではないでしょうか。その位置で、キーボードの[E]を押して、クリップを再生ヘッドまで伸ばします（ここでは、TC [00:00:25:00] 付近❸）。再生してテロップが消えるタイミングを確認します。

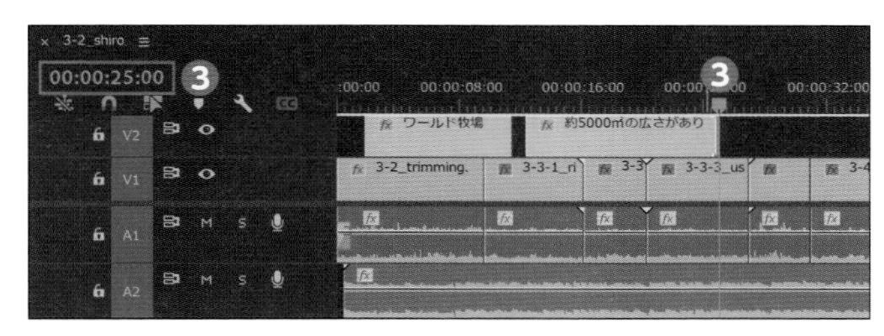

3 動画を見るのはまず初見の人なので、ナレーションより少し遅れて消えるくらい（一呼吸おいたくらい）が、情報を認識するのにちょうどいいタイミングです。ここではTC [00:00:25:15] までテロップを伸ばし❹、再生して確認します。

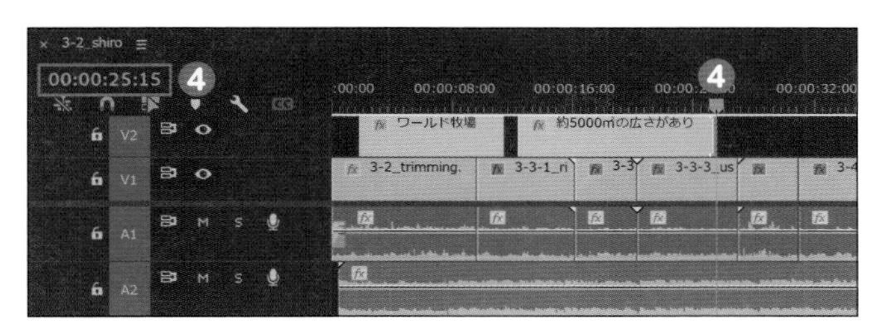

Check!

一呼吸は何フレーム？

一呼吸は何フレームなのかについては、明確な答えはありません。筆者の目安では、30fpsの場合、約8～30フレーム程度です。一呼吸は常に一定ではなく、「落ち着く、気持ちいいと思うタイミング」です。ちなみに、今回の場合、文字情報（説明テロップ）をしっかり見せたいのであれば、カットの最後まで引っ張るのもアリでしょう。どこまでテロップを引っ張るかは、何を見せたいか、どう伝えたいかによっても変わります。

Check!

シェイプの四隅を追従させると……

下の画像では、楕円がテキストに追従しています❶。四隅を追従して（内側の四角を押すと四隅を一括追従❷）、テキストを変更すると、それに合わせてシェイプも変化します。

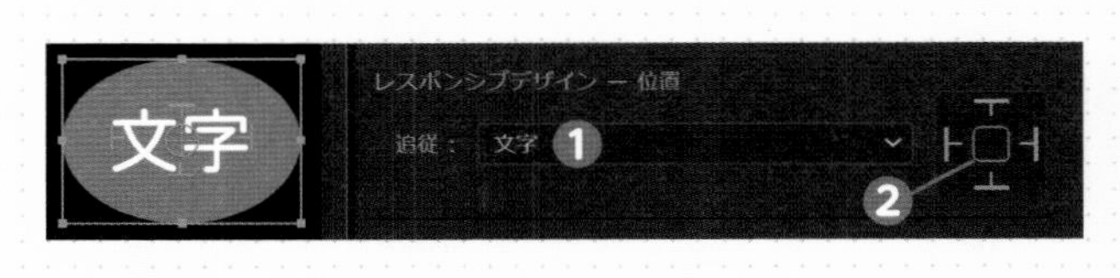

テロップに影をつけてみる

アピアランスには、テロップに影をつける「シャドウ」があります。影をつけることで、テロップを立体的に見せることができます。

縦書きテキストを作成する

アピアランスのシャドウを使って、「ネームテロップ」を作成します。

1 4-8のデータをそのまま使用します。TC［00:00:31:10］に再生ヘッドを移動し、エッセンシャルグラフィックスパネルの編集タブの、「新規レイヤー」ボタンをクリックし❶、「縦書きテキスト」を選択します❷。

2 縦書きの新規テキストレイヤーが作成されるので「世界最大級の馬」と打ち換えます❸。テキストが画面外に見切れて打ちにくいときは適宜移動してください。

3 今回のテロップは強くカッコいい馬のイメージに合うようにしたいので、明朝系のフォントを使用します。選択ツールに切り替えてから、位置やフォントなどを以下の設定にします。

❹位置：1732.0 ／ 91.0
❺フォント：小塚明朝 Pr6N
❻フォントスタイル（太さ）：H
❼フォントサイズ：90
❽斜体：オン

テロップにシャドウをつける

1 シャドウをつけていきます。アピアランスの「背景」のチェックを外して❶、「塗り」、「境界線」、「シャドウ」にチェックを入れ❷、以下の設定にします。

❸塗り：#「FFFFFF」
❹境界線：#「1F1F1F」
❺境界線の幅：15／ストローク：中央
❻シャドウ：#「1F1F1F」
∟❼不透明度：100%
∟❽角度：135°
∟❾距離：8.0
∟❿サイズ：4.0
∟⓫ブラー：0

● シャドウのパラメーター

- **不透明度**：影の不透明度。0%で透明、100%で透けなくなる
- **角度**：影の角度
- **距離**：テロップとの距離。数字が大きいほどテキストと離れる。「0」にしてブラーを合わせてかけると、塗りに光彩（ふわっとした光）をかけたような状態にできる
- **サイズ**：影の大きさ。数字が大きいほど太くなる
- **ブラー**：ぼけ具合。数字が高いほど、ぼけ具合が増す

2 「世界最大級の馬」のテキストを選択したまま、Ctrl（command）＋C→Ctrl＋Vで複製したら、「ペルシュロン」と打ち換えて⓬、以下の設定にします。

⓭位置：1546.0／148.0
⓮フォントサイズ：170
⓯境界線の幅：20.0／ストローク：中央

3 ここでは、次のカット（TC［00:00:38:00～］）にかぶらないところまでドラッグで伸ばします⓰。

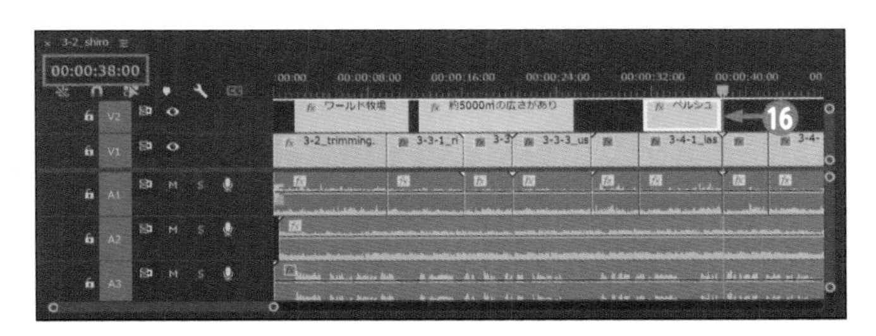

Chapter 4 文字をのせて「完パケ」をつくろう ～テロップの基本

4-10 グラデーションを使ってみる

グラデーションは2色以上の色を組み合わせて作成します。ゴールドなどのキラキラした感じや、柔らかい表現など、ベタ塗りでは不可能な表現ができます。

グラデーションを使ってみる

カラーピッカーの色変え作業は、Ctrl＋Zでは戻れません。間違えたときは、Enterや「OK」を押さずに「キャンセル」を押すようにします。

1 4-9で作成した「世界最大級の馬」「ペルシュロン」の2つのテロップを選択します。選択は、プログラムモニターでドラッグ、またはShiftを押しながらクリックです❶。エッセンシャルグラフィックスパネルでも選択が可能です。

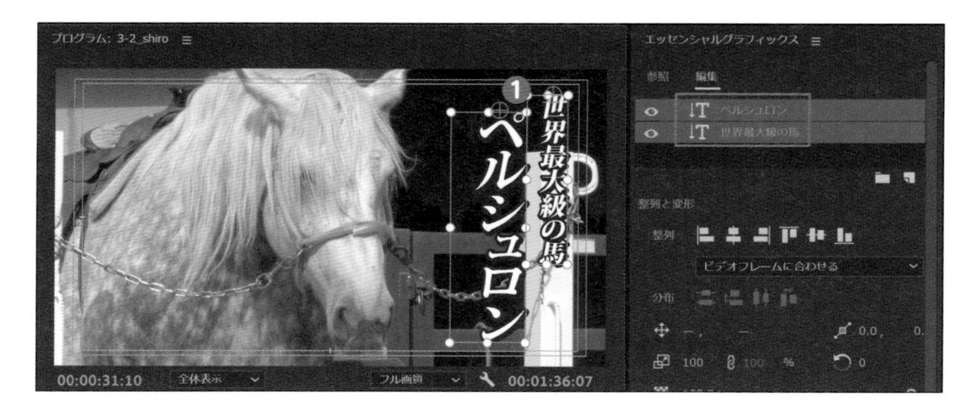

2 「塗り」のカラーをクリックします❷。カラーピッカーが開くので、左上の「ベタ塗り」の項目を「線形グラデーション」に変更します❸。「グラデーションスライダー」が表示されるので、右側の「カラー分岐点」をクリックし❹、カラーコードを#「454545」と入力して❺、Enterまたは「OK」をクリックします。

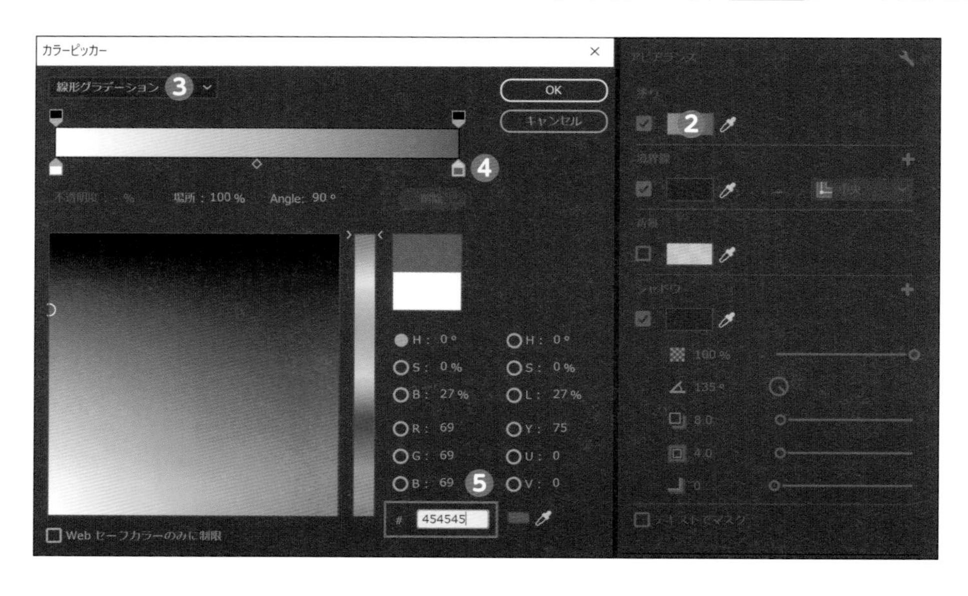

3 テキストが白からグレーへのグラデーションになりました❻。ただ、全体的に暗くて重い感じなので、グラデーションの度合いを調整します。

4 再度、アピアランスの「塗り」のカラーをクリックし❼、カラーピッカーを表示します。ここでは、グラデーションスライダーの中央にある「カラー中間点(◇)」を❽、下の「場所」の数値が「80%」になるまでドラッグします❾。**カラー中間点は、「場所」の数値と連動していて、5%(左)～95%(右)の間で移動できます。**「Angle」はグラデーションの角度です。ここでは「60°」に設定し❿、Enterまたは「OK」をクリックします。

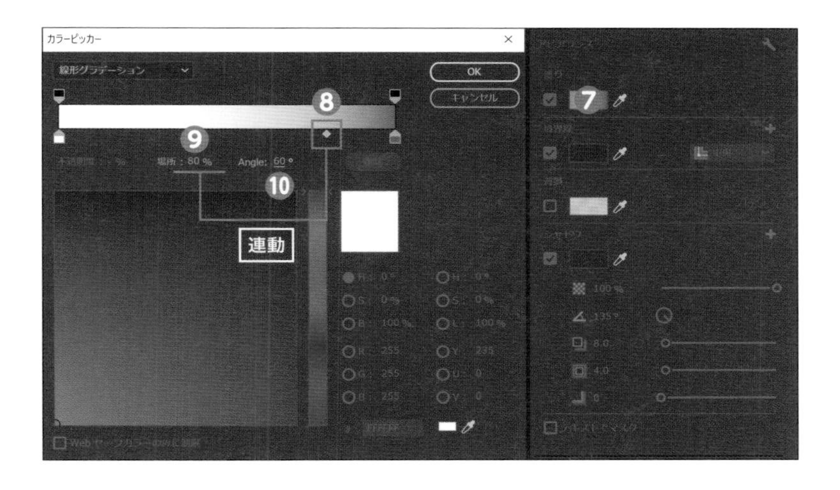

5 グラデーションが斜めになり、白の領域も広がって見やすくなりました⓫。

column グラデーションを自在につくるために

カラーピッカーの使い方をマスターすれば、複雑なグラデーションをつくることが可能になります。ここでは解説のみ行うので、新規テキストを作成してお試しください。

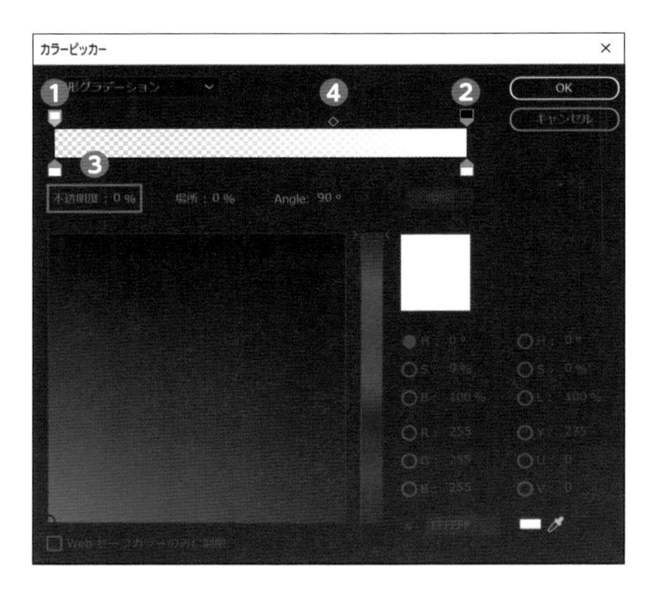

不透明度の分岐点

グラデーションスライダー上側の「不透明度の分岐点」をクリックすると❶❷、「不透明度」の数値の欄が有効になり❸、「不透明度の中間点」も表示されます❹。

例えば、横書きの文字で、左上の「不透明度の分岐点」を選択し❶、不透明度を「0％」にすると❸、テキストの上側が透けます。さらに、「不透明度の中間点」を右に寄せると❹、透け具合が増します❺。

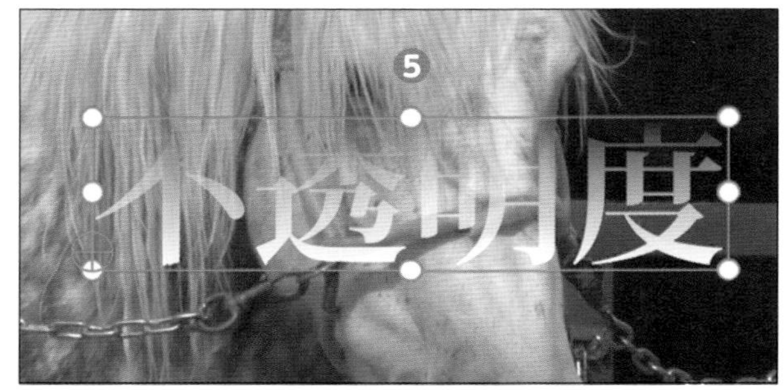

Angle（角度）について

角度は初期設定が90°です。上下の色を入れ替えたいときは、Angle（角度）を「270°」、左右に入れ替えたいときは「180°」または「360°」と入力すれば可能です。

分岐点の追加

グラデーションスライダーの下側にカーソルを持っていき、クリックすると、カラー分岐点を追加できます❶。ちなみに、分岐点の追加は、クリックした箇所の「左側の分岐点」をコピーする仕様です。この例の場合、❷の分岐点がコピーされます。

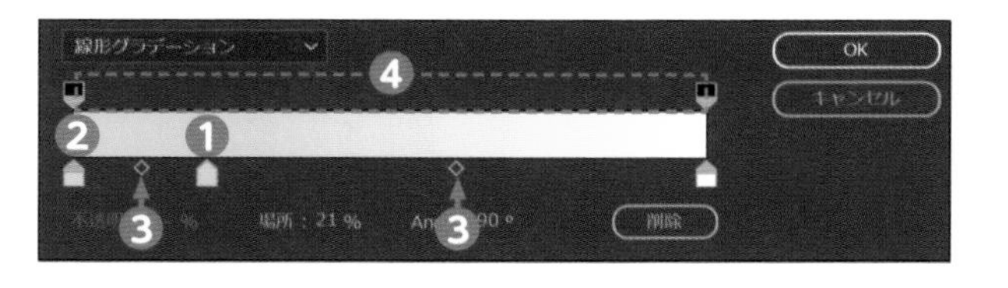

分岐点を追加すると、左右の分岐点と分岐点の間に「カラー中間点」が表示されます❸。中間点をスライドすると、2つの分岐点の間で、グラデーションの調整ができます。同様に、グラデーションスライダーの上部分でクリックすると❹、不透明度の分岐点を追加できます。

分岐点のコピーと移動

分岐点の追加は、左側の分岐点をコピーする仕様なので、❶をコピーするためには、❶を一度左側に移動してから、右側をクリックし❷、そのうえで❶を好きな位置にドラッグします。あるいは、追加した分岐点に❶のカラーコードをコピペでも可能です。

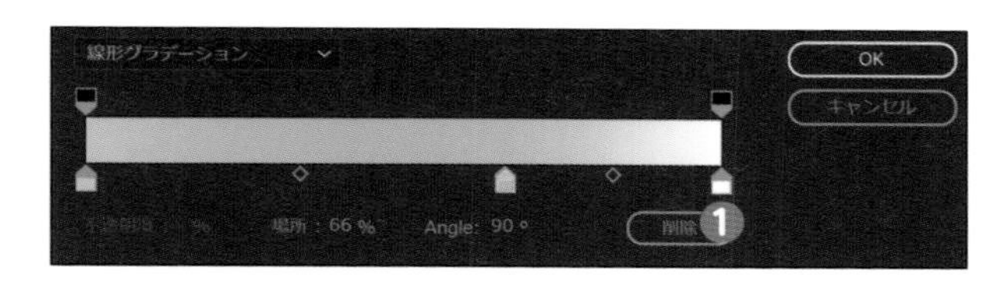

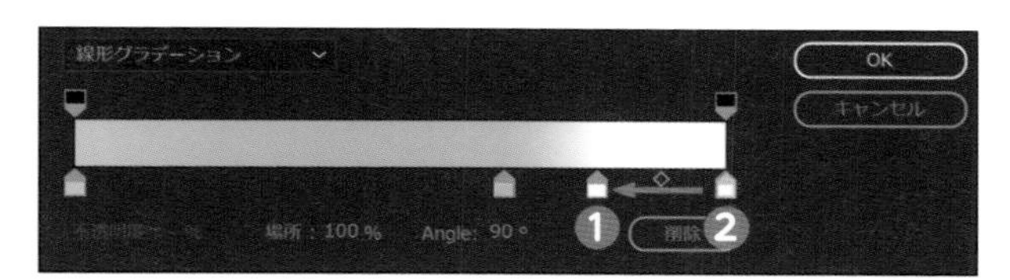

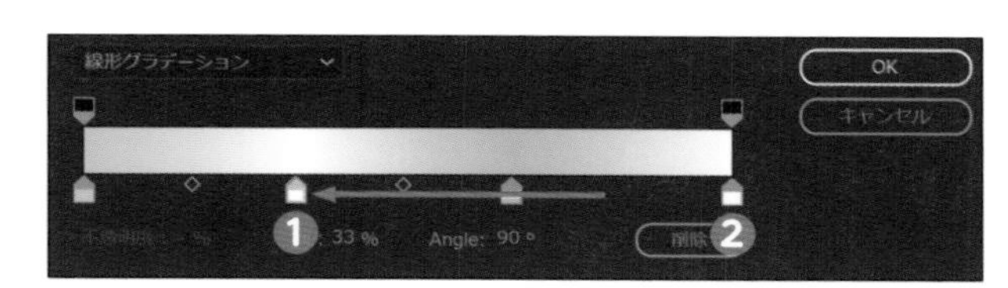

分岐点の削除

カラー分岐点、不透明度の分岐点ともに、削除したい分岐点を選択し、上下にドラッグ❶、または「削除」❷をクリックすると削除できます。

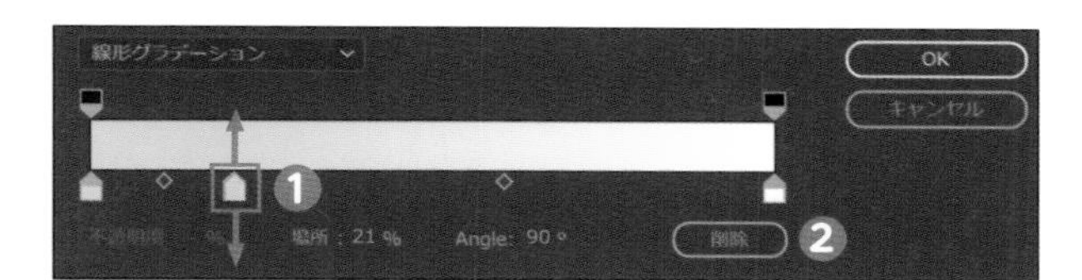

光るテキストをつくってみる

あくまで一例ですが、黄土色と白を交互に並べたり、重ねたりすることで「ゴールド」ができます。光沢をつくるためには必ず「明暗」が必要です。

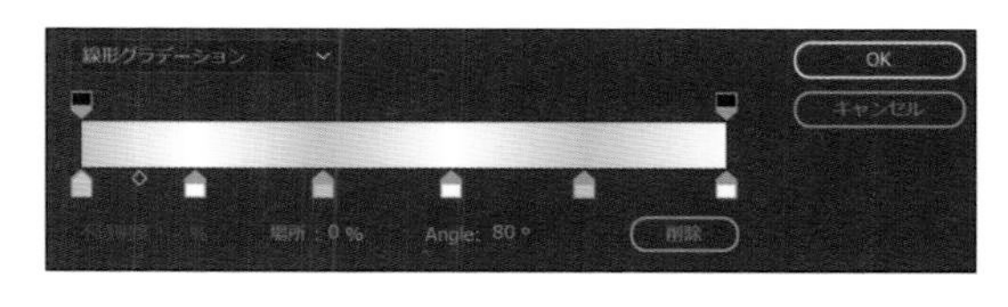

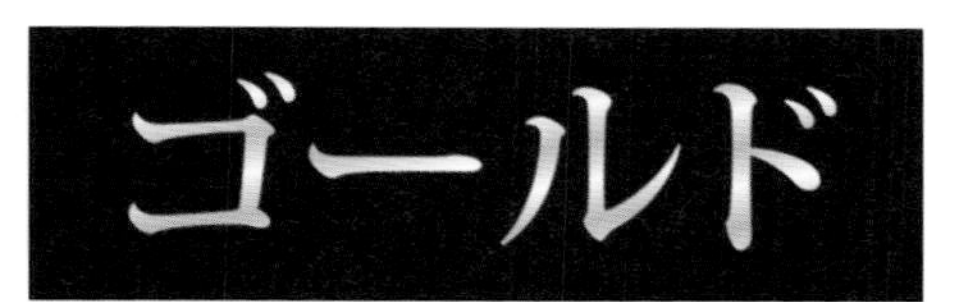

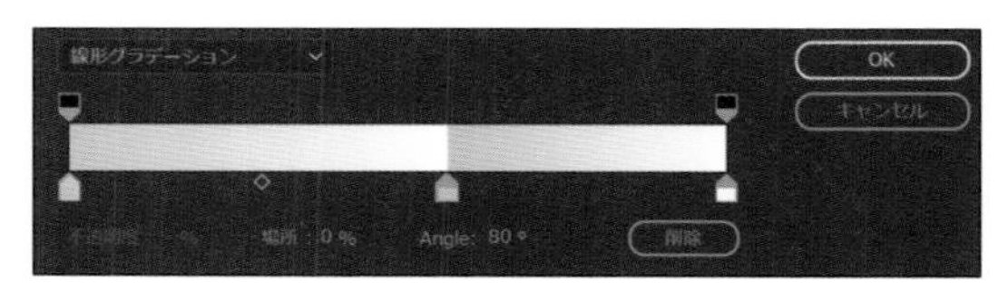

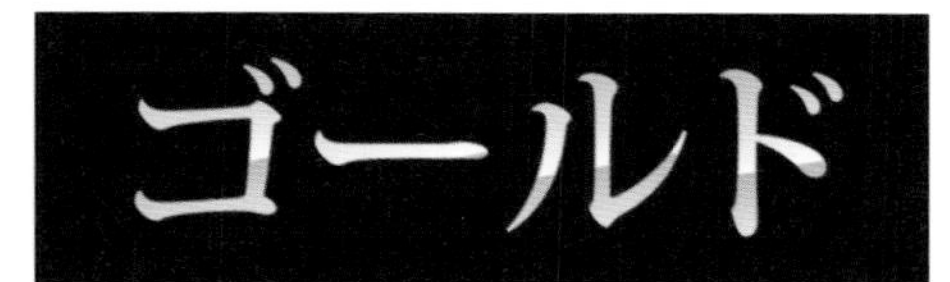

円形グラデーションを使ってみる

線形以外にも、円形グラデーションがあります。円形グラデーションは、テキストやオブジェクトの中心から外に向かって色が変化します。線形グラデーションとはまた違った見た目を表現できます。

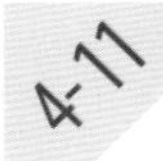

学習用ファイル／4-11.prproj

シェイプをつくってみる

Premiere Proでは、長方形や楕円形などの図形のことをシェイプといいます。シェイプは、テキストの下に敷いたり、飾りとして使ったりと使い道がいろいろあります。

長方形のシェイプを作成する

最後に「検索テロップ」を作成しましょう。

1 4-10のデータをそのまま使用します。まずはTC［00:01:27:10］に再生ヘッドを移動します❶。続けて、ツールパネルの長方形ツールを選択し❷、プログラムモニター内でドラッグして長方形をつくります❸。作成した長方形は白（#「FFFFFF」）にしておきます❹。サイズや位置はあとで調整します。

2 長方形の位置やサイズを変更します。ここでは下記のように設定します。

❺位置：960.0 ／ 960.0
❻W：580.0
❼H：100.0
❽角丸の半径：50.0

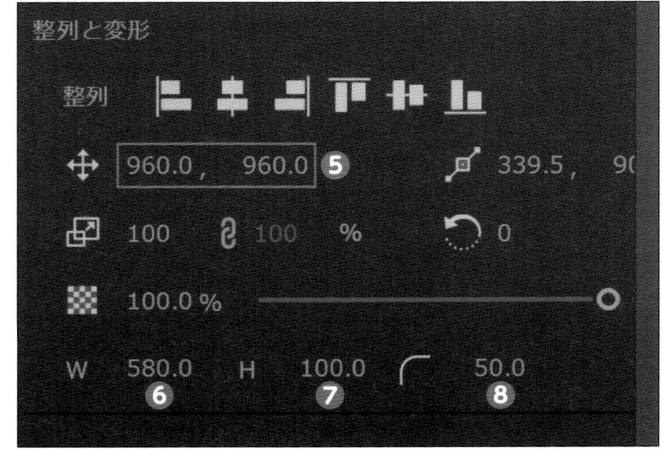

3 丸くなった長方形を選択したまま、横書き文字ツールをクリックして❾、長方形の中をクリックし、「ワールド牧場」と入力します❿。サイズや位置はあとで調整します。

4 今回はシンプルなアピアランスにします。前回の設定が残っている場合は、選択ツールに切り替えてから、「塗り」以外のチェックを外し⓫、斜体などもオフにします⓬。

5 テキストの「塗り」のカラーをクリックして⓭、「ベタ塗り」に戻し⓮、グレーにします(ここでは、カラーコード#「484848」)⓯。

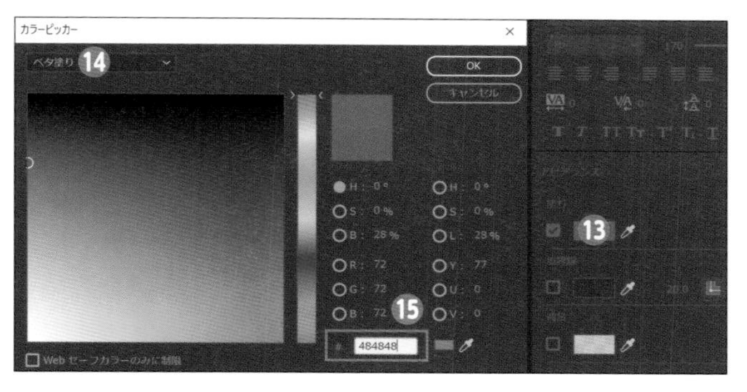

6 テキストのフォントや位置を調整します。ここでは下記のように設定します。

⓰位置：706.0 ／ 990.0
⓱フォント：平成丸ゴシック Std
⓲フォントスタイル(太さ)：W8
⓳フォントサイズ：80

アピアランスの「背景」との違い

テキストにアピアランスの「背景」を使っても同じようにできますが、今回のようにテキストの位置が中心以外の場合は、別々につくるほうが調整しやすくなります。

楕円のシェイプを作成する

ここからは検索マークをつくっていきます。

1 ツールパネルの長方形ツールを長押しして、楕円ツールに切り替えます❶。続いて、プログラムモニター内でドラッグして楕円をつくります。Shift を押しながらだと正円になります❷。

2 楕円の塗りの色を変更します。アピアランスの「塗り」のカラーをクリックし❸、カラーピッカーで黄色にします（ここでは、カラーコード#「E3CA34」❹）

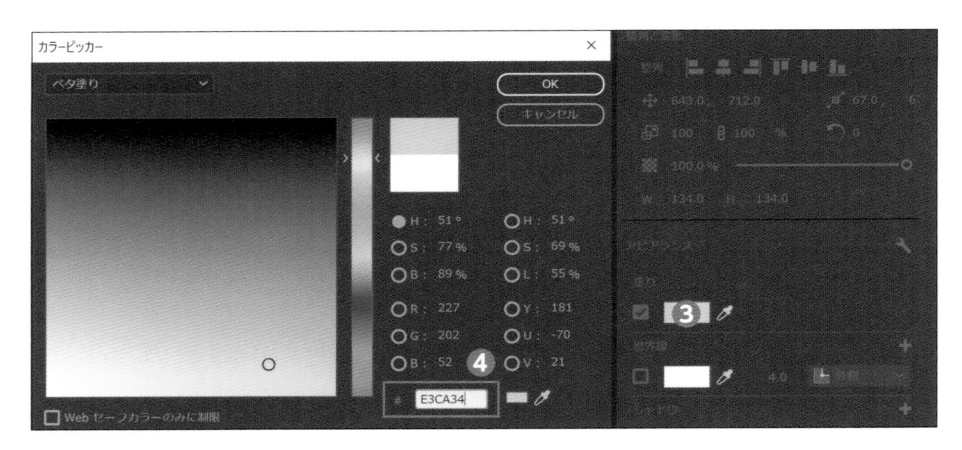

3 楕円を選択したまま、エッセンシャルグラフィックスパネルの「整列と変形」から、位置とサイズを変更します。ここでは右のように設定します。

❺位置：1257.0 ／ 959.0
❻W：149.0
❼H：149.0

テキストや図形を組み合わせる

1 楕円の中に虫眼鏡のマークをつくります。テキストツールに切り替えて❶、楕円の左上のほうでクリックし、テキストで「まる」と入力して、「○」に変換します❷。アピアランスは、「塗り」のみにチェックして他は外しておきます。

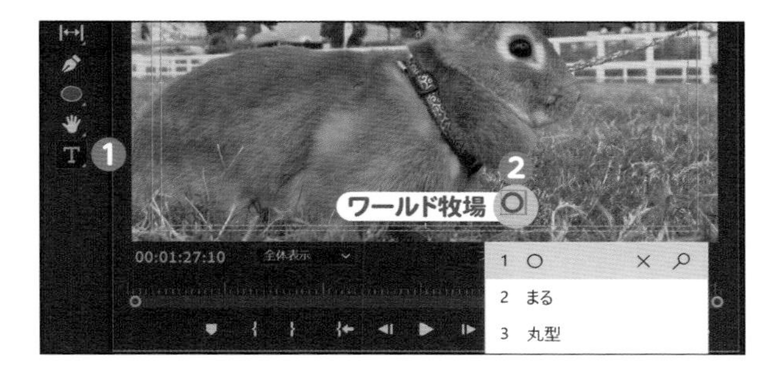

2 小さいシェイプの場合、マウスで移動させようとすると誤って拡大してしまったりするので、キーボードの Ctrl ＋矢印キーで位置を調整します。ここでは、位置を「1204.0 ／ 971.0」❸、フォントサイズを「80」とします❹。

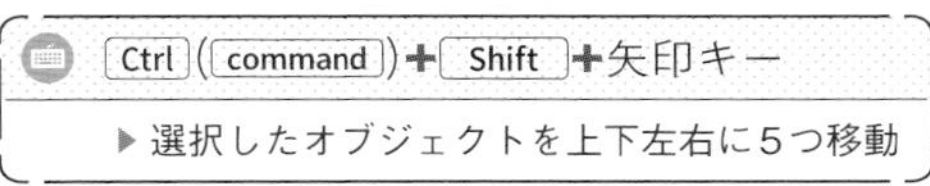

3 長方形ツールに切り替え❺、ドラッグして虫眼鏡の持ち手部分をつくります❻。作成時は、位置やサイズはざっくりで構いません。ここでは、作成後にサイズを「W：52.0 ／ H：22.0」❼にしておきます。長方形が小さく見にくい場合は、拡大表示します（ここでは400％）❽。

4 長方形を選択した状態で、アピアランスの「塗り」のスポイトマークをクリックすると❾、カーソルがスポイトに変わるので、虫眼鏡の「○」のグレーの上でクリックすると❿、長方形が同じ色になります⓫。

5 次は長方形の角度を調整します。選択ツールに切り替えて(V)、長方形にカーソルを持っていくとカーソルが回転に変わるので⓬、ドラッグして調整します。数値入力の場合は、「整列と変形」の「回転」に数値を入力します。ここでは「45°」とします⓭。

6 最後に位置を調整します。ここでは、位置を「1277 ／ 979」と入力します⓮。これで虫眼鏡の形ができました⓯。
最後に全体表示に戻しておきます⓰。

Check!

テキストをシェイプ代わりに使う

テキストは、形によってはシェイプ(図形)として使うこともできます。変換次第で意外と面白い形もあるので、うまく組み合わせて活用してください。ただし、フォントによっては文字化けしたり、表示できない可能性があります。

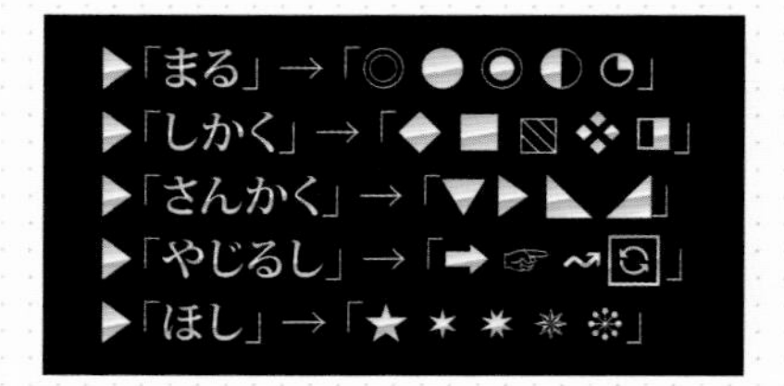

グループ化する

ここで、虫眼鏡をグループ化しておきましょう。グループ化すると、まとめて動かしたり、拡大／縮小が可能になります。

1 エッセンシャルグラフィックスのレイヤーで、虫眼鏡と黄色の丸を、Shift を押しながらクリックし❶、「グループを作成」ボタンをクリックします❷。

※プログラムモニター上でドラッグでも選択可能

2 選んだレイヤーがグループ化されました。**グループ(フォルダー)❸を選択したときのみ、下にグループ用のトランスフォームメニューが表示され❹、移動や拡大／縮小などまとめて動かすことができる**ようになります。**グループ化していても、個別のレイヤーを選べば単体で制御が可能**です。
なお、グループ名やシェイプ名は名前変更が可能です。

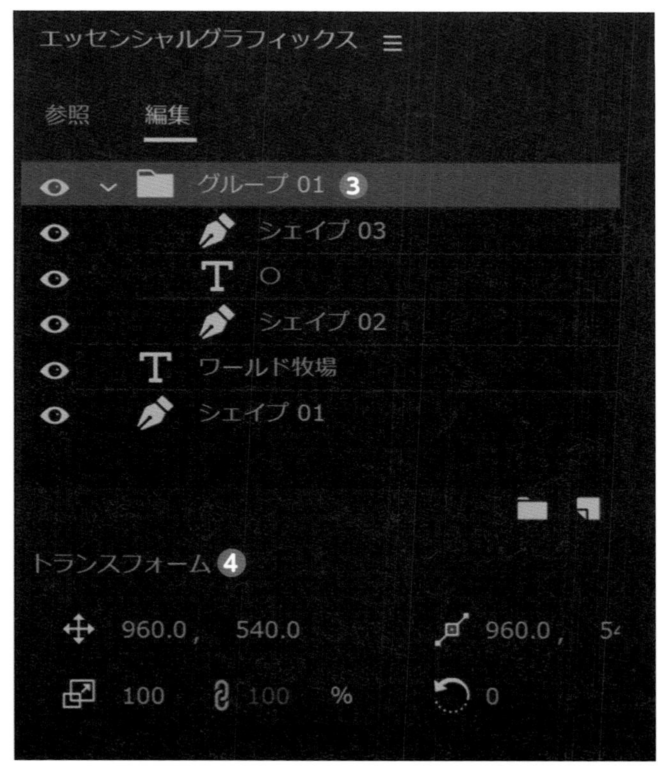

テロップの位置を調整する

1 この検索テロップは最後まで出し続けるので、トリミングして最後まで伸ばします❶。これで、テロップ入れが終わりました。再生して確認します。

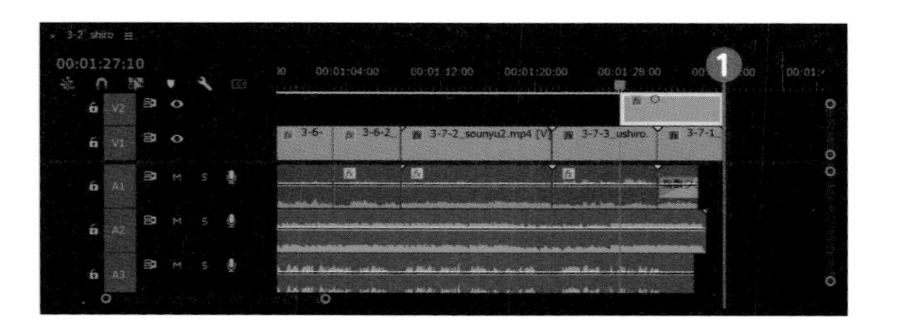

4-12 レンダリングして確認する

エフェクトなどをかけて重くなった映像を、滑らかに再生するために、事前にコンピューターに演算処理してもらうことをレンダリングといいます。

レンダリングする

タイムラインに並んでいるクリップの上に色のついた線があります。これを**「レンダリングバー」といい、現在のクリップがどういう状態にあるかわかるようになっています。**黄色は、通常再生が問題なくできる状態です。しかし、PCのスペック次第では、レンダリングバーが黄色くても再生がカクカクしてしまうこともあります。最適な状態で見るためにも、レンダリングしてから最終確認しましょう。

1 レンダリングバーが黄色なのを確認します❶。

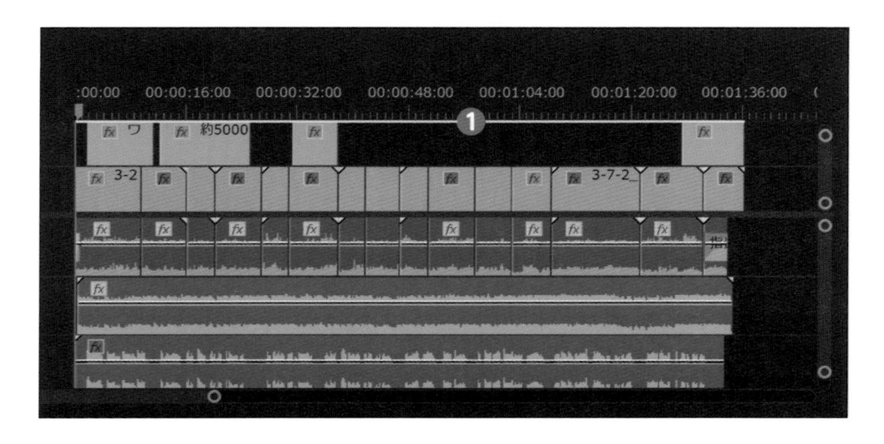

2 メニューバーのシーケンス❷→インからアウトをレンダリング❸を選択すると、レンダリングがはじまります。

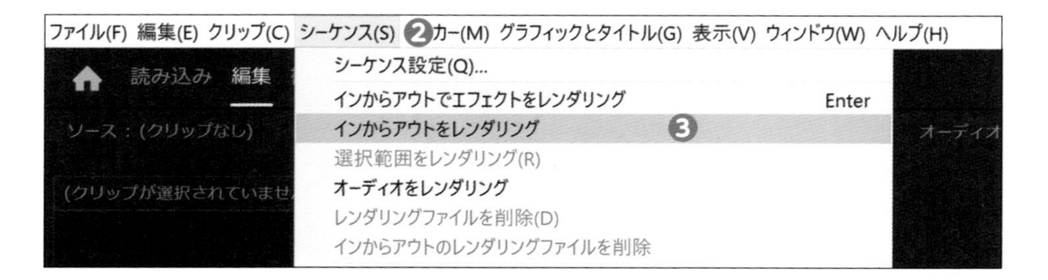

インからアウトをレンダリング

項目名に「インからアウト」とありますが、シーケンス全体をレンダリングするするときは、インアウトを打つ必要はありません。部分的に確認したいときに、インアウトを打ってから実行することで、インアウト間のみレンダリングできます。

3 レンダリング後、レンダリングバーが緑色に変化し❹、自動的に再生がはじまるので確認します。緑色は、レンダリング済みの滑らかに再生できる状態です。

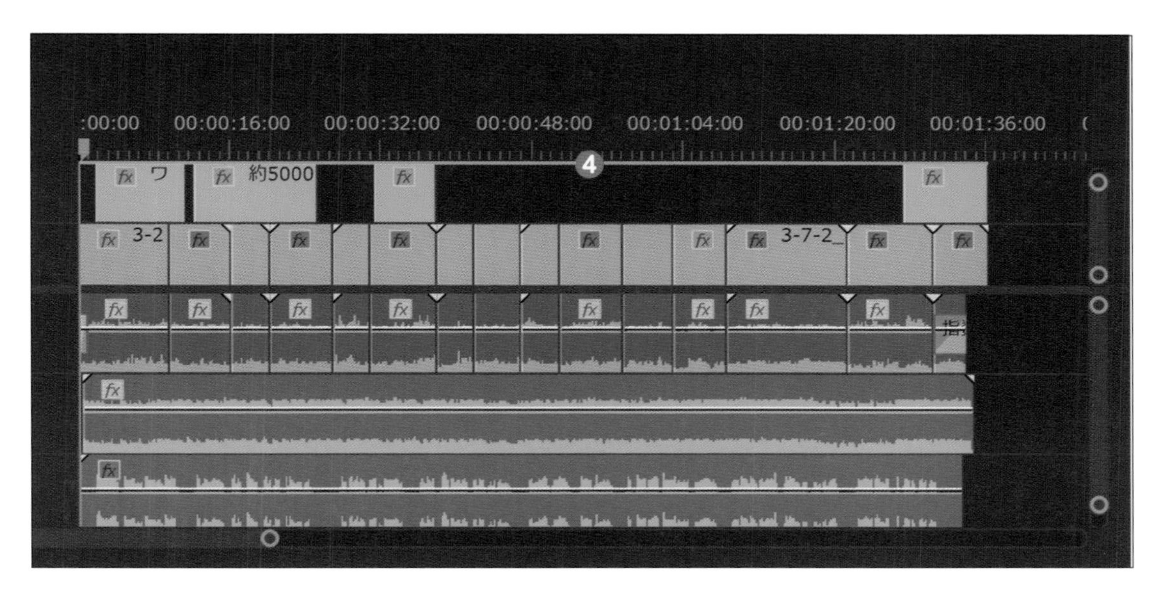

レンダリングの種類

メニューバーの「シーケンス」からは4種類のレンダリング項目が選べます。そのうち主に使うのが下記の2つです。

▶ **インからアウトでエフェクトをレンダリング**

レンダリングバーが赤色のときに、Enterを押すと、その箇所をレンダリングします。

▶ **インからアウトをレンダリング**

レンダリングバーが黄色の箇所も含めて、インアウト間をまとめてレンダリングします。メニューバーのシーケンスの項目から実行しますが、ショートカット登録も可能です。

Check!

レンダリングバーの色の違い

→ **赤**：レンダリングしないと通常再生が難しい状態

→ **黄**：通常再生が問題なくできる状態

→ **緑**：レンダリング済みの状態

→ **なし**：レンダリング不要

レンダリングバーは何かエフェクトをかけたり、トラックを重ねたりすることでステータス（色）が変化します。バーの色はあくまで目安で、赤でも問題なく再生できることもあれば、黄色でもカクカクするときがあります。

動画を書き出す

最終確認が済んだら、書き出しをします。書き出し画面の説明については、P44をご覧ください。

1 キーボードの Ctrl（command）+ M、または書き出しタブをクリックして❶、書き出し画面に移動します。ファイル名（ここでは「kanpake.mp4」）をつけ❷、保存場所を指定します。

2 レンダリングを事前にしている場合は、「一般」の「>」を押して展開し、「プレビューを使用」にチェックを入れると書き出しが速くなる場合があります❸。

3 「書き出し」をクリックすると❹、書き出しがはじまります。

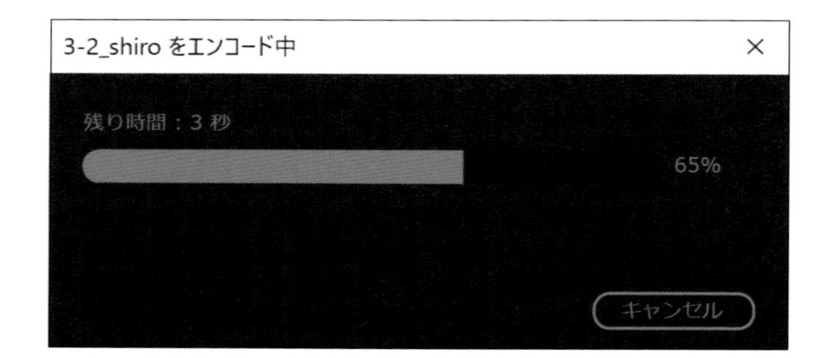

GPUを使ったレンダリング設定

レンダリングや書き出しの処理速度はPCの性能「CPU／メモリ／ディスク（SSD推奨）／GPU」などによって大きく変わります。お持ちのPCが、「Mercury Playback Engine対応のGPU」を搭載している場合は、GPUを使った高速処理ができるように設定を確認しておきましょう。

❶メニューバーの、ファイル→プロジェクト設定→「一般」をクリックします。
❷プロジェクト設定の画面が開くので、一般→ビデオレンダリングおよび再生→「レンダラー」のプルダウンメニューをクリックして、「Mercury Playback Engine －GPU 高速処理（CUDA）」と表示される場合は、選択します。

動画ファイルをチェックする

書き出し後は、必ず動画ファイルをチェックするようにしてください。そこでようやくミスに気づくこともあります。具体的には以下のようなことに気をつけて確認します。

- カットのつなぎ目に1フレームなどの短い黒味（くろみ）(黒い画面) が入っていないか
- どこかにノイズが入っていないか
- エフェクトなどをかけた箇所が、問題なく滑らかに再生できているか
- スローや早送りの設定をした箇所が違和感なく再生できているか

慣れないうちは、1フレームだけ黒が入ってしまうことがよくあります。また、**ノイズは編集画面では見えていないのに、書き出し後のファイルに発生していることがあります。**

映像は、編集画面ではなく、ビデオファイルとして見たものが完成品です。書き出し後のチェックを怠って、アップロードや納品後にミスが見つかるほうが何かと大変です。必ず動画ファイルをチェックするようにしましょう。

完パケの完成！

これで、完パケ（ビデオファイル）の完成です。3章、4章は、編集の基本操作を行ってきました。ここまでで、ある程度ショートカットを使って、カット編集を行うことができるようになっていると思います。ぜひ、ご自身で撮った映像などを使って動画編集を楽しんでください。

ここからは、各種エフェクトやカラコレなども覚えて、表現できる幅を増やしていきましょう。効率を重視したいかたは、先に7章のショートカットなどを読み進めてもらうのもいいかと思います。

それでは、引き続き楽しんでいきましょう！

4-13 テロップのスタイルを登録してみる

作成したテロップは「スタイル（テンプレート）」として登録しておくことが可能です。スタイルは適用するだけで登録時のフォント／サイズ／アピアランスを再現できます。

スタイルを登録する

ここでは、4章で作成したテロップをスタイルとして登録してみましょう。

1 プログラムモニターのテロップ(ここでは「ワールド牧場」)を選択して❶、エッセンシャルグラフィックスパネル→「スタイル」の「なし」を「スタイルを作成」に切り替えます❷。

2 スタイルの名前をつけます。名前は、番号、色、フォントなどが一目でわかるようにしておくか、テロップのイメージ(楽しい、幸せ)などで登録しておくのがおすすめです。ここでは「黄茶白_丸ゴ」と入力して❸、Enter または「OK」をクリックします。

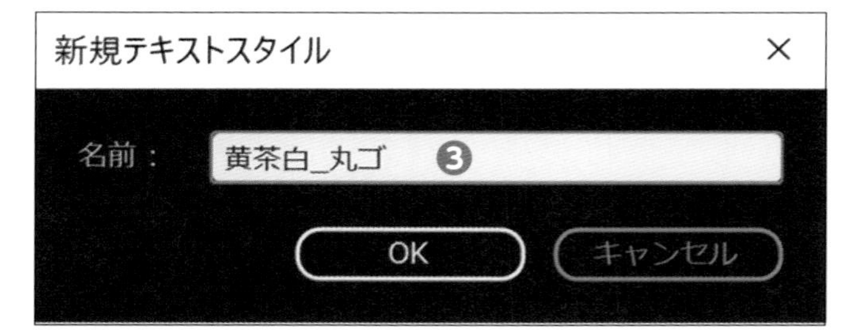

ファイル名の注意点

スラッシュ（/）などファイル名に使用できないものを使用すると、後述のテキストスタイル書き出し時に、そのままファイル名として書き出せないので注意してください。

3 登録したスタイルは、プルダウンメニューから選択できるようになります❹。ただし、**スタイルはシステムに保存されるわけではなく、プロジェクト内に「ファイル」として保存されます。**

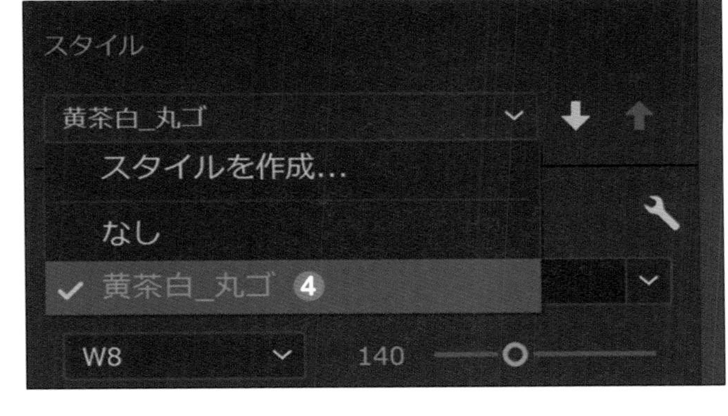

4 スタイルがファイルであることを確認するためにプロジェクトパネルを確認してください。他の素材と同じようにファイルとしてあるのが確認できます❺。

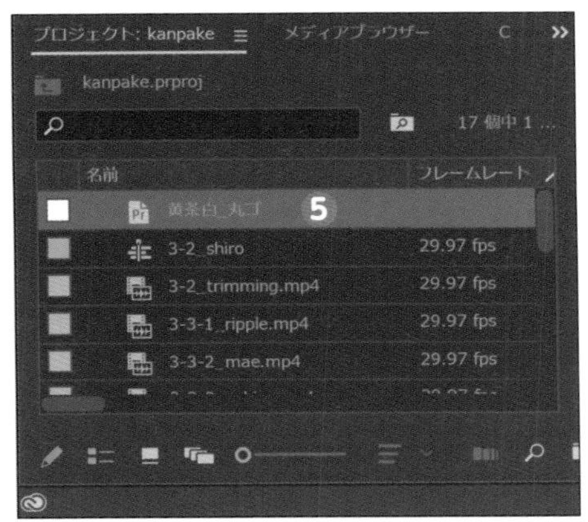

5 ここでワークスペースを「アセンブリ」などに変更して、表示形式を、リスト表示からアイコン表示に変更すると❻、スタイルが確認しやすくなります❼。

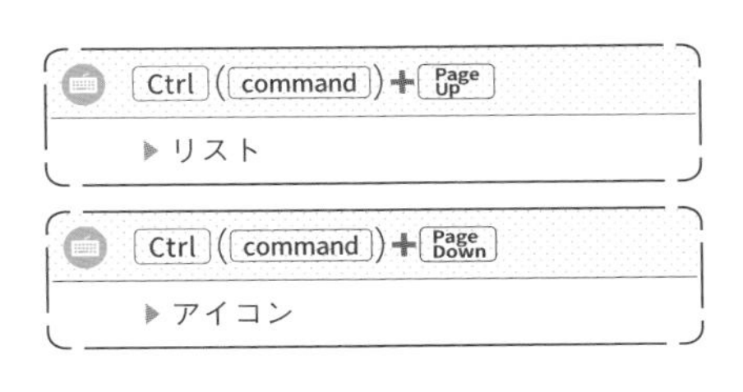

Check!

おすすめのスタイルの整頓方法

スタイルのみを、1つのビン（フォルダー）にまとめて、アイコン表示にすれば、サムネイル一覧として確認できます。

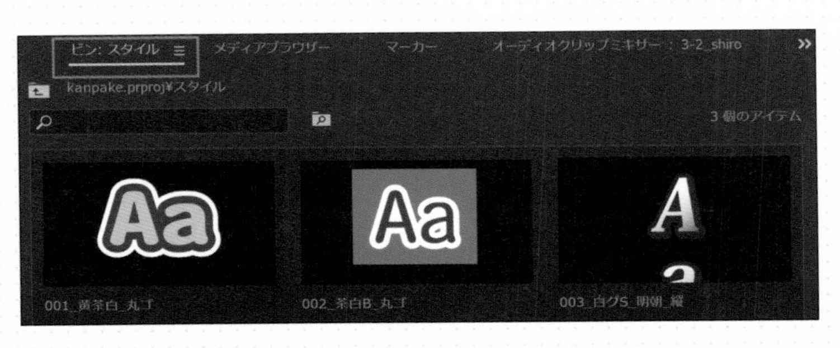

Chapter 4 文字をのせて「完パケ」をつくろう 〜テロップの基本

スタイルを適用する

ここからは解説のみになります。

1 テロップを選択した状態で、スタイル一覧から適用したいものを選ぶと❶、すぐに反映されます❷。

スタイルを一括で適用する

1 テロップをまとめて選択したあとに❶、プロジェクトパネルのスタイルをドラッグします❷。

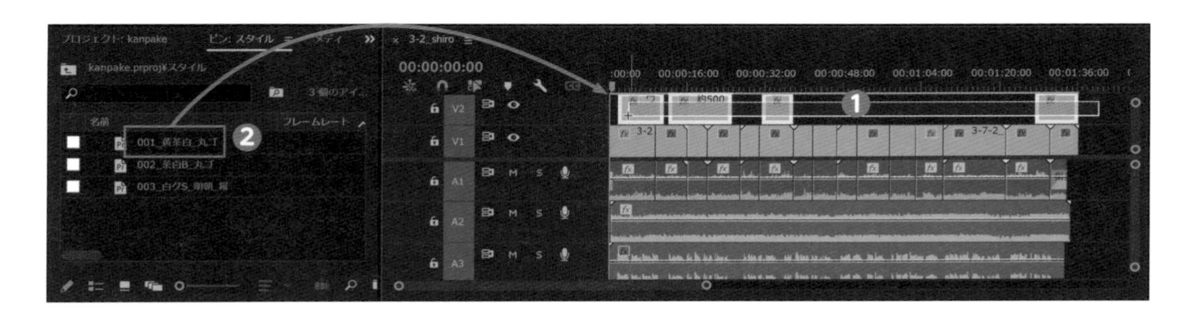

登録したスタイルを上書きする

1 スタイル適用済のテロップの、フォントやアピアランスなどを変更してから❶、「トラックまたはスタイルに押し出し」ボタン（上向き矢印）❷を押すことで、スタイルが上書きされます。
変更をキャンセルするときは、「スタイルから同期」ボタン（下向き矢印）❸を押すことで、登録時のスタイルに戻せます。

テキストスタイルを別のプロジェクトで使う

スタイルは、そのままだと別プロジェクトで使用できませんが、**テキストスタイルとして書き出して、別プロジェクトで読み込めば使える**ようになります。

1 書き出したいスタイルを選択（複数まとめて可能）❶→右クリック→「テキストスタイルを書き出し」を選択します❷。

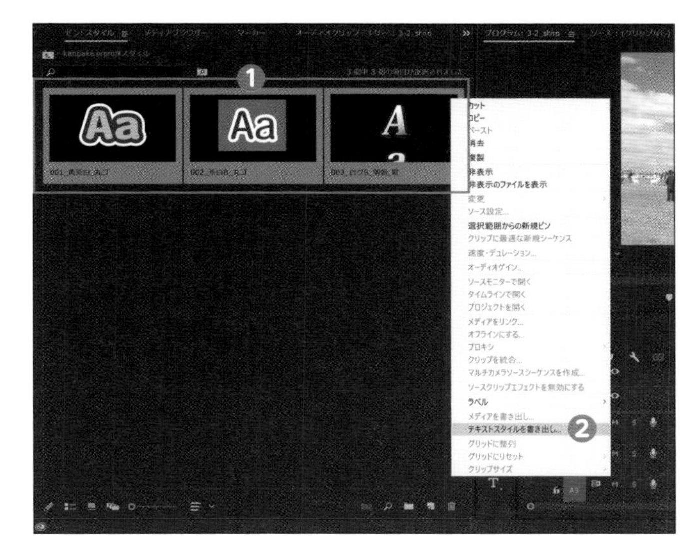

2 別の画面が表示されるので、保存場所を選択し、任意の名前をつけて保存します❸。

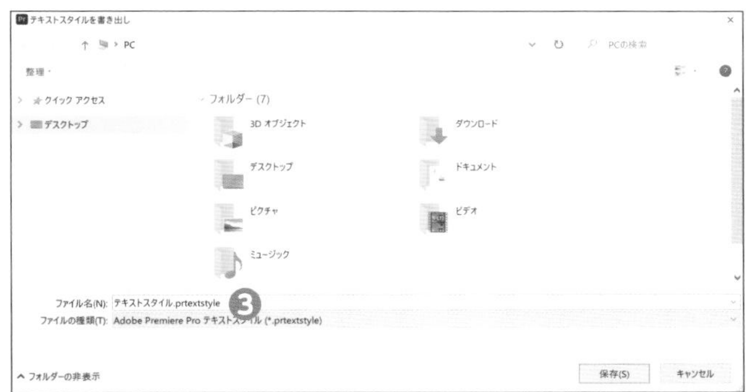

3 書き出したスタイルを別のプロジェクトで使うには、ファイルをプロジェクトパネルにドラッグするか❹、読み込みます。
スタイルは Delete で簡単に消えてしまいます。一度テキストスタイルを書き出しておけば、誤って削除しても、再度読むことで使用できます。

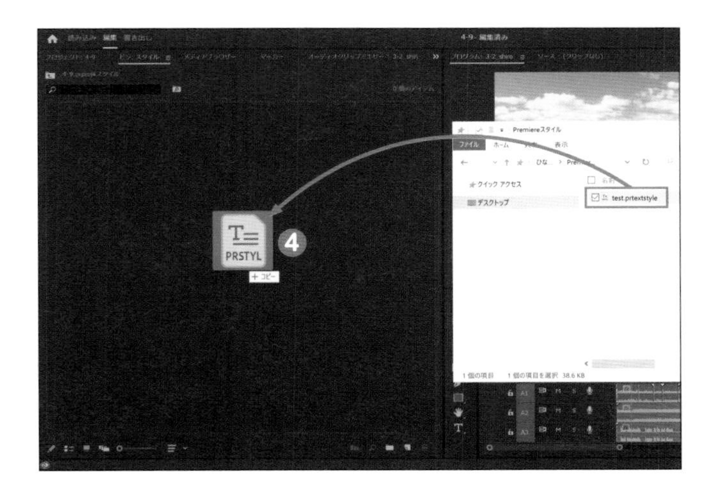

テロップの種類を知っておく

テロップにはタイトル／肩／サイド／説明／ネーム／キーワードなどさまざまな種類があります。それぞれの役割を確認しておきましょう。

テロップの種類

タイトル

オープニング、コーナータイトルなど。一つの大きな区切りとして使用されます。各コーナーは本でいう第○章などの「章」的な役割があります。

右肩／左肩／サイド

画面上部、または右下／左下に出しておく小見出しのテロップ。今、見ている内容をすぐ理解できるように、進行に合わせて打ち換えていくテロップで、本でいう章の中の「節」に当たります（1-1,1-2など）。

説明

特定の用語の意味などをわかりやすく説明するためのテロップ。ワンポイントアドバイス的な使い方をすることもあります。

ネーム

出演者の肩書と名前のテロップ。登場時に使用します。ゲストの場合は、ネームを出したあとに、簡単な経歴などを加えたプロフィールテロップを出すことも。

コメント／インター(フォロー)

出演者の話す内容のテロップで、要約して出すことも。専門的な内容や、重要な内容の場合は、フルテロップ(会話内容を丸ごとテロップ)にすることもあります。

キーワード／イメージ

キーワードやイメージをテロップ化したもの。例えば「桜」であればピンク系など、そのテキストから、実際の内容をイメージしやすいものにすると〇。つくる人の個性とクオリティがもっとも出やすいテロップ。

他にも「商品」「場所」「帯」「告知」「ツッコミ」、テレビであればCM直前に出す「Qカット」などもあります。これらすべてが必要なわけではありません。つくる内容に応じて、必要なものを入れてあげると、映像がより見やすく、わかりやすいものになります。

見やすいテロップとは？

見やすいテロップの条件として視認性が高い＝「パッと目に入り、すぐ認識できる」ということが挙げられます。具体的に視認性が高いテロップがどんなものか見ていきましょう。

「読みやすい」ではなく「見やすい」

テロップは、読みやすいではなく「見やすい」必要があります。**映像は「見る」ものです。パッと見ただけで認識できるのがベスト**です。テロップをつくりはじめると、フォント、サイズ、色など、悩む要素がたくさんあります。ここでは、見やすいテロップがどんなものか理解しておきましょう。

見やすいテロップの条件

文字が太い

映像は常に流れているので、文字が細いと認識するのに時間がかかります。そのため、基本的に「太い」文字のほうが見やすいといえます(字がつぶれるほど太いのは×)。**使いたいフォントが細い場合、コントラストを上げたり、その分長めにテロップを出す**ようにしましょう。

文字の太さ
文字の太さ

文字の太さ文字の太さ文字の太さ
文字の太さ文字の太さ文字の太さ

コントラストがハッキリしている

背景と文字に明暗の差があると見やすくなります。**背景と文字にコントラストの差がない場合は、境界線をつけたり、ベース(マット)を敷いたりする**ことで補えます。

例えば、黄色の文字は明るいので、背景が白っぽいと明暗の差がありません。そこで暗い境界線を追加すると、明るい→暗い→明るいとなり、ハッキリと見えるようになります。**背景とテロップの関係が、「明るい→明るい」「暗い→暗い」にならないようにしましょう。**

文が短い、専門用語をできるだけ使わない

文が長いと、認識に時間がかかります。また、誰が見てもわかるように、専門用語をできるだけ使わないようにするのも大事です。**専門用語を使うときは、特定の用語について説明テロップを出して情報を補いましょう。**

SDGs
持続可能な開発目標のことで
17のゴール・169のターゲットで構成される

色分けされている

目立たせたい箇所を通常の色と分けることで、見てもらいやすくなります（視線の誘導）。ただし、色を使いすぎると、どこを見ていいかわからなくなるので、**強調色は2色程度まで**にしておきましょう。

背景とかぶっていない

テロップ単体ならキレイに見えるものでも、背景とかぶると台無しになります。映像は動いているので、再生して確認することが重要です。

テーマに合わせてフォントを選ぶ

フォントは角ゴシック体、丸ゴシック体、明朝体、その他のデザイン書体などに分かれます。例えば、ニュースでは「視認性が高く、しっかりした印象のゴシック体」が主に使われます。バラエティは、「基本が丸ゴシック体、アクセントにデザイン書体など、ポップ／楽しい／派手なフォント」が使われます。歴史番組などには明朝体がうってつけです。

テーマに合わせて適切なフォントを選ぶことで、映像とマッチし、より伝わりやすくなります。

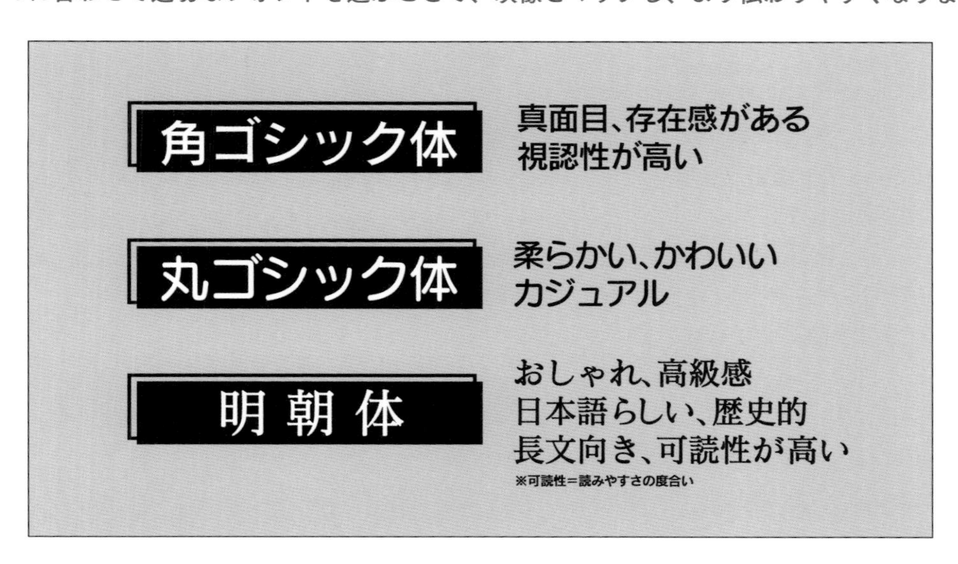

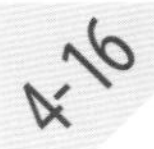

テロップをキレイに整えるには？

テロップは、適当に配置するのではなく「整える」ことで見栄えがよくなります。整列と変形／テキストの項目をうまく使っていきましょう。

文字要素を整列させる

複数のテキストやオブジェクトがあると、位置が少しずれてしまうことがあります。**左揃えや、均等配置を使って整える**ようにしましょう。右の画像のように、同じ項目が並ぶ場合は、テキストの整列以外に、**「行間」や「余白」も幅を合わせると、より整って見えます。**

背景に映像がある場合は、その**映像を邪魔しないようにテキストを配置、整列するのも重要**です。特に整列を優先するあまり、人の顔などにテロップがかぶってしまうと、見る人はそこに目がいってしまい情報が入ってこなくなります。

NG例

テロップの揃え方について

■タイトルは中央揃えが多い
■基本のテロップは左揃え
■右肩の場合は右揃えもアリ
■一つでもずれていると台無しに

OK例

テロップの揃え方について

■タイトルは中央揃えが多い
■基本のテロップは左揃え
■右肩の場合は右揃えもアリ
■一つでもずれていると台無しに

文字詰めをする

文字詰め（文字と文字の間の詰まり具合のバランスを整えること）ができているかいないかで、テロップの見やすさは大きく変わります。**文字間はフォントごとに違いますし、同じフォントでも「漢字／かな／英数字」などによっても変わります。**

文字間の調整には主に「トラッキング」と「カーニング」を使います。**全体、または選択範囲で文字詰めする場合は「トラッキング」❶、1文字単位で行う場合は「カーニング」**です❷。いずれも、文字の右側を調整します。

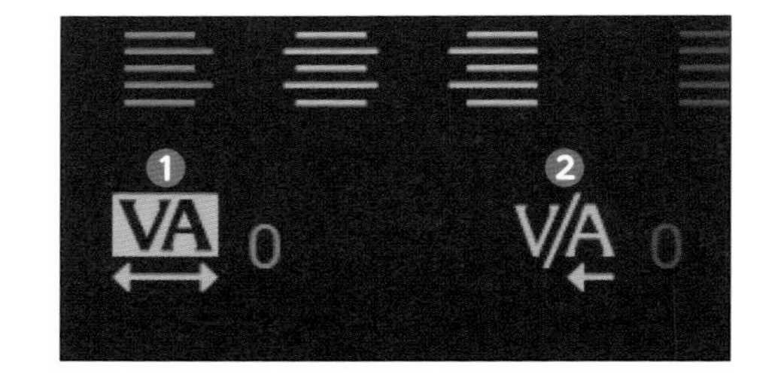

▶ **トラッキング**：テキスト全体、または選択範囲が対象
▶ **カーニング**：1文字が対象

文字詰めの具体例

画像を例に解説します。「フォントによって文字間が違うので」のフォントは、**全体的に文字間が空いているので❸、トラッキングしてから、個別に調整**します。

「調整が必要ですよね」は「ですよね」の**「す」と「よ」の部分だけが空いているので❹、カーニング**します。

下の画像は文字間を調整したあとのものです❺。**文字間が、できるだけ均一になるように調整しましょう。**

調整前

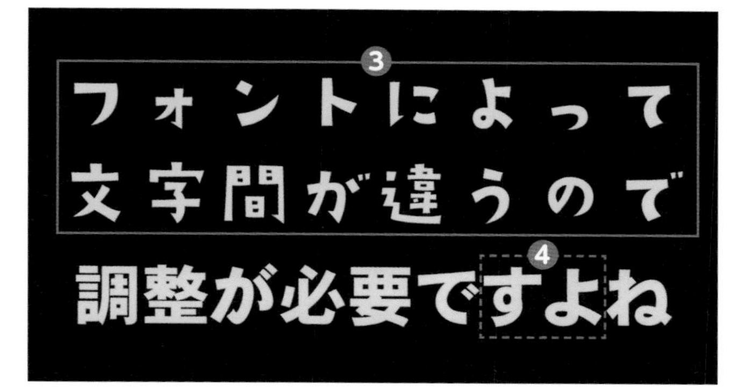

調整後

フォントによって
文字間が違うので
調整が必要ですよね

Check!

カーニングをショートカットで！

カーニングをショートカットに割り当てるときは、検索窓で「カーニング」と入力し、表示されたコマンドを割り当てます（→P246）。
カーニングの数値は「1」だと動きがわかりづらいので「5」、「50」ユニット単位にしましょう。PhotoshopやIllustratorに合わせて Alt + ←、Alt + → に割り当てるのがおすすめです。

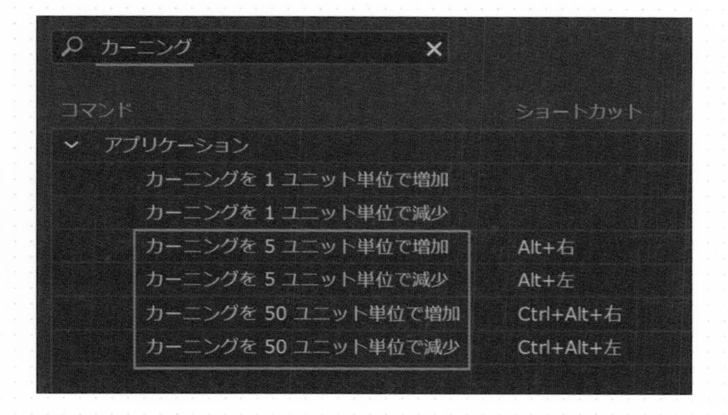

● 「整列と変形」と「テキスト」のパラメーター

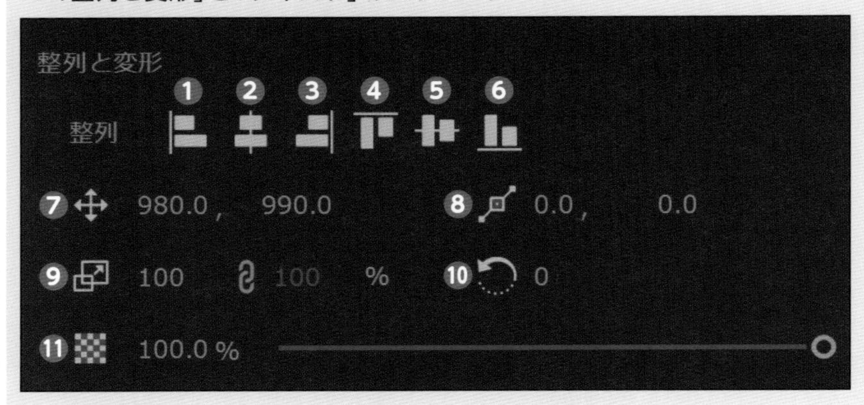

❶左揃え
❷水平方向に中央揃え
❸右揃え
❹上揃え
❺垂直方向に中央揃え
❻下揃え
❼位置
❽アンカーポイント*(変形などの基準点)
❾スケール(鎖のアイコンで縦横比率を維持するか切り替え)
❿回転
⓫不透明度

※2オブジェクト以上選択で「整列モード」、3オブジェクト以上選択で「分布」メニューが追加で表示
※❼〜⓫は、アイコンをクリックすることでアニメーション(キーフレーム)が有効になる。オンにした状態で、タイムラインの再生ヘッドを移動してから数値を変更すると、エフェクトコントロールでキーフレームを打つのと同じ効果がある

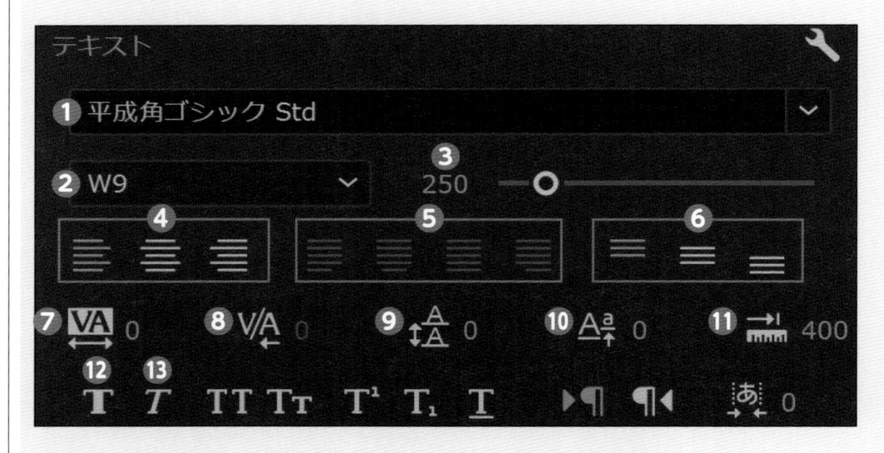

❶フォント
❷フォントスタイル(文字の太さを選択)
❸フォントサイズ
❹テキストを左揃え／中央揃え／右揃え
❺均等配置(最終行左揃え／最終行中央揃え／均等配置／最終行右揃え)
❻テキストの上揃え／垂直方向に中央揃え／下揃え
❼トラッキング
❽カーニング
❾行間
❿ベースラインシフト
⓫タブの幅
⓬太字
⓭斜体

※❺はテキスト範囲を設定した場合にのみ有効
※❻と❾は2行以上の場合のみ有効

テクニック編

Chapter 5

プロ級品質のための映像テクニック

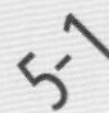

5-1 映像をオーバーラップさせてみる［ディゾルブ］

映像編集では、オーバーラップ（手前の映像が消えつつ、次の映像が出てくる）のことを「ディゾルブ」といいます。またクリップ間の場面転換のエフェクトをトランジションといいます。

クロスディゾルブを適用する

ワークスペースは「エフェクト」を使用します。

1 「5-1.prproj」を開きます。エフェクトパネルの検索窓で「ディゾルブ」と検索❶、またはビデオトランジション→「ディゾルブ」と開き、「クロスディゾルブ」が表示されるのを確認します❷。

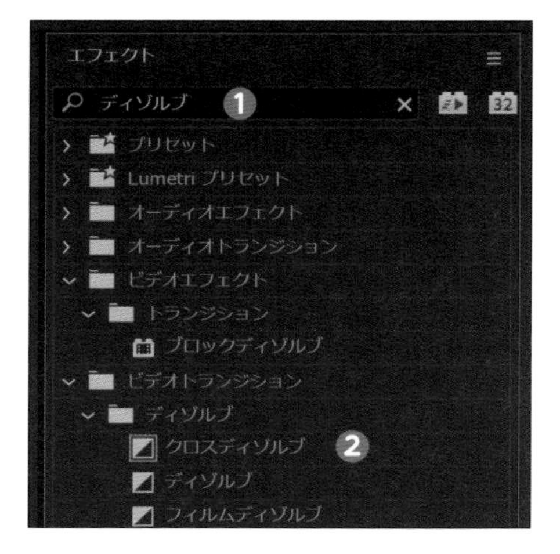

2 編集点（クリップ間）に「クロスディゾルブ」をドラッグします❸。ショートカットの場合は、再生ヘッドを適用したい編集点に移動して❹、Ctrl＋Dでデフォルトのビデオトランジションを適用します。

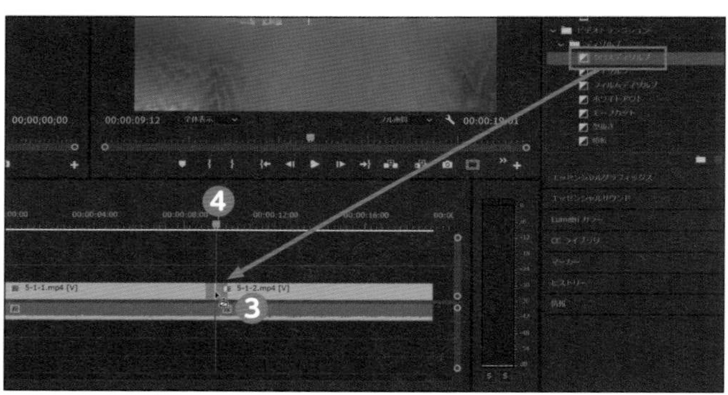

3 クロスディゾルブが適用されました❺。再生して確認します。

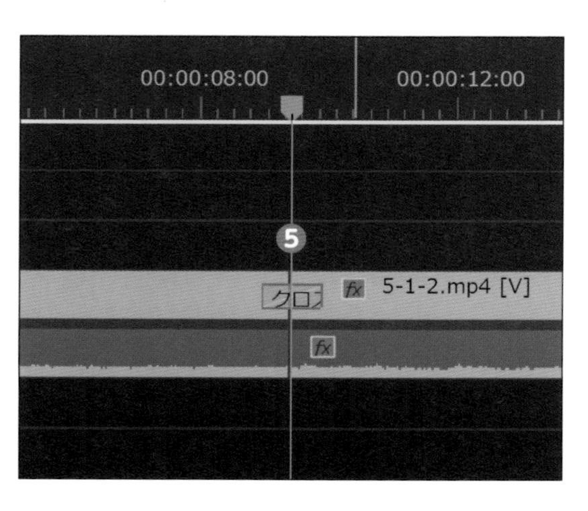

デュレーションの変更

トランジションの尺を変更するときは、タイムライン上のトランジションを左右にドラッグするか、右クリック→「トランジションのデュレーションを設定」で時間を指定します。

ディゾルブの用途

ディゾルブは使う頻度の高いエフェクトの1つで、下記の用途などに使われます。

❶映像を印象づけたいとき(回想シーンへの移行、時間の経過、感情の余韻など)
❷カットがつながらない状態を無理やりつなげるとき

ちなみに、先ほどの映像にディゾルブを使用した理由は「❷」にあたります。ディゾルブ適用前の状態だと、手前のカットは滝の色が変わっていないのに、次のカットでは滝の色が変わっています。この違和感を緩和するためにディゾルブを使いました。

トランジションにはのりしろが必要

トランジションは、別のクリップに切り替えるときに使います。例えば、A,B間の編集点にトランジションをかけたい場合、**AとBが重なる、のりしろ(予備フレーム)が必要になります。A,Bどちらにも、まったくのりしろがないと、トランジションをかけることができません。**その場合は、トリミングすると、のりしろができるので、トランジションをかけられるようになります。

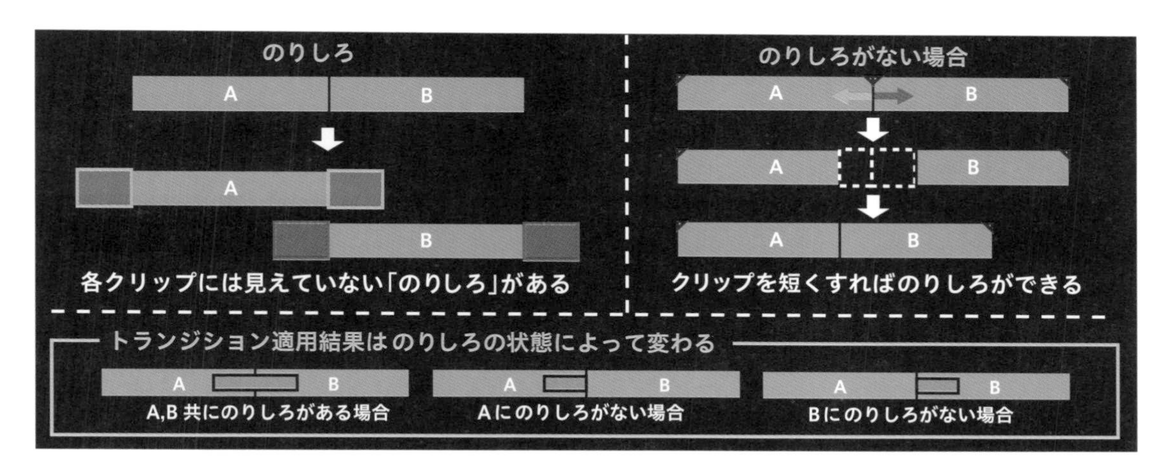

Check!

デフォルトのビデオトランジション

再生ヘッドを編集点に移動し、Ctrl(command)+Dでデフォルトのビデオトランジションを適用できます。クリップの頭ならフェードイン、お尻ならフェードアウトになります。また、クリップを複数選択した状態だと、すべての編集点(頭/お尻を含めた編集点)にまとめて適用できます❶。
デフォルトのビデオトランジションは、初期設定が「クロスディゾルブ」です。デフォルトにしたいトランジションを右クリックし、「選択したトランジションをデフォルトに設定」❷を選ぶと変更できます。

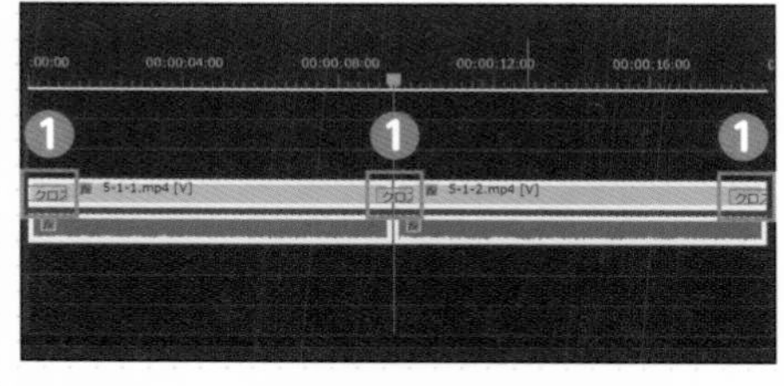

5-2 別の映像をのせてみる ［インサート］

映像の上に重ねる、別の映像のことを「インサート（カット）」といいます。うまくインサートを使うことで映像のクオリティを上げることができます。

インサートを使う理由

例えば、グルメ番組でリポーターがラーメンを食べるときに、実際の映像と別に、熱々のラーメンだけの映像を差し込んでいるのを見たことがないでしょうか。あれがまさにインサート（カット）です。インサートを使う理由は、主に2つあります。

- 品物をしっかり見せたり、話している内容を具体的にイメージしやすくして、わかりやすくするため
- インサートカットをのせることで、編集点を隠して自然に見せるため

インサートカットを入れる

ここでは、焼きそばのことを語る男性の映像の上に、「焼きそばの映像」をインサートして編集点を隠してみましょう。

1 「5-2.prproj」を開きます。まず、話している内容や動作に合わせてインサートの位置を決めていきます。ここでは、再生ヘッドをTC［00:00:04:20］❶に移動してキーボードのＩ、TC［00:00:13:22］❷に移動してキーボードのＯを押してインアウトを打ちます。これで、**インサートクリップに必要な尺が割り出せました**❸。

2 プロジェクトパネルの「5-2_insert.mp4」のクリップをダブルクリックし❹、ソースモニターに表示します❺。

3 ソースモニターを再生してインアウトを決めます。ここでは、TC［00:02:34:08］❻で、Iを押して、イン点を打ちます❼。今回は、インサートカットが短めなので、イン点を打つだけで、使用したいデュレーションと同じになりました❽。

4 インサートカットの音声は不要なので、ビデオ映像のみ使用します。ソースモニター中央のフィルムボタン（ビデオのみドラッグ）を❾、プログラムモニターにドラッグすると画面表示が変わり、どのような処理をするか選択できます。ここでは「オーバーレイ」にドロップします❿。

5 タイムラインのインアウトを取っていた箇所にオーバーレイ（上のトラックに配置）され⓫、インアウトが解除されます。再生して確認します。
インサートカットがのることで、内容をよりイメージしやすくなり、かつ編集点も隠せるので一石二鳥です。インタビューなどを撮影するときは、こういったインサートカットも撮っておくことをおすすめします。

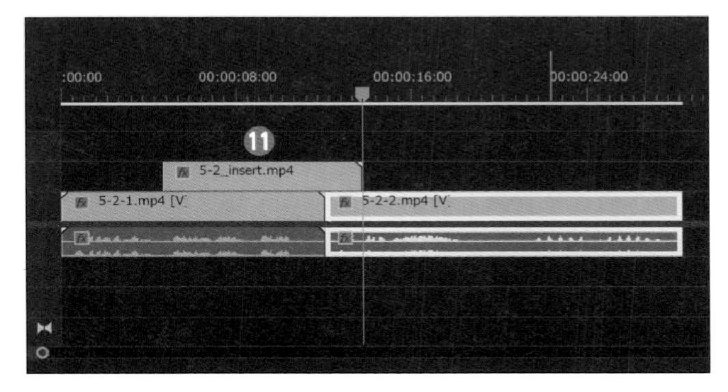

タイムラインにドラッグでも可能

ここでは、オーバーレイで解説しましたが、もちろんタイムラインに直接ドラッグでも可能です。ただし、うっかりV1トラックにドラッグしてしまうと、上書きになってしまうので注意してください。インサートカットは、あとから微調整しやすいように上のトラックに配置するようにしましょう。

別の映像を小さくのせてみる ［PiP］

1つの映像の中に、別の映像をのせて同時に表示することを、ピクチャー・イン・ピクチャー（以下、PiP）といいます。下記で解説するワイプもPiPに含まれます。

クロップでワイプをつくる

テレビでVTRが流れているとき、それを見ているスタジオの演者さんの顔を映す小窓のことを「ワイプ」といいます。**ワイプはサブ映像としての役割**があります（トランジションのワイプとはまた別です）。

ワイプの設定にはいくつか方法があります。ここではクロップと塗りつぶしを使った簡単な方法でやってみましょう。

1 「5-3.prproj」を開きます。V1にビデオ映像、V3にテロップが配置されています。プロジェクトパネルの「5-3_wipe.mp4」をドラッグしてV2に配置します❶。お尻側にクリップの最後を合わせるようにしましょう❷。

2 確認すると、男性が画面を見てリアクションしているクリップが全面に表示されます。まずは、ワイプにするクリップを小さくして、だいたいのワイプ表示位置を決めましょう。配置したクリップを選択した状態で、エフェクトコントロールパネル→「モーション」で下記のように変更します。

❸位置：1715.0 ／ 269.0
❹スケール：24.0

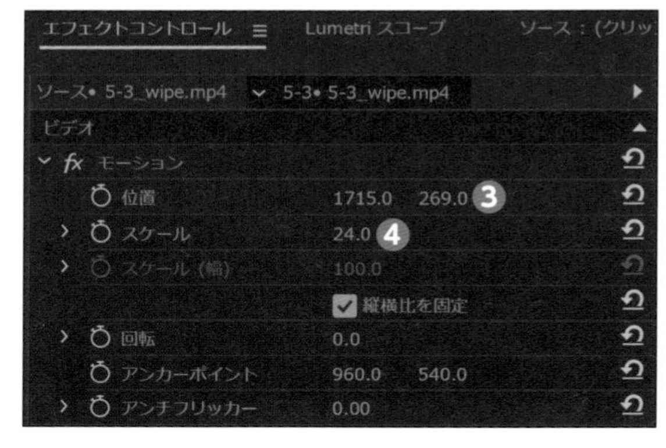

3 続いて、エフェクトパネルの検索窓で「クロップ」と検索し❺、表示された「クロップ」のエフェクトをドラッグしてV2のクリップに適用します❻。クロップを適用すると、**映像の上下左右をそれぞれ切り取ることができます。**

4 エフェクトコントロールパネルに「クロップ」の項目が見えない場合は、スクロールします。プログラムモニターの映像を確認しながら、クロップの数値を調整します。
上下のクロップは高さ的に、設定しなくてもいいくらいですが、**わずかでも適用しないと、このあとの塗りつぶしでエッジが表示されないため設定します。**

❼左：22.0%　❽上：1%
❾右：29.0%　❿下：1%

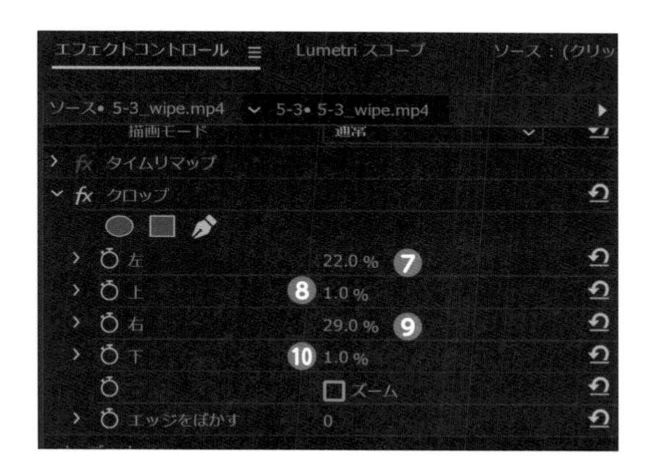

ワイプにエッジ（境界線）をつける

1 エフェクトパネルの検索窓で「塗り」と検索し❶、表示される「塗りつぶし」をドラッグしてワイプの映像に適用します❷。顔が真っ赤になってしまいますが、そのまま進めましょう❸。

2 エフェクトコントロールパネルの「塗りつぶし」の設定をします。ここでは下記のようにします。

❹**塗りセレクター**：アルファチャンネル（不透明度でも可）
❺**ストローク**：ストローク
❻**ストロークの幅**：20.0

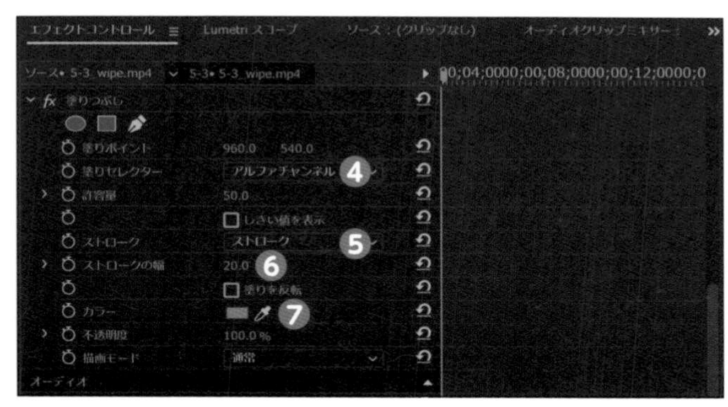

3 カラーの項目のスポイトをクリックすると❼、カーソルがスポイトに変わるので、プログラムモニターのテロップのベース部分を選択します❽。ワイプのエッジがベースと同じ色になりました❾。

4 最後に、エフェクトの検索窓で「ディゾルブ」と検索し⑩、表示された中から「クロスディゾルブ」をワイプのクリップの頭に適用します⑪。レンダリングバーが赤いので⑫、Enterを押してレンダリングして完成です。再生して確認します。
今回、ワイプ用クリップの音声は小さめの状態で残しています。ワイプの音は使わないこともあります。

Check!

他のPiPの方法

■ エフェクトのPiP

クロップなどが必要なく、サイズをそのまま縮小するだけなら、エフェクトのPiPを使うのがもっとも簡単です。エフェクトパネルの検索窓で「ピクチャ」または「pip」と入力すると、ピクチャインピクチャのエフェクト一覧が表示されます。例えば「PiP 25% - 右上」のプリセットは、適用した映像や画像のサイズを「大きさ（スケール）を25%に下げ、位置を右上に調整」するのと同じになります。

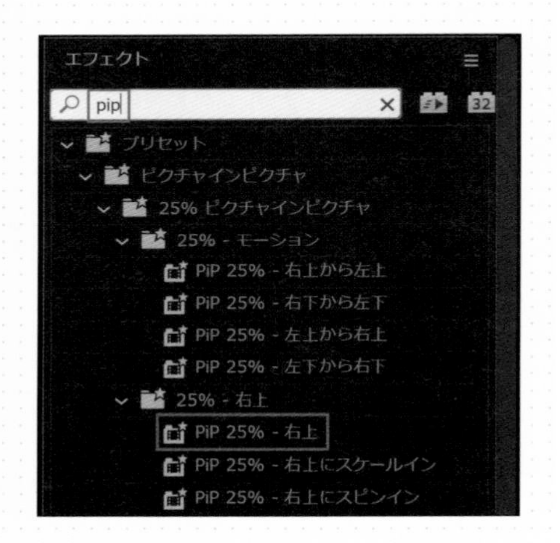

■ 長方形ツールなどでつくる

エフェクトの「塗りつぶし」で、ワイプにエッジを使う方法は、旧エフェクトを使用した方法です。どこかのタイミングで使えなくなります。また、楕円などの場合は、エッジが少し汚くなってしまうこともあります。
そんなときは、ワイプ作成後に、長方形ツールなどでワイプより一回り大きなサイズのシェイプなどをつくり、下に配置する方法もあります。

■ カラーマットでつくる

長方形に限りますが、カラーマットでつくる方法もあります。
❶プロジェクトパネルで右クリック→「新規項目」からカラーマットを作成、色を選択
❷ワイプより下のトラックに配置
❸クロップ済のワイプ映像をコピー（Ctrl＋C）
❹属性をペースト（Ctrl＋Alt＋V）
❺ワイプと同じサイズのマットが出来上がるので、スケールと位置を調整

5-4 止まった映像をつくる ［フレーム保持］

編集していると、意図的に映像を止めたい場面も出てきます。そんなときは「フレーム保持」の機能を使ってフリーズフレーム（映像を特定のフレームで止めた静止画）を作成します。

クリップの途中からフリーズフレームにする

フリーズフレームは、クリップの途中から作成するのか、クリップ全体をフリーズフレームにするのかによって作成方法が異なります。まずは、クリップの途中からフリーズフレームを作成する方法です。

1 「5-4.prproj」を開くと、「5-4.mp4」のクリップが配置されています（音声なし）。再生すると、カメラがパンしてバスと人が映っているのが確認できます❶。

2 止めたい位置に再生ヘッドを移動します。ここでは、カメラがパンする前の位置で止めます（TC［00:00:03:05］）❷。

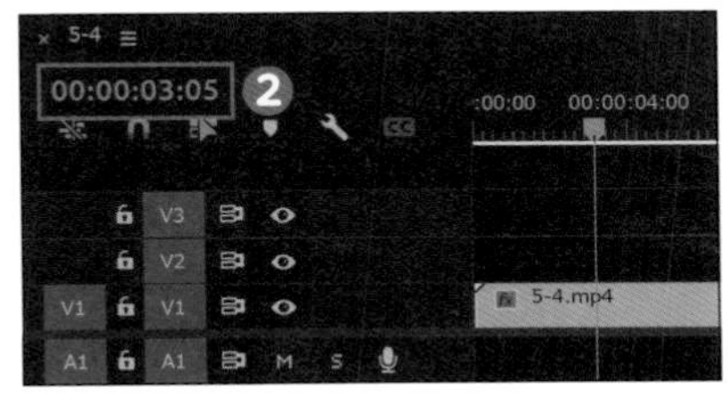

3 クリップを右クリックし、メニューの中から「フレーム保持を追加」を選択します❸。

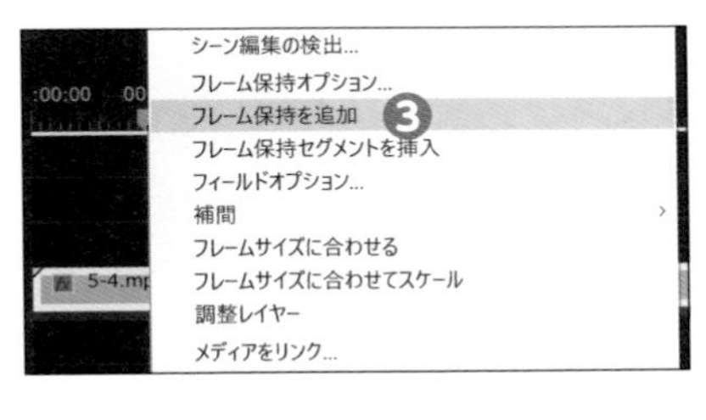

4 再生ヘッドの位置でクリップが分割され、後ろの部分がすべてフリーズフレームになりました❹。再生して、途中から映像が止まっているのを確認します。

クリップの途中にフリーズフレームを挿入する

1 次はあえて音声ありでやってみましょう。プロジェクトパネルの「5-4.mp4」を、タイムラインに配置されているクリップの後ろにドラッグします❶。

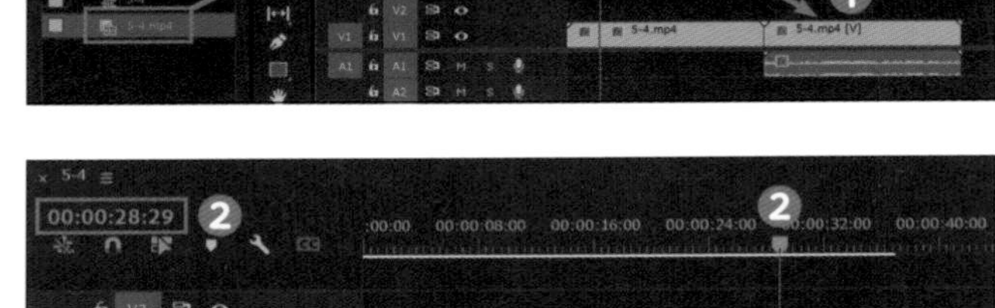

2 パンしたあとに人や影が映りこむ直前に再生ヘッドを移動します(ここではTC［00:00:28:29］)❷。

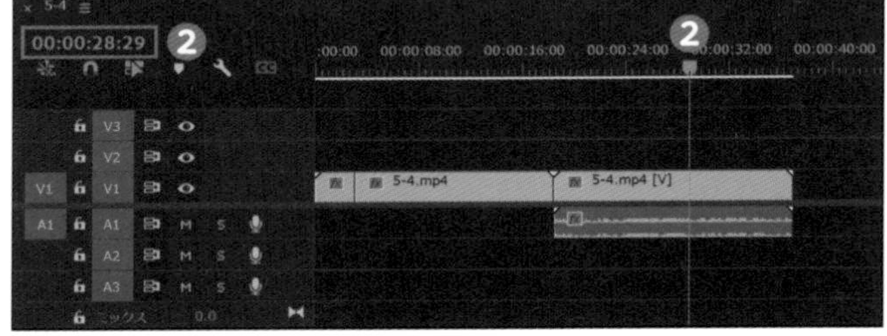

3 クリップを右クリックして「フレーム保持セグメントを挿入」を選択します❸。

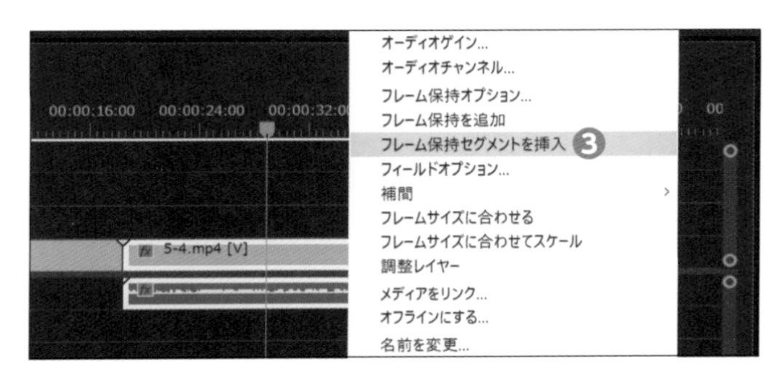

4 クリップが分割され、再生ヘッドの位置に「2秒間のフリーズフレーム」が挿入されます❹。再生して、途中だけ映像が止まっているのを確認します。**挿入されるフリーズフレームの時間は「2秒」で固定**です。伸ばしたり縮めたりするときは、リップルツールを使いましょう。

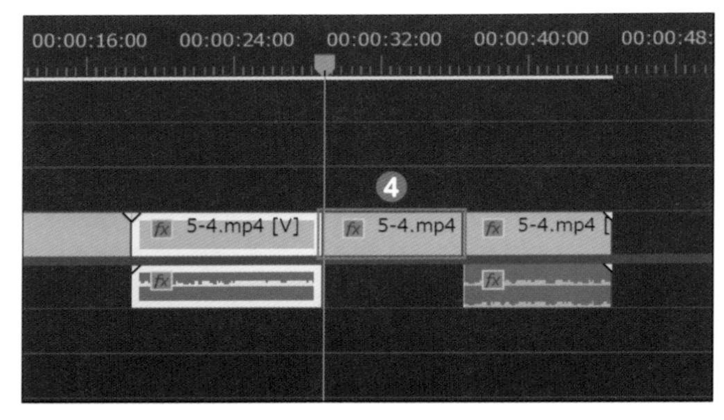

Check!

フリーズフレームは音声がないので注意

フリーズフレームは音声がありません。音がある映像にフリーズフレームを挿入すると、間が無音になってしまうので注意が必要です。その場合、クリップの音を削除して音楽をのせるか、フリーズフレーム部分の音声を埋める必要があります。

クリップを丸ごとフリーズフレームにする

もう1つ、右クリックから選択できるメニューに「フレーム保持オプション」があります。クリップの頭／お尻／再生ヘッドの位置などで、クリップを丸ごとフリーズフレーム化できます。

「保持するフレーム」にチェックが入った状態で❶、プルダウンメニューの中からいずれかを選択します❷。

- **ソースタイムコード**：「フレーム」❸に、素材（ソース）のタイムコードを入力する
- **シーケンスタイムコード**：「フレーム」❸に、クリップ開始から止めたい時間を入力する
- **インポイント**：クリップの頭の位置でフリーズフレーム。フレームは入力不可
- **アウトポイント**：クリップのお尻の位置でフリーズフレーム。フレームは入力不可
- **再生ヘッド**：再生ヘッドの位置でフリーズフレーム。フレームは入力不可

ソースタイムコードは、例えば素材のTC［00：02：34：08］で止めてほしいと指示を受けた場合などに使います。シーケンスタイムコードは、クリップの頭から、どれくらいあとに止めるかを指定します。「フィルター保持」❹は、クリップに適用しているエフェクトを保持したいときにチェックを入れます。フリーズフレームを解除するときは、「保持するフレーム」❶のチェックを外します。

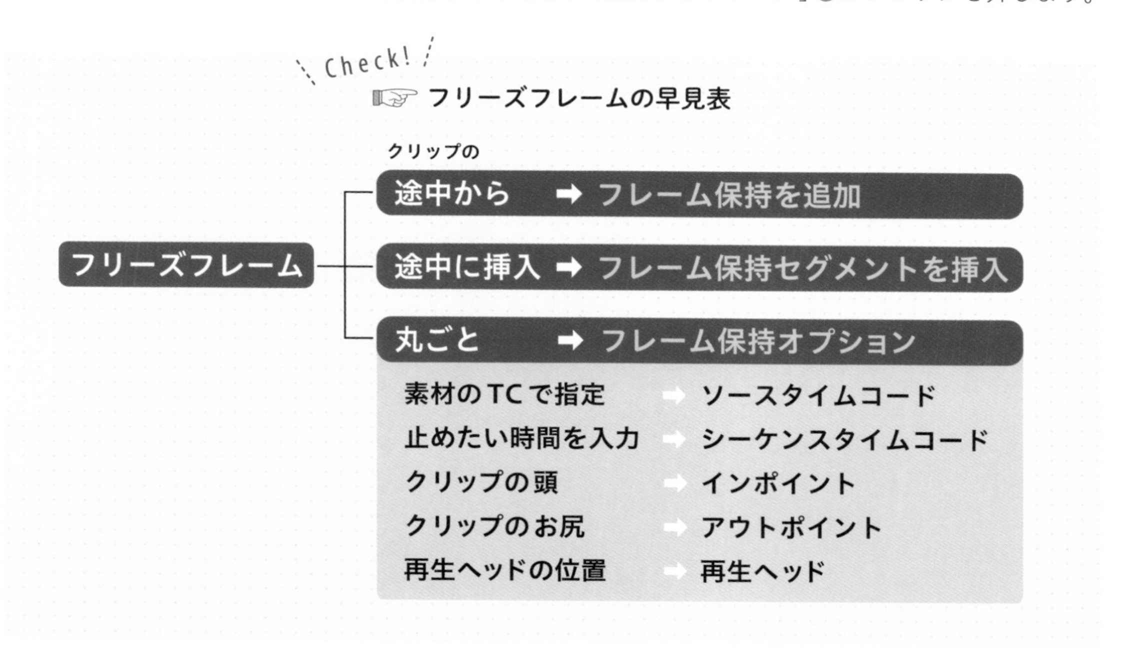

速度を変更してみる［速度・デュレーション］

映像を「早回し（早送り）」や「スローモーション」にしたいときもあるでしょう。Premiere Proでは「速度・デュレーション」という項目で設定を行います。

速度を上げて早回しにする

早回しは、時間の経過を素早く見せる場合や、スピード感などを出したいときに使います。

1 「5-5.prproj」を開きます。タイムラインのクリップを、キーボードの D で選択します❶。

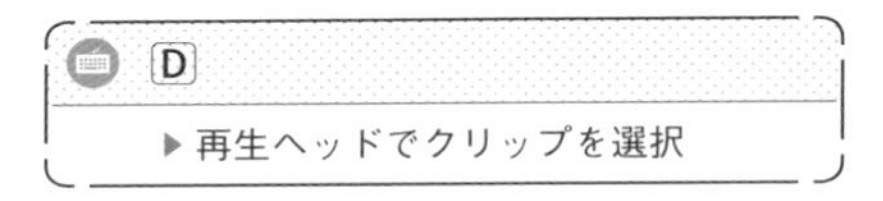

D

▶再生ヘッドでクリップを選択

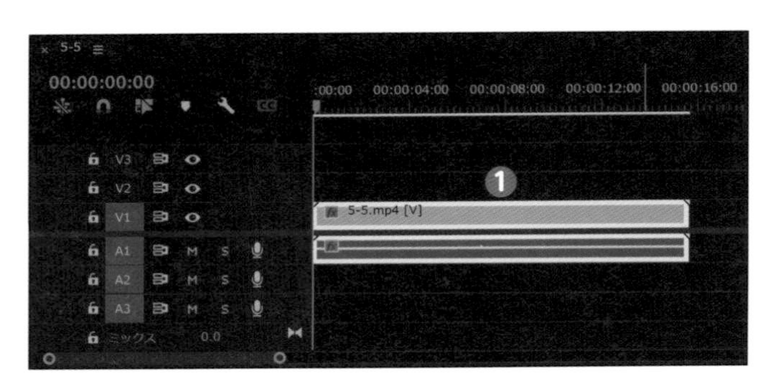

2 クリップ選択状態のまま、キーボードの Ctrl + R、または右クリックで表示されるメニューの中から「速度・デュレーション」を選択します❷。

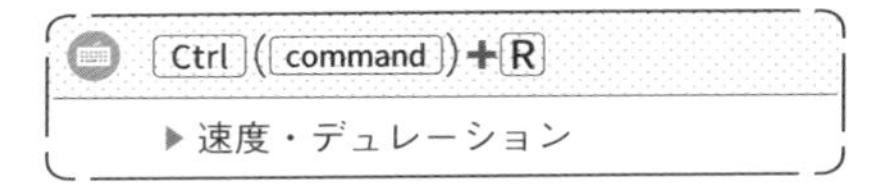

Ctrl（command）+ R

▶速度・デュレーション

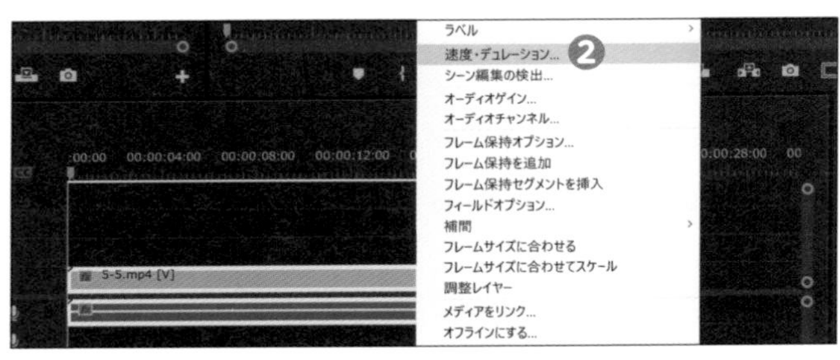

3 別の画面が開くので、「速度」の数値を上げるか、「デュレーション」を指定します。速度とデュレーションは連動しているので、どちらかを変更すると、もう片方の表示も更新されます。

ここでは、速度を「300％」にして❸、キーボードの Enter または「OK」をクリックします。

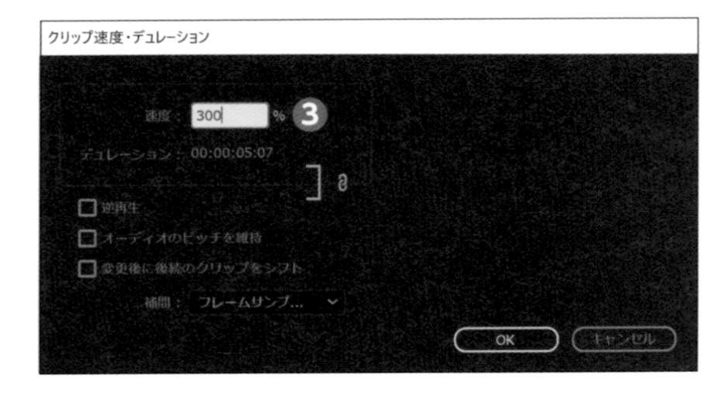

4 クリップの速度が300％（3倍速）になり、タイムラインのクリップも短くなりました❹。再生して確認します。

ビデオクリップの場合、音も速度変更されるので注意が必要です。

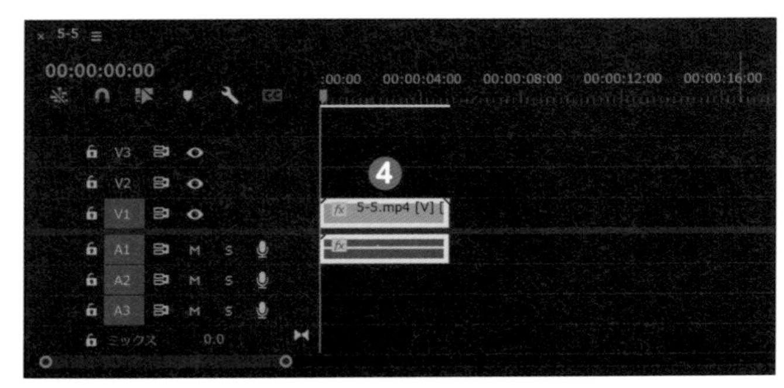

スローモーションにしたいとき

速度の%を変えることで、早回しにもスローにもなります。例えば速度を50%にすれば半分の速度になります。スローモーションは、見せたい場面をゆっくり見せるときに有効です。

補間を設定する

注意点としては、スローモーションにすると、コマ落としの状態になってしまうことです(同じフレームを繰り返す状態)。このとき、**補間の設定を「オプティカルフロー」にすることで間を補間してくれます❶。ただし、変更後にレンダリングしないと、プレビューに反映されない**ので注意が必要です。

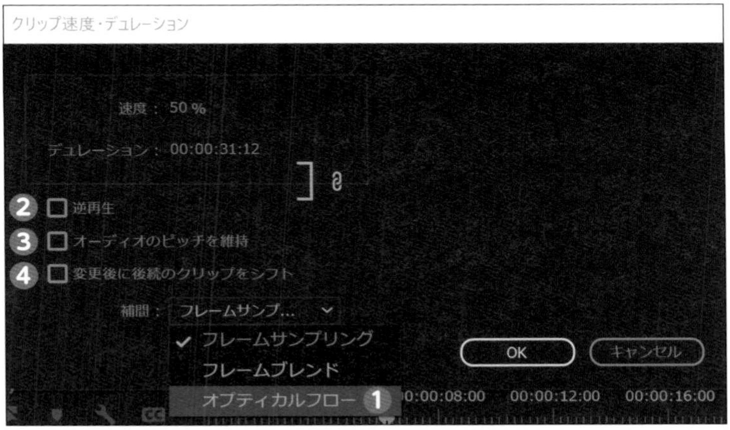

クリップ速度・デュレーション
速度：50 %
デュレーション：00:00:31:12
❷ 逆再生
❸ オーディオのピッチを維持
❹ 変更後に後続のクリップをシフト
補間：フレームサンプ...
フレームサンプリング
フレームブレンド
オプティカルフロー ❶
OK
キャンセル
00:00:08:00 00:00:12:00 00:00:16:00

- **フレームサンプリング**：通常
- **フレームブレンド**：残像感のある映像にしたいとき
- **オプティカルフロー**：滑らかにしたいとき

フレームブレンドは高速移動、オプティカルフローはスローにおすすめです。

その他の設定

その他の設定については、以下の通りです。

❷**逆再生**：チェックを入れると動画が逆再生になる
❸**オーディオのピッチを維持**：通常は早送りすると音声が高くなるが、チェックを入れておくとピッチ(高さ)を保ったままにする
❹**変更後に後続のクリップをシフト**：チェックを入れると、速度変更したクリップの尺に合わせて、後ろのクリップも前に詰まったり、後ろにずれ込む

Check!

スロー映像は高フレームレートで撮影を

撮影時に60fpsや120fpsなどの高フレームレートで撮影しておくと、スローにしたときに、よりキレイで滑らかな映像になります。

5-6 時間の流れを変えてみる［タイムリマップ］

タイムリマップは、映像の速度に緩急をつける機能です。部分的に速くしたり、遅くしたりといったことが可能です。

タイムリマップを設定する

タイムリマップは、エフェクトコントロールパネルと、タイムライン上どちらでも設定できます。タイムラインだと直感的に設定ができ、エフェクトコントロールパネルだと速度の数値を確認しながら作業できます。ここではタイムラインでの設定で解説します。

1 「5-6.prproj」を開きます。クリップの左上にある「fx」のマークを右クリックし❶、タイムリマップ→速度❷をクリックします。ビデオトラックの縦幅が狭い場合は拡大しておきます。

※タイムリマップはオーディオクリップにかけることはできません

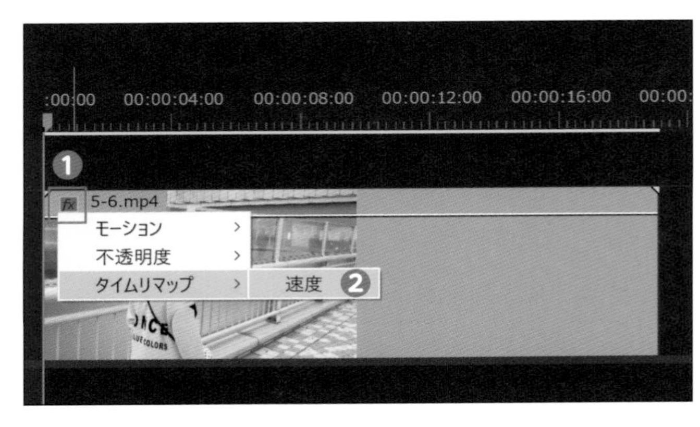

2 クリップの中にラバーバンド（白いライン）が表示されました❸。

3 ここでは、クリップの途中で動きが速く→そのあと遅く→また通常速度に戻るという動きにしてみましょう。まず、速度変化する基点となるキーフレームを打ちます。ここでは、TC［00:00:03:00］に再生ヘッドを移動し❹、「キーフレームの追加／削除」ボタンをクリックします❺。

キーフレームとは動きの基点になる位置情報を記録したものです。キーフレームの追加は Ctrl（Command）キーを押しながらラバーバンドをクリック、またはペンツールでも可能です❻。

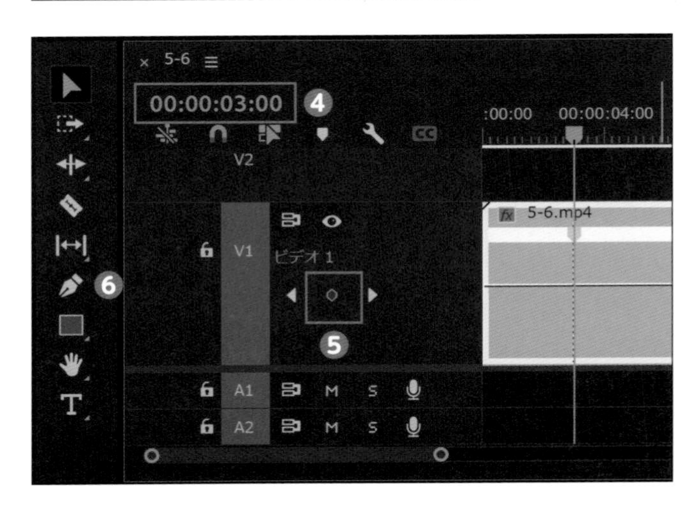

4 続いて、TC［00:00:10:00］❼とTC［00:00:12:00］❽にそれぞれキーフレームを追加します❾。
タイムライン上でキーフレームを追加すると、**エフェクトコントロールパネルの画面も連動**しているのが確認できます❿。

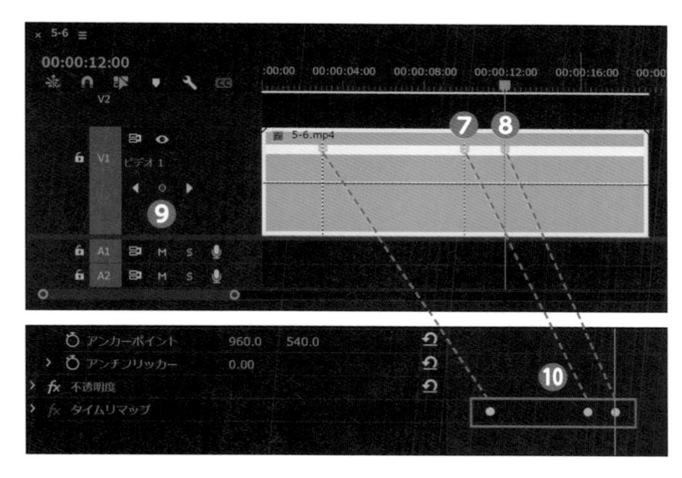

5 タイムライン上の、1つ目と2つ目のキーフレームの間の部分のラバーバンドを上にドラッグして、速度が500％のところでドロップします⓫。このとき Shift **を押しながらドラッグすると数値の変化が5％刻みになります。**

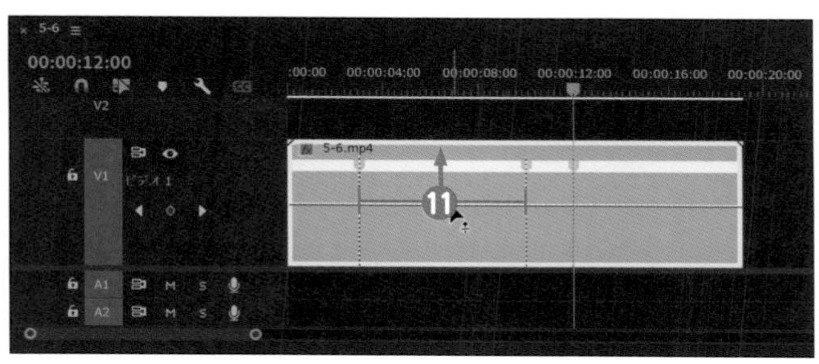

6 ドラッグした部分が5倍速(500％)になったので、その分クリップが短くなりました⓬。再生して確認すると、速度が上がった部分だけ速く再生されます。

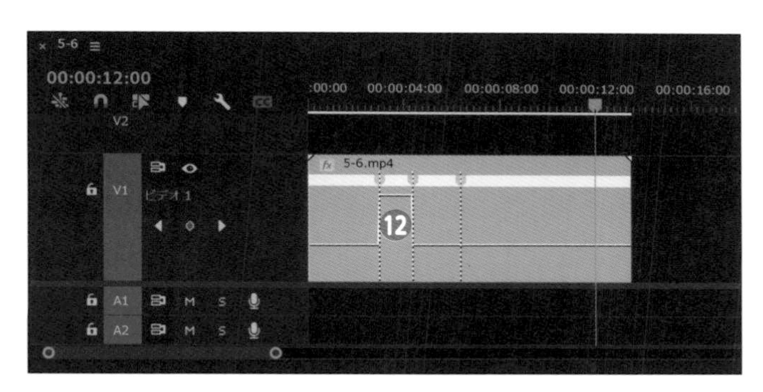

7 続いて、2つ目と3つ目のキーフレームの間の部分を⓭、下にドラッグして50％まで下げます。これでタイムリマップの設定が完了しました。頭から再生して確認します。

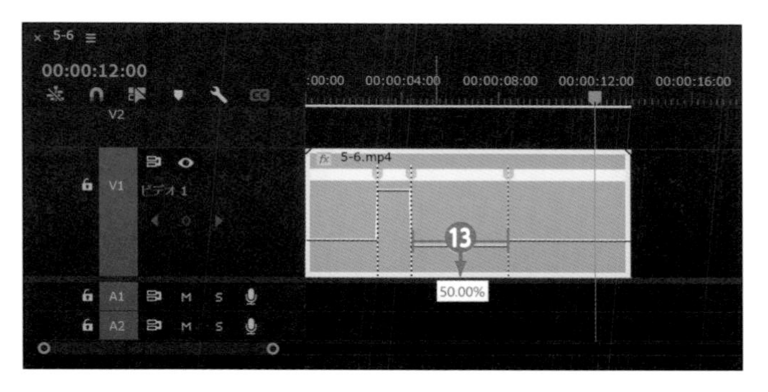

速度変更を滑らかにする

キーフレームを打った箇所の速度変更が急なので滑らかにしてみましょう。なお、速度変更が急なほうがいい場合もあります。

1 タイムラインを拡大したほうが作業しやすいので、適宜タイムラインを拡大してください。タイムラインのクリップの1つ目のキーフレームを❶、右に10フレーム、ドラッグして広げます❷。下にデュレーションと速度も出るので、確認しつつドラッグします❸。

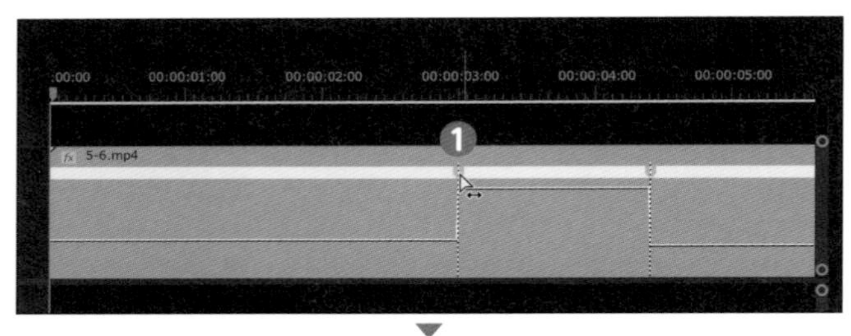

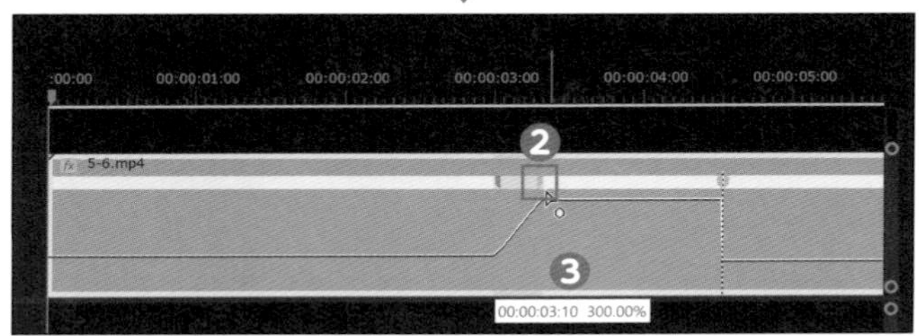

2 垂直だったラバーバンドが斜めになり、速度変化が滑らかになりました。また、斜めにした部分にハンドルと呼ばれる水色のラインが現れます❹。

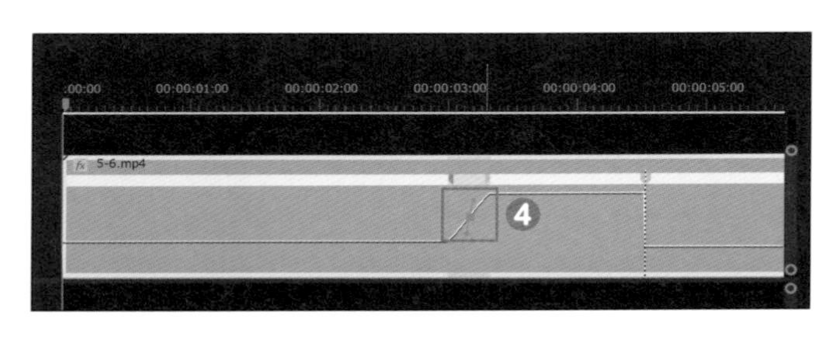

3 ハンドルの丸い部分を左右にドラッグすることで❺、速度変化をさらに滑らかにするなど、細かい調整が可能です。

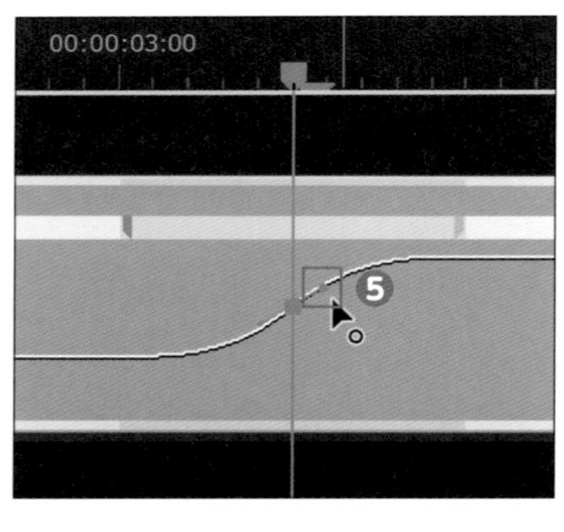

4 手順1～3の方法で、同様に2つ目❻、3つ目❼のキーフレームも滑らかにしていきます。設定後、再生して確認します。

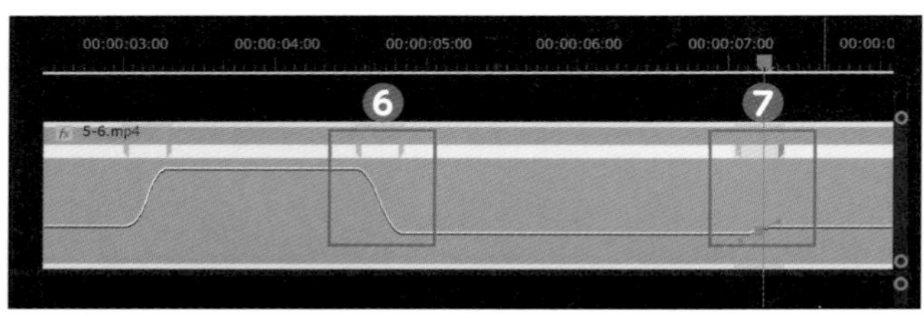

5　最後に、「速度・デュレーション」の補間を「オプティカルフロー」に変えましょう。クリップ選択状態で Ctrl（command）＋R、または右クリックで表示されるメニューの中から「速度・デュレーション」を選択し、補間をオプティカルフローに変更します❽。

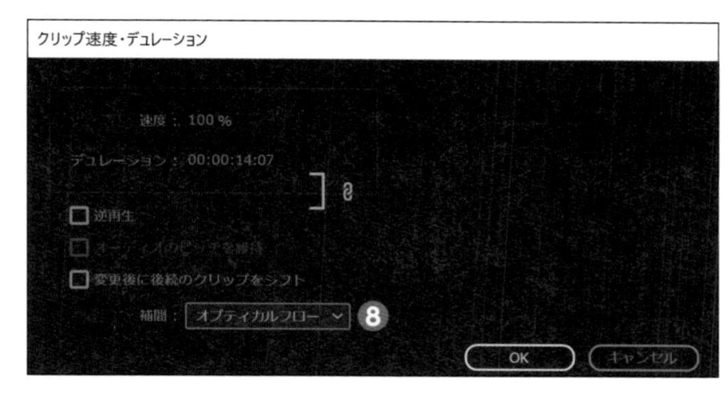

6　変更するとレンダリングバーが黄色から赤色に変わります❾。Enter を押すとレンダリングがはじまります❿。

7　レンダリングが終わるとバーが緑色に変わります⓫。再生して確認します。

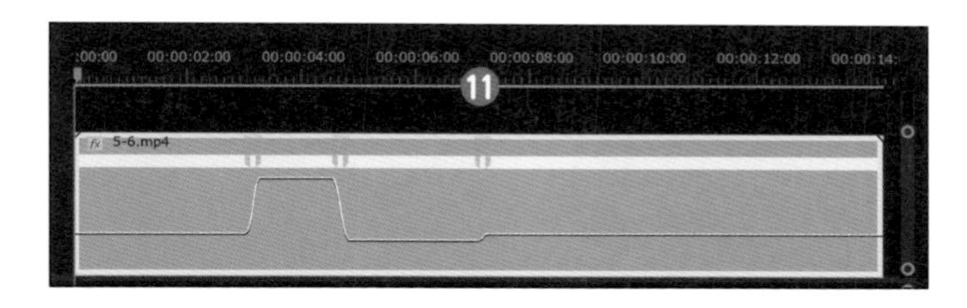

Check!

☞ エフェクトコントロールパネルで設定する場合

クリップ選択状態で、タイムリマップの「速度」のストップウォッチマークをクリックすると❶、設定がオンになります。左側の「＞」をクリックして「∨」にすると❷、ラバーバンドが表示されます。キーフレームをまとめて削除したいときは、ストップウォッチマークを再度クリックするとまとめて消せます。

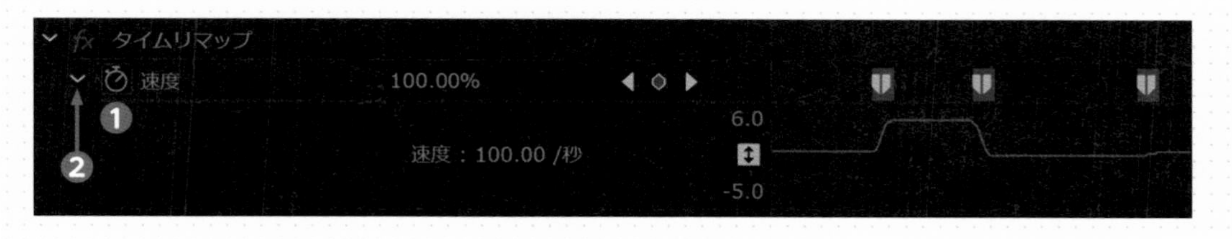

テロップに動きをつけてみる［キーフレーム］

「キーフレーム」とは動きや変化の基点になる情報を記録したポイントのようなもので、フレーム単位で設定できます。

キーフレームを打つ

キーフレームは、テロップやオブジェクトの「位置／スケール／回転／不透明度」などの情報を記録します。例えば、オブジェクトがA地点からB地点に移動した場合、「位置」の数値がAからBに変化したことになります。

1 「5-7.prproj」を開きます。V2トラックに配置されている「シンガポール」の場所テロップを選択し❶、再生ヘッドをTC［00:00:07:00］に移動します❷。

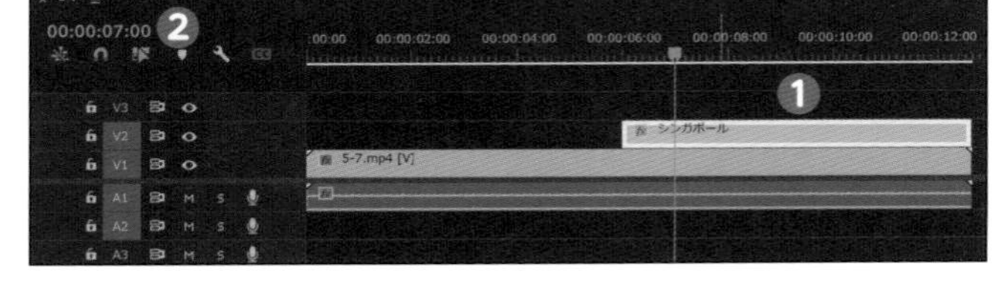

2 エフェクトコントロールパネルの、モーション→「位置」の左側のストップウォッチのマークをクリックすると、マークが青くなり❸、アニメーションが有効になります。同時に、再生ヘッドの位置にキーフレーム(◇)が作成されます❹。

3 再生ヘッドをTC［00:00:06:00］に移動し❺、X軸の数値を「-1000」と入力すると❻、キーフレームが打たれます。

● モーション「位置」の値

モーション「位置」の値は2つあり、X軸(横軸)とY軸(縦軸)を示しています。フルHD場合、「960.0 ／ 540.0」となっており、その数値を基準に動かすことになります。

4 再生すると、画面の外からテロップがゆっくり入ってくるのが確認できます❼。

キーフレームを移動する

もう少し速くテロップが入ってくるようにしてみましょう。方法としては、**もっと遠くから入ってくるようにするか(例えば先ほど入力した数値を-1000から-10000にする)、移動開始から終了までの時間を縮めるかのどちらか**になります。ここでは、キーフレームの間隔を縮めて時間を短くします。

1 テロップを選択した状態で❶、再生ヘッドをTC［00:00:06:08］に移動します❷。

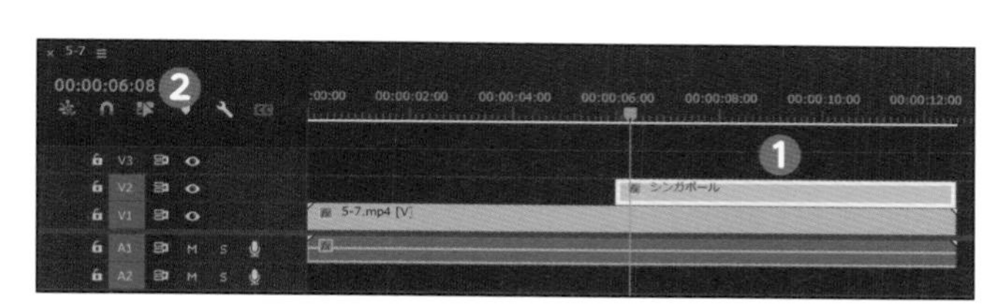

2 エフェクトコントロールパネルで、前ページで打ったキーフレーム(TC［00:00:07:00］を、再生ヘッドの位置(TC［00:00:06:08］❸)までドラッグします❹。
開始フレームから終了フレームまでの間隔が短くなったので、時間が短くなりました。再生して確認します。

エフェクトコントロールパネルの拡大

エフェクトコントロールパネル上でも、タイムラインパネルと同じようにショートカットで「拡大／縮小」が可能です。

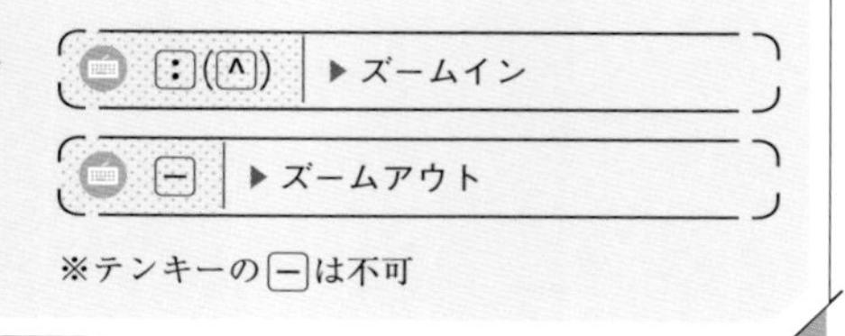

※テンキーの - は不可

◆◆◆ 学習用ファイル／5-8.prproj

動きに緩急をつけてみる ［イージング］

キーフレームで動きをつけたあとは、より自然な動きになるように緩急の設定をしましょう。動きに緩急をつけることを「イージング」といいます。

イージング（イーズイン）を適用する

車が動くときをイメージしてください。何か物体が動くときは、だんだん加速したり、減速したりします。Premiere Proの場合、動きの基本設定が常に一定速度で動く「リニア」になっています。ここでは、リニアから減速する動き（イーズイン）に変えてみましょう。

1 5-7で動きをつけた「場所テロップ」にイージングを設定します。事前準備としてイージングの動きを見やすくするため、テロップを選択した状態で、エフェクトコントロールパネルのキーフレームを拡大しておきます。「位置」のストップウォッチマークの左側の「>」をクリックして❶、速度グラフを表示し、後ろのキーフレームをクリックで選択します❷。キーフレームを選択すると、ハンドルが表示されます❸。

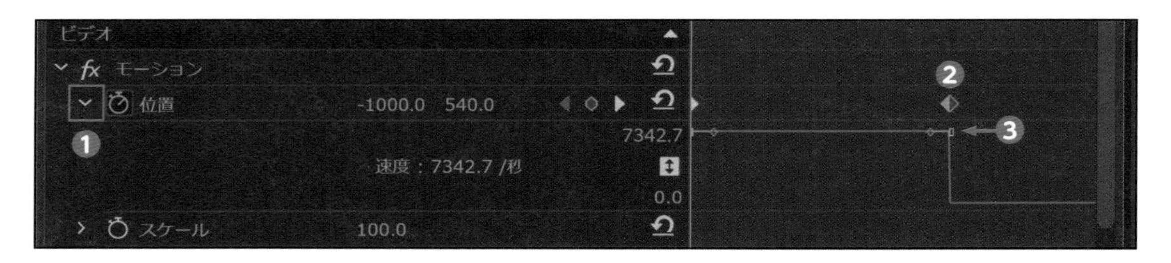

2 キーフレームを右クリックして❹、時間補間法→イーズイン❺を選択します。

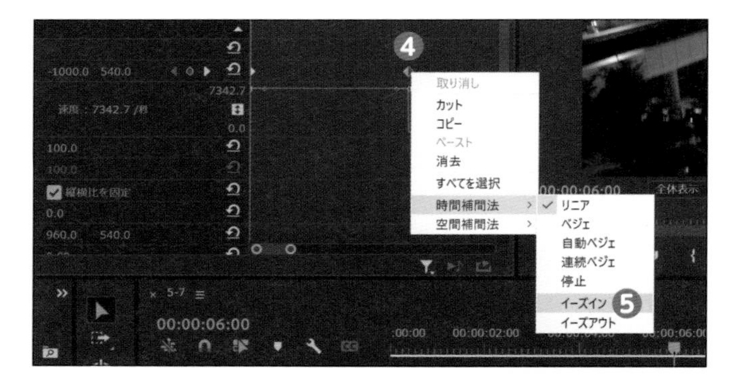

3 後ろのフレームに「イーズイン」をかけたことで、**動きはじめが速く、徐々に減速する形になりました**❻。再生して動きの変化を確認します。さらにアレンジしてみましょう。後ろのキーフレームのハンドルを、引っ張れるところまでドラッグします❼。

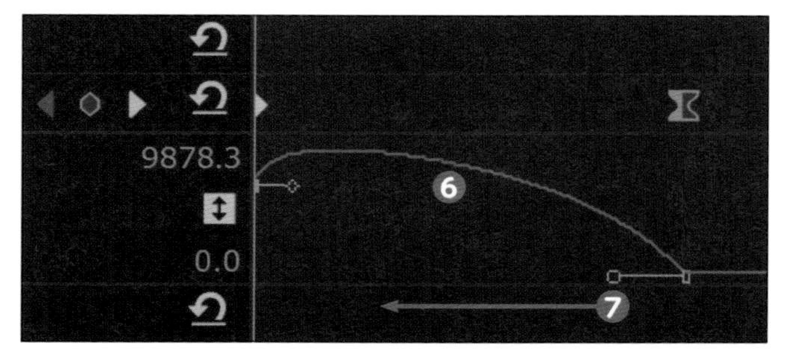

4 速度グラフの形が画像のような形に変化します❽。動きはじめから最高速になるまでが速く、そこから徐々に減速する形になりました。
再生して動きの変化を確認します。

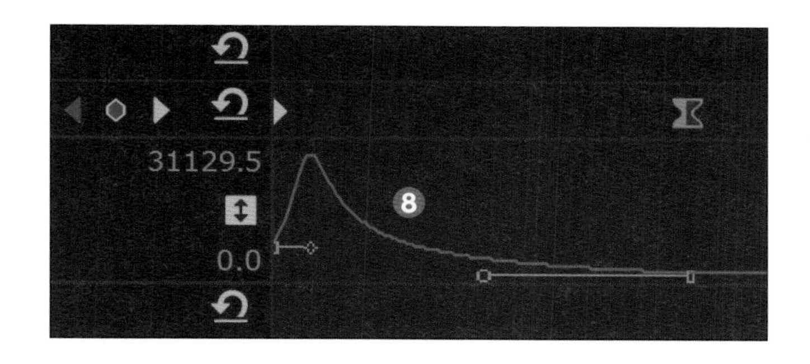

イーズイン／イーズアウトの形を速度グラフで確認する

イーズイン

- 後ろのキーフレームに適用
- 動きはじめが速く、徐々に減速する

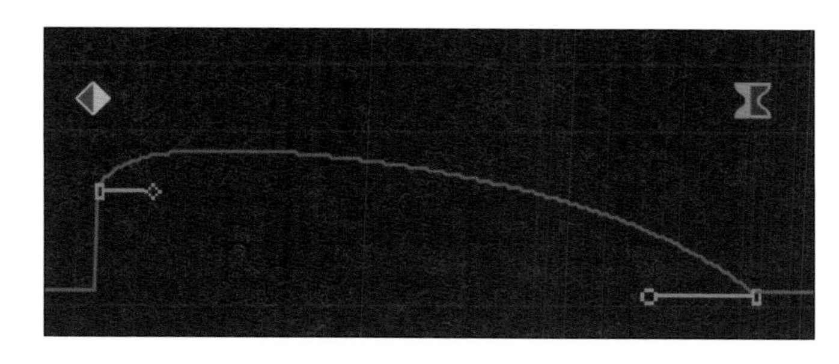

イーズアウト

- 前のキーフレームに適用
- 動きはじめが遅く、徐々に加速する

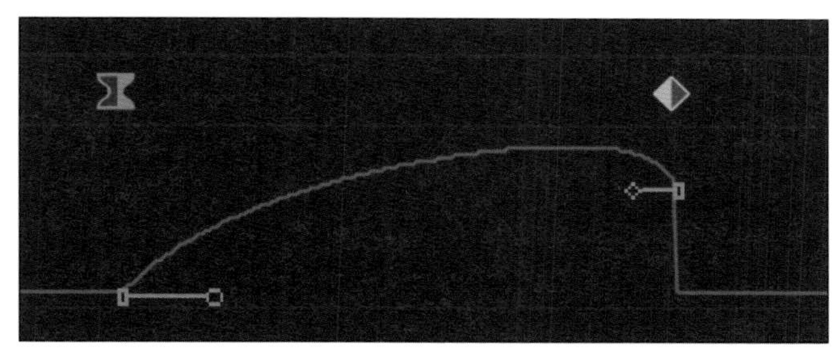

イージーイーズ

- 手前のキーフレームにイーズアウト、後ろのキーフレームにイーズインをかけた状態

※キーフレームをまとめて選んで、イーズイン／イーズアウトをそれぞれかけてもOK

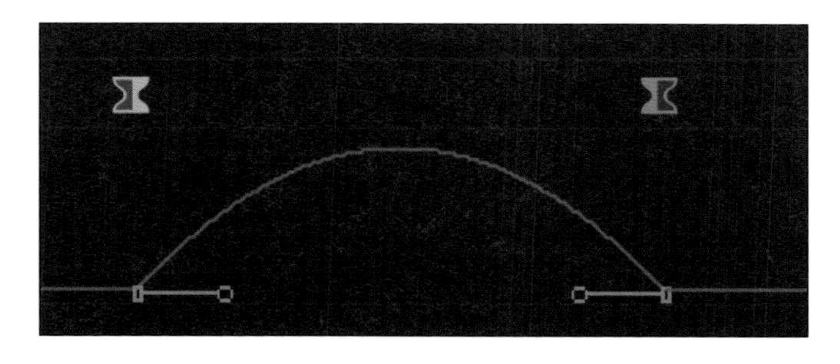

Check!

キーフレームには左右にハンドルが存在する

キーフレームは、左右にハンドルが存在します。しかし、キーフレームが2つしかない場合、それぞれ内側しか表示されません。キーフレームが3つ以上ある場合は、間のキーフレームのみ、左右にハンドルが表示されます。

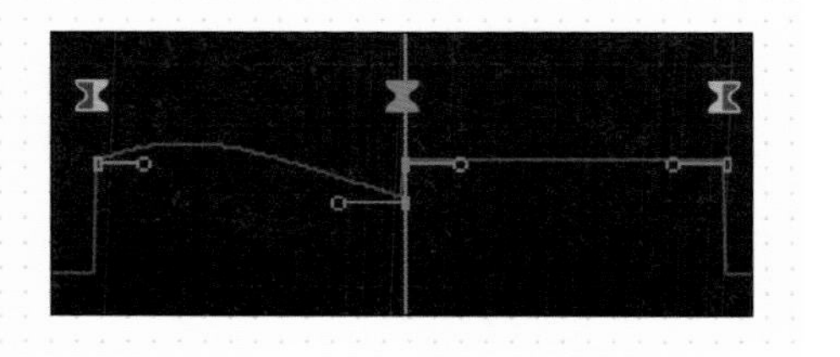

5-9 透過素材を確認してみる　[PNG形式]

「.psd（Photoshopデータ）」や「.png」などの拡張子の素材は、透過機能を持っているので、透明部分をそのまま活かして読み込むことができます。

透過素材を確認する

右の画像は、「Photoshop」で作成した背景が透明のものです❶。これを静止画（「.jpg」と「.png」）として保存し、Premiere Proで確認するとどう映るでしょうか？ 実際に見てみましょう。

1 「5-9.prproj」を開くと、V3トラックに「.jpg」、V2トラックに「.png」の❶の画像が配置されています。再生すると、白い背景にPremiere Proのテキストが見えます❷。

❷ Premiere Pro

2 V3トラックの「目のアイコン」をクリックして、「.jpg」画像を非表示にすると❸、テキストと海の映像が見える状態になります❹。V2の「.png」は透過情報を持ち、V3の「.jpg」は透過情報を持っていないため、このような結果になります。**静止画データに透明部分がある場合は、「.psd」や「.png」で保存するようにしましょう。**

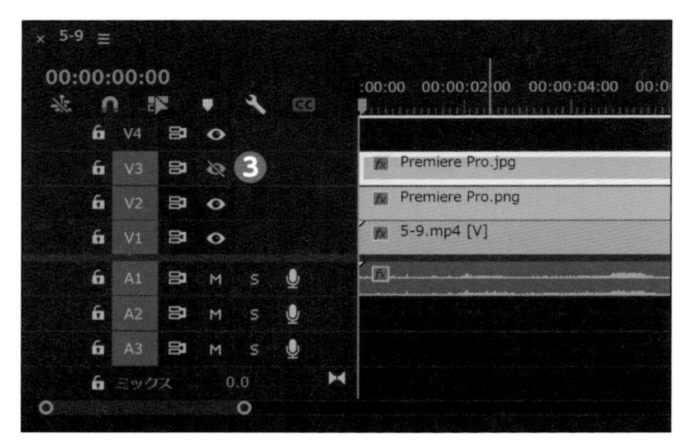

マスクを使ってみる［マスク＋トランジション］

マスクとは、覆い隠す「マスキング」のことです。画像や映像の一部だけを見せる／隠す、他の映像と合成するなど、さまざまな使い方があります。

マスクを作成する

マスクを使えるようになると表現の幅が広がります。「人が歩いたあとにテロップが出てくる」などの表現もマスクを使って処理されています。

1 5-9のデータをそのまま使用するか、「5-10.prproj」を開きます。V2トラックのクリップ(.png)を選択した状態で❶、エフェクトコントロールパネルの「不透明度」のペンツールアイコンをクリックすると❷、「マスク(1)」の項目が表示されます❸。V3のクリップ(.jpg)は使用しないので削除して構いません。

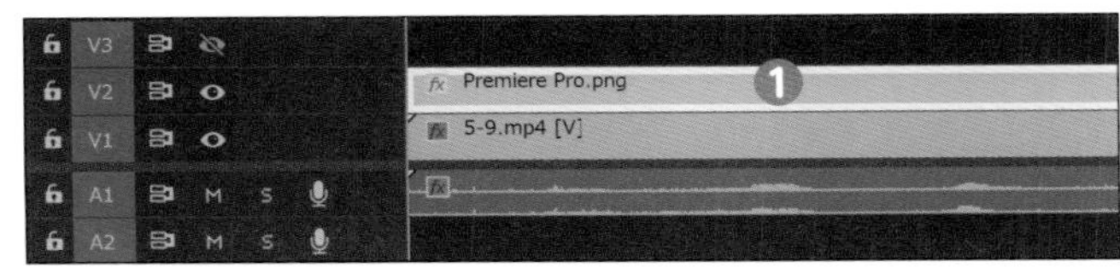

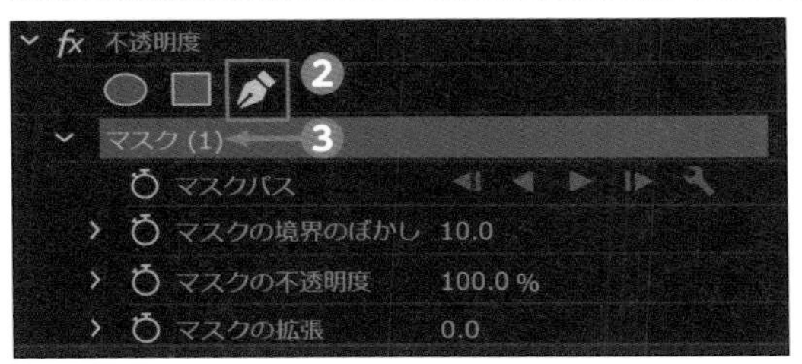

2 カーソルをプログラムモニターに移動すると、ペンの形に変わります。その状態で「Premiere Pro」の文字を四角で囲むように四隅をクリックしていきます❹〜❽。最後の❽は、❹と同じポイントをクリックしてください。

3 パスが閉じられてマスクが有効になり、ドラッグでマスクの拡張や境界のぼかしができるマスクハンドルが表示されます❾。また、先ほどまで見えていた文字の下にあった四角の列が見えなくなりました❿。これは、マスクパスで囲んだ部分のみを表示しているためです。

マスクとトランジションを組み合わせる

次は、トランジションと組み合わせてマスクを動かしてみましょう。カメラがパンする動きに合わせてアニメーションを設定します。

1 エフェクトコントロールパネルの「マスク(1)」の「反転」をクリックすると❶、マスクが反転してPremiere Proの文字が見えなくなり❷、下段にあった四角い列が見えるようになります。

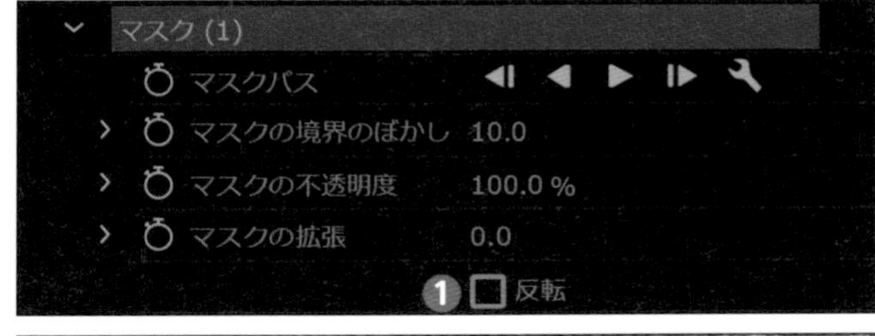

2 マスクを設定したクリップを、TC［00：00：06：05］(カメラがパンしはじめるあたり)までトリミングします❸。続けて、エフェクトの「クロスディゾルブ」を頭側にドラッグします❹。すると、ディゾルブが適用されて、四角い列も見えなくなります❺。

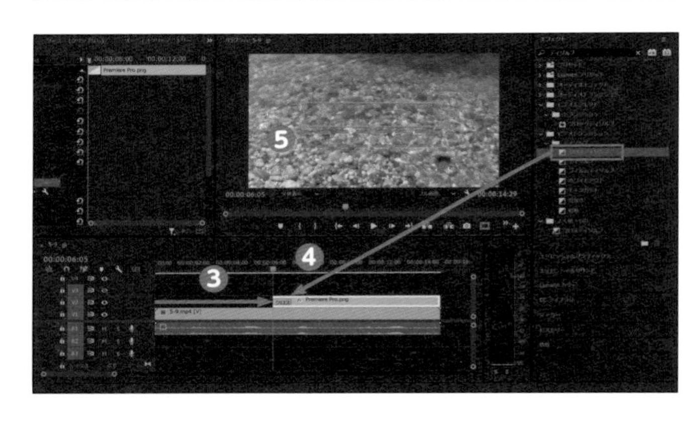

3 再生ヘッドをTC［00:00:08:10］に移動し❻、「マスクパス」のストップウォッチマークをクリックし❼、キーフレームを打ちます❽。
マスクの選択が外れてしまうので、エフェクトコントロールパネルの「マスク(1)」を選択して❾、プログラムモニターに再表示します❿。

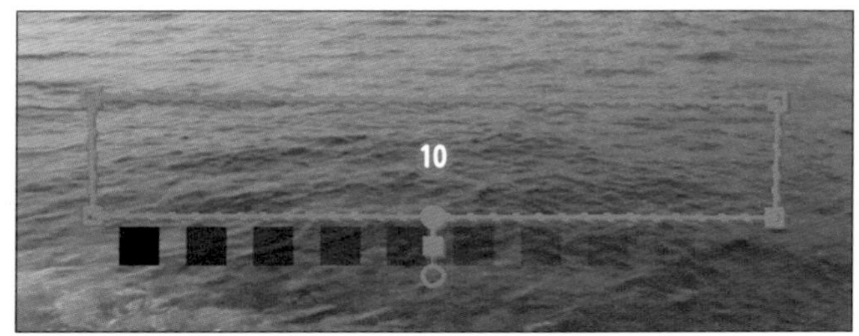

4 再生ヘッドをTC［00:00:09:20］に移動し⓫、プログラムモニターのマスクを上にドラッグすると⓬、キーフレームが自動で打たれます。これで、隠れていたPremiere Proの文字がだんだんと下から見えるアニメーションができました。再生して確認します。

5 最後に、エフェクトコントロールパネルの「マスクの境界のぼかし」を「60」に設定します⓭。マスクの境界がぼけるので、文字がフワッと表示されるようになりました⓮。これで完成です。お好みで、クロスディゾルブの長さをもう少し伸ばすなど、アレンジしてみてください。

Check!

マスクパスの操作

マスクパスは、滑らかな曲線を再現できる「ベジェ曲線」です。クリックのみだと直線になりますが、ポイント作成後に、そのままドラッグすることで曲線に変化します。操作は難しいですが、よく使う機能なので、がんばってマスターしてください。

- ポイントを作成後に、そのままドラッグすると曲線になる❶。曲線にしたときに表示される「ハンドル」をドラッグすることで❷、カーブの調整ができる
- ポイントとポイントの間の部分（セグメント）でクリックすると❸、ポイントを追加する
- Ctrl （command）を押しながらポイントをクリックで、ポイントを削除する
- Alt （option）を押しながらポイントをクリックで、曲線と直線を切り替える❹

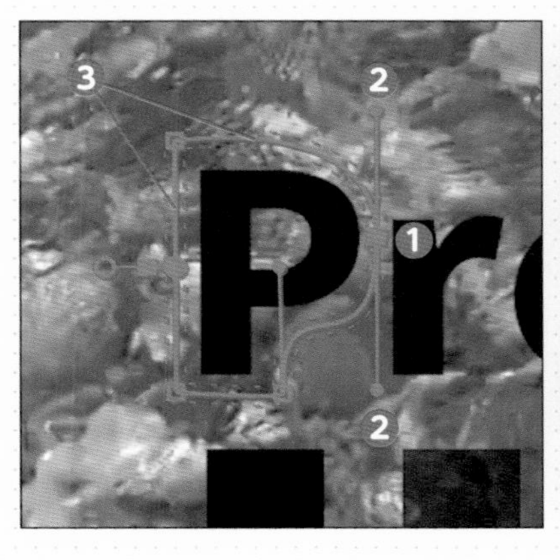

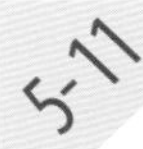

5-11 ぼかしをかけて追尾させてみる[ブラー＋トラッキング]

「ブラー」エフェクトを使うと、画面をぼかすことができます。マスクと組み合わせることで、テレビなどでよく見かける、映したくない人の顔や場所をぼかす処理が可能です。

ぼかしの範囲を設定する

マスクはトラッキング（追跡）が可能です。ここでは、ぼかし（ブラー）をかけた映像をトラッキングします。

1 「5-11.prproj」を開き、再生ヘッドを頭に移動します。エフェクトパネルの検索窓で「ブラー」と検索し❶、ブラー＆シャープ→「ブラー（ガウス）」をビデオクリップにドラッグします❷。

2 エフェクトコントロールパネルの「ブラー（ガウス）」の楕円マークをクリックすると❸、すぐ下に「マスク（1）」の項目が追加され❹、プログラムモニターに楕円マスク（水色の楕円の線）が表示されます❺。

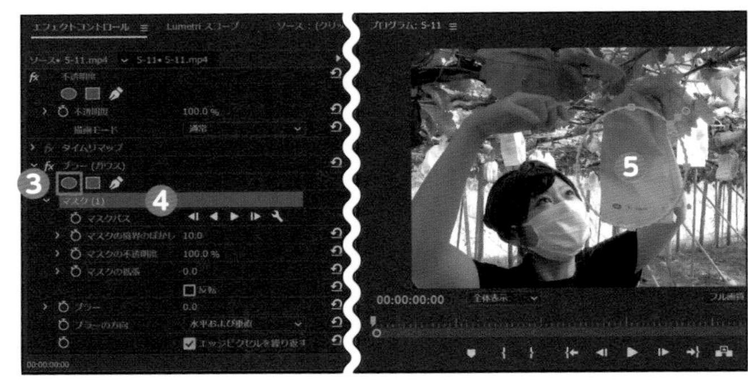

ぼかしたい形に合わせたマスクを使う

車のナンバープレートなど、四角いものをぼかしたいときは長方形マスク、人の形など複雑な形を作成するときはペンツールでマスクを作成します。

3 作成したマスクにブラーをかけます。ここでは「ブラー」の数値を「60」と入力します❻。同時に楕円マスクの中がぼやけます❼。

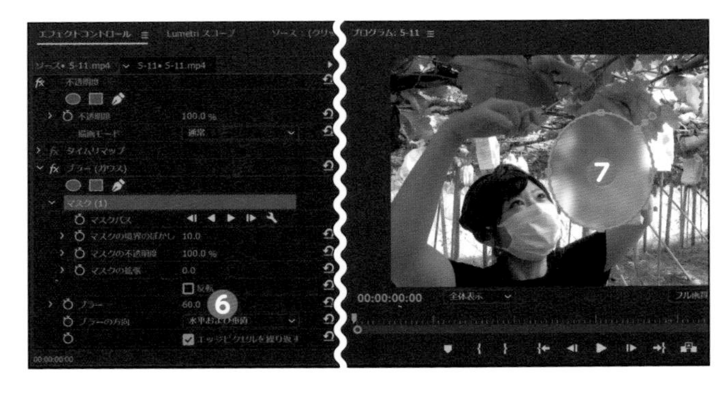

4 楕円マスクを女性の顔の上にドラッグします❽。続けて、**楕円マスクの側面にカーソルを持っていきドラッグすると回転できるので**、顔の角度に合わせて少し反時計回りに回転します❾。

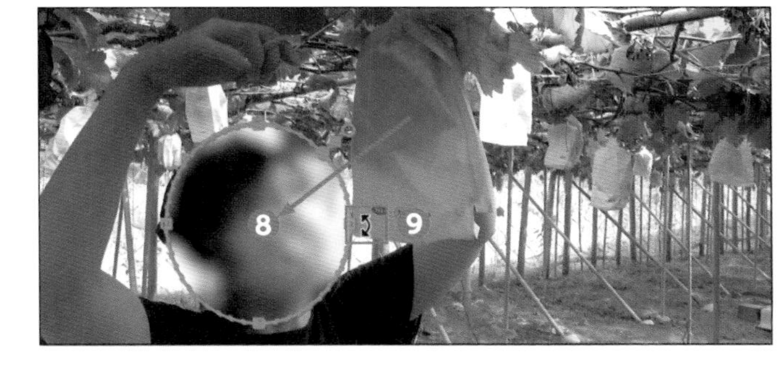

5 四角いポイントをドラッグすると❿、手動でマスク範囲を調整できます。また、マスクハンドルのポイントを外側にドラッグすると⓫、マスクの形を保ったまま拡張できます⓬。数値入力の場合、エフェクトコントロールパネルの「マスクの拡張」の数値を変更します。ここでは「60」にします⓭。

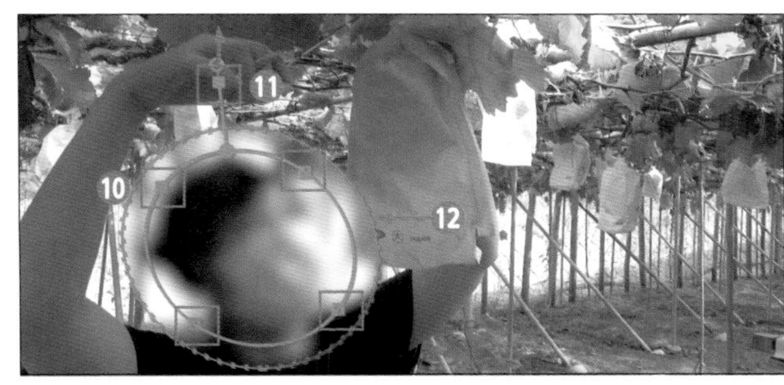

マスクは被写体より大きめに

マスクのサイズが小さいと、動かしたときに、ぼかす対象がはみ出しやすくなります。マスクは被写体よりも大きめに設定しましょう。

6 続けて、**マスクハンドルの先端の丸い部分を外側に引っ張ると⓮、マスクの境界がぼけます⓯。**
数値入力の場合は、エフェクトコントロールパネルの「マスクの境界のぼかし」の数値を変更します。ここでは「50」にします⓰。次は作成したぼかしを動かしていきます。

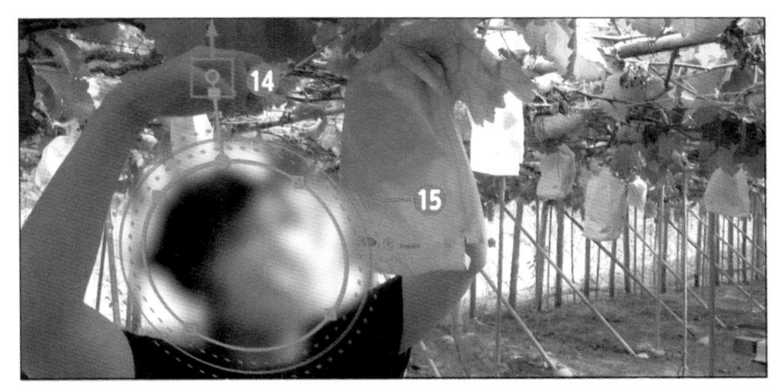

Check!

実際のぼかし具合を確認したいとき

エフェクトコントロールパネルの選択中のマスク以外の場所（例えば❶付近）をクリックすると、マスクの選択が解除され、確認しやすくなります。再度マスクを選択すれば❷、マスクが表示されます。

ぼかしをトラッキングする

トラッキング（追跡）を使って、自動でぼかしに動きをつけます。ずれた箇所はあとで手動で調整します。

1 再生ヘッドを頭の部分に移動した状態で、先ほど設定した「マスク(1)」の「マスクパス」の再生ボタンをクリックすると❶、トラッキング処理がはじまります。1フレームごとに自動でキーフレームが打たれていくので、終了するまで待ちます。

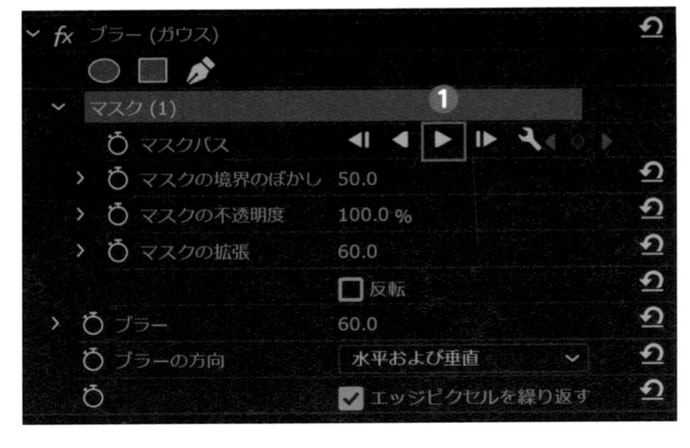

2 再生してマスクの動きを確認すると、マスクが途中から女性の顔から外れているのが確認できます❷。トラッキングは、周囲の状況やカメラの動きの影響を大きく受けます。特に人物の場合、横顔になった途端に外れてしまったりすることがあります。トラッキングが難しい箇所は手動で直していきます。

マスクのパラメーター

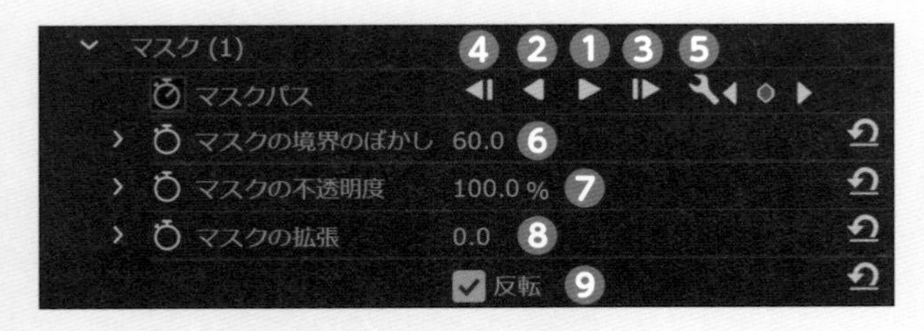

❶**選択したマスクを順方向にトラック**：通常のトラッキング
❷**選択したマスクを逆方向にトラック**：逆方向へのトラッキング
❸**選択したマスクを1フレーム順方向にトラック**：1フレームトラッキング
❹**選択したマスクを1フレーム逆方向にトラック**：1フレーム逆方向にトラッキング
❺**トラッキング方法**：どうトラッキングするかを選択（位置／位置、回転／位置、スケール、回転）
❻**マスクの境界線のぼかし**：マスクの境界をぼかす。マスクの線を基準に外側と内側がぼける
❼**マスクの不透明度**：マスクの透明度を変更
❽**マスクの拡張**：マスクパスを拡大／縮小する
❾**反転**：マスクを反転する

トラッキング後に修正する

1 **マスクが顔からずれはじめる直前の箇所を探して、そこから後ろのキーフレームを削除**します。ここではTC［00:00:03:24］付近を目安に❶、そこから後ろのキーフレームをドラッグで選択し、Deleteで削除します❷。

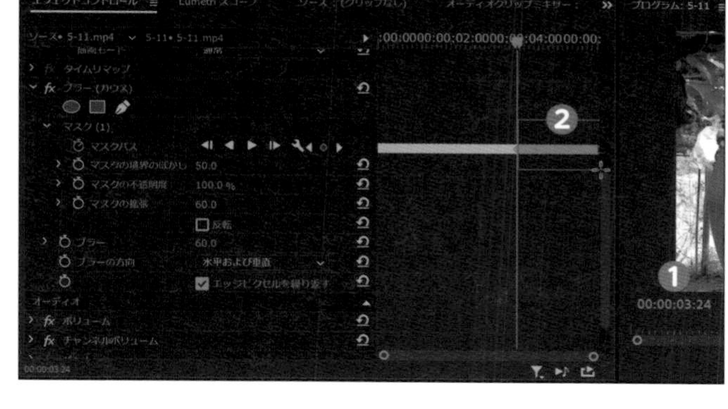

2 キーフレームを削除した箇所の動きをつけます❸。キーボードのEndを押してクリップの最後のフレームに移動します❹。

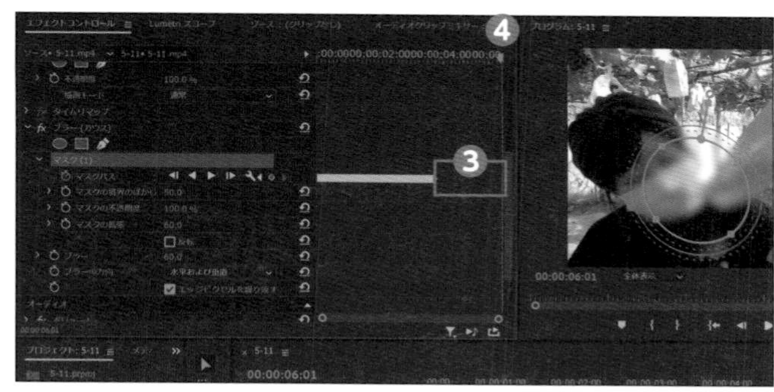

3 プログラムモニターのマスクをドラッグして、顔に合わせます❺。合わせると自動でキーフレームが打たれます❻。ぼかしの範囲がギリギリなので、ここで再度マスクを拡張します。ここでは、「100」と入力します❼。

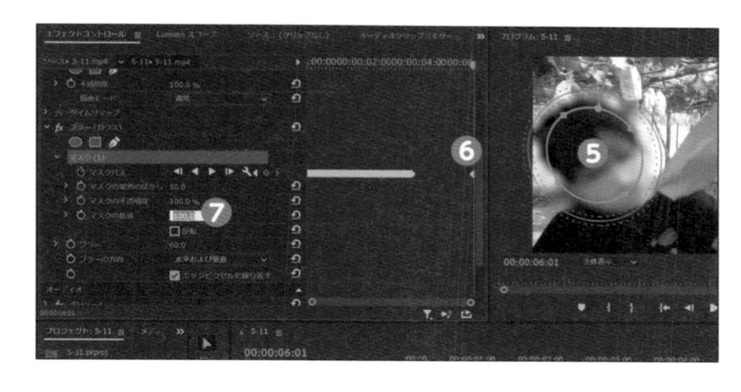

4 マスクが大きくずれている箇所を探します。ここではTC［00:00:05:20］に移動し❽、モニター上でマスクの位置を調整します❾。キーフレームが自動で打たれます❿。他にも、ぼかしがずれている箇所があれば手動で直して終了です。

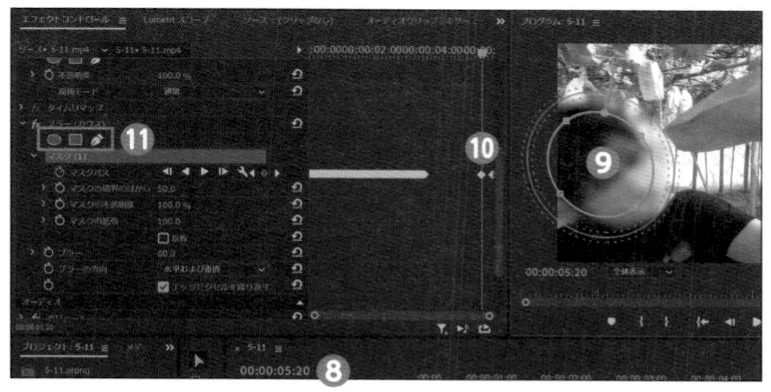

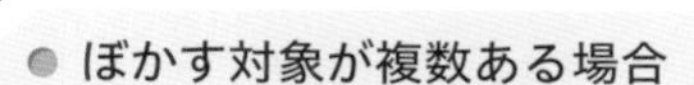

● **ぼかす対象が複数ある場合**

マスクは、楕円／長方形／パスのマークをクリックすることで追加できます⓫。

手動でトラッキングしてみる

「マスク以外のもの」はトラッキングできないので、手動で位置やスケールのキーフレームを打って、設定する必要があります。

手動でのトラッキング

ここでは、歩く女性の顔に、バラエティなどでよく見かける「？マーク」を手動でトラッキングしてみましょう。

1 「5-12.prproj」を開きます。プロジェクトパネルにある「hatena.png」（以下、？マーク）をタイムラインにドラッグし❶、クリップのお尻まで伸ばします❷。

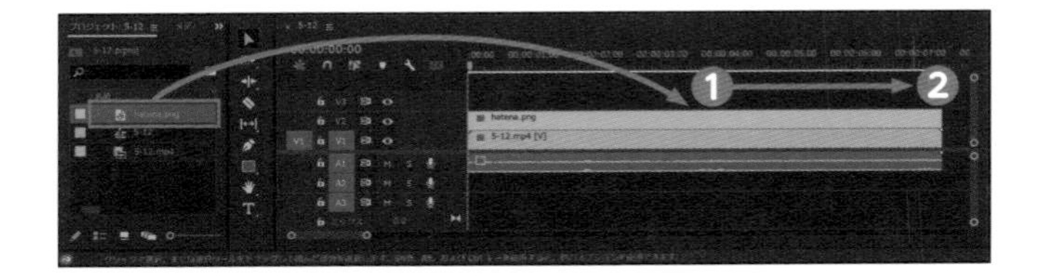

2 誤ってV1トラックの映像を動かさないために、鍵マークを押してロックします❸。ロックされたトラックは斜線が表示され、タイムラインやプログラムモニター上で選択できなくなります❹。また、再生ヘッドは頭にして❺、V2トラックの「？マーク」を選択しておきます❻。

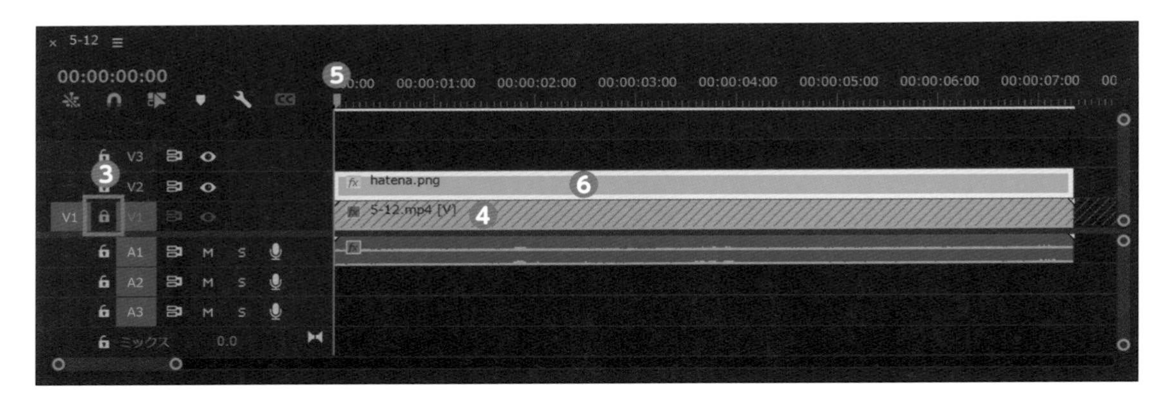

3 モーションの「位置」と「スケール」のストップウォッチマークをそれぞれクリックし❼、キーフレームを有効にします。続けて、スケールを「50」にすると❽、プログラムモニターの「？マーク」が半分のサイズになります。

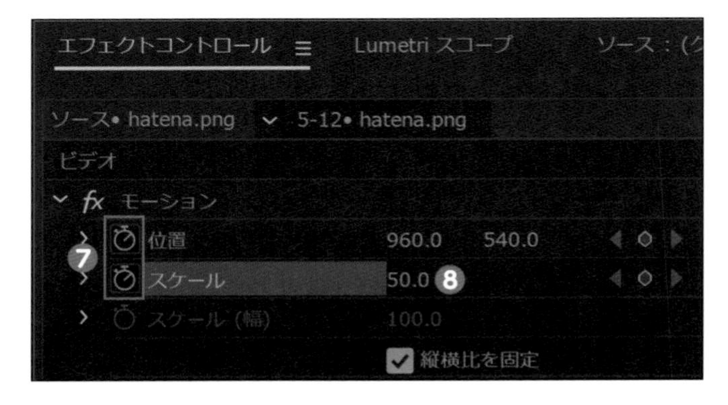

> **大は小を兼ねる**
>
> 小さいサイズで作成した素材は、拡大したときに粗くなってしまいます。素材は、使用予定のサイズよりも大きくつくっておくことをおすすめします。

4 プログラムモニターの「？マーク」をダブルクリックで選択（青枠で囲まれた状態）してから、ドラッグして女性の顔を覆うように合わせます❾。ちなみに、**オブジェクト選択状態なら矢印キーで位置の微調整ができます。**

5 クリップのお尻に移動します❿。続けて、「？マーク」を移動して顔を隠し、角のポイントをドラッグしてスケールを調整します⓫。ここでは仮にスケールを「60」としますが、隠れていればOKです。これで、頭とお尻のキーフレームが打てました。

6 再生しながら、**「？マーク」がはみ出ている箇所があれば、顔を覆うように移動してキーフレームを打っていきます。**ここでは、目安として下記のTCで位置調整をしています。一通り調整が終わったら、はみ出ている箇所がないか確認します。

▶ 画像赤枠のTC
[00:00:00:22] ／ [00:00:01:19] ／ [00:00:03:16]（ここでは、スケールも「65」に変更）

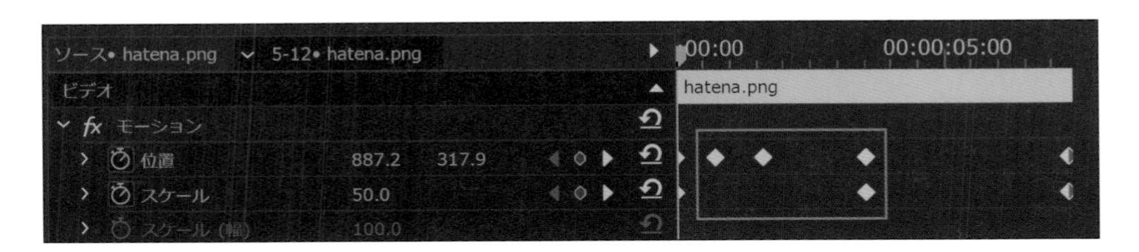

Check!

☞ キーフレームの打ち方は2通り

テキストやオブジェクトを手動でトラッキングする場合は、キーフレームは大きく分けて2通りの打ち方があります。1つは頭から順番に、数フレーム進めてはキーフレームを打つという方法。もう1つは頭とお尻にキーフレームを打って、必要な箇所だけ追加で間に打っていく方法です。後者のほうが、少ないキーフレームで済むことが多く、結果的に早く打てます。ただし、トラッキング対象が激しく動いているときや、ジャンプカットなどがある場合は、頭から順番に打っていくほうが無難です。

テロップで映像を抜いてみる［トラックマットキー］

「トラックマットキー」を使うと、映像をテキストの中に流したり、シェイプなどの形で抜いたりすることができます。

テロップで映像を抜く

1 「5-13.prproj」を開くと、V1に映像、V2にテキスト（テロップ）が配置されています。エフェクトパネルの検索窓で「トラック」❶と検索し、キーイング→「トラックマットキー」をV1の映像にドラッグします❷。

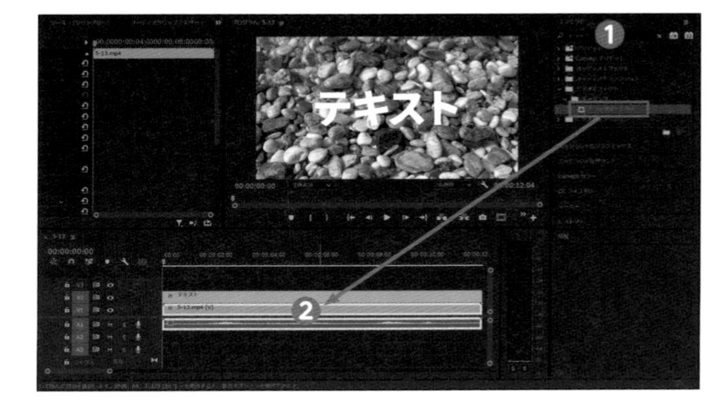

2 V1のクリップを選択した状態で、エフェクトコントロールパネルの「トラックマットキー」の、「マット」のプルダウンメニューを「ビデオ2」に変更します❸。**ビデオ2＝V2トラックです。**

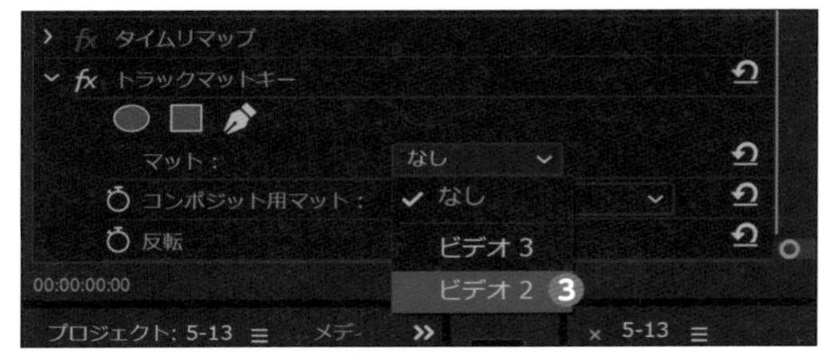

3 テロップの形に映像が抜けました。**トラックマットキーは、適用した映像を、どのトラックで抜くか指定します。**

別トラックに移動したときの注意点

マットの指定は、「どのトラックで抜くか」を指定しているだけで、特定のクリップと紐づけているわけではありません。なので例えば、V2トラックのクリップをV3に移動した場合、マットも「ビデオ3」を選びなおす必要があります。

トラックマットキーの設定について

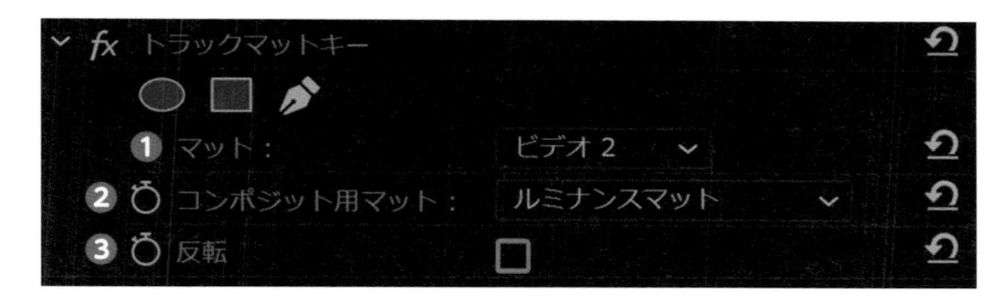

❶マット：どのビデオトラックで抜くかを指定する
❷コンポジット用マット：アルファマットか、ルミナンスマットを指定する
❸反転：チェックを入れると、キーが反転する

アルファマットとルミナンスマット

テキストやシェイプなどの**「アルファチャンネルの形」で抜くのがアルファマット、「明るさ」で抜くのがルミナンスマット**です。下の画像は、まったく同じ色のテキストやシェイプを、アルファマットと、ルミナンスマットで抜いたものです。

アルファマットに色は関係ないので、グレーでも黒でもキレイに抜けます。ただし、不透明度の影響は受けます(画像は不透明度の設定なし)。

ルミナンスマットだと、真っ白がキレイに抜けて、真っ黒はまったく抜けません。グレーだと透ける状態になり、グラデーションは明るさに応じて透けます。

つまり、真っ白なテキストだと「形(アルファ)」で抜くのも、「明るさ(ルミナンス)」で抜くのも同じことになります。

映像をまとめてみる ［ネスト化］

タイムライン上の、選択したクリップを1つのシーケンスにまとめることを「ネスト化」といいます。ネスト化したシーケンスはあとからでも中身の調整が可能です。

ネスト化のメリットと注意点

ネスト化すると、**複数のクリップやテロップが1つ（のシーケンス）にまとまるので、タイムラインがスッキリ**します。トラックが縦に積みあがっているときに有効です。また、ネスト化すると**1つのクリップとしてエフェクトをまとめてかけること**ができるようになります。注意点として、一度ネスト化すると「中身」の尺を変更しても変わらないので、手動で調整する必要があります。

複数のクリップをネスト化する

1 「5-14.prproj」を開き、タイムラインにクリップとテロップがあるのを確認します。頭から3つ目までのクリップを、テロップも含めてドラッグで選択し❶、右クリック→「ネスト」を選択します❷。

2 別の画面が表示されるので、名前をつけて保存します。ここでは「まとめ」とつけて❸、Enter または「OK」をクリックします。

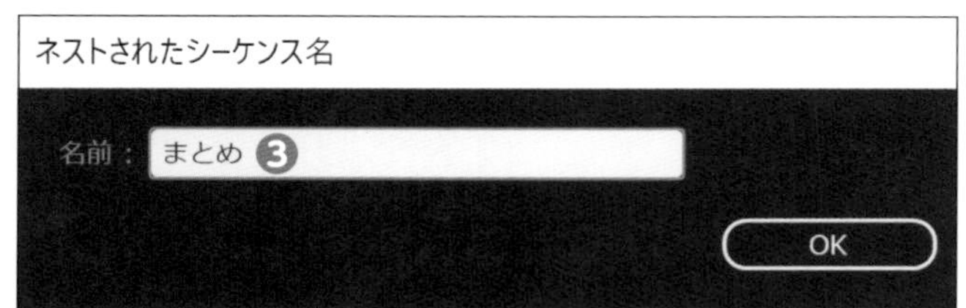

3 選択したクリップがネスト化され、1つのシーケンス(緑色のクリップ)に変わり❹、プロジェクトパネルにも表示されます❺。
中身を確認するために、ネスト化されたシーケンス(ここでは「まとめ」)をダブルクリックします。

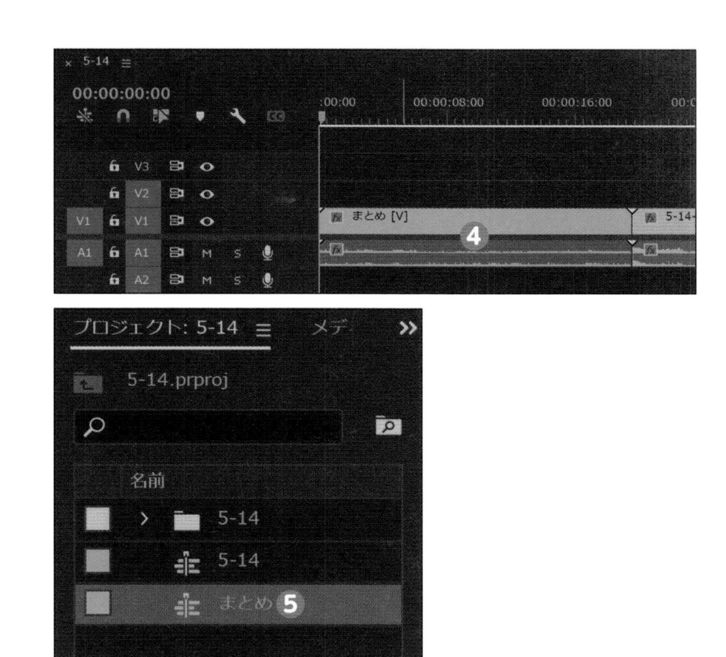

4 タイムラインパネルに、新規タブとしてネスト化したシーケンスが開かれます❻。ネスト化したシーケンス内の尺が変わっても、元のシーケンスの尺は変わらないので注意が必要です。試しに「5-14-3.mp4」を削除してみてください❼。

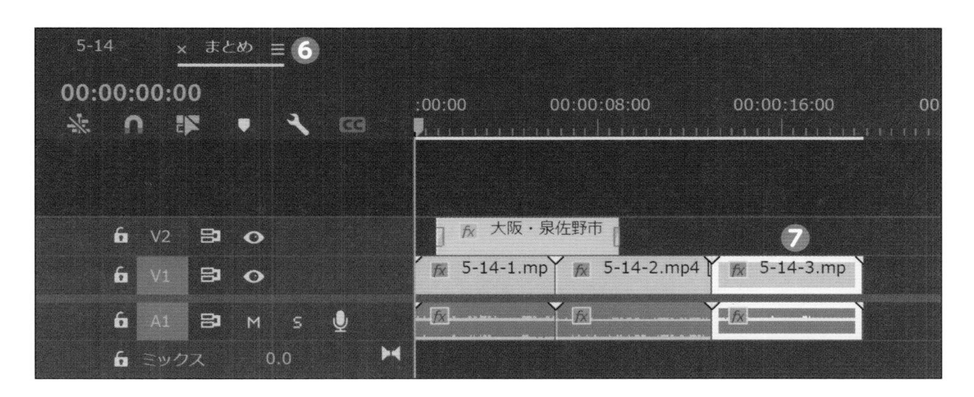

5 元のシーケンス(5-14)に切り替えると❽、削除したクリップの箇所に斜線が出て❾、再生しても黒い画面が表示されます。このように、「ネストの中身を変更」しても、ネストの尺は変わりません。尺が伸びた場合は、ネストのお尻側を手動で伸ばす必要があります。

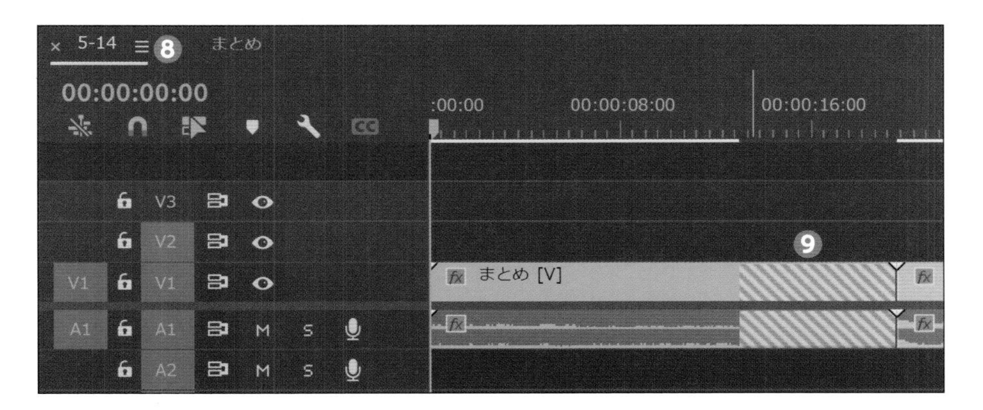

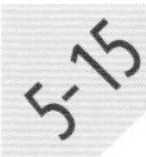

5-15 手ブレ補正してみる［ワープスタビライザー］

「ワープスタビライザー」は、画面が揺れている映像を補正して、滑らかな映像にする機能です。映像の周囲を切り取ることでブレをなくす処理になるので、結果的に画面は拡大されることになります。

ワープスタビライザーを使う

1 「5-15.prproj」を開き、再生して手ブレの具合を確認します。エフェクトパネルの検索窓で「ワープ」と検索し❶、ディストーション→「ワープスタビライザー」を、タイムラインのクリップにドラッグして適用します❷。

2 バックグラウンドで解析が自動ではじまります❸。進行状況は、エフェクトコントロールパネルの「ワープスタビライザー」の欄で、残り何％か確認できます❹。解析が終了したら、再生して確認します。

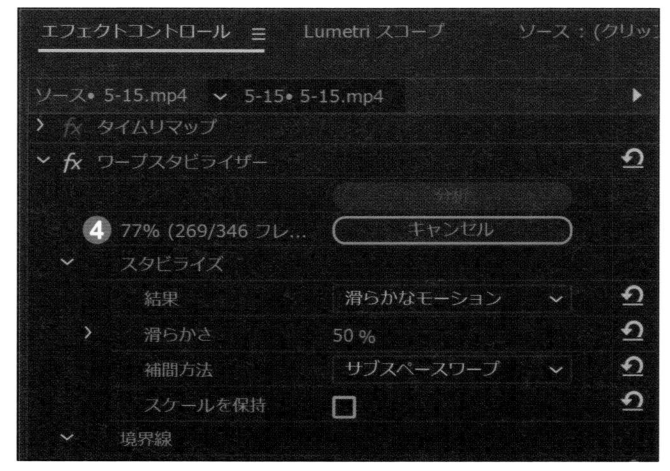

事前の保存を推奨

ワープスタビライザーなどのエフェクトは、PCに負荷がかかるので、念のため適用前に保存をおすすめします。

ワープスタビライザーのおすすめ設定

筆者おすすめの設定を紹介します。

❶まずは初期設定のまま適用してみる
❷歪みが発生するときは、「補間方法」を「位置、スケール、回転」に変更してみる

その他の設定としては、次の方法があります。

- 「滑らかさ」Ⓐの数値を変えてみる。必ずしも高いほうがいいというわけではありません。10～20%程度のほうが、適度な手ブレ感もあり、自然に見えることもあります
- 拡大しすぎなら、「詳細」の「切り抜きを縮小<->より滑らかに」Ⓑの数値を下げる。拡大しても滑らかにしたいなら数値を上げる
- 「詳細」の「ローリングシャッターリップル」Ⓒを、「拡張リダクション」に変更してみる
- 「詳細」の「詳細分析」Ⓓにチェックを入れてみる

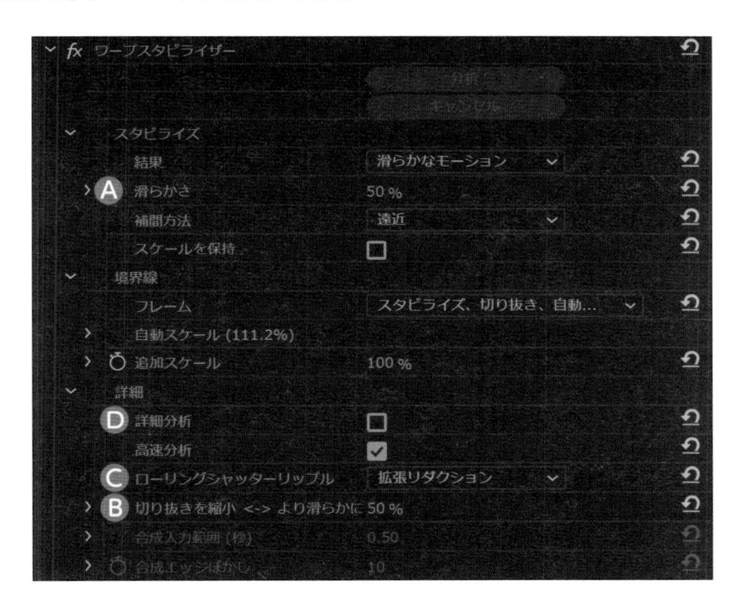

Check!

速度・デュレーションやタイムリマップとの併用について

「速度・デュレーション」や「タイムリマップ」などで速度変更したものに、ワープスタビライザーをかけることはできません。しかし、いったんネスト化すれば、速度を変更していてもワープスタビライザーをかけることができます。

5-16 色補正してみる [Lumetriカラー 基本補正とカーブ]

色を補正することをカラーコレクション（以下、カラコレ）といいます。Premiere Proではさまざまな方法でカラコレが可能です。ここではLumetriカラーの基本補正の使い方を解説します。

カラコレの手順

ホワイトバランスをとるだけでは色味がおかしいときや、映像全体の色味を統一するときは、**「Lumetriスコープ」で、波形などの映像信号を確認しながらカラコレ**します。カラコレの方法や手順は人によって多少違います。ここで紹介する方法も、1つの参考としてお考えください。筆者の手順は、

❶ホワイトバランスをとる（→P79）
❷波形で輝度を見ながら、明るさの確認／調整をする
❸RGBパレードを見ながら、色のバランスを確認／調整をする
※映像によって、ベクトルスコープなども使う

という流れになります。カラコレの難しいところは、コレという明確な答えがないところです。**筆者は、納品できる明るさで、映像に不自然さがなければOKだと考えます。**

波形（輝度）の見方を知る

ワークスペースは「カラー」を使用します。まずは明るさを確認しましょう。

1 「5-16.prproj」を開きます。ソースモニター側のタブ「Lumetriスコープ」を選択し❶、画面内で右クリックして「波形」を選択します❷。波形（RGB）になっている場合は、波形タイプを「輝度」に変更します❸。

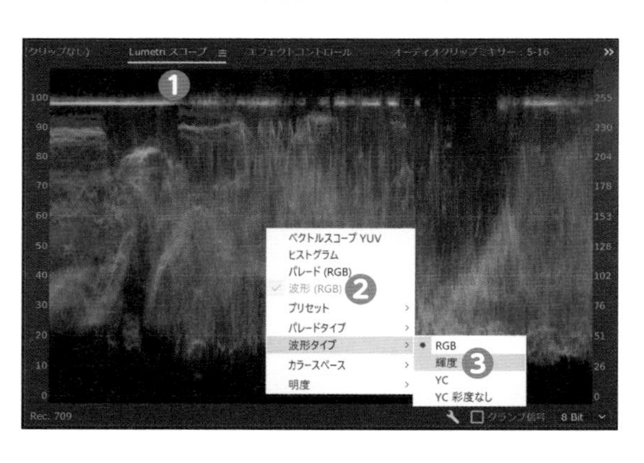

2 波形（輝度）が表示されます。縦**軸は映像の明るさを表していて**「100」❹を超えると「白飛び（真っ白）」、「0」❺を下回ると「黒つぶれ（真っ黒）」の状態になります。通常、0～100までしか表示されませんが、「クランプ信号」❻のチェックを外すと範囲を超えた分も確認できます。

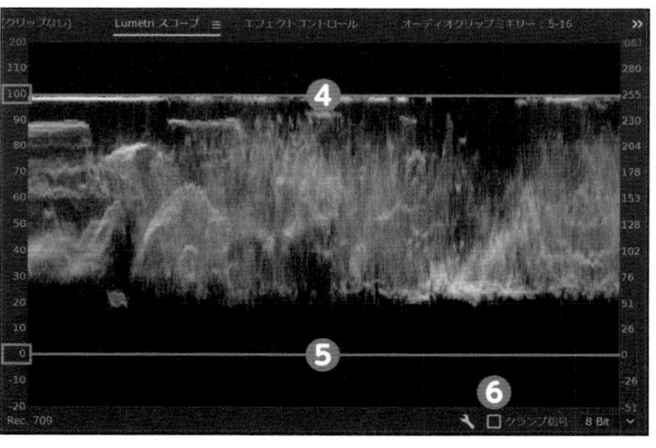

3 **横軸は画面の映像と連動しています。**波形の左上の白が濃い部分は❼、「100」に限りなく近い状態です。プログラムモニターでいうと、映像の左側のもっとも明るい部分を表します❽。

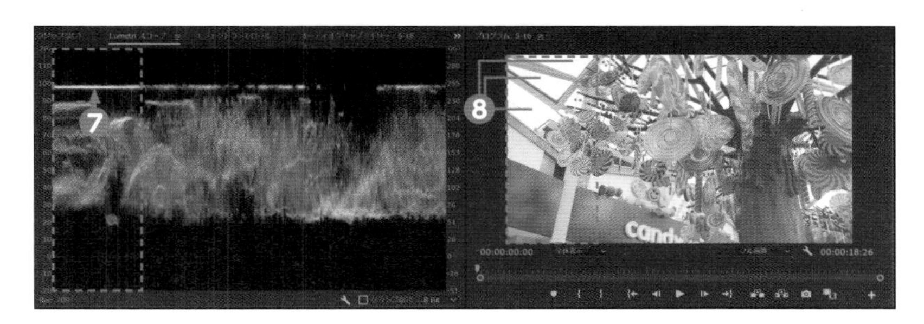

波形を見ながら、輝度を調整する

では、どういう状態が輝度の調整のゴールか？ それは、**波形が「0 ～ 100」の範囲内で、違和感のない状態**です。「0」以下は暗すぎる、「100」以上は明るすぎるからその範囲に収めると考えてください。

1 クリップを選択した状態で、Lumetriカラーパネルの基本補正の「ライト」の設定を変更します。ここでは、露光量「-0.2」❶、シャドウ「-40.0」❷にします。露光量を下げると全体の明るさが下がり、シャドウを下げると暗い部分がより暗くなります。

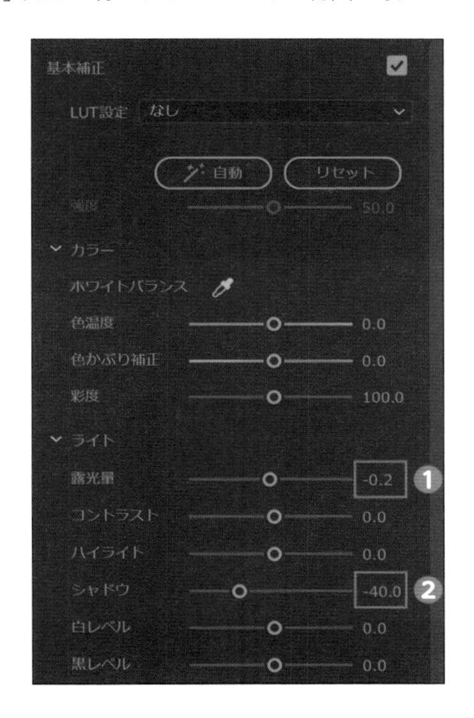

ライトの設定

露光量／コントラスト／ハイライト／シャドウで調整するのがおすすめです。白レベル／黒レベルを触るときは「0 ～ 100」の範囲を飛び出してしまう可能性があるので注意してください。

2 波形の上部が「90」付近まで下がりました❸。再生すると、まぶしかった白い箇所が抑えられたのがわかります。映像なので、再生しながら**「部分的」にまぶしい箇所がないかも確認してください。**

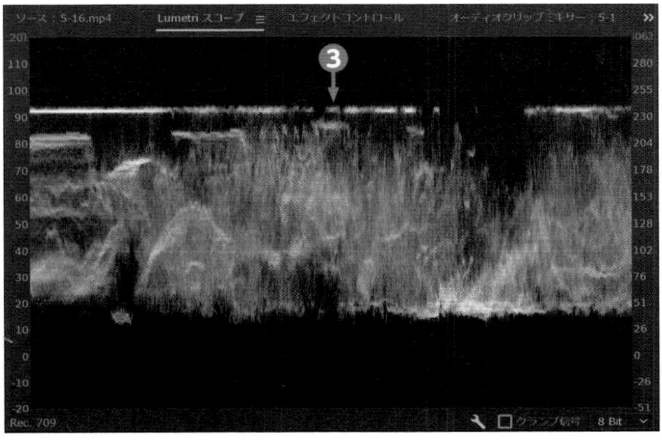

RGBパレードを見ながら、色のバランスを確認する

続いて、「RGBパレード」で、R（赤）／G（緑）／B（青）に分けて色のバランスを確認します。Lumetriスコープの画面で右クリックして「パレード（RGB）」をオン、「波形（輝度）」をオフにします。

1 **赤緑青の3色の波形が同じ形に近ければ、色のバランスが取れていることになります。RGBパレードは「全体」と「個別」に分けて考えるのがおすすめ**です。

全体（上下）：上の明るい部分は、赤が「100」を超えており❶、緑はわずかに低いのがわかります❷。下の暗い部分は、一番暗い箇所は赤と緑が同等で、赤の暗さがまばらなのが確認できます❸。

個別（各要素の形）：同じような要素線で結ぶイメージで考えると、それぞれ高さが違っています（白丸部分）。特に赤のバランスが違います❹。この高さをできるだけ同じに近づけることで、バランスを取ります。

筆者の場合、全体が同じような形で高さが違うだけなら、「色温度」や「色かぶり補正」で調整し、今回のように個別の要素が違うときは「RGBカーブ」も使います。

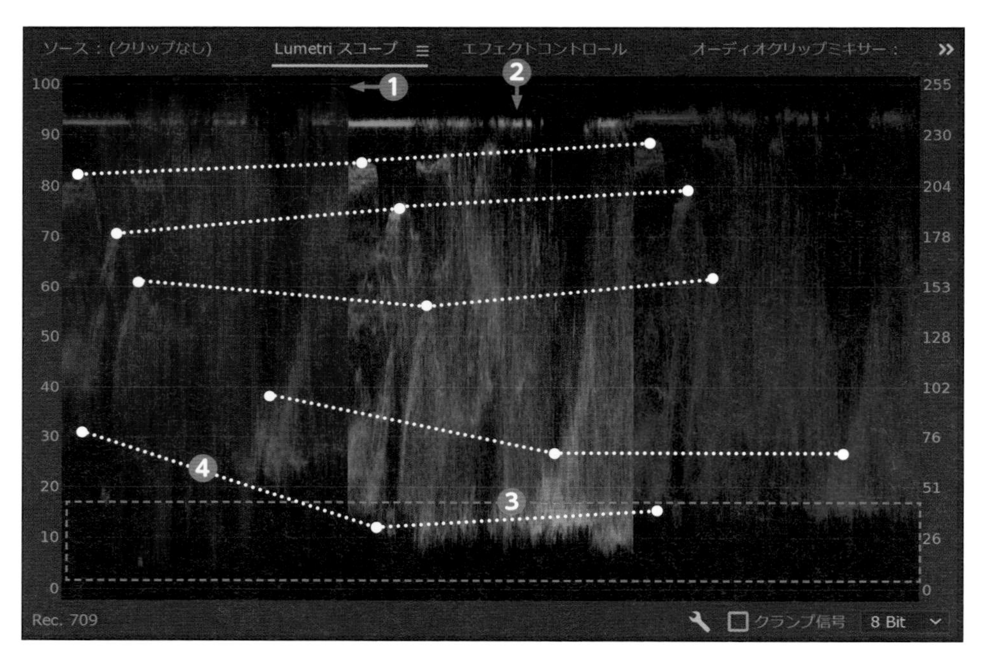

2 まず、上の太い線❷を揃えるために、色かぶり補正を「-2.0」にします❺。**色かぶり補正をマイナス方向に移動すると、波形の緑が上がり、赤青が下がります。**
RGBパレードで見ると、赤がまだ「100」を超えているので、彩度を「95.0」❻、露光量をもう少し下げて「-0.4」❼にします。輝度と同じく再生しながら確認してください。

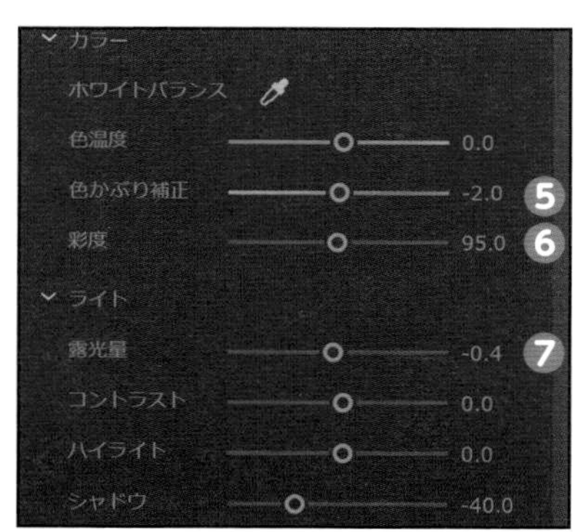

RGBカーブで個別の要素を調整する

Lumetriカラーパネルの「カーブ」をクリックし、RGBカーブを開きます。

1 ここでは、赤の要素を修正するので、赤いカーブを選択します❶。RGBカーブは、左下から右上の線にかけて、もっとも暗い部分→シャドウ→ミッドトーン→ハイライト→もっとも明るい部分になっています。
また、右上のチェックボックスをオフにすると、一時的に元の状態になるので、比べるときに使います。

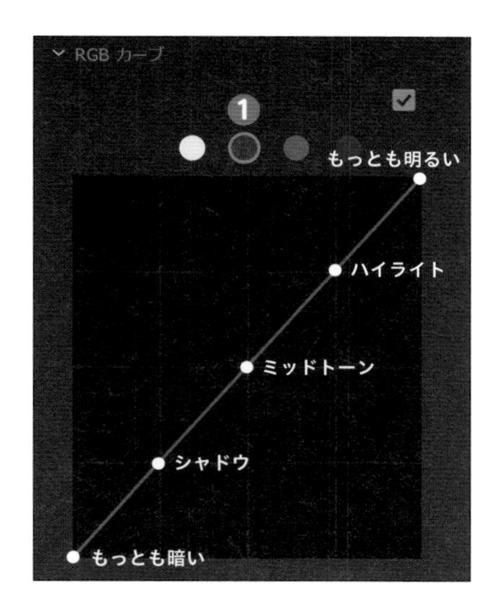

2 赤の暗い部分を下に広げるために、シャドウ部分をクリックし、下げます❷。続けて、もっとも暗い部分をクリックし、上にあげます❸。波形の下の部分が揃ってきますが、他の部分も変わるので、ハイライト部分を少しだけ上にあげます❹。次はミッドトーンとハイライトの間を上げて山のような部分を調整します❺。**どこかを調整すると、他の箇所も必ず変化します。ポイントの位置は一発で決まらないので、微調整してください。**映像を再生して問題なければ終了です。

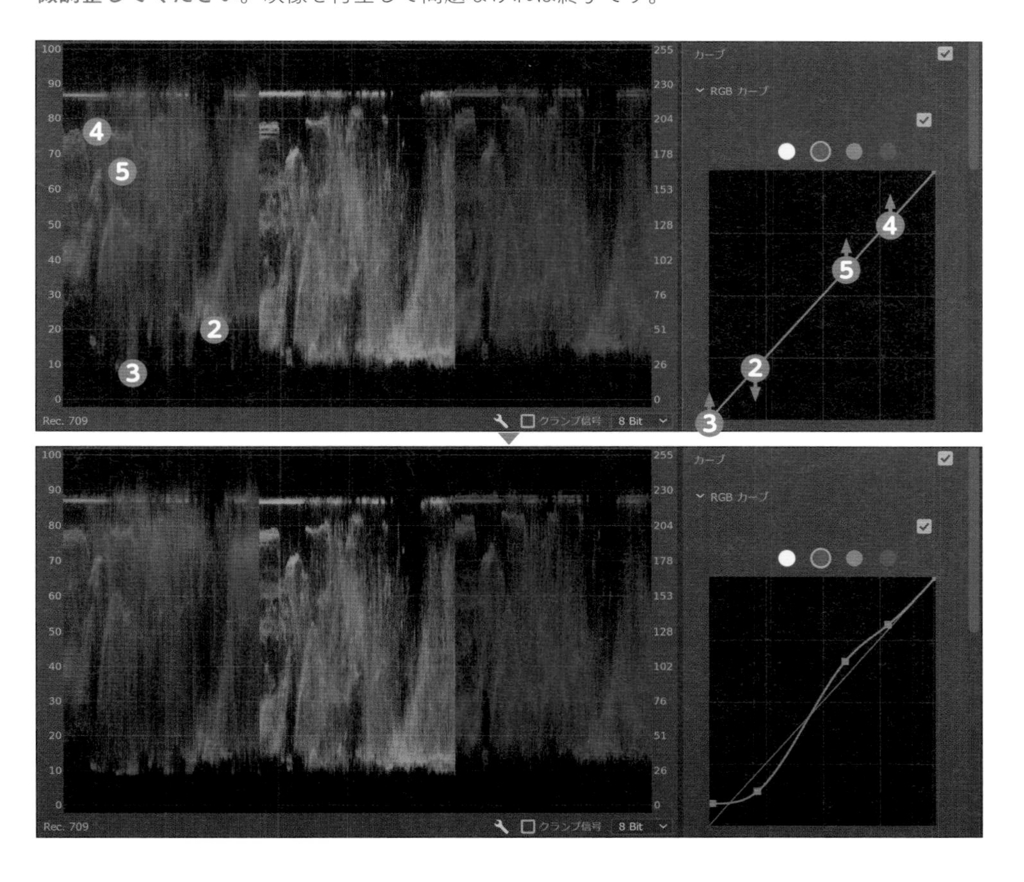

RGBカーブでの調整法

Photoshopなどの操作に慣れているかたは、Lumetriカラーの「カーブ」での設定がおすすめです。RGBカーブを使うと、基本補正で行うよりも設定値の限界が高いので、より強力な補正が可能です。

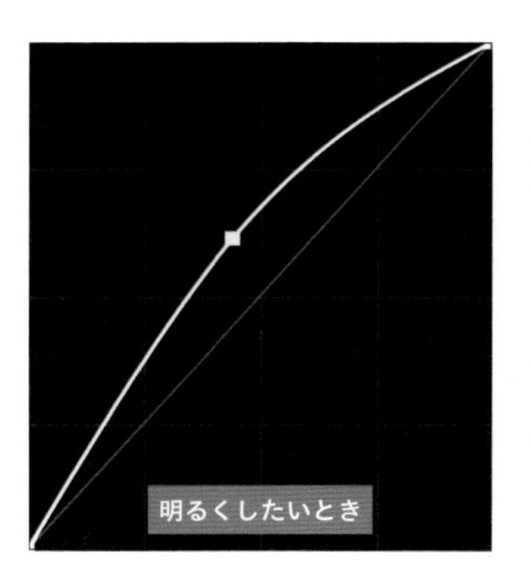

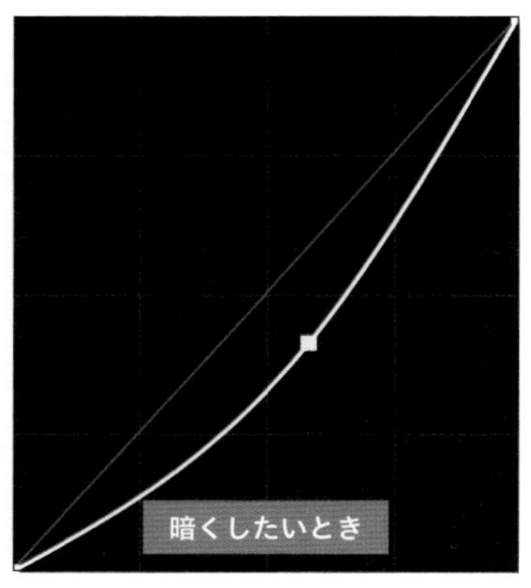

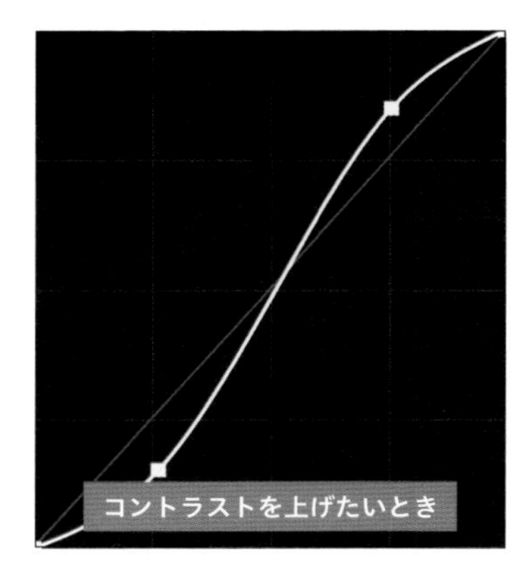

例えば、ハイライト部分にポイントを追加して上げ、シャドウ部分にポイントを追加して下げることでコントラストが強くなります。このカーブの形から、S字カーブともいわれます。
追加したポイントは、Ctrl（command）を押しながらクリックすると削除できます。

Lumetriカラー 基本補正

- **LUT設定**：「LUT（ラット、Look Up Tableの略）」と呼ばれるカラー補正のプリセットを一覧の中から割り当てる
- **自動**：自動補正する。映像によっては極端な設定になってしまう場合があるので注意
- **リセット**：基本補正の内容ををリセットする
- **強度**：自動補正の数値を調整する

■ カラー

- **ホワイトバランス**：映像から、スポイトで抽出してホワイトバランスをとる
- **色温度**：スライダーを左に動かすと青が強く、右に動かすとオレンジが強くなる
- **色かぶり補正**：スライダーを左に動かすと緑が強く、右に動かすとマゼンタ（赤と青）が強くなる
- **彩度**：鮮やかさの調整

■ ライト

- **露光量**：全体の明るさの調整
- **コントラスト**：明暗の強弱を調整。主に中間調（ミッドトーン）に影響
- **ハイライト**：明るい部分の明るさの調整
- **シャドウ**：暗い部分の明るさの調整
- **白レベル**：ハイライトよりさらに明るい部分の調整。下げるときに使用。上げるときに使うと波形の100を超える可能性があるので危険
- **黒レベル**：シャドウよりさらに暗い部分の調整。上げるときに使用。下げるときに使うと波形の0を下回る可能性があるので危険

5-17 クリップの色味を合わせてみる [カラーマッチ]

クリップ同士の色味を合わせたいときは、自動で合わせてくれる「カラーマッチ」が便利です。クリップ同士を見比べながら、色味を簡単に自動補正できます。

カラーマッチを使う

Lumetriカラーパネル内にある「カラーマッチ」を使います。

1 「5-17.prproj」を開くと、色味が違う2つのクリップが配置されています。プログラムモニターの「>>」を押して❶、「比較表示」をクリックすると❷、2画面になります。はじめから「比較表示」ボタンが表示されている場合はそれを押してください❸。

2 映像の上にそれぞれ「リファレンス」❹、「現在位置」と表示されます❺。**リファレンス＝見本**です。今回は、後ろのクリップをリファレンスにするので、「次の編集に移動」ボタンを押して変更します❻。

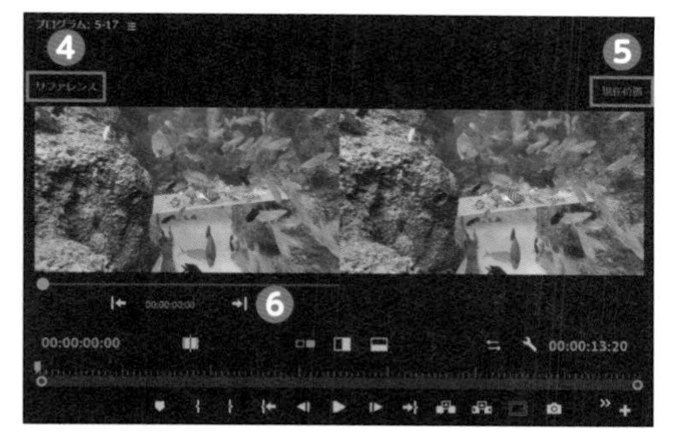

3 2つ目のクリップが「リファレンス」になりました❼。「現在位置」❽は再生ヘッドの位置のクリップです。タイムラインの1つ目のクリップを選択した状態で、Lumetriカラーパネルの「カラーホイールとカラーマッチ」を選択し❾、「一致を適用」を押すと❿、リファレンスに合わせて選択クリップのカラーが変更されます。「比較表示」を押して⓫、1画面に戻し、再生して確認します。

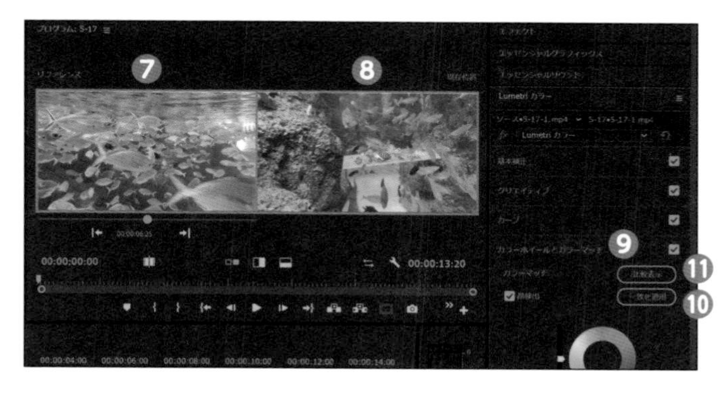

Check!

色味がうまく合わない場合

カラーマッチの「一致を適用」は、クリップによっては思っている結果にならない場合もあります。その場合、リファレンスのクリップの再生ヘッドを少し移動して表示画面を変えて試してみましょう。

5-18 特定の色を変更してみる［HSLセカンダリ］

Lumetriカラーパネルの「HSLセカンダリ」を使えば、特定の色だけを指定して変えることができます。HSLはそれぞれ「色相(Hue)」「彩度(Saturation)」「輝度(Luminance)」を表しています。

HSLセカンダリで選択範囲をとる

スポイトツールを使って特定の色を抜き出し、調整します。空や物の色だけでなく、肌の色の調整などにも使えます。

1 「5-18.prproj」を開きます。空の色を変更してみましょう。クリップを選択した状態で❶、Lumetriカラーパネルの「HSLセカンダリ」を選択します❷。「キー」の項目を開いて❸、設定カラーの左にある「スポイト」をクリックし❹、プログラムモニターの空の部分をクリックします❺。

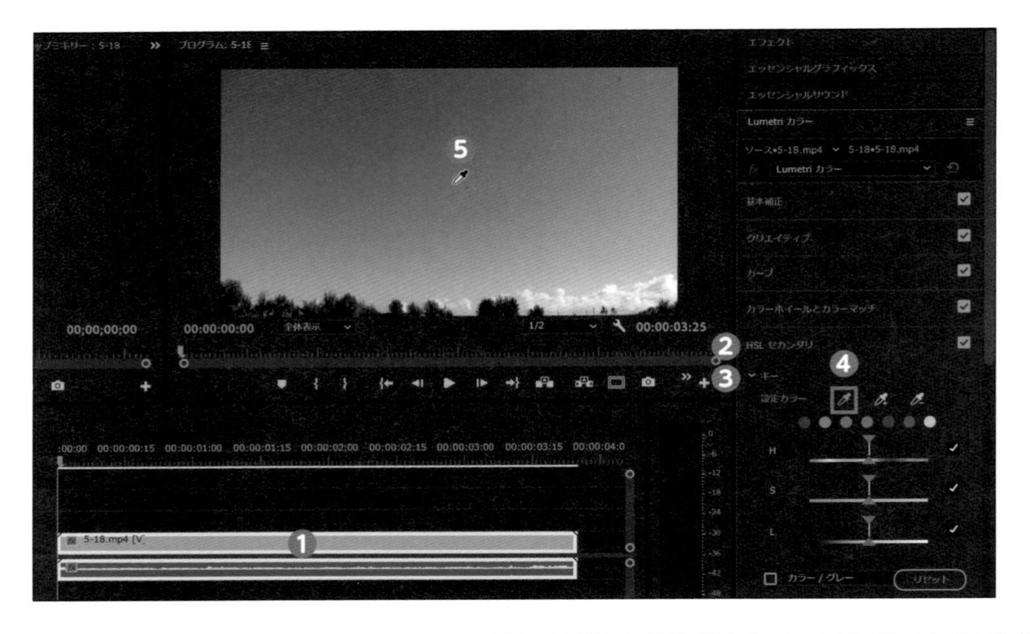

2 この時点では、まだ映像に変化はありませんが、キーの「H」「S」「L」の部分が、空の色を抽出した状態になっています❻。この状態で「カラー／グレー」にチェックを入れると❼、プログラムモニターの映像が、スポイトでクリックした空の色と、グレーの画面に切り替わります❽。

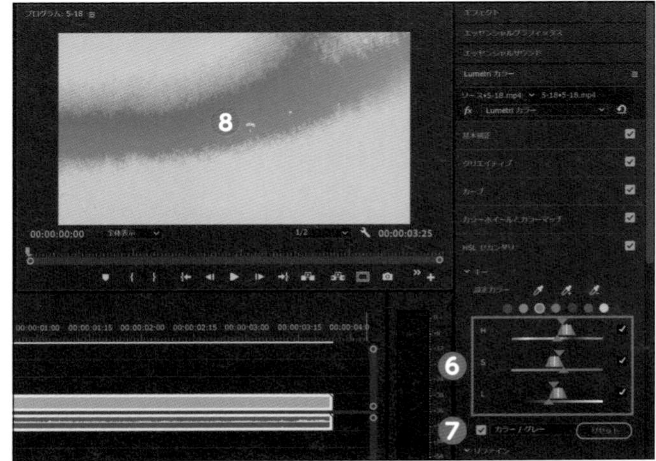

3 グレーだとわかりにくい場合は、「カラー／黒」に切り替えると見やすくなります❾。ここでは、「カラー／黒」で作業を進めます。

4 グレーの部分が「黒」に変わります。**空の色が見えている部分が、抽出した範囲で、色変えできる範囲を示しています。**
空の黒い部分を、追加で抽出します。設定カラーの「＋のついたスポイト」をクリックし❿、空の黒い部分をクリックします⓫。

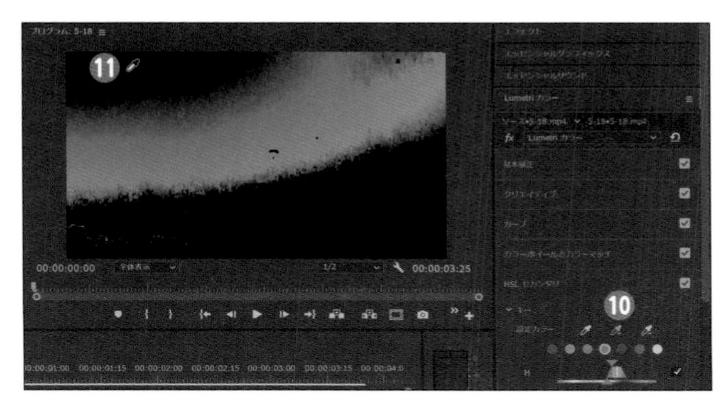

5 抽出を何度か繰り返し、空全体を選択します。黒い部分が小さくなってスポイトで選択しづらいときは⓬、「200%」や「400%」に拡大表示すると作業しやすくなります⓭。

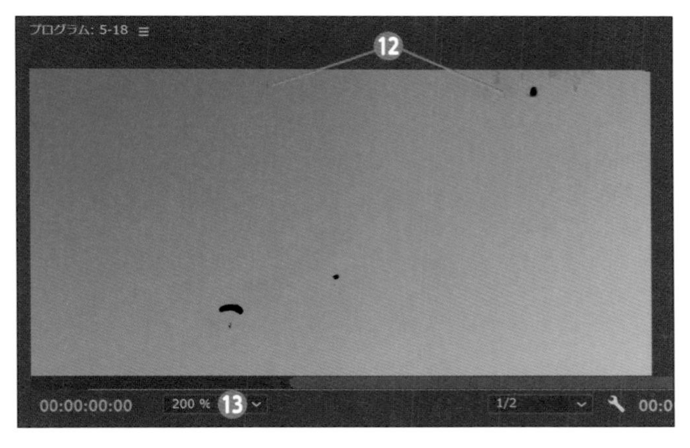

6 抽出した色の範囲を除外したいときは「ーのついたスポイト」⓮で映像をクリックして調整します。
画像のように、空の色の範囲を選びきったら⓯、「カラー／黒」のチェックを外します⓰。

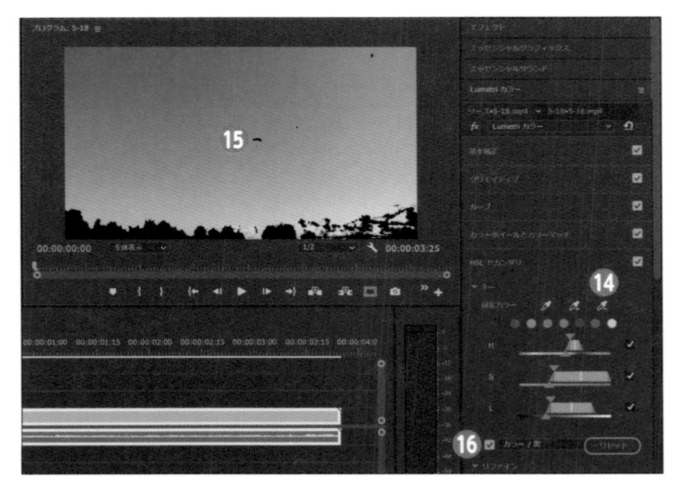

HSLセカンダリで選択した箇所の色を変える

1 抽出した色の変更を行う前に、Lumetriスコープパネルで「ベクトルスコープYUV」を表示します。**正常な範囲に収めるためには、ベクトルスコープの内側の六角形❶からはみ出ないように調整します。フレームによっては、六角形からはみ出してしまう可能性もあるので、必ず再生しながら確認**してください。

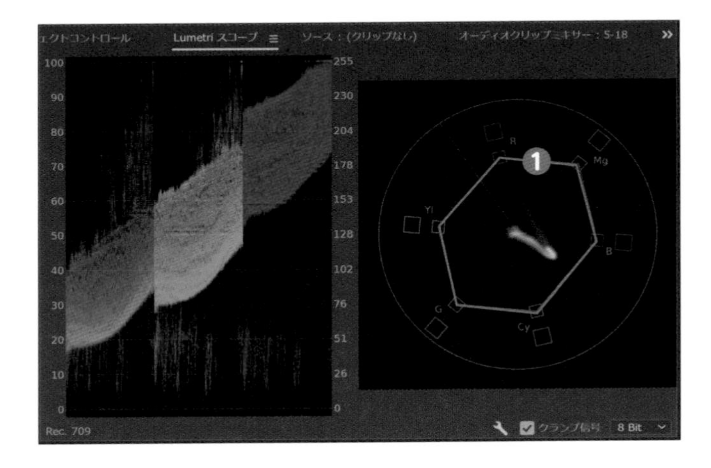

2 HSLセカンダリの「修正」を開くと、ミッドトーンのカラーホイールが表示されます❷。左上の3つの丸い点のアイコンをクリックし❸、3ウェイカラーホイールに切り替えます。こちらのほうが、ハイライト／ミッドトーン／シャドウと範囲ごとに色を変更できるので、より細かい設定が可能です。

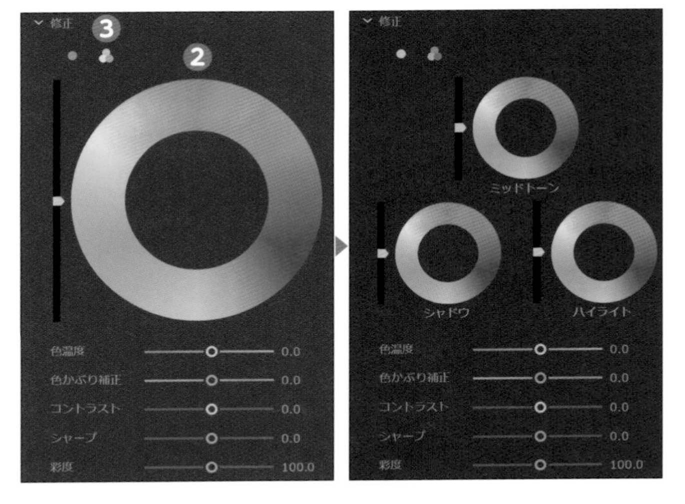

3 ここではシャドウのトーンを下げて❹、青色を選びます❺。これで空のシャドウ(暗い部分)が鮮やかな青に変わりました❻。再生して確認します。

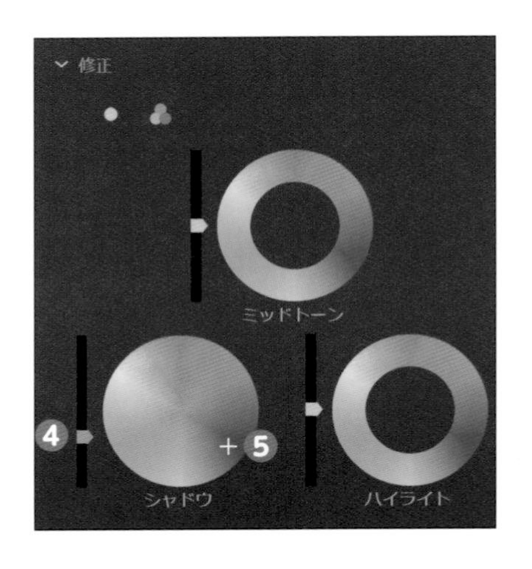

● HSLセカンダリのパラメーター

■ キー

▶ **設定カラー**：スポイト選択でカラー選択／+スポイトでカラー追加／-スポイトでカラー削除。その下の各種カラーから、あらかじめ設定された色を選択することも可能

▶ **HSLスライダー**：Hue（色相）、Saturation（彩度）、Luminance（輝度）で調整範囲を指定。グレーの範囲❶をスライドで色範囲の移動、上の「▼」❷をスライドで色の範囲の拡大／縮小、下の「▲」❸をスライドで範囲をぼかせる

▶ **チェックボックス**：「カラー／グレー」などを選び、チェックを入れると、カラー変更の影響を受ける部分をわかりやすく表示

▶ **リセット**：設定をやり直す（H／S／Lすべて）。H／S／Lスライダー部分（❶のグレーの範囲）をダブルクリックすると、個別にリセット可能

■ リファイン

▶ **ノイズ除去**：選択範囲のムラを軽減

▶ **ブラー**：選択範囲の境界をぼかす

■ 修正

▶ **カラーホイール**：ミッドトーンのカラーホイールと、3ウェイカラーホイールの切り替えが可能。3ウェイでは左側の矢印の上下で明暗の調整、カラーホイールで色の調整

▶ **各種パラメーター**：Lumetriカラーの基本補正と同様（→P192）

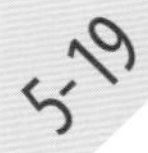

グリーンバックの素材を合成してみる［Ultraキー］

グリーンバックの映像を合成するときは、クロマキー合成（特定の色を透明化する）の処理が必要です。Premiere Proの場合、エフェクトの「Ultraキー」を使います。

クロマキー合成とは？

グリーンバック（緑の背景）などで撮影し、背景の色を抜く合成を「クロマキー合成」といいます。クロマキー合成は、以前はブルーがよく使われていましたが、背景の色を抜いたときに、グリーンのほうが肌の血色がよく見えたりすることから、グリーンが主流になりました。

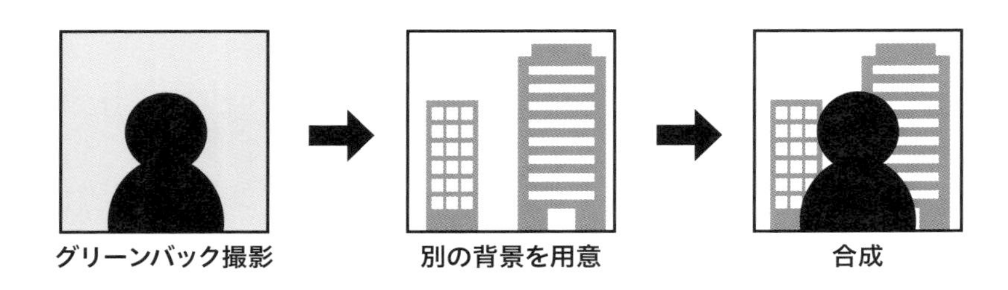

Ultraキーでグリーンバックを抜く

1 「5-19.prproj」を開くと、V1の映像の上に、V2のグリーンバックのクリップがのっています。まだキーが抜けていないのでV1の映像は何も見えていない状態です❶。
エフェクトパネルの検索窓で「ultra」と検索して❷、キーイング→「Ultraキー」を、V2のクリップにドラッグします❸。

2 V2のクリップを選択した状態で、エフェクトコントロールパネルの「Ultraキー」の「キーカラー」のスポイトをクリックし❹、プログラムモニターに表示されている映像のグリーンバック部分をクリックします❺。

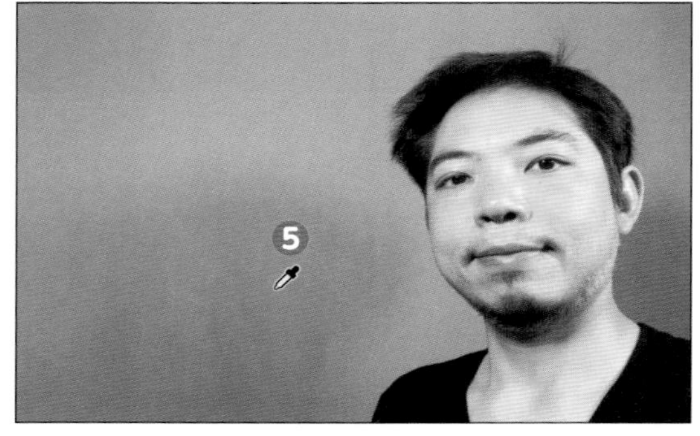

キーの抜け具合を調整する

1 グリーンバックの緑色をUltraキーで抜いたので、V1の映像が見えるようになりました❶。再生するとキーがうまく抜けきっておらず、ザラザラ感があります。**キーの抜け具合を確認するために、Ultraキー→「出力」の、「コンポジット」を「アルファチャンネル」に変更します❷。**

2 キーの抜けている箇所が黒❸、抜けていない箇所が白❹、抜けきっておらず透けている状態がグレーで表示されます❺。

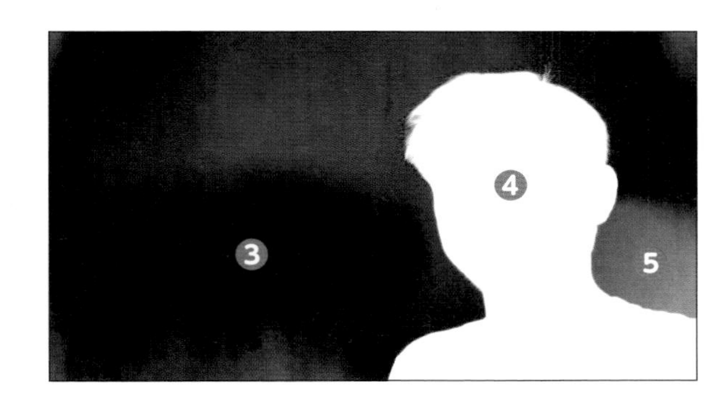

3 Ultraキー→「設定」を「初期設定」から「強」に変更します❻。変更するとキーの抜けが強くなり、右下の一部を除き、人物以外はほぼ抜けました❼。

4 「マットの生成」を開き❽、ここでは、シャドウを「48」❾、ペデスタルを「100」に変更します❿。**ペデスタルとはアルファチャンネルからノイズを除去する設定です。**実際の数値は、抜け具合を見ながら微調整してください。キーを抜きなおしたいときは、再度「キーカラー」のスポイトを選んで、画面をクリックします。

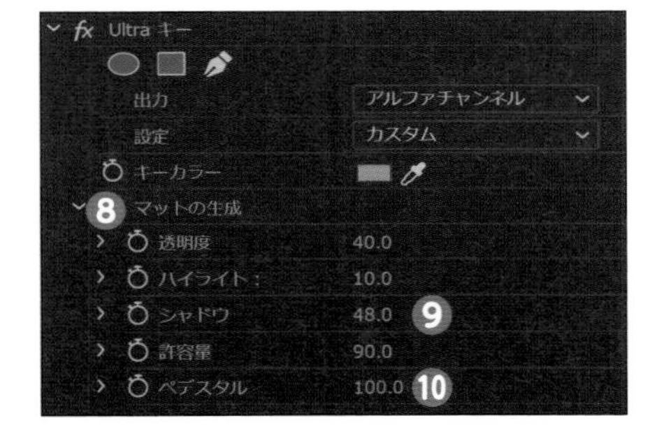

5 アルファチャンネルで見るとほぼ抜けているのがわかります⑪。

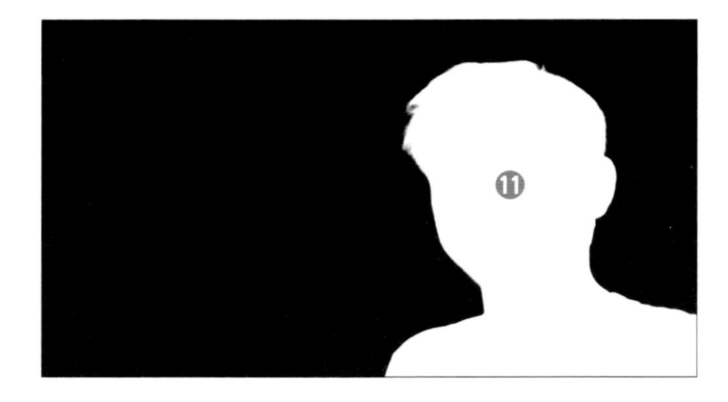

6 Ultraキー→「出力」を「コンポジット」に戻して確認します⑫。よく見ると、**髪の毛や首など顔の周りのエッジ部分に緑色が残っているのがわかります⑬。これはグリーンバックの色が反射しているためです。**

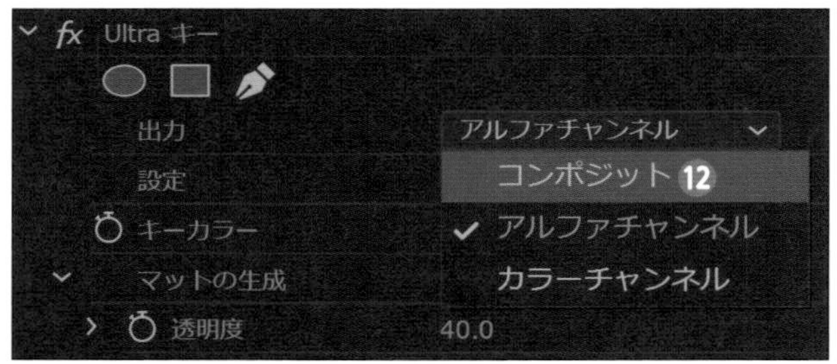

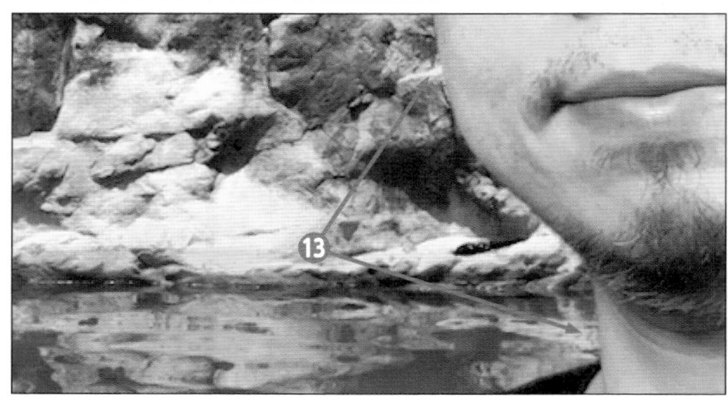

エッジを調整する

1 Ultraキー→「マットのクリーンアップ」を開き❶、エッジを調整します。ここでは、下記のように設定します。

❷チョーク：30
❸柔らかく：30
❹コントラスト：30

続けて、「スピルサプレッション」を開き❺、スピルを「100」に設定します❻。**スピルサプレッションは反射して映り込んだ箇所の色の除去に役立ちます。**

Ultraキーの解説は、いったんここまでです。このあと、「位置やスケールの調整」「背景の映像に合わせてキーフレームで動き付け」を行いますが、ここでは割愛します。**続けて動きをつける場合は、特典PDFのP1を参照してください。**

Ultraキーのパラメーター

- **出力**：コンポジット（実際の合成を確認）／アルファチャンネル（白黒でキーの抜けを確認）／カラーチャンネル（影や光の当たり方などを確認）から選択
- **設定**：キーの抜け具合を、初期設定／弱／強／カスタムから選択
- **キーカラー**：抜くカラーをスポイトツールで選択

■ マットの生成

- **透明度**：透け具合を調整
- **ハイライト**：明るい部分の不透明度を調整
- **シャドウ**：暗い部分の不透明度を調整
- **許容量**：選択したカラーの範囲を調整
- **ペデスタル**：アルファチャンネルからノイズを除去

■ マットのクリーンアップ

- **チョーク**：アルファチャンネルマットのサイズを縮小
- **柔らかく**：アルファチャンネルマットのエッジをぼかす
- **コントラスト**：コントラストを上げて調整する
- **中間ポイント**：コントラストを上げたあとに数値を上げると、全体を暗くする。コントラストと連動し、単体では機能しない

■ スピルサプレッション

- **彩度を下げる**：抜けたキー以外の彩度を下げる
- **範囲**：抜けたキー以外の箇所の色相を変える
- **スピル**：抜けたキーの色味を調整。グリーンで抜いた場合、グリーンの色味を抑える
- **輝度**：抜けたキー以外の明るい部分を調整

■ カラー補正

- **彩度**：抜けたキー以外の彩度を変更
- **色相**：抜けたキー以外の色相を変更
- **輝度**：抜けたキー以外の輝度を変更

5-20 まとめて調整してみる ［調整レイヤー］

複数クリップにエフェクトやカラコレをかけるときは「調整レイヤー」が便利です。調整レイヤーは、クリップとして存在しますが、映像としては透明のレイヤーです。

調整レイヤーにLookを適用する

トラックに配置した**「調整レイヤー」に、エフェクトやカラコレをかけると、下にあるトラックすべてに影響を与える**ことができます。ここではLook（カラーフィルターのようなもの）を適用してみましょう。

1 「5-20.prproj」を開き、クリップが2つ並んでいるのを確認します。プロジェクトパネルで、右クリック→新規項目→調整レイヤー❶、またはメニューバーからファイル→新規→調整レイヤーを選択します。

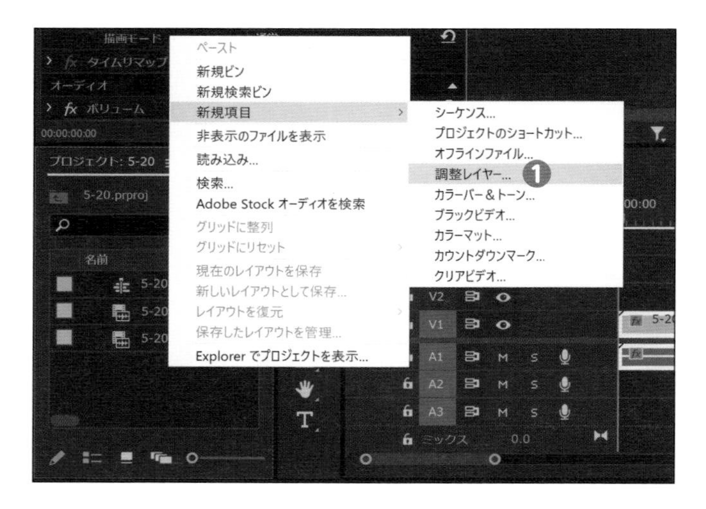

2 調整レイヤーの設定画面が表示されるので、今回はそのまま「OK」をクリックします❷。

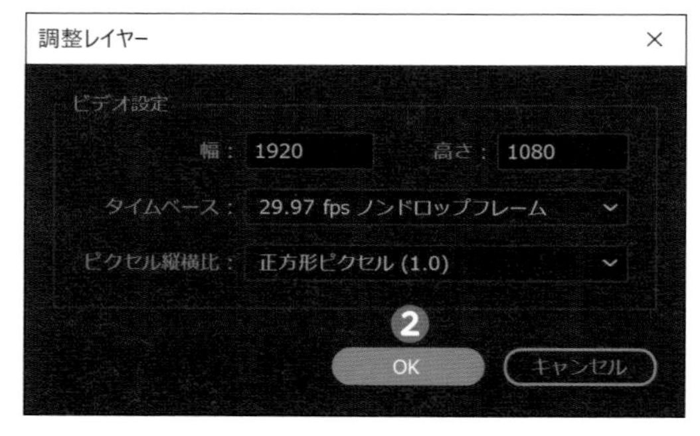

3 調整レイヤーを、タイムラインのV2トラックの頭に合わせてドラッグし❸、2つ目のクリップのお尻まで伸ばします❹。

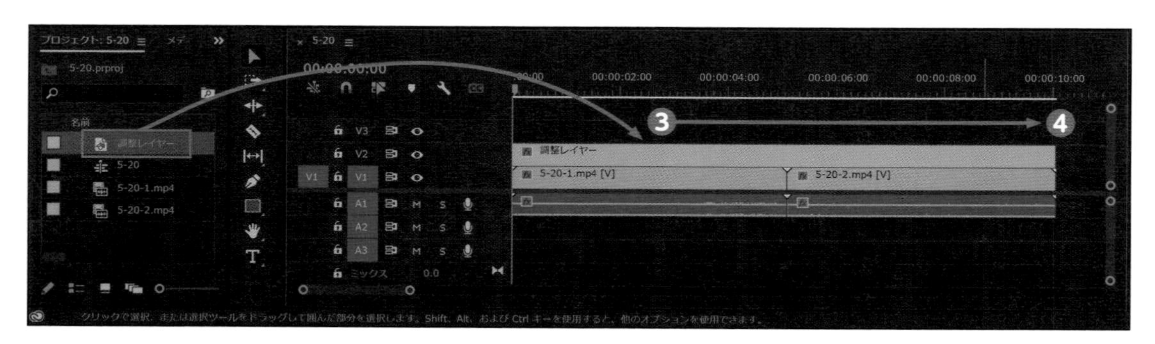

4 調整レイヤーを選択した状態で、Lumetriカラーパネルの「クリエイティブ」をクリックし❺、「Look」のプルダウンメニューの中から「SL BLUE INTENSE」を選択します❻。

5 調整レイヤーより下にある、複数のクリップにまとめてエフェクトがかかっているのが確認できます。

Check!

子画面からすぐにLookを適用！

Lookは、適用前にプルダウンメニューのすぐ下にある「子画面」で色味を確認できます。
画面下にはLook名が表示され、「<」「>」を押すごとに変わります。適用したいLookが見つかったら、子画面の中央付近をクリックするだけですぐに適用できます。

描画モードを使ってみる

描画モードは、クリップやテロップなどを別のクリップに重ねて合成する機能です。使い方は、下地となるクリップの上に、別のクリップをのせて「描画モード」を変更するだけです。

描画モードを使う

描画モードを変更することで、さまざまな方法で**上のレイヤーと下のレイヤーをブレンド**します。見た目がガラッと変わるものもあるので、映像に変化をつけたいときに効果的です。

1 「5-21.prproj」を開くと、V1のクリップの上に「火山」と書かれたテロップがのっています。通常、不透明度が「100％(透明ではない状態)」だと、右の画像のように何も透けていない状態に見えます。

2 上のレイヤー(ここではテロップ)の描画モードを変更します。V2トラックのテロップを選択した状態で、エフェクトコントロールパネルの不透明度→「描画モード」を、「通常」から「差の絶対値」に変更します❶。

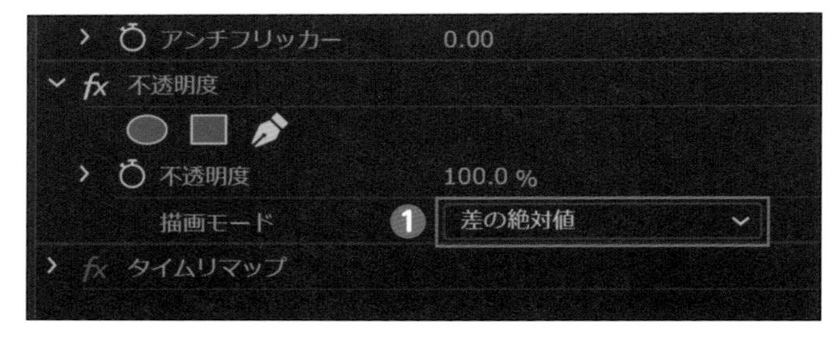

3 後ろの白い煙が出ている箇所(明るい箇所)と、他の部分で大きく見た目が変わって見えます。**差の絶対値は、RGBごとに明るい部分から暗い部分を引くので、階調を反転させたような効果になります。**再生して確認します。

4 続けて、テロップの色を変更してみましょう。エッセンシャルグラフィックスパネルの「火山」のテロップを選択し❷、アピアランスの「塗り」のカラーをクリックします❸。カラーピッカーが開くので、左上の真っ黒の箇所をクリックすると❹、「火山」のテロップが見えなくなりました❺。このように**差の絶対値は、黒い部分は何も見えなくなります。**

5 今度はそのまま、左下の「真っ白」を選択し❻、Enter または「OK」を押します。

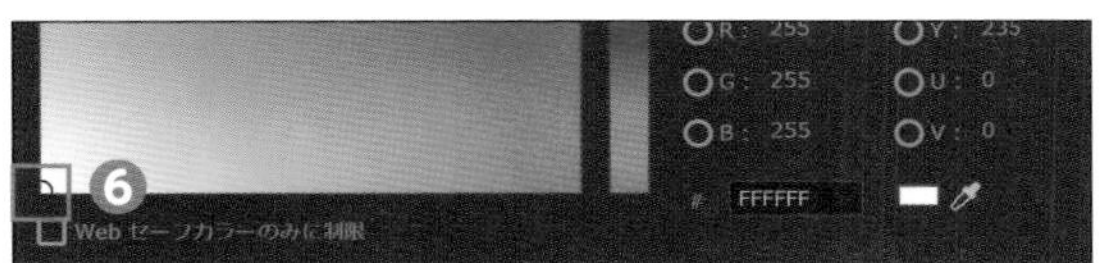

6 右のような表現になりました。描画モードは、下のクリップや合成する映像の色によって結果が大きく変わります。いろいろと試してお気に入りのパターンを見つけてください。

描画モードの合成例一覧

描画モードは、グループごとに分類された並びになっています（Adobeソフト共通、→P207）。下記では、上のレイヤー＝テロップ、下のレイヤー＝映像にあたります。

通常

初期設定。不透明度100%だと、下のレイヤーは見えない状態

ディゾルブ

ノイズをつけ加える。不透明度を下げるとノイズが目立つ。画像は不透明度50%

比較（暗）

下のレイヤーの色と、上のレイヤーの色を比べ、暗いほうになる

乗算

RGBごとに、上のレイヤーの色と、下のレイヤーの色を掛け算する。どちらかが黒なら黒、どちらかが白なら白ではないほうの色になる

焼きこみカラー

下のレイヤーの色相はそのままで、上のレイヤーの色を重ねて暗くし、コントラストを強める。上のレイヤーの真っ白な部分は変化しない

焼きこみ（リニア）

焼きこみカラーよりも暗い色になる

カラー比較（暗）

上のレイヤーの色と、下のレイヤーの色を比べ、暗いほうになる。色がブレンドされない

比較（明）

上のレイヤーの色と、下のレイヤーの色を比べ、明るいほうになる

スクリーン

元の色より明るくなる。真っ黒が透けるのを利用して、黒い背景付きの素材CGをスクリーンでのせることが多い

覆い焼きカラー

上のレイヤーのコントラストを下げて、色を明るくする

覆い焼き（リニア）

覆い焼きカラーよりも、さらに明るくなる

カラー比較（明）

上のレイヤーの色と、下のレイヤーの色を比べ、明るいほうになる

オーバーレイ

明るい部分をより明るく（スクリーン）、暗い部分をより暗くする（乗算）

ソフトライト

オーバーレイよりコントラスト弱め

ハードライト

オーバーレイよりコントラスト強め

ビビッドライト

色に応じてコントラストを増減し、カラーの覆い焼き（明るく）、または焼きこみ（暗く）処理を行う。クッキリした色になる

リニアライト

色に応じて明るさを増減。カラーの覆い焼き（明るく）、または焼きこみ（暗く）処理を行う

ピンライト

下のレイヤーの色に応じて、カラーを置き換える

ハードミックス

RGBの各数値が「255または0」のどちらかという極端な数値になる

差の絶対値

RGBごとに、明るい部分から暗い部分を引く。階調を反転させたような効果。真っ白な部分は色が反転、真っ黒な部分は変化しない

除外

差の絶対値よりもコントラストが弱め

減算

下のレイヤーのRGB値から、上のレイヤーのRGB値を引いた色になる。上のレイヤーが黒の場合は、下のレイヤーの色になる

除算

下のレイヤーのRGB値を、上のレイヤーのRGB値で割った数値の色になる。上のレイヤーが白の場合は、下のレイヤーの色になる

色相

下のレイヤーの輝度と彩度を維持したまま、上のレイヤーの色相にする

彩度

下のレイヤーの輝度と色相を維持したまま、上のレイヤーの彩度にする

カラー

下のレイヤーの輝度を維持したまま、上のレイヤーの色相と彩度にする

輝度

下のレイヤーの色相と彩度を維持したまま、上のレイヤーの輝度にする

描画モードのグループ

グループ	描画モード
	通常
	ディゾルブ
暗くなる	比較（暗）
	乗算
	焼き込みカラー
	焼きこみ（リニア）
	カラー比較（暗）
明るくなる	比較（明）
	スクリーン
	覆い焼きカラー
	覆い焼き（リニア）
	カラー比較（明）
コントラストを変える	オーバーレイ
	ソフトライト
	ハードライト
	ビビッドライト
	リニアライト
	ピンライト
	ハードミックス
上下で色を比較	差の絶対値
	除外
	減算
	除算
組み合わせる	色相
	彩度
	カラー
	輝度

光を入れてみる ［レンズフレア］

レンズフレアとは、カメラに太陽光などの明るい光源が当たっているときに生じる光のことです。Premiere Proではエフェクトで、疑似的にレンズフレアを作成可能です。

レンズフレアを適用する

レンズフレアは、映像のアクセントに使用したり、テロップなどと組み合わせることで視線の誘導にも使えたりします。ワークスペースは「エフェクト」を使用します。

1 「5-22.prproj」を開きます。まずは、レンズフレアを適用するカラーマット(黒)を作成します。プロジェクトパネルの空欄で右クリックし、新規項目→カラーマット❶を選択します。

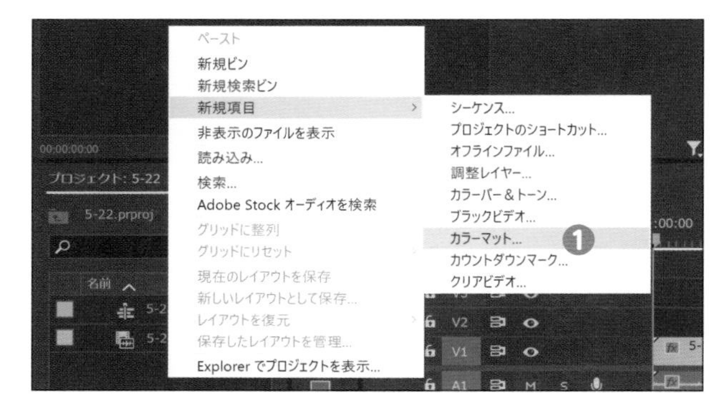

2 新規カラーマットの画面が表示されるので、そのまま「OK」をクリックします。続けて、カラーピッカーの画面が表示されるので、ここもそのまま Enter または「OK」をクリックします❷。

3 名前の入力画面が表示されます。わかりやすくするために、ここでは「レンズフレア」とつけておきます❸。

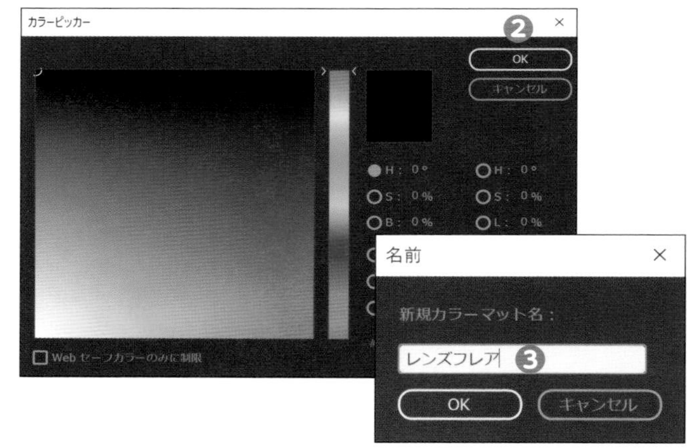

4 作成したカラーマットを、タイムラインのV2トラックの頭にドラッグし❹、V1トラックのお尻まで伸ばします❺。

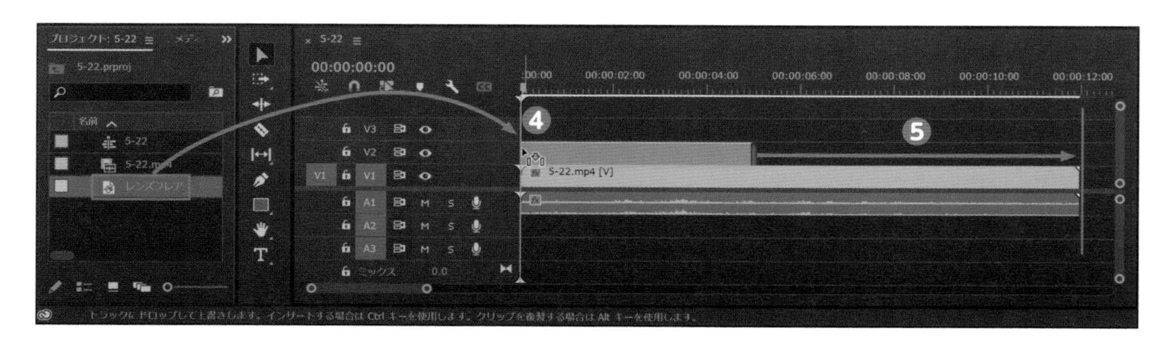

5　エフェクトパネルの検索窓で「レンズフレア」と検索し❻、描画→「レンズフレア」を、V2トラックのカラーマットにドラッグします❼。

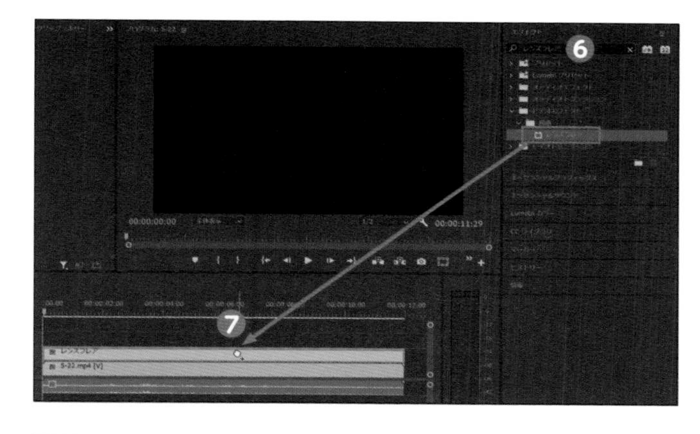

6　プログラムモニターにレンズフレアが表示されます。この時点ではまだ下の映像は見えていません。カラーマットを選択し、エフェクトコントロールパネルの不透明度→「描画モード」を「スクリーン」に変更します❽。

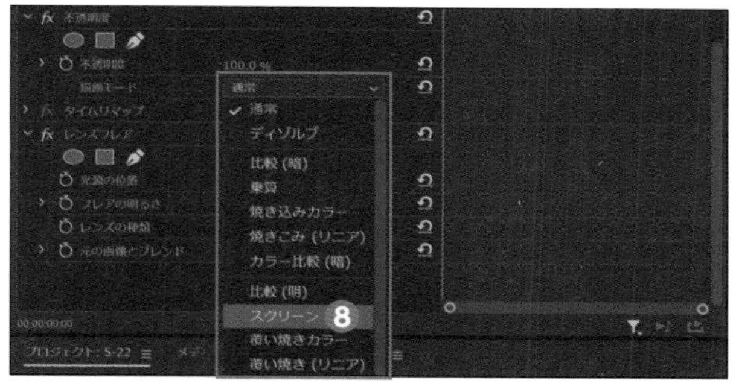

7　スクリーンを選択すると、カラーマットの黒部分が透過されます。結果、レンズフレアのみがV1トラックの映像にのった状態が表示されます❾。

Check!

☞ エフェクトはいろいろなものに適用できる

レンズフレアに限らず、エフェクトは「カラーマット」だけでなく、他にも以下のようなものに適用できます。

- クリップ
- 調整レイヤー
- ブラックビデオ
- テキストレイヤー(テロップ)
- 長方形や楕円シェイプ

テキストレイヤーにレンズフレアを適用した場合

例えば、調整レイヤーにレンズフレアを適用すると、描画モードの変更は不要です。しかし、調整レイヤーはそれより下の映像すべてに影響が出るので、レンズフレアにカラコレやブラーをかけられません（P211で解説している「レンズフレアを馴染ませる」は不可能になる）。

レンズフレアを動かす

1 このクリップは、パンしたあとに太陽が見えるので、太陽が出ているところからレンズフレアの動きをつけていきます。End を押したあとに1フレーム戻して(←)、再生ヘッドをクリップのお尻に移動します❶。

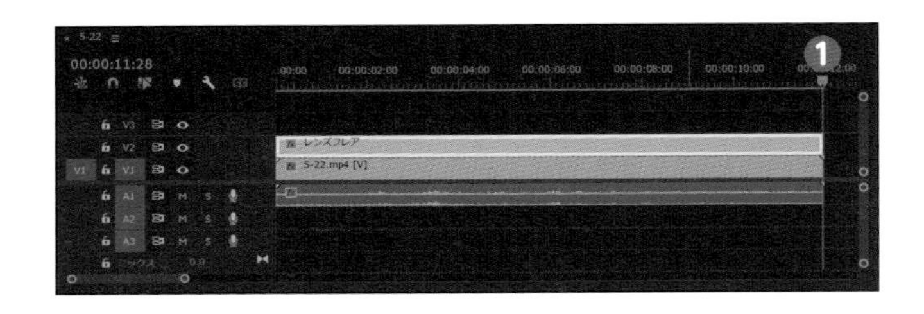

2 エフェクトコントロールパネルの「レンズフレア」、または「光源の位置」をクリックすると❷、プログラムモニター上に光源の位置を示すマークが表示されます❸。光源の位置が太陽の中央から少しずれているので調整します。

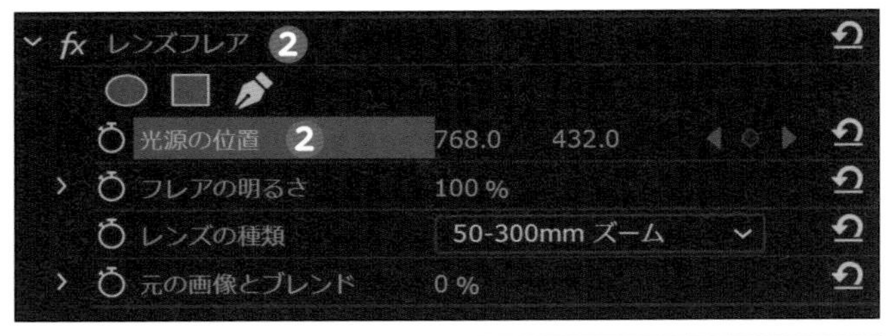

3 「光源の位置」のストップウォッチマークをクリックして❹、キーフレームを有効化します。光源の位置を「705.0 ／ 377.0」にすると❺、お尻に自動でキーフレームが打たれます❻。光源の位置が太陽の真ん中ではありませんが、映像に合わせてレンズフレアを水平移動するため、上下に動かさなくていい高さにしています。**数値入力時に、プログラムモニターの光源の位置を示すマークが一時的に見えなくなりますが、上記❷を再選択すれば表示されます。**

4 Home を押して、再生ヘッドを頭に移動します❼。続けて、映像の太陽に合わせて、光源の位置を画面の外に移動します。ここでは「-600.0 ／ 377.0」とします❽。クリップの頭に自動でキーフレームが打たれます❾。モニターでは、移動の軌跡を示す青い線でレンズフレアが水平に動いているのが確認できます❿。

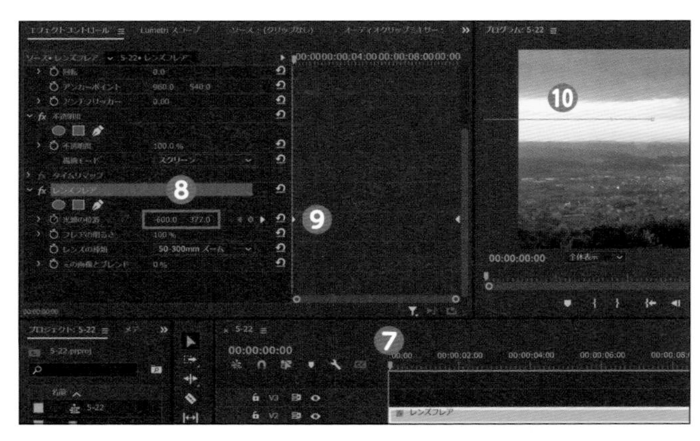

5 モニターで光源の位置を確認しながら、太陽の位置にレンズフレアを合わせていきます。まずは、パンが終わり太陽の位置がある程度固定する箇所にキーフレームを追加します。**あまりに細かくキーフレームを打ちすぎると、レンズフレアが小刻みに動いてぎこちなくなってしまいます。**ここではTC［00:00:08:10］に移動して⑪、光源の位置を「705.0 ／ 377.0」にします⑫。

6 追加で何か所かキーフレームを打ちます。ここでは、下記のように設定します。数値は参考例です。モニターで確認しつつ、手動で合わせてください。

⑬TC［00:00:02:22］で「-600.0 ／ 377.0」(カメラがパンしはじめてすぐのあたり／頭のキーフレームをコピペ可)
⑭TC［00:00:05:29］で「0.0 ／ 377.0」(太陽が見えはじめたあたり)
⑮TC［00:00:07:03］で「410.0 ／ 377.0」(キーフレーム間の動きを調整するために追加)

レンズフレアを映像に馴染ませる

1 レンズフレアがクッキリしすぎているので、レンズフレアを映像に馴染ませます。今回は「レンズの種類」を「105mm」❶、「元の画像とブレンド」を「65%」に変更します❷。

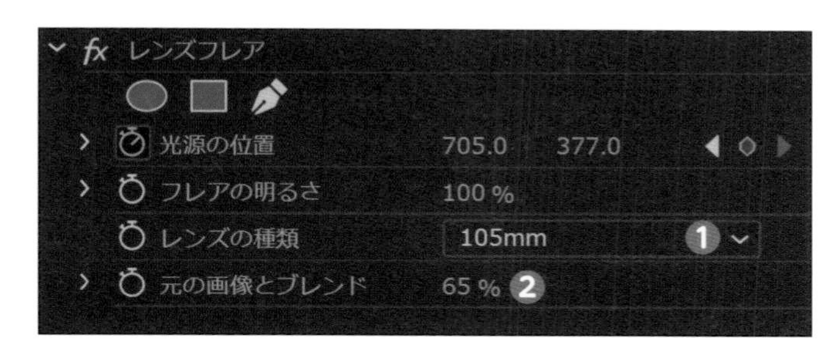

2 最後にブラーをかけます。エフェクトパネルで「ブラー」と検索し❸、「ブラー(ガウス)」をカラーマットにドラッグして適用して❹、「ブラー」の数値を「20」にします❺。これで完成です。動きが重い場合は、レンダリングしてください。

マルチカメラ撮影でクオリティアップ

マルチカメラ撮影とは、同じシーンを複数のカメラで撮影することです。別角度の映像を使い分けることで、多彩なカメラワークが可能になります。

マルチカメラ撮影＆編集のメリット

マルチカメラ撮影ができると、同じシーンでもアングルやサイズを変えることで、映像にメリハリが出るので、作品のクオリティがグンと上がります。

例えば、カッコいい車や、運動会で一生懸命走る子供の映像があったとして、常にアップだけを見ているより、全身とアップ、どちらの映像もあるほうが見ごたえがあると思いませんか？

もちろん、カメラ1台でもロングで撮ったり、アップで撮ったりということは可能です。しかし、**撮り直しができない状況で、アングルや画面サイズを頻繁に切り替えていると、重要なシーンを取り逃がしてしまうこともありえます**。また、**切り替え途中の映像はほぼ使えません**。音楽ライブなど、一連の流れを止めずに撮影する場合はなおさらです。

複数のカメラで撮影できれば、片方が画面サイズなどを切り替えている最中も、別のカメラ映像を使うことができます。つまり、**映像を切り替えながら編集が行えます**。

マルチカメラ撮影のポイント

別々のアングル、サイズで撮る

マルチカメラ撮影をするときは、**別々のアングルやサイズで撮る**ようにしてください。そのためにはカメラマン同士が、どういう動きをするか事前に確認しておくことも必要です。また、お互いの撮影範囲にカメラマン同士が映りこまないようにする必要があります。

一人でも、三脚を立てたりカメラを固定して撮ることでマルチカメラ撮影は可能です。その場合も、三脚側のカメラの撮影範囲を確認しておくようにしましょう。

どのカメラの音声を使うか決めておく

編集に入る前には、あらかじめ**どのカメラの音声をメインに使うか決めておきましょう。**このカットは1カメの音声、次のカットでは2カメの音声というふうにカットごとに音声が変わってしまうと、音の調整も複雑になります。

基本は、**音声が一番クリアなものを使うこと**です。一般的に、被写体に近いカメラのほうが距離が近い分、音声はクリアになります。また、**カメラの内蔵マイクより外部マイクを使うことで、よりクリアな音声が録れます。**インタビューなどのときはワイヤレスマイクや、ハンドマイクなどを使うのがいいでしょう。

撮影開始時に「音の目印」を入れておく

映画の撮影シーンなどで「カチンコ」と呼ばれるものを使っているのを見たことがないでしょうか。あれには2つの意味があり、撮影素材をプレビューする際に、**視覚的にどのシーンの、どのカットのはじまりかわかるようにする**ためと、カチンと音を出すことで、**複数のカメラで「音の目印(音で同期させるポイント)」をつくる**ためです。

カチンコがなくても、**撮影開始時に「手をたたく」だけでも大丈夫**です。Premiere Proには「音(オーディオ)」を基準にクリップを同期させる機能があります。それを使う意味でも、わかりやすい音を入れておくことをおすすめします。

5-24 マルチカメラ編集の準備 [マルチカメラソースシーケンスの作成]

マルチカメラ編集に入る前に、専用のシーケンスを作成する必要があります。複数素材の同期をとったシーケンスのことを、「マルチカメラソースシーケンス」といいます。

マルチカメラソースシーケンスを作成する

マルチカメラソースシーケンスは、通常のシーケンスとは作成方法が異なります。

1 「5-24.prproj」を開き、プロジェクトパネルに「5-24-1.mp4」と「5-24-2.mp4」の2つ素材があるのを確認します。

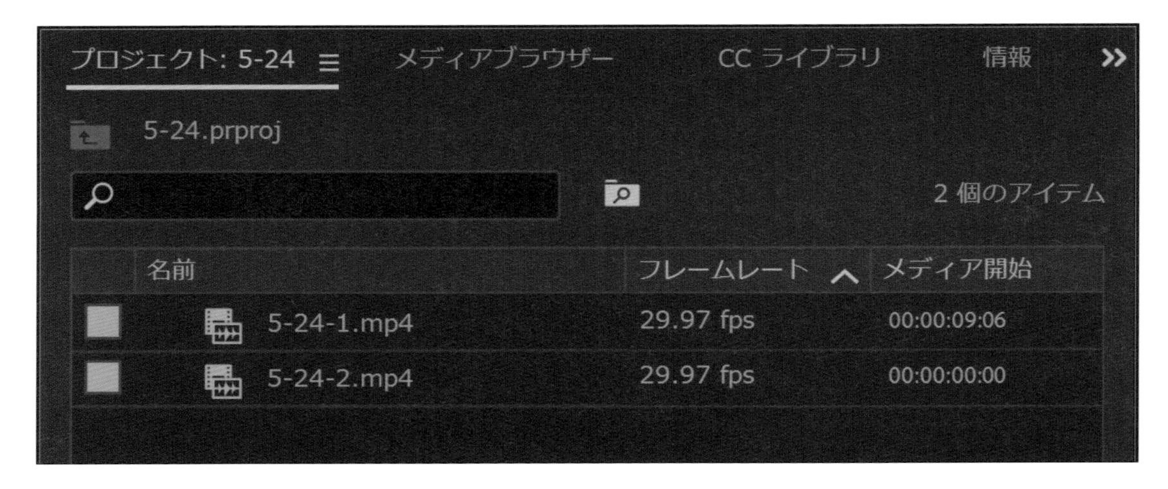

2 「5-24-2.mp4」❶→「5-24-1.mp4」❷という順で Shift を押しながら選択し、右クリック→「マルチカメラソースシーケンスを作成」をクリックします❸。

理由は、このあとの設定で、**最初に選択したクリップのオーディオを使用することになるため**です。今回の2つのクリップの場合、「5-24-2.mp4」のほうが音声がクリアで、尺も長くなっています。

実際にマルチカメラソースシーケンスを作成して確認してみましょう。

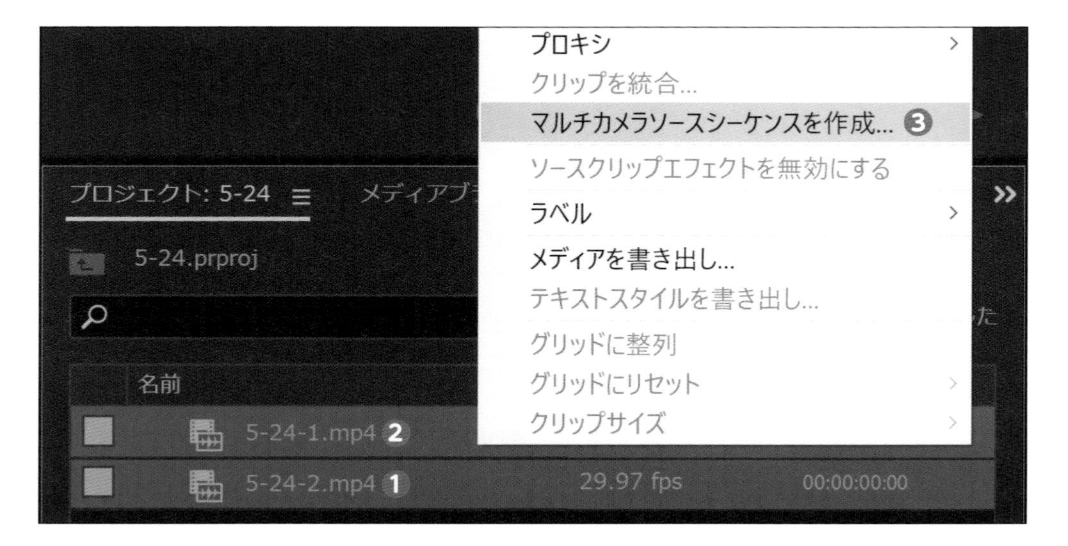

3 別の画面が表示されます。ここでは下記の内容で設定します。

❹❺—名前の欄：カスタムを選択し、名前を「マルチカメラテスト」と入力
❻—同期ポイント：オーディオ　トラックチャンネル1
❼—シーケンスプリセット：自動
❽—ソースクリップを処理済みのクリップビンに移動：オン
❾❿—オーディオ：
　L シーケンス設定：カメラ1（最初に選択したクリップ）
　L オーディオチャンネルプリセット：自動
⓫—カメラ名：クリップ名を使用

同期ポイントをオーディオにすると❻、2つのクリップを音を基準に自動で合わせてくれます。トラックチャンネルは、元素材の、どの音声チャンネルを同期用のポイントとして使うかの設定です。設定が完了したら、「OK」をクリックします。

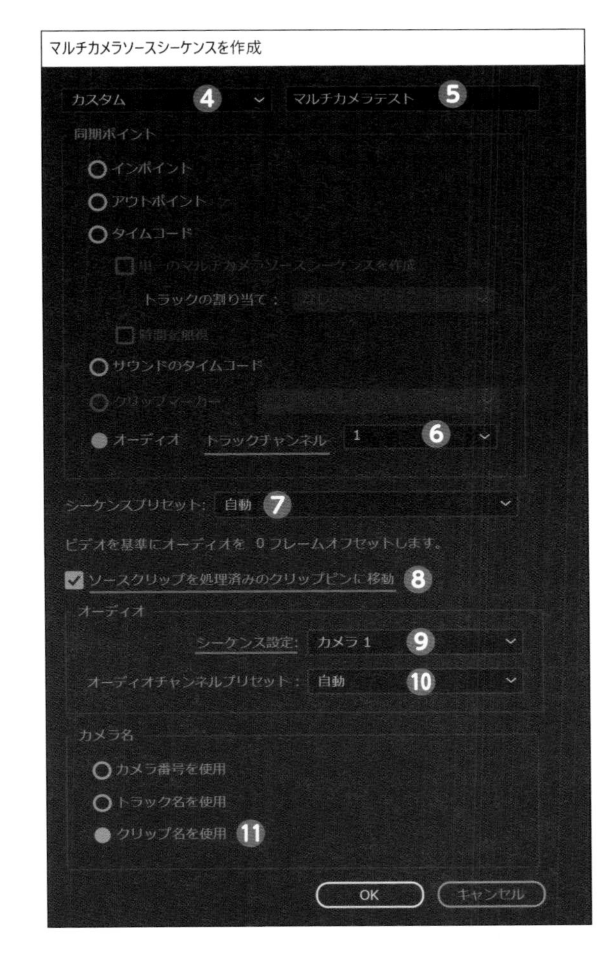

4 プロジェクトパネルにマルチカメラソースシーケンスが作成されます⓬。また、作成に使われたクリップは「処理済みのクリップ」ビンに自動で移動します⓭。これは、先ほどの設定で、「ソースクリップを処理済みのクリップビンに移動」にチェックを入れていたためです。

最初に選択したクリップが「カメラ1」扱いになる

手順2で選択する順番について触れたのは、あとでよけいな手間を増やさないためです。
上記❾を「カメラ1」にすると、最初に選択したクリップのオーディオが有効化され、残りはミュートになります。オーディオのシーケンス設定の選択肢は下記の3つしかありません。あとからでもオーディオは切り替え可能ですが、どの音声を使うか決まっている場合は、使いたいオーディオのクリップを最初に選択しましょう。

■ オーディオのシーケンス設定
- **カメラ1**：カメラ1（最初に選択したクリップ）のオーディオがアクティブに。他はミュートになる
- **すべてのカメラ**：すべてのクリップの音声を使用
- **オーディオを切り替え**：マルチカメラ編集で映像を切り替えると、音声もクリップごとに切り替わる。事前にプログラムモニターの設定画面（スパナアイコン）で「マルチカメラのオーディオを使用」を選択しておく必要がある

マルチカメラソースシーケンスの中身を整える

マルチカメラ編集に入る前に、シーケンスの中身を整えておきましょう。

1 先ほど作成したマルチカメラソースシーケンス(ここではマルチカメラテスト)を右クリックし❶、「タイムラインで開く」を選択します❷。

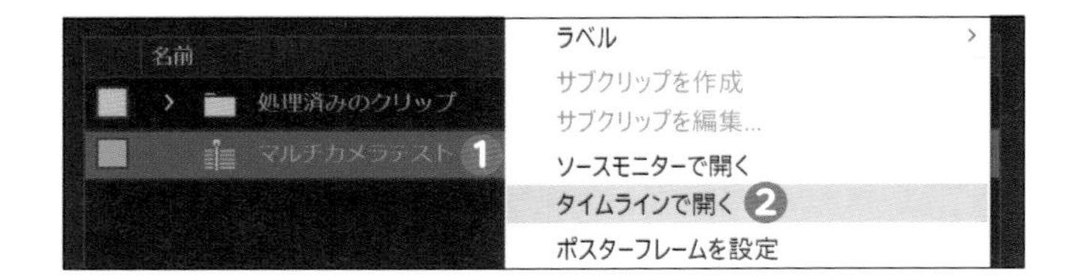

2 マルチカメラソースシーケンスがタイムラインパネルに表示されます。選択したクリップが、まとめて配置されているのが確認できます❸。このときV1／V2のターゲットトラックがオフになっているのは❹、前ページの設定で、「カメラ1」を選択しているためです。**マルチカメラで切り替えを行うトラックはオフになります**。また、A2トラックがミュートされています❺。これも前ページで解説した通りです。

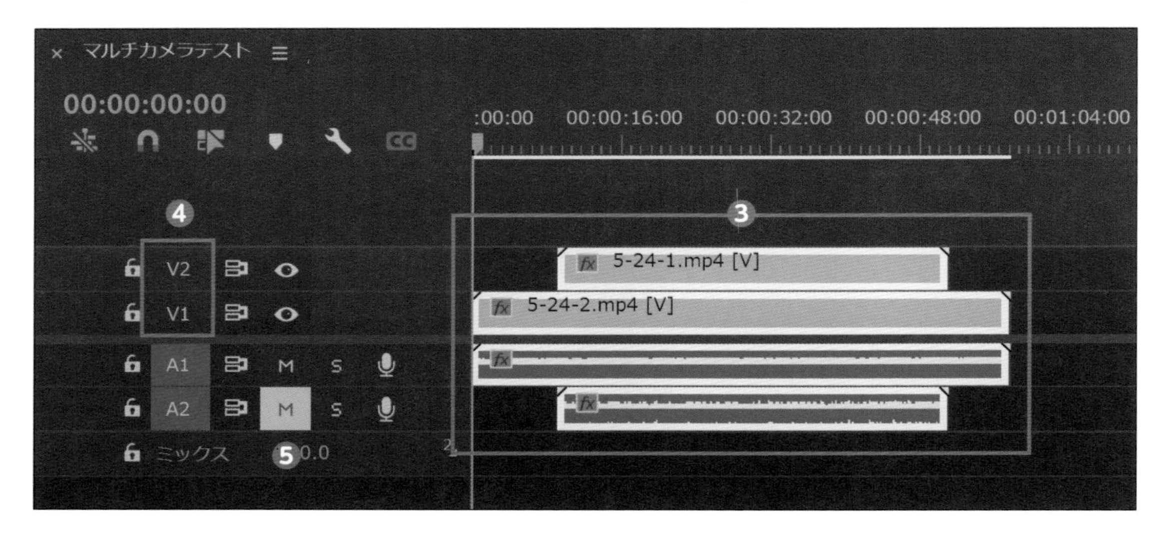

3 ちなみに、**V1／V2トラックのクリップが積み重なっている箇所が映像をスイッチング(切り替え)可能な箇所です**❻。今回はTC［00:00:49:15］以降は使わないので削除します。再生ヘッドを、TC［00:00:49:15］に合わせてイン点(I)を打ちます❼。

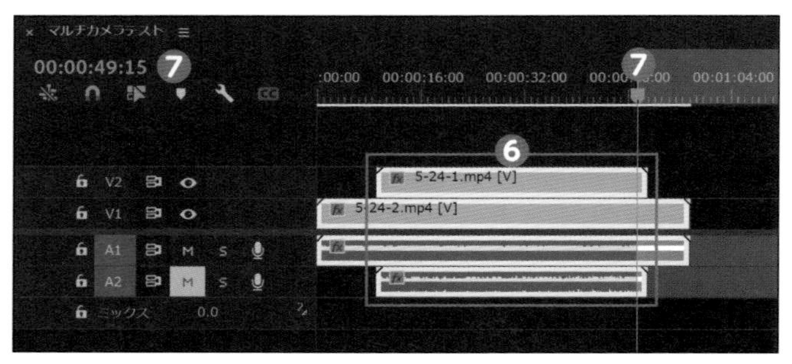

4 続けてEndを押して、お尻に移動し、アウト点(O)❽を打ち、プログラムモニターの「抽出」ボタンを押すか、; (:)を押してインアウト間を抽出します。

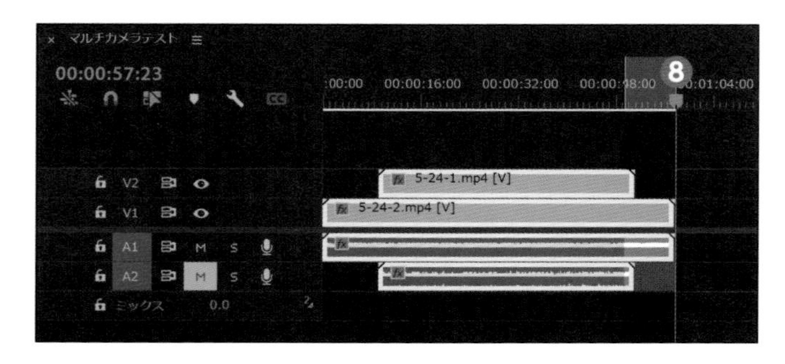

5 不要部分を削除できました❾。これでマルチソースシーケンスが整ったので、タイムラインの左上の「×」を押して、閉じます❿。

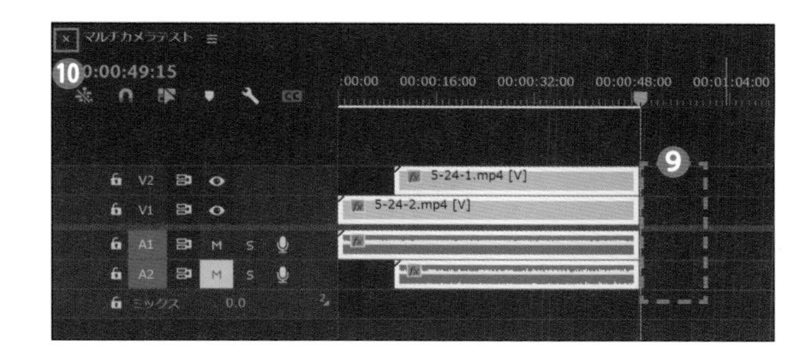

6 続いて、プロジェクトパネルのマルチカメラソースシーケンスを、何も開かれていないタイムラインパネルにドラッグします⓫。

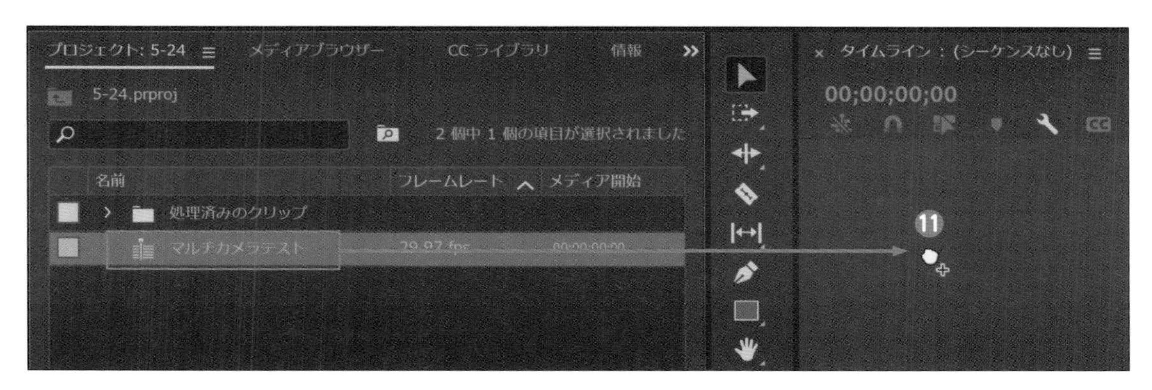

7 マルチカメラ用のシーケンスが作成され、タイムラインに表示されます⓬。プロジェクトパネルで確認すると、マルチカメラソースシーケンスと同じ名前で、通常のシーケンスが作成されています(アイコンで判別可)⓭。

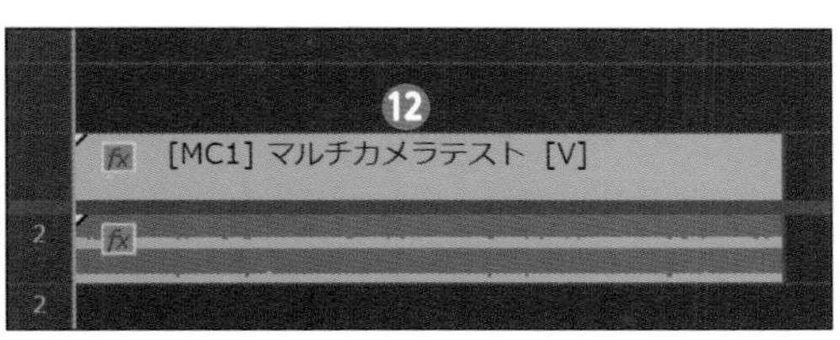

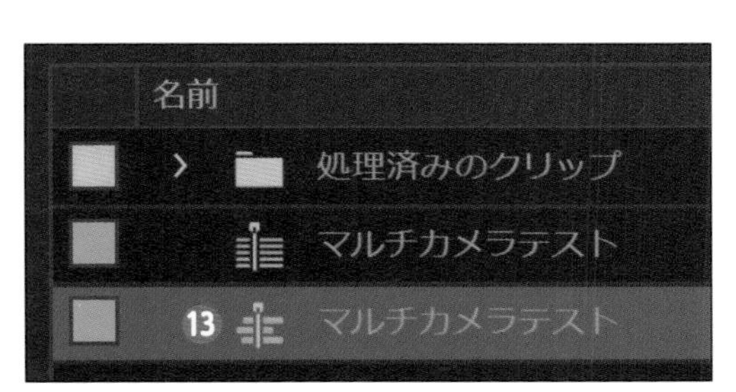

Check!

マルチカメラ編集時のカラコレのタイミング

マルチカメラ編集の場合、編集前のシーケンスの中身を整える時点でカラコレをしておくほうが、少ない手数で済むのでおすすめです。マルチカメラ編集後にカラコレを行うと、カットごとにクリップを選択してカラコレすることになります。

5-25 マルチカメラ編集をしてみる

マルチカメラ編集は、通常の編集と方法が異なります。再生しながら、映像をスイッチングして（映像を切り替えて）カット割りを行います。

マルチカメラ表示に切り替える

通常の画面では、プログラムモニターには1つの映像が表示されています。マルチカメラ編集をするときは**モニターを「マルチカメラ」に切り替える**必要があります。

1 5-24のデータをそのまま使用するか、「5-25.prproj」を開きます。プログラムモニターを選択している状態でキーボードの Shift ＋ 0、またはプログラムモニター右下の「スパナアイコン」をクリックします❶。

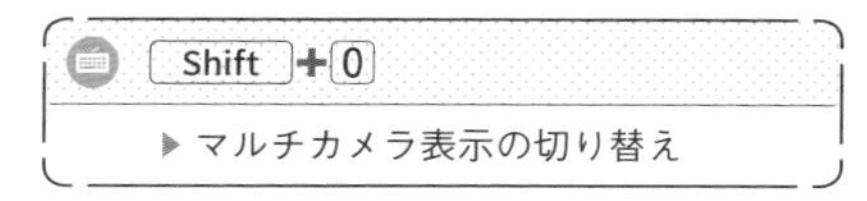

Shift ＋ 0
▶ マルチカメラ表示の切り替え

2 スパナアイコンをクリックした場合は、表示されたメニューの中から「マルチカメラ」を選択します❷。

3 表示がマルチカメラに切り替わります。左側のマルチモニターに「同期した複数の映像」が映り（ここでは2つの映像）、選択している映像に黄色い枠がつきます❸。右側には、選択中の映像が表示されます❹。

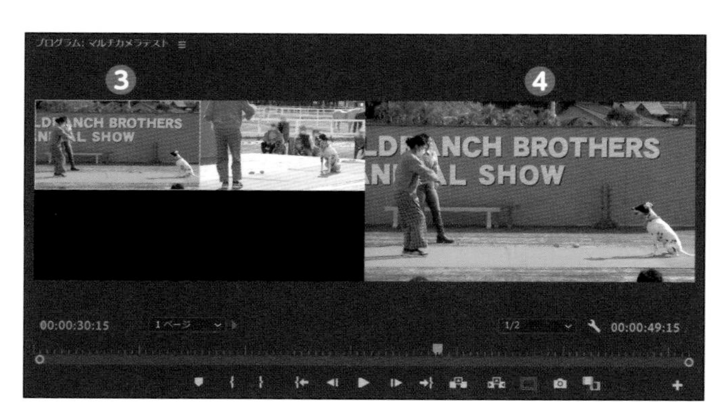

プログラムモニターの幅を広げる

マルチカメラ編集は、プログラムモニターの横幅を広げておくと、画面が見やすくなるのでおすすめです。

マルチカメラ編集をする(映像を切り替える)

マルチカメラ編集では、**再生しながら左側のマルチモニターの映像を切り替えていきます**。ここでは、マルチモニター左の映像を「1カメ」❶、右の映像を「2カメ」❷とします。この動画は、女性が投げた輪っかを、ワンちゃんが首でキャッチする映像なので、投げたところ、ワンちゃんがキャッチしたところがわかるようにカメラを切り替えていきましょう。

1 再生しながら、女性が輪っかを投げたあたりで、マルチモニターの2カメの映像をクリックすると❷、右側の映像も2カメの映像に切り替わります❸。切り替えたら、確認のために一度停止します(ここではTC [00:00:12:06] ❹)。細かい調整はあとから可能です。

2 停止すると、映像を切り替えた箇所がカット(編集点が追加)されます❺。クリップ名の[MC(数字)※MC=マルチカメラ]を見ると、どの映像かわかるようになっています。

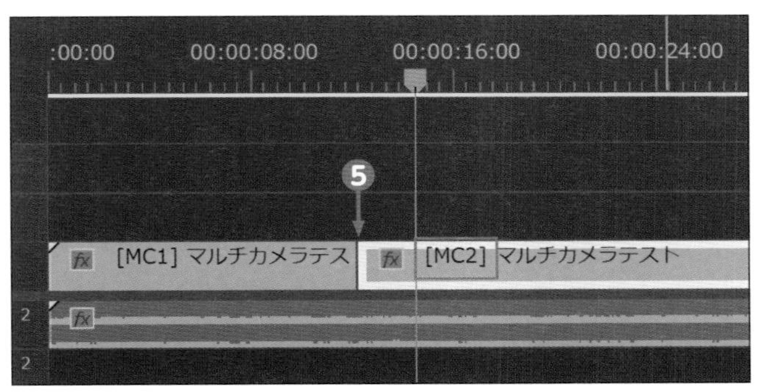

停止状態で切り替えると…

停止状態で切り替えると、選択中のクリップが丸々切り替わります。停止しながら切り替えるのは、一通りカメラを切り替えて、カット割りが済んだあとにしましょう。

3 今度はショートカットで変更してみましょう。再生して、次はTC [00:00:16:08] あたりで❻、キーボードの1を押して1カメに変更します❼。

1〜9 ▶カメラ1〜9を選択

4 残りも一気にやってしまいましょう。ここからは、**ご自身が「ここで切り替わると気持ちいい」と思うタイミングで切り替えてください。**絶対的な正解はありません。1つの基準として、状況がよくわかる映像を選びましょう。最後まで済んだら、Shift＋0で通常画面に戻し、再生して確認します。参考までに、筆者が切り替えたTCとカメラの情報ものせておきます。

❽しばらく1カメ／❾12:06から2カメ／❿16:08から1カメ／⓫22:07から2カメ／⓬26:25から1カメ／⓭31:03から2カメ

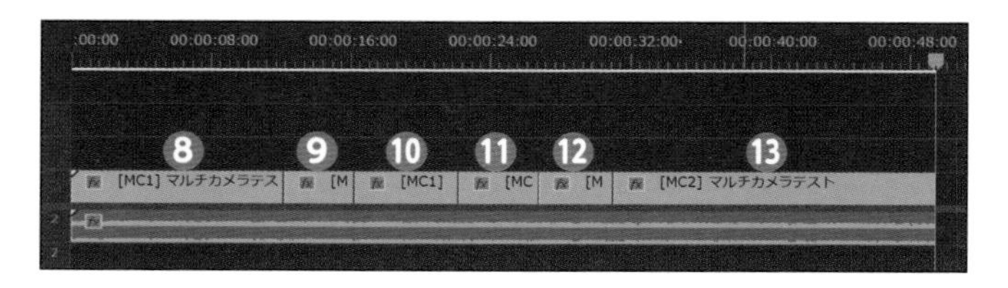

切り替えたクリップを修正する

修正方法は大きく分けて3つあります。

カットしたクリップの映像を切り替える

停止状態で、切り替えたいクリップを選択して、マルチモニターから別のカメラを選択します。このとき、**再生ヘッドが選択したクリップにないと切り替えができないので注意してください**（ショートカットなら可能）。

再生しながら、上書きする

もう一度再生しながら、カメラを切り替えると上書きされます。

編集点を調整する

編集点（カット位置）の調整には、ローリングツールを使います。キーボードのNや、ツールパネルでも切り替えできますが、もっと便利な方法があります。**編集点にカーソルを移動し、Ctrl（command）を押すと一時的にローリングツールに切り替え**できます。その状態で調整したい編集点を左右にドラッグするだけです。

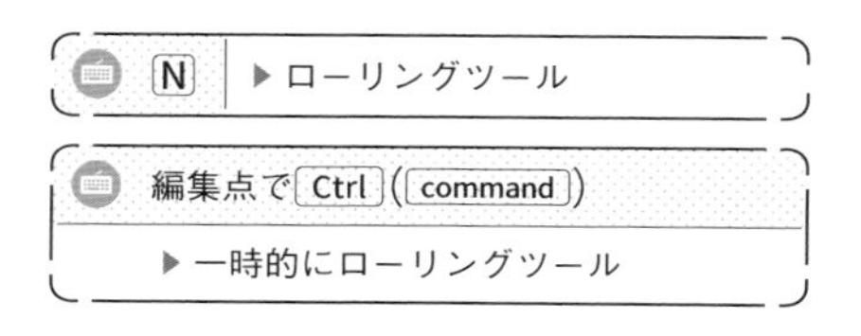

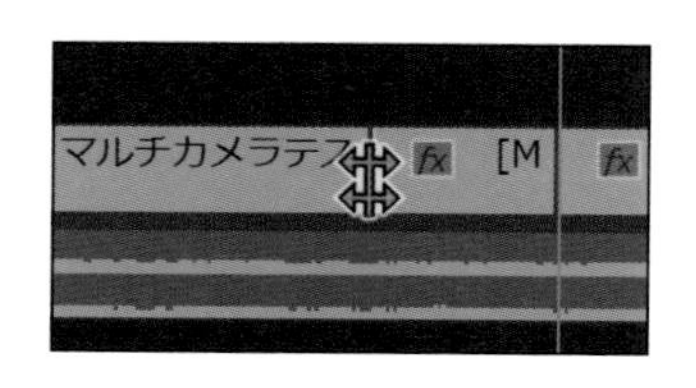

Check!

どこで切り替えるのが正解？

ゆったりとした切り替えのほうがいいのか、テンポよく切り替えるほうがいいのか、クリップの内容やテーマによっても異なります。例えば、歌っているシーンを2カメで撮影した場合、おそらくサビの部分でアップにしますよね。同様に、インタビューであれば大事なことを話すシーンでアップにすると思います。

ある程度カット割りは決まってくるとしても、切り替えのタイミングはあなた自身が「気持ちいい」と感じるタイミング（自分の感情が動くとき）が正解だと思います。

テクニック 編

Chapter 6

プロ級品質のための音声テクニック

オーディオゲインを調整してみる

「オーディオゲイン」は音量を調整する機能で、クリップ単体、または複数の音量をまとめて上げ下げしたり、一定の音量に均一化することができます。

オーディオゲインの項目は4種類

オーディオゲインには4つの項目があります。「最大ピークをノーマライズ」と「すべてのピークをノーマライズ」は次ページから解説するので、ここでは、「ゲインを指定」と「ゲインの調整」の違いを押さえておきましょう。

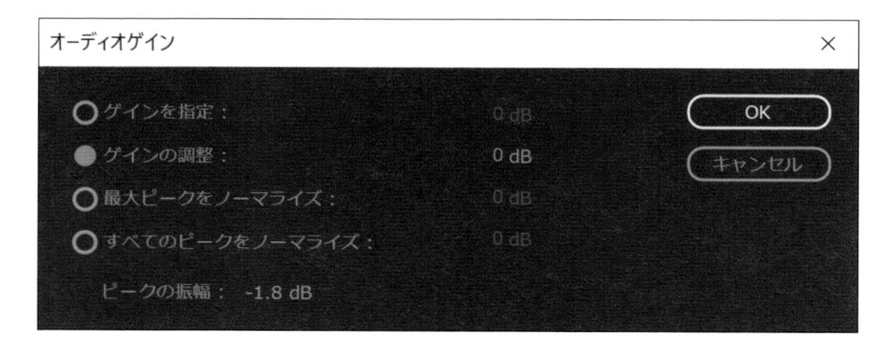

「ゲインを指定」と「ゲインの調整」の違い

- **ゲインを指定**：**クリップの元々の音量に対して「±何dB」変更するか。**「0」と入力すると、クリップの初期値に戻る
- **ゲインの調整**：**クリップの今の音量に対して「±何dB」増減するか。**「0」と入力しても、何も変化しない

2つの違いは、**「元々の音量」を基準にするか、「今の音量」を基準にするかです。**はじめてオーディオゲインを開くと、クリップの元々の音量と今の音量は同じなので、それぞれの数値はともに「0dB」です。この状態なら、どちらに入力しても同じ結果になります。

変わってくるのは2回目以降です。例えば、「ゲインの調整」を「-5dB」と入力すると、「ゲインを指定」の数値も「-5dB」に更新されます。次に開いたときは「ゲインを指定」は「-5dB」のままですが、「ゲインの調整」の数値は「0」になっています。

音量調整は、今の音量に対して行うので、**基本は「ゲインの調整」**を使いますが、次に解説する**ノーマライズを使うほうが簡単に調整できる場合もあります。**

Check!

ピークの振幅とは？

オーディオゲイン画面の一番下にある「ピークの振幅」は、クリップの元々の音量の、一番大きな音の数値を表しています（画像の「-1.8dB」はかなり大きめの音）。あくまで「クリップの元々のピーク値」で、調整しても数値は変わらないので間違えないように注意してください。なお、複数クリップを選択した場合は、音の小さいほうが表示されます。

「最大ピークをノーマライズ」を設定する

「ノーマライズ」とは特定の音量に調整する処理のことです。音量正規化ともいわれます。「最大ピークをノーマライズ」は、音の一番大きな箇所を、入力した値に音量を合わせる機能です。

1 「6-1.prproj」を開きます。まず現時点の最大ピーク数(デシベル)がいくらなのか、確認しておきましょう。タイムラインの横幅を拡大して再生すると、「6-1-1.mp4」の一番音が大きな箇所(最大ピーク)❶が、「-2dB」あたりを示していることがわかります❷。数値を知りたい場合は、**オーディオゲイン画面の「ピークの振幅」で正確な値がわかります(ここでは「-1.8dB」)**。

また、「6-1-2.mp4」❸と「6-1-3.mp4」は最大ピークが「0dB」に振れています❹。確認が済んだら、¥を押してクリップ全体が見えるようにしておきます。

¥ ▶シーケンスに合わせてズーム

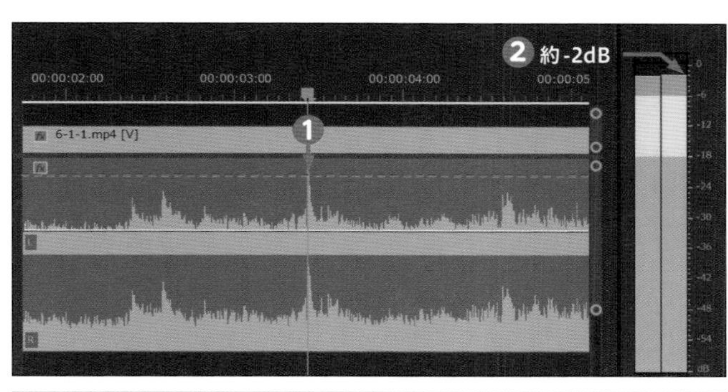

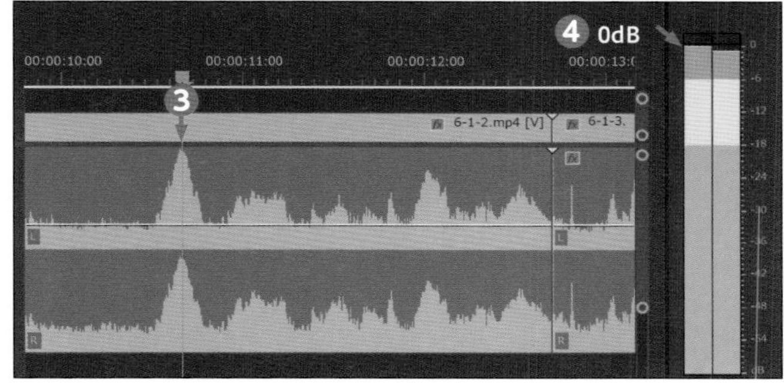

2 すべてのクリップを選択した状態で❺、キーボードのGを押して、オーディオゲインを開きます。「最大ピークをノーマライズ」をクリックし❻、ここでは、数値を「-10dB」にします❼。「OK」を押すと、3クリップまとめて最大ピークがノーマライズされます。

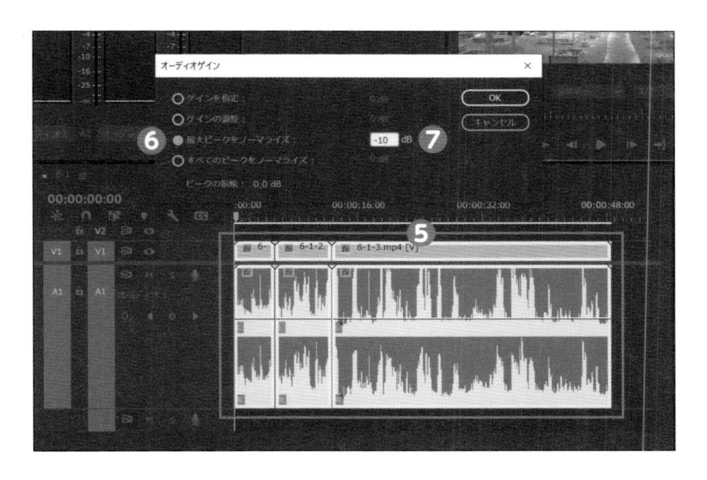

3 クリップの波形が変化しました。「6-1-2.mp4」と「6-1-3.mp4」は複数「0dB」の箇所がありましたが、すべて「-10dB」になりました❽。オーディオメーターで確認すると、ピーク値を示す黄色いラインが「-10dB」を示しているのがわかります❾。

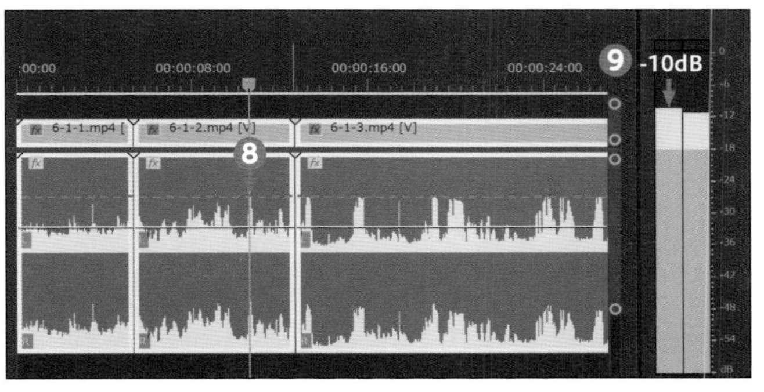

ノーマライズ後のゲインを比較する

「最大ピークをノーマライズ」は、選んだクリップの中で一番音の大きい箇所を、指定した数値に抑えます。そのため、**クリップが単体か複数かで結果が変わる**場合があります。先ほどのデータを使用して比較してみましょう。

1 プロジェクトパネルの「6-1-1.mp4」をタイムラインの後ろに追加し❶、このクリップ単体で、「最大ピークをノーマライズ」を「-10dB」でかけます❷。

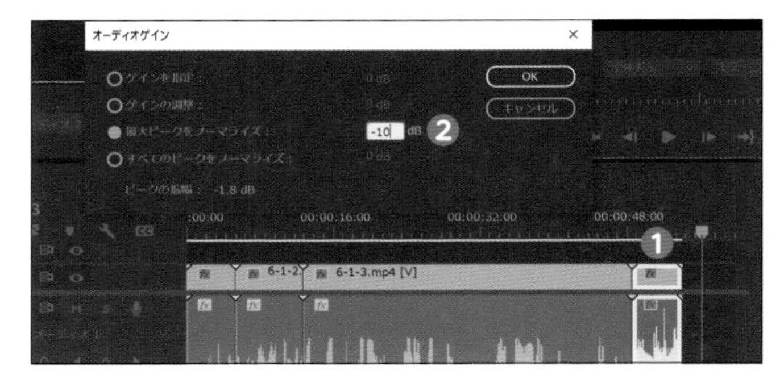

2 再度オーディオゲインを開いて、「ゲインを指定」を見ると、単体でかけたほうは「-8.2dB」なのが確認できます❸。あれ？「-10dB」と指定したのに……と思いますよね。
「ゲインを指定」の数値は「-10dB」にするために「調整した数値」です。これは、「6-1-1.mp4」が元々「-1.8dB」(前ページの❷)で、「最大ピークをノーマライズ」で「-10dB」に抑えたので、その差分である「-8.2dB」ほど下がったためです。

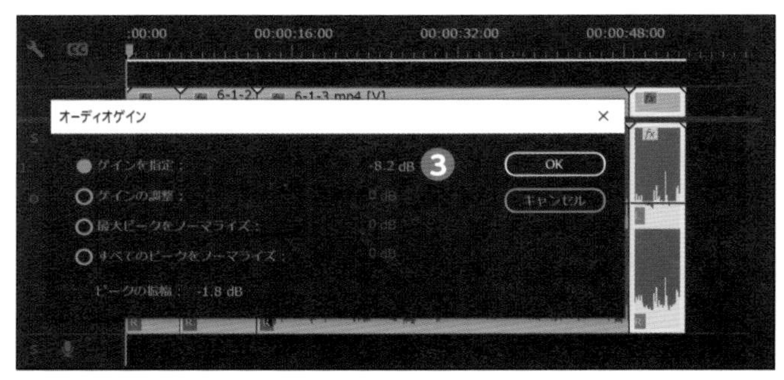

元々の最大ピーク値 **-1.8dB** + **最大ピークをノーマライズ -10dB** = **-10dB** 最大ピーク値

‖

ゲインを指定の値 **-8.2dB**

3 続けて、複数まとめてノーマライズを行ったほうの「6-1-1.mp4」クリップを選択して❹、オーディオゲインを確認すると、「ゲインを指定」の数値が「-10dB」になっています❺。**これは、他のクリップの元々の最大ピーク値が「0dB」で、「最大ピークをノーマライズ」でまとめて「-10dB」まるまる下がったためです。**

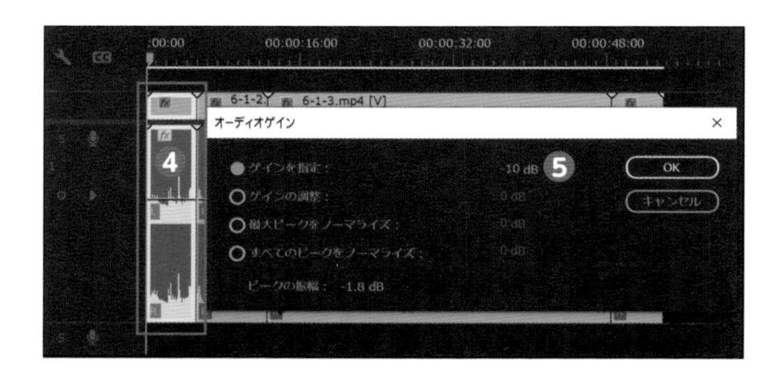

「すべてのピークをノーマライズ」を設定する

「すべてのピークをノーマライズ」は、選択したすべてのクリップのピークを入力した数値に揃えます。先ほどのデータをそのまま使います。

1 すべてのクリップを選択した状態で❶、オーディオゲインを開いて、「すべてのピークをノーマライズ」を選択し、数値を「-10dB」と入力します❷。

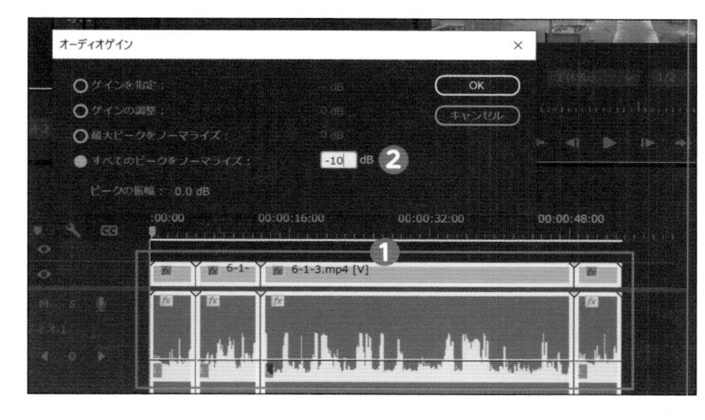

2 頭のクリップ(6-1-1.mp4)だけ、波形が大きくなり、ピーク値が他と揃ったのが確認できます❸。

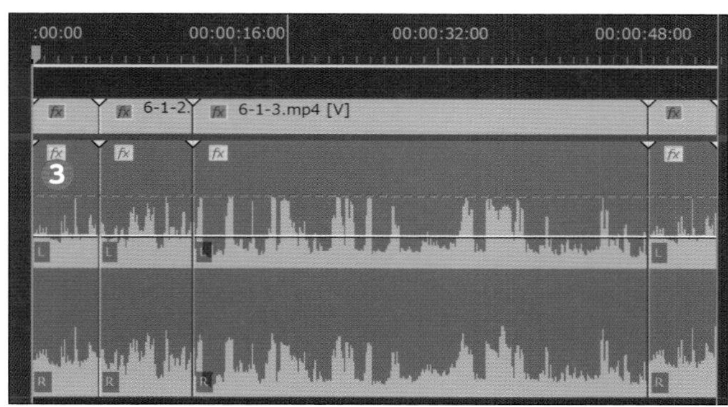

「最大ピーク～」と「すべてのピーク～」の使い分け

「最大ピークをノーマライズ」と「すべてのピークをノーマライズ」の使い分けは、

- 一番高いピーク値を基準に他を合わせたいなら「最大ピークをノーマライズ」
- 全体の音量を均一に揃えたいなら「すべてのピークをノーマライズ」

ということになります。もし、**1つのクリップ内で音量差がすごくある場合は、音が大きい箇所／小さい箇所を分割した状態で「すべてのピークをノーマライズ」することで、均一化することが可能です。**

※音の変化が大きくなるので、オーディオトランジションのコンスタントパワーなどが必要

Check!

同じ「0」でも意味がまったく違うので注意！

オーディオゲインの項目は初期値がすべて「0（ゼロ）」ですが、まったく違う意味を持ちます。

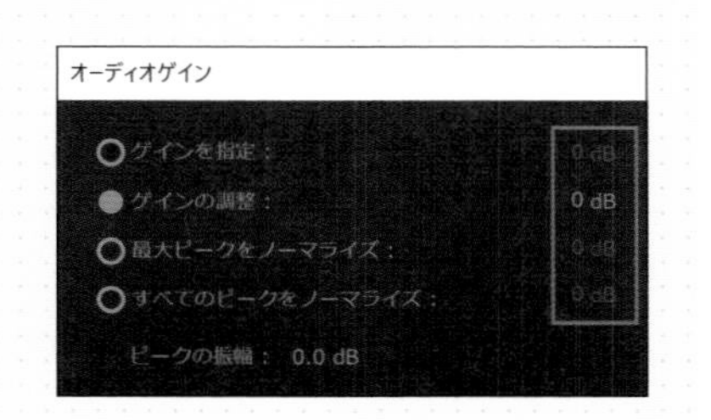

- **ゲインを指定**：元の音量にリセットする意味の「0」
- **ゲインの調整**：変更なしの意味の「0」
- **最大ピークをノーマライズ／すべてのピークをノーマライズ**：ピークを「0dB」にする意味の「0」(大音量)

効果音を入れてみる

効果音は、演出として入れる音です。SE (Sound Effect) とも呼ばれます。追加で入れることによって臨場感が増したり、変化を与えたりすることができます。

効果音を挿入する

ここでは、炭酸水を注ぐ映像を使います。グラスに炭酸水を注ぐ音があまり聞こえないので、炭酸水を注ぐ音を追加してみましょう。

1 「6-2.prproj」を開きます。まず効果音を入れるタイミングを探ります。ここでは、炭酸水を注ぐところから効果音を追加します。炭酸水を注ぎはじめる直前のTC［00:00:07:20］❶で、イン点を打ちます（I）❷。

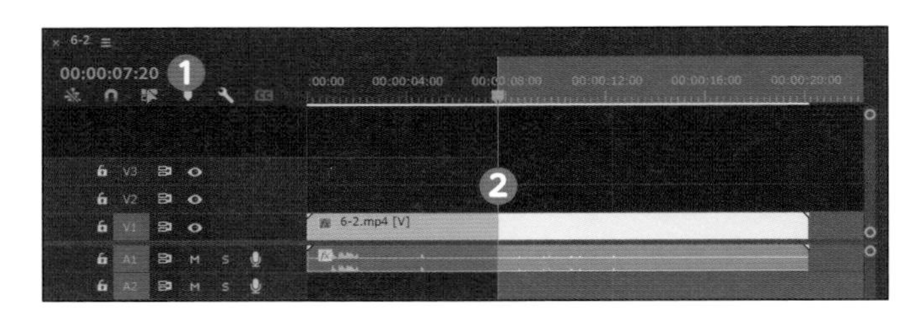

2 End でお尻に移動し、1フレーム戻して（←）、アウト点を打ちます（O）❸。

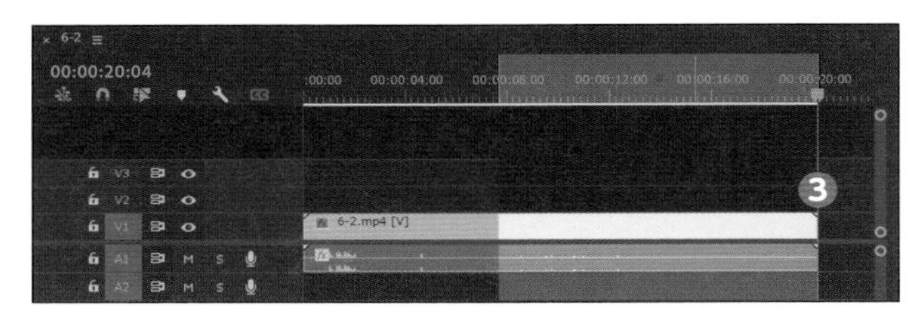

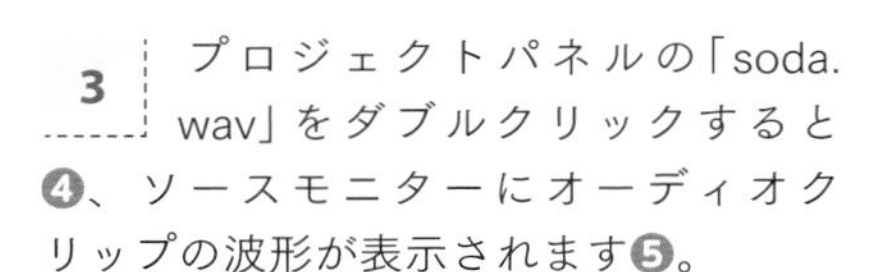

3 プロジェクトパネルの「soda.wav」をダブルクリックすると❹、ソースモニターにオーディオクリップの波形が表示されます❺。

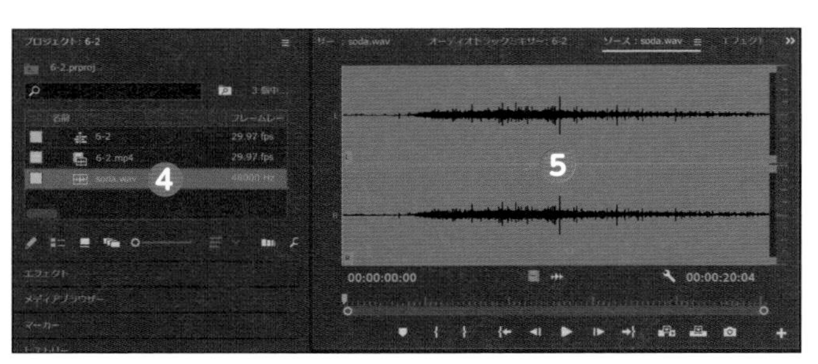

4 ソースモニターの効果音を再生すると、最初から水を注いでいる音がしています。今回は、注ぐ直前でいいのでTC［00:00:03:08］に再生ヘッドを移動して❻、イン点を打ちます（I）❼。

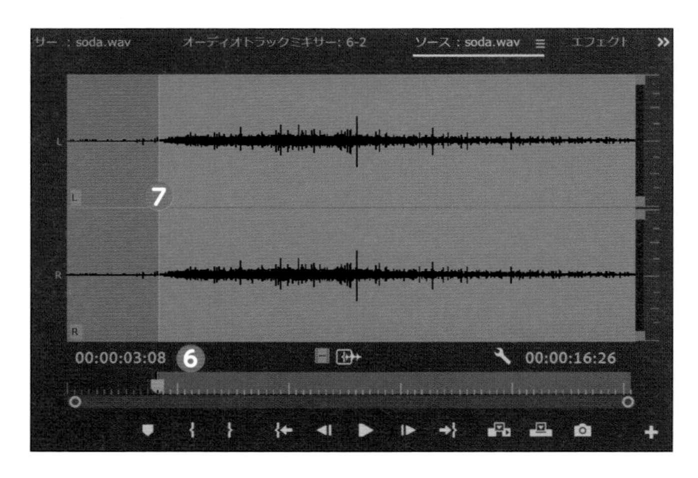

5 ソースモニターの「オーディオのみドラッグ」ボタンを、プログラムモニターの「オーバーレイ」にドラッグします❽。

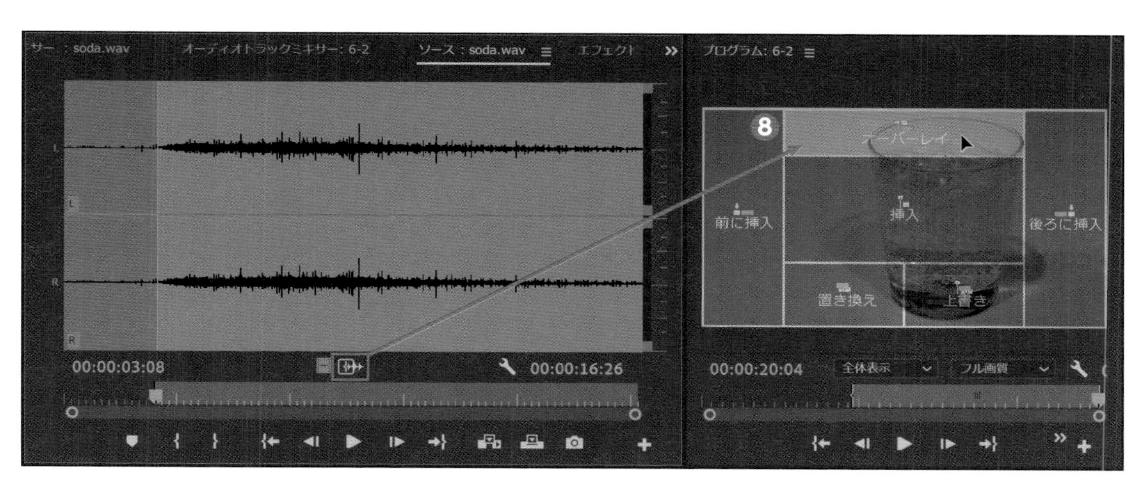

6 タイムラインパネルの**インアウトを打っていた箇所に、オーディオが配置されました❾。同時にインアウトも解除されます。**再生して、効果音のはじまりの部分に違和感がないか、音量が問題ないかなどを確認します。炭酸水の音がハッキリ聞こえるようになり、臨場感が増しました。

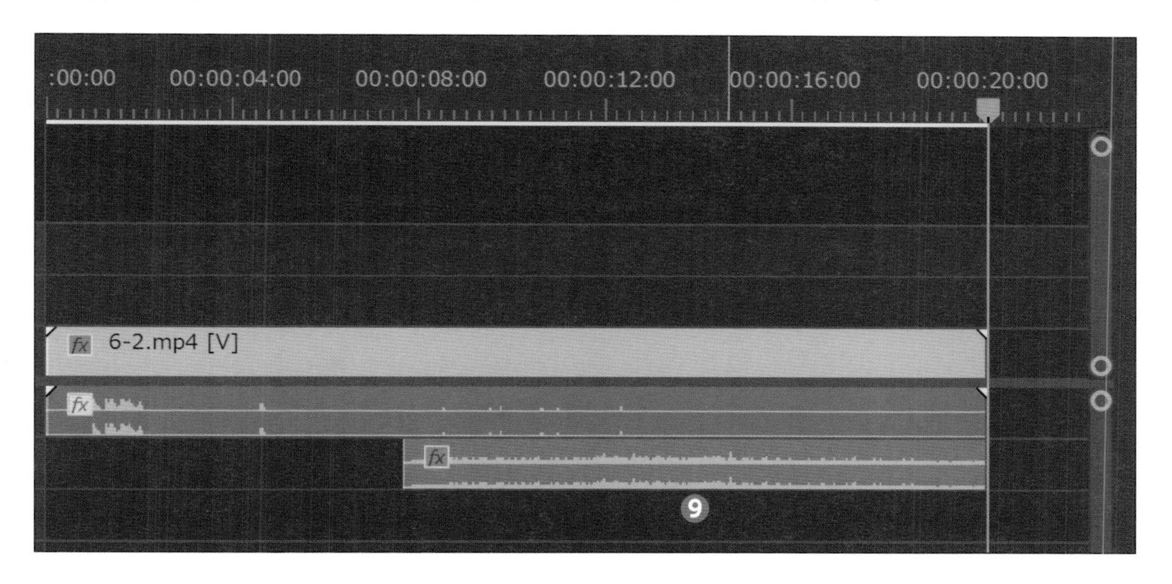

Check!

効果音を入手するには？

■ 自作する

生活音などの身近な音は、ある程度は自作可能です。今回の炭酸水を注ぐ音は、筆者のスマホのアプリで、炭酸水を注ぐ音を録音しました。
余談ですが、ドラマや映画などでも、臨場感を出すために、さまざまな効果音をつけ加えています（フォーリーサウンド）。

■ フリーや有料のものを使う

自作が難しい音は、フリー素材や有料素材の音源を活用しましょう。使い方に制限がある場合もあるので、利用規約をよく確認してください。

ナレーションを録音して入れてみる

映像にナレーションが入ると、音声でも情報を伝えることができます。わかりやすい言葉で短く伝えるとともに、映像と内容をマッチさせることが重要です。

ナレーションを入れる2つの方法

ナレーションを入れる方法は大きく分けて2つです。

- 事前にレコーダーやカメラなどで収録した音声データを読み込む
- PremierePro上で録音する

Premiere Pro上での録音を**「ボイスオーバー録音」**といい、マイクを使用し、直接トラック上に録音します。市販のUSBのマイクなどをつなぐだけで簡単に録音できます。

なお、ナレーションにノイズが入っていたり、声が聞き取りにくかったりすると、内容がよくても視聴者に伝わりません。**できるだけ静かで音が反響しにくい環境で録音しましょう。**

リンクを外して「音声」だけ使う

録音にカメラを使った場合は、映像は不要です。ソースモニターから音声だけをタイムラインにドラッグするか、タイムラインに配置したあとにビデオとオーディオのリンクを解除して音声だけ使いましょう。

1 クリップを選択し❶、キーボードのCtrl＋L、または右クリック→リンク解除❷で、ビデオとオーディオを分離します。くっつけたい場合は、同じようにCtrl＋L、または右クリックで「リンク」します。

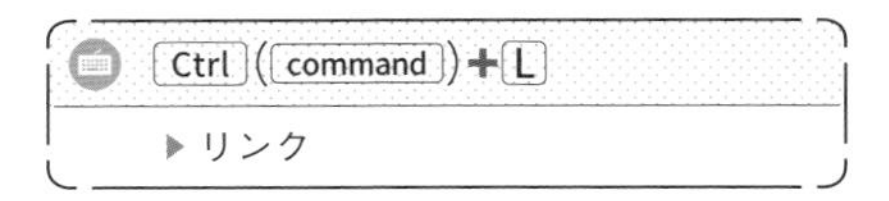

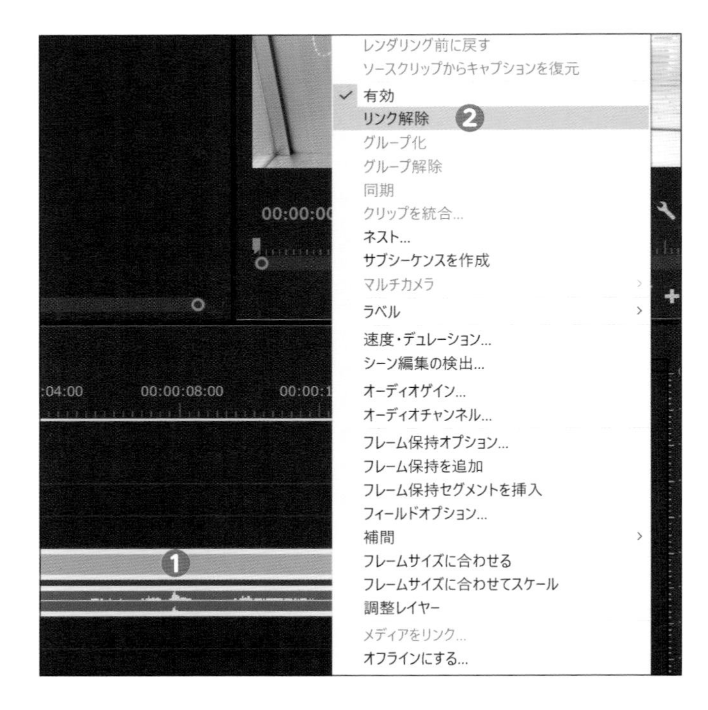

ボイスオーバー録音する

USBマイクなどがPCとつながっていれば、「ボイスオーバー録音」が可能です。

1 メニューバーの編集(Macは「Premier Pro」)→環境設定→「オーディオハードウェア」を選択します。マイクが接続されていれば、デバイスクラス→「デフォルト入力」の欄をクリックするとマイクが表示されるので❶、選択して「OK」を押します。

2 ボイスオーバー録音する前に、PCの音をミュート(無音)にしておきましょう❷。スピーカーがオンのまま録音すると、反響して収録されてしまいます。

3 タイムラインパネルのボイスオーバー録音(マイクのアイコン)が有効になるので❸、録音したいオーディオトラックをクリックします。**オーディオクリップのあるトラックで開始すると上書きしてしまうので注意**してください。

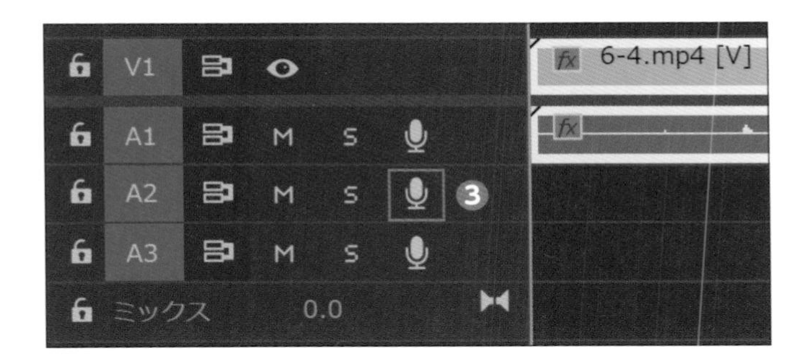

4 プログラムモニターに開始までのカウントが表示され❹、そのあと録音がはじまります。あとはマイクに向かって話すだけです。もう一度タイムラインのマイクアイコンを押すか、Space などで停止すると録音が終了します。

5 終了と同時に、タイムラインとプロジェクトパネルに、録音されたデータが表示されます❺。ファイル名は、録音時に選択したオーディオトラックの番号が自動でつけられるので、わかりやすい名前に書き換えましょう。

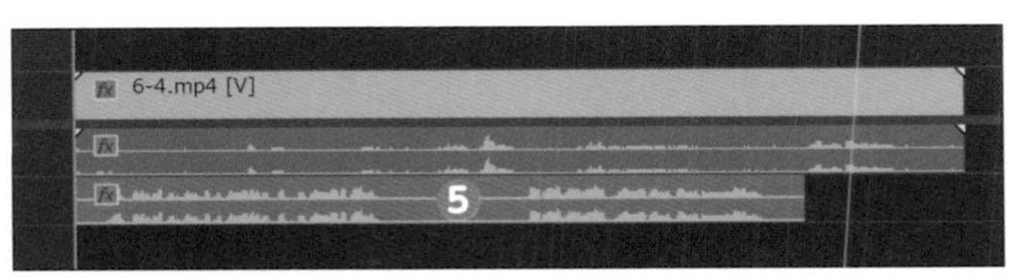

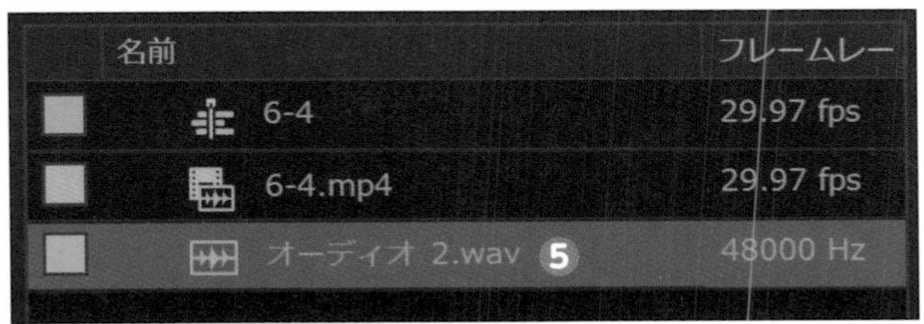

声を聞き取りやすくしてみる［ノイズを軽減］

自宅で録音したナレーションなどは、ノイズがのっていることがほとんどです。ノイズを軽減して声を聞き取りやすくしてみましょう。

ノイズを軽減する

エッセンシャルサウンドのオーディオタイプ「会話」の項目内にある「修復」の機能を使うと、音声を聞き取りやすくできます。ここでは、特によく使う**「ノイズを軽減」**を例に解説します。

1 「6-4.prproj」を開きます。ノイズを確認するために、オーディオトラックの縦幅を拡大します❶。続けて、ナレーションだけを聞くために、A2トラックの「S」ボタンを押して、ソロトラックを有効化します❷。

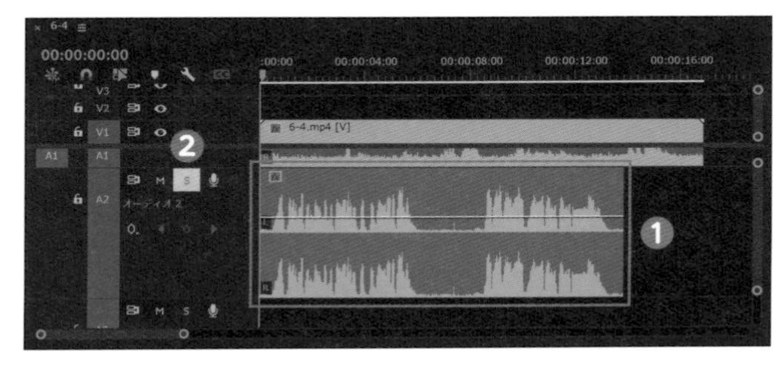

2 波形を見ると、話していない箇所にノイズが入っているのがわかります❸。再生して確認すると、オーディオメーターが動いているのが確認できます❹。PCの音量を大きくしたり、ヘッドホンやイヤホンをつけたりすると、よりわかりやすいです。

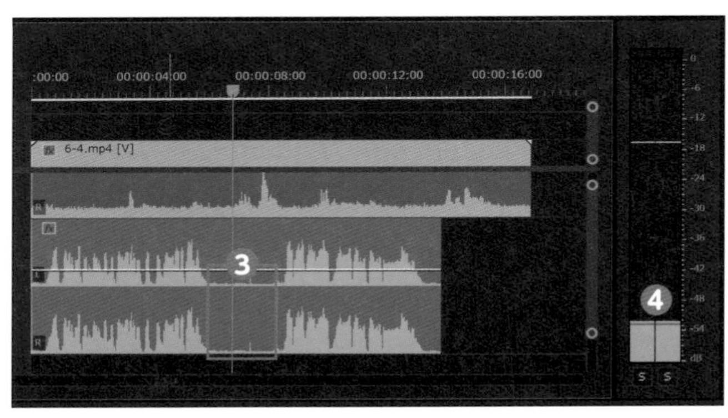

3 A2トラックのオーディオクリップを選択した状態で❺、エッセンシャルサウンドパネルの「会話」をクリックして適用します❻。

4 「修復」を開いて「ノイズを軽減」にチェックを入れると❼、数値が青くなり変更できるようになります❽。ここでは、ノイズの状態がわかりやすいように、ラウドネスの「自動一致」は適用せずに進めます。

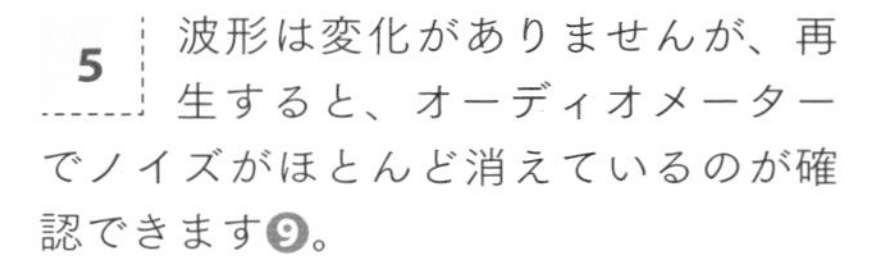

5 波形は変化がありませんが、再生すると、オーディオメーターでノイズがほとんど消えているのが確認できます❾。

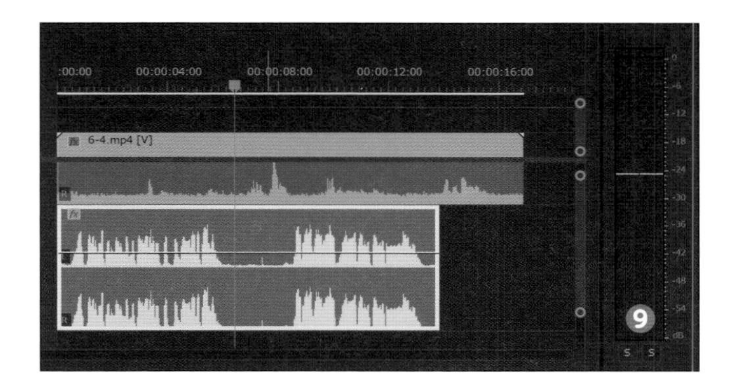

6 ノイズを軽減の初期値は「5.0」ですが、これはけっこう強めにかかっている状態なので、もう少し下げてみましょう。ここでは「4」と入力します❿。ノイズが軽減されていれば、さらに少ない数値でもOKです。

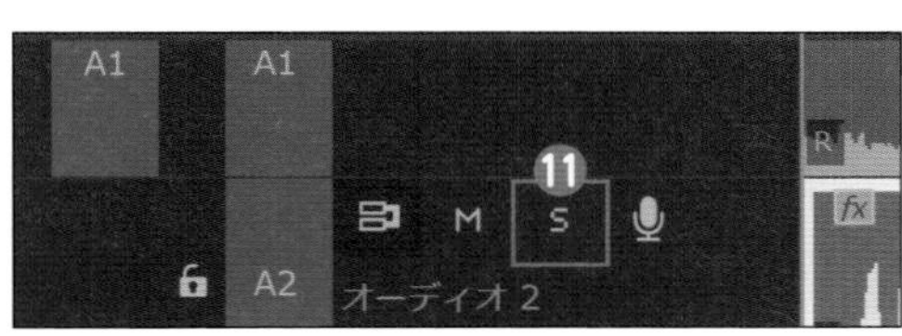

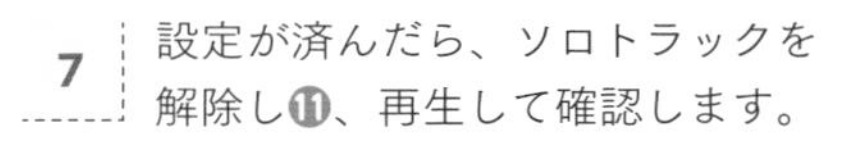

7 設定が済んだら、ソロトラックを解除し⓫、再生して確認します。

Check!

修復のしくみと種類

各項目のチェックを入れることは、それぞれ特定の「エフェクト」を適用したことと同じになります。例えば、「ノイズを軽減」はエフェクトの「クロマノイズ除去」です。エフェクトコントロールパネルを確認すると、適用されたエフェクトが確認できます❶。各エフェクトの「編集」をクリックすると❷、より細かい調整を行うこともできます。

- **ノイズを軽減**：マイクのバックグラウンドノイズ、クリック音などのノイズを軽減。エフェクトは「クロマノイズ除去」
- **雑音を削減**：低周波ノイズを削減。エフェクトは「FFTフィルター」
- **ハムノイズ音を除去**：機械が発する「ブーン」という雑音などを低減する。エフェクトは「DeHummer」

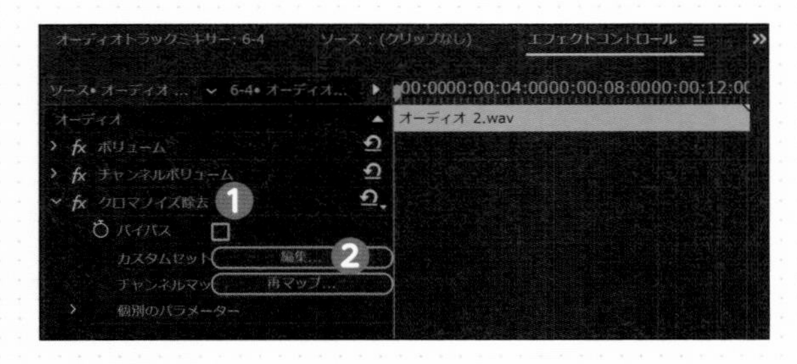

- **歯擦音を除去**：歌っているときの息継ぎの「スゥ」という音や、サ行などの発音時に出る音などを低減する。エフェクトは「DeEsser」
- **リバーブを低減**：反響音を低減する。エフェクトは「リバーブを除去」

6-5 部分的に音を消してみる ［音の上書き］

インタビューなどで使用したい箇所の「直前の不要な会話」や「部分的なノイズ」などの音は、「同一クリップの別の箇所の音」を利用して上書きすることができます。

気になる音の尺を割り出す

ここでは、不要部分をカットし、尺（デュレーション）を確認してから、無音部分をコピペする方法で進めます。ワークスペースは「編集」を使用します。

1 6-4のデータをそのまま使うか、「6-5.prproj」を開きます。女の子が「ヤミー（おいしい）」という直前の機械音を消してみましょう。ビデオの音のみを聞くために、A1のソロトラックボタンをクリックします❶。

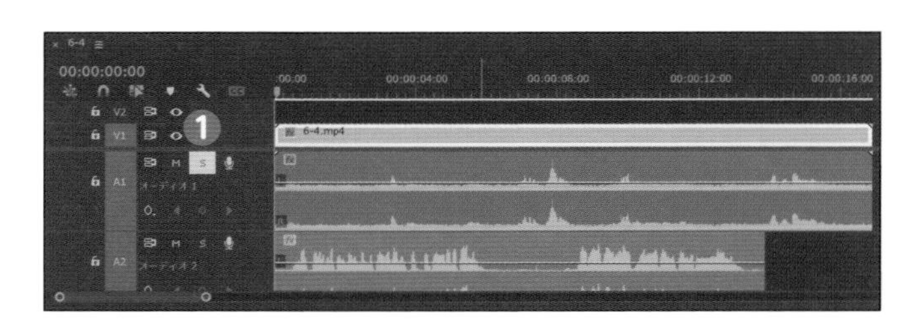

2 波形が見やすい状態にして、機械音がなる手前の「波形が変化していないタイミング」（ここではTC［00:00:06:25］❷）でイン点（I）、波形が落ち着いた箇所（ここではTC［00:00:07:17］❸）でアウト点（O）を打ちます。プログラムモニターの右下を確認すると、インアウト間の尺が「23フレーム」ということがわかります❹。

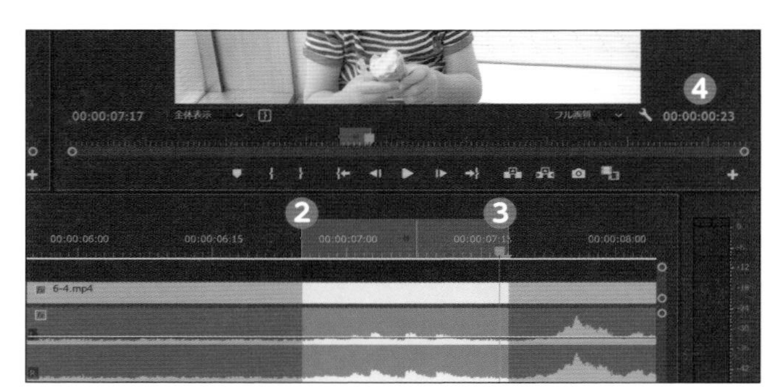

気になる音を上書きする

1 プロジェクトパネルの「6-4.mp4」をダブルクリックして❶、ソースモニターに読み込みます❷。上書きに使う箇所を探ります。ここでは、TC［00:30:41:10］❸でイン点を打ちます（I）。すると、尺が「26フレーム」なのが確認できます❹。

2 ソースモニターの「オーディオのみドラッグ」ボタンを、プログラムモニターの「上書き」にドラッグします❺。

3 タイムラインパネルの**インアウトを打っていた箇所に、オーディオが上書きされました❻**。同時に**インアウトも解除されます**。再生して確認します。問題なければ、A1トラックのソロトラックボタンをクリックして解除します。

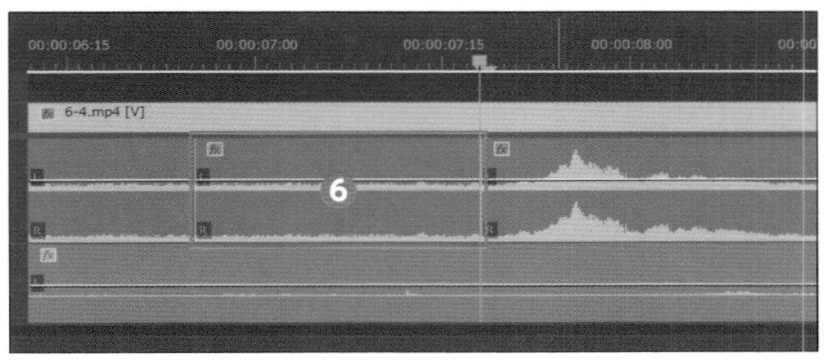

Check!

音調整後は、タイムラインのクリップを利用する

今回は、ソースモニター(素材)から上書きしました。すでにタイムラインのクリップの音調整を行っている場合は、音量なども変わってしまうので、配置しているクリップを分割して利用しましょう。方法は以下の通りです。

❶消したい音の前後にインアウトを打って、尺を割り出す
❷上書きに使う箇所を、同じ尺だけレーザーツールで分割する(Alt (option) +クリックでオーディオのみ分割可)
❸選択ツールで、コピーしたいクリップを、Alt (option)を押しながらドラッグして上書きする
❹切り貼りした箇所の音の変化がわかるときは、数フレームのオーディオトランジション(コンスタントパワー)などを入れる

なお、A2のナレーションにも短い雑音が入っています(TC[00:00:07:11])。上記の方法を参考に、他の箇所からコピペ→上書きしてみてください。先に進みたいかたは次に行きましょう。

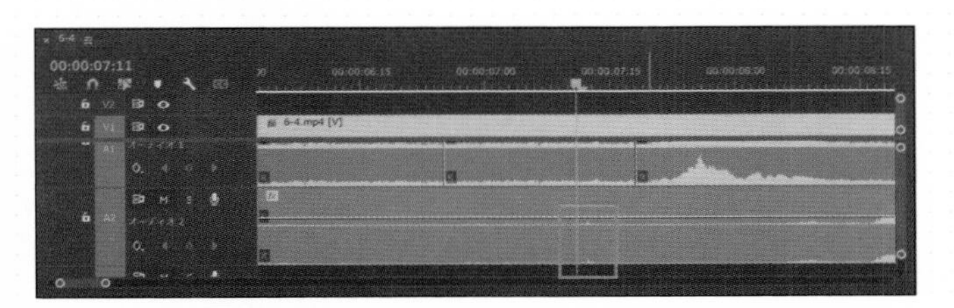

6-6 自動で音を絞ってみる ［ダッキング］

「ダッキング」の機能を使えば、会話やインタビューのコメントなどが流れているときだけ、BGMの音量を自動で下げることが可能です。

Adobe Stockの音楽を配置する

ここではBGMとしてAdobe Stockのサンプル曲を使います。

1 6-5のデータをそのまま使うか、「6-6.prproj」を開きます。エッセンシャルサウンドパネルの参照タブをクリックすると❶、Adobe Stockのサンプル曲が表示され、曲の再生ボタンをクリックすると視聴できます❷。**「タイムラインの同期」にチェックを入れておけば❸、再生ヘッドの位置から映像と音が同時再生されます。**

2 ここでは検索窓に「FUNK GROOVE HORNS CATCHY」と入力して Enter を押します❹。表示された曲を、A3トラックの頭にドラッグします❺。

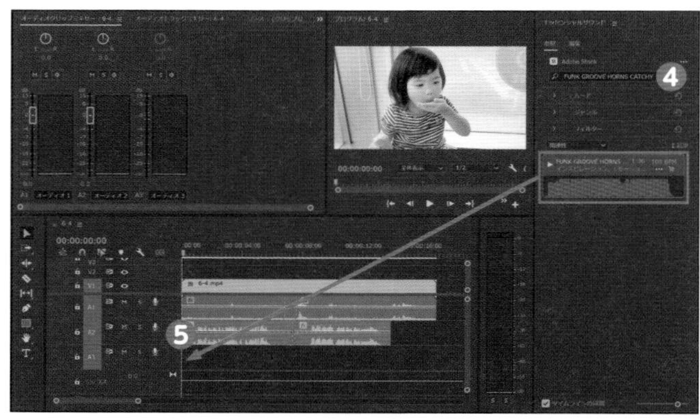

3 再生すると、音楽の音量が大きく❻、ナレーションなどが聞き取りづらいのがわかります。音楽ファイルは基本的に音が大きいので、配置後に調整する必要があります。

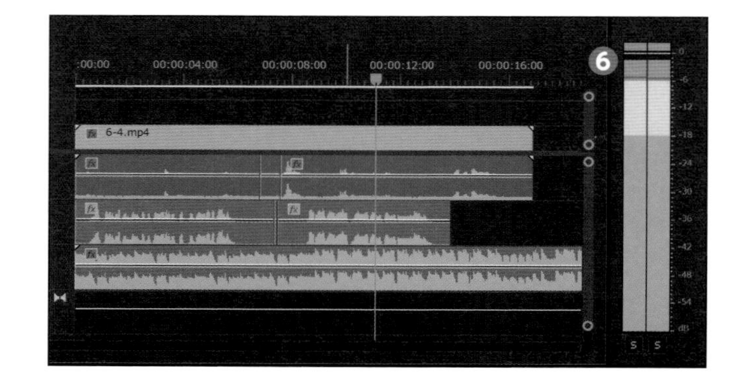

ダッキングを適用して調整する

ナレーションやインタビューがある箇所だけ、BGMの音量を自動調整してくれるのが「ダッキング」です。例えば、オーディオタイプ「会話」を適用したクリップがある箇所だけ、音楽のボリュームを下げることができます。

1 BGMとして配置したオーディオクリップを選択した状態で、エッセンシャルサウンドパネルの編集タブをクリックして❶、オーディオタイプ「ミュージック」を選択します❷。

2 サンプル曲の音が大きいので、「ラウドネス」をクリックし❸、「自動一致」をクリックして適用します❹。

3 さらに下の項目にある「ダッキング」にチェックを入れ❺、下記のように設定します。

※項目が見当たらないときは下にスクロール

❻ダッキングターゲット：会話クリップに対してダッキング
❼ダッキング適用量：-12dB
❽フェード期間：1500ms

最後に「キーフレームを生成」をクリックします❾。

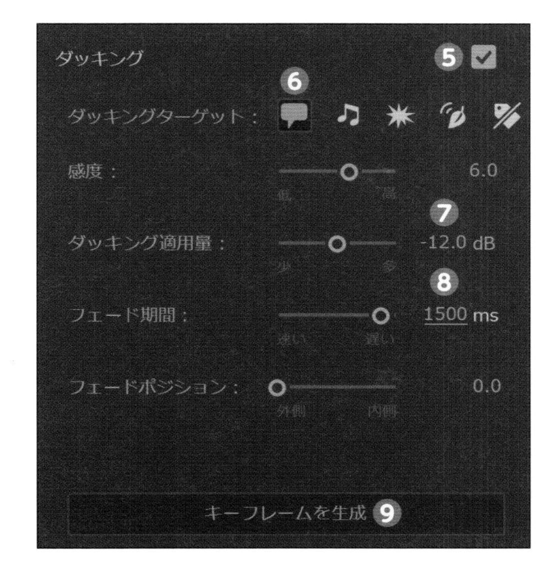

ダッキングのパラメーター

- **ダッキングターゲット**：どのオーディオタイプをダッキングするか。複数選択も可能
- **感度**：ダッキングが適用される「しきい値（境目）」の設定。数値を下げると生成されるキーフレームが増加し、上げるとキーフレーム数が減少する
- **ダッキング適用量**：元の音量から、どのくらい下げるか
- **フェード期間**：ダッキングから元の音量に戻るフェードの時間。初期設定は「800ms（0.8秒）」と、やや短め
- **フェードポジション**：フェードのポジションを調整（数値によってキーフレームの増減もアリ）

4 A3のミュージッククリップのラバーバンドにキーフレームが生成され、**ダッキングターゲット「会話」の部分だけ音声が下がっています⑩**。キーフレームが斜めの箇所は、「フェード」がかかっている箇所です⑪。

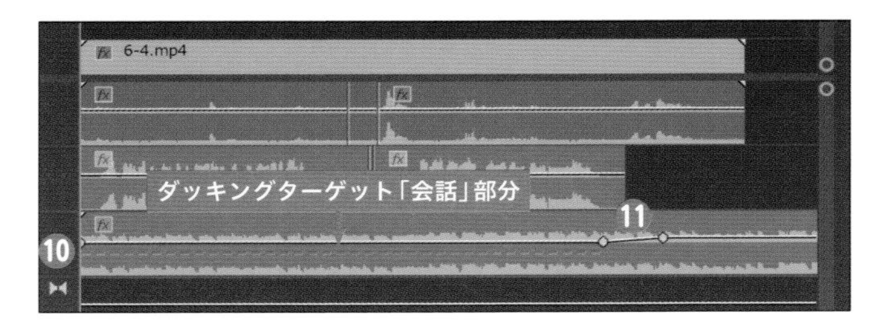

5 再生して確認すると、TC［00:00:14:00］あたりで、女の子が「もう溶ける」⑫と言う前に、元の音量に戻りはじめています⑬。これは、**V1のクリップのオーディオタイプが「未設定」で、ダッキングターゲットに含まれていないためです。**

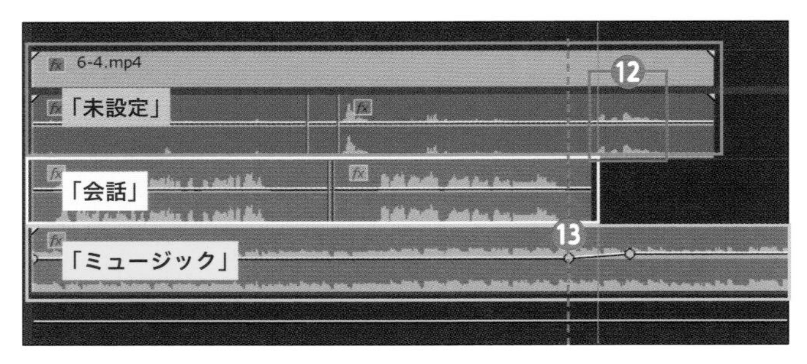

6 「もう溶ける」というフレーズが聞こえにくいので、手動で調整します。Shiftを押しながら、A3のフェード部分の2箇所のキーフレームを選択し⑭、右にShiftを押しながらドラッグします。ここではTC［00:00:14:17］に1つ目のキーフレームがくるように移動します⑮。再生して確認します。
あとはお好みで調整してみてください。6-8で解説する「リミックスツール」を使ったり、音の収まりがいいところで終わるように調整しましょう。サンプルファイル（6-6→03_sample内）では、食べているところの静止画を入れて処理しています。
※著作権の問題があるので、音楽は「FUNK GROOVE HORNS CATCHY」のサンプル曲をあてはめてみてください

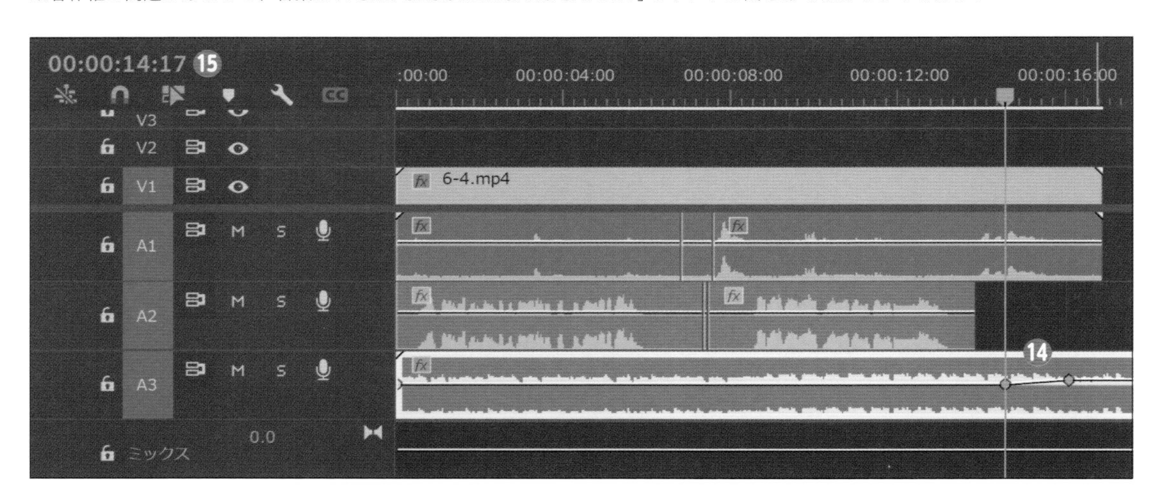

Check!
最終調整は自分の感覚で

ダッキングはキーフレームを自動で生成してくれる非常に便利な機能ですが、ベストな位置でキーフレームが生成されるとは限りません。最終調整はご自身で、「この位置から音量が上がると盛り上がる、気持ちいい」と思う箇所で調整してください。

6-7 手動で音量を調整してみる［ボリュームレベル］

部分的に音が大きいクリップをノーマライズで下げると、大きい音を基準に下げるので、全体の音が小さくなってしまいます。そんなときは手動で調整しましょう。

ゲインとボリュームレベルの違い

タイムラインのクリップは、**ゲインを波形、ボリュームレベルをラバーバンド（白くて細い横線）で確認**できます。ゲインは選択したクリップ全体の音を上げ下げしたりするのに使い（→P222）、ボリュームレベルは主に部分的な調整に使用します（全体の上げ下げも可）。

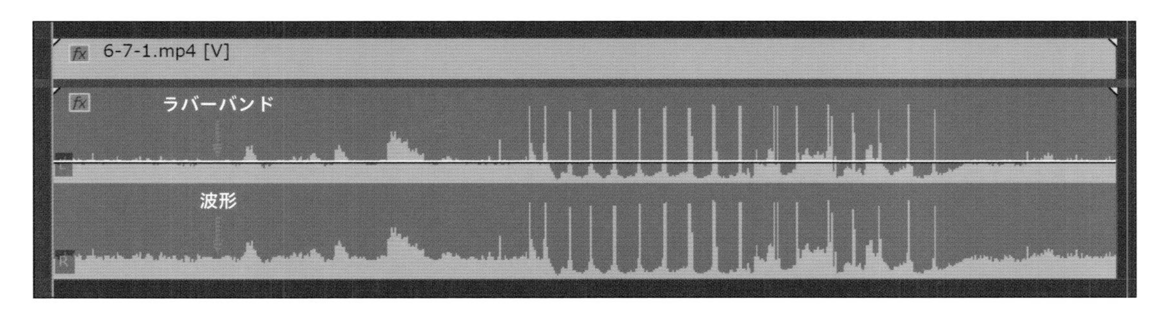

ゲイン

- 複数クリップをまとめて簡単に調整可能
- 指定した基準値に音量を合わせる「ノーマライズ（音の均一化）」が可能
- 波形で確認できる

ボリュームレベル

- 登録した音量でプリセット登録が可能
- 部分的に音を抑えるなどの細かい調整が可能
- タイムライン上でラバーバンドにキーフレームを打つことが可能

ラバーバンドにキーフレームを打つ

カメラが何かにぶつかったときや、拍手などの音は、部分的に音が大きくなります。その部分だけボリュームを抑えてみましょう。ワークスペースは「編集」を使用します。事前準備として、オーディオの波形を見やすくするために、オーディオトラックの縦幅を広げておきます。

1 「6-7.prproj」を開くと、女の子がカメラをたたく映像が配置されています。波形が細い線のように連続で続いているところが、音の大きい箇所です❶。オーディオメーターでも音が大きいのがわかります❷。

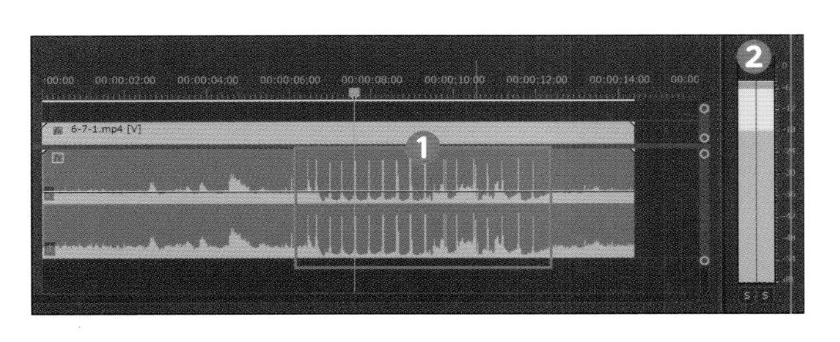

2 適宜、タイムラインの横幅を拡大して波形が見やすい状態にします。音が大きい箇所を「1フレーム」単位で見ると、音の小さい状態から、大きくなるまでが1フレームになっています❸(TC［00:00:06:13］)。

3 できるだけ自然に音量を下げるために「フェード」にしましょう。ここでは、2フレほど手前に再生ヘッドを移動して(TC［00:00:06:11］❹)、ラバーバンドの位置にマウスカーソルを移動し、Ctrl（command）を押しながらクリックします❺。

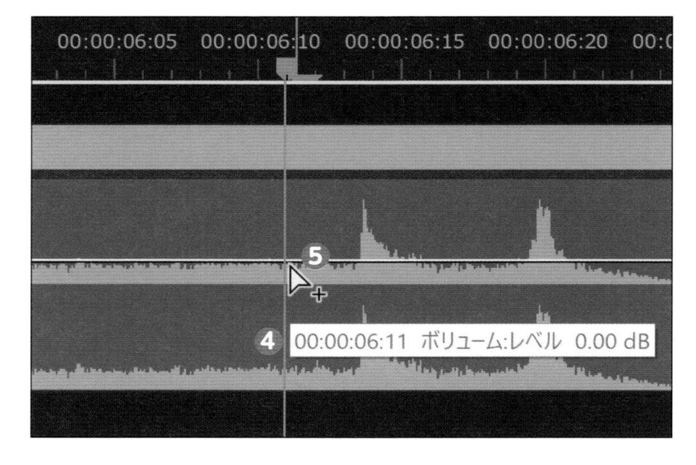

4 ラバーバンドにキーフレームが打たれます❻。さらに10フレームほど手前(TC［00:00:06:01］❼)で、同じようにCtrl（command）を押しながらクリックしてキーフレームを打ちます❽。

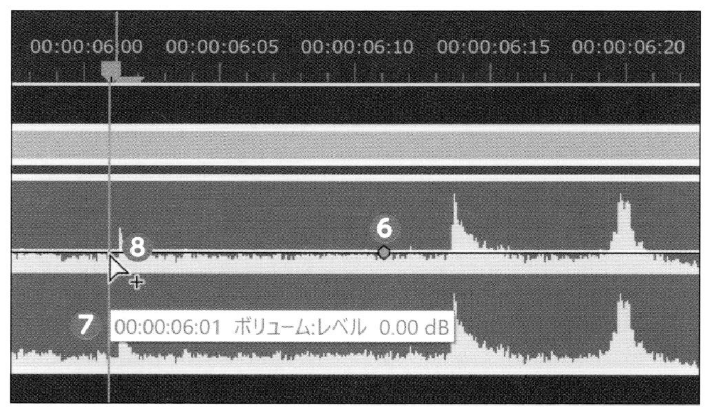

5 同様に、TC［00:00:12:00］❾とTC［00:00:12:10］❿にもキーフレームを追加します。これで部分的に音を抑える準備ができました。

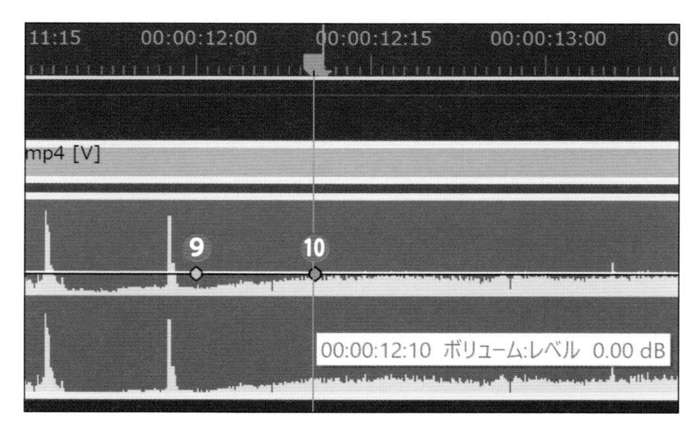

6 キーボードの ¥ を押して、シーケンス全体を表示します。4つキーフレームがあることを確認します⓫。

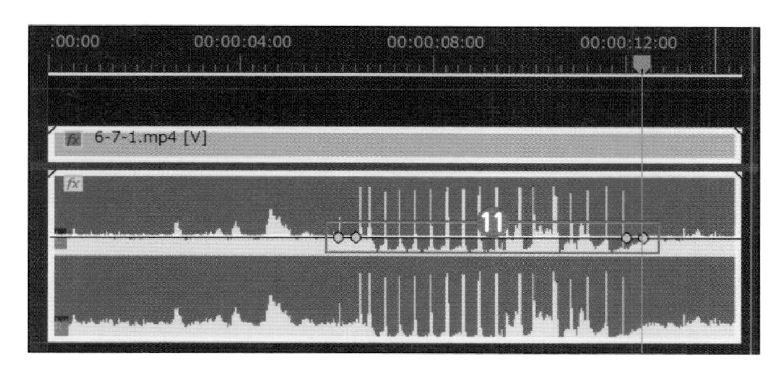

7 内側のキーフレーム2点間のラバーバンドを、ドラッグして真下に移動します。下げた分だけデシベル数が表示されるので⓬、ここでは「-4.8dB」あたりに移動します⓭。これで部分的に音量が下がり、ダッキングと同じ形になりました。再生して確認します。音の変化が急すぎると感じる場合は、フェードの長さを調整したり、音の下げ幅を調整したりしてください。

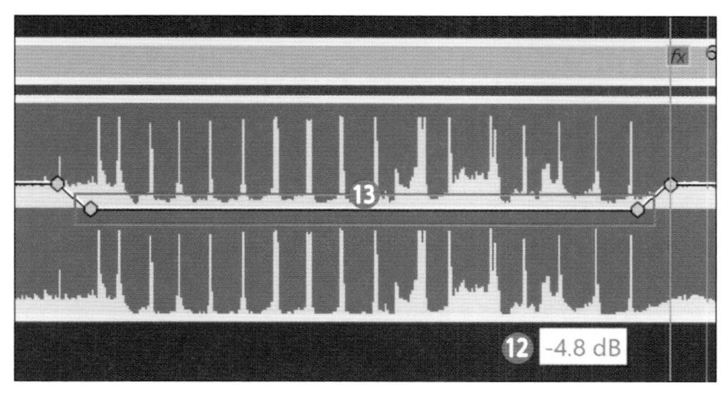

Check!

ラバーバンドを曲線に切り替える

すでに打っているキーフレームを Ctrl （ command ）を押しながらクリックすると、リニア（直線）からベジェ（曲線）に切り替えることができます❶。切り替え後はハンドル操作も可能になります❷。

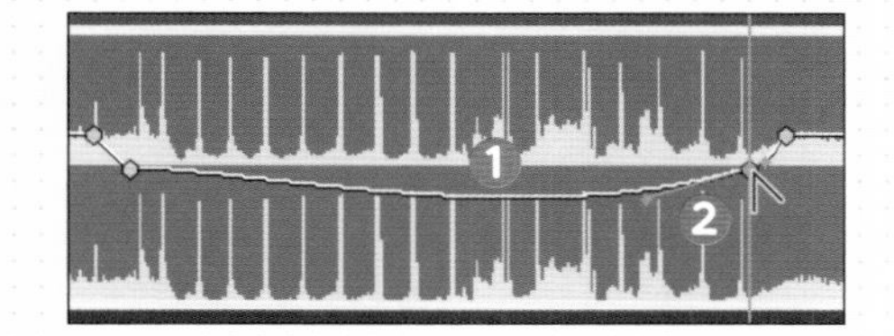

Check!

エフェクトコントロールパネルから調整する

ラバーバンドのキーフレームは、エフェクトコントロールパネルのオーディオ→ボリューム→「レベル」とリンクしています❶。ちなみに、手順7で下げた数値をエフェクトコントロールパネルで確認すると「-4.9dB」になっています❷。直感的に作業したい人はラバーバンド、数値を正確に把握したい人は、エフェクトコントロールパネルでの設定がおすすめです。

音楽の長さを自動調整してみる［リミックスツール］

音楽（BGM）の長さが、ビデオ映像と合わないことはよくあります。そんなときは、音楽の長さを自動調整できる「リミックスツール」を使います。

リミックスツールで調整する

ここでは、Adobe Stockのサンプル曲を使って調整してみましょう。なお、曲によっては加工してはいけないものもあるので、利用規約は要確認です。ワークスペースは「オーディオ」を使用します。

1 「6-8.prproj」を開きます。エッセンシャルサウンドパネルの参照タブをクリックし❶、Adobe Stockの中から曲を選びます。ここでは「OPTIMISTIC FOLK TROPICAL SLIDE」という曲をA2トラックの頭に合わせてドラッグします❷。

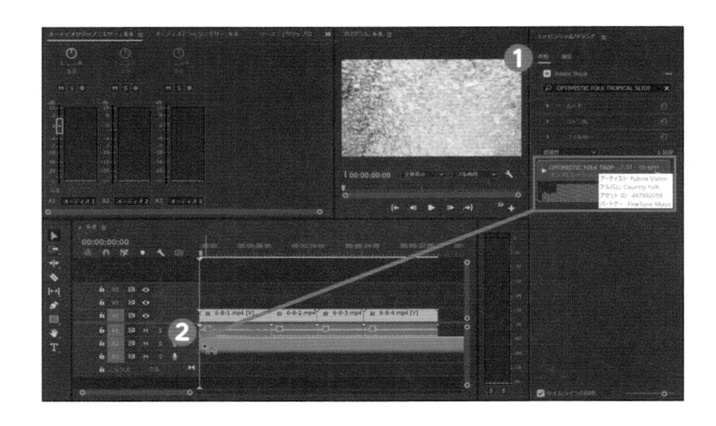

2 キーボードの¥を押して、シーケンス全体が表示されるように切り替えます❸。曲がクリップより長いので画像のような状態になります。

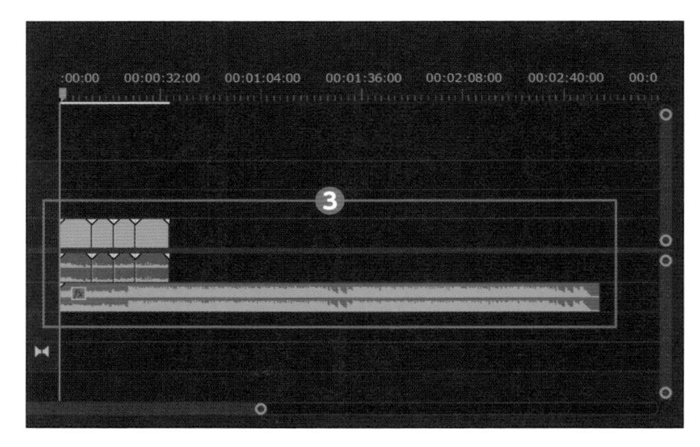

3 ツールパネルのリップルツールを長押しして❹、表示されるメニューの中から「リミックスツール」に切り替えます❺。

4 リミックスツールの状態で、タイムラインに配置したオーディオクリップを、ビデオクリップのお尻までドラッグしてトリミングします❻。トリミング後に自動で調整が行われます。

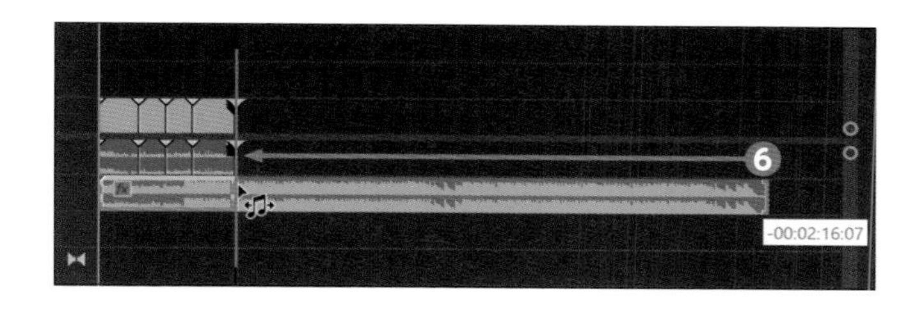

5 タイムラインを見やすくするために再度[¥]を押します。波線が入っている箇所が、リミックスツールで自動で編集された箇所です❼。よく見ると、ビデオクリップのお尻に合わせてトリミングしたはずが、お尻にピッタリが合っていません❽。**リミックスツールは尺ピッタリに合わないことがあり、トリミングした位置から、最大で±5秒の範囲で作成されます。**こういった場合は、リミックスツールでさらに短くするか、フェードアウトをかけます。

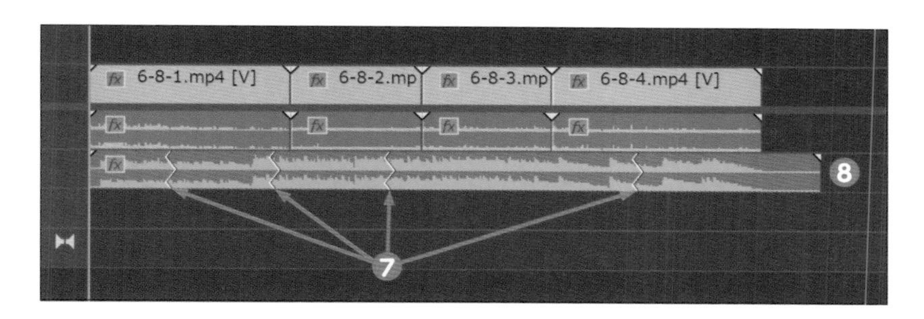

6 今回はフェードをかけます。キーボードの[V]で選択ツールに切り替えて❾、オーディオクリップのお尻を、もう一度ビデオクリップのお尻までトリミングします❿。続けて、エフェクトパネルから「指数フェード」を、ビデオクリップとオーディオクリップのお尻にドラッグして適用し⓫、再生して確認します。

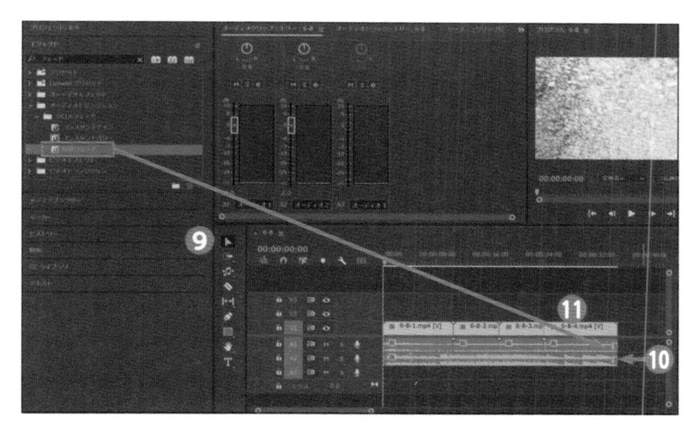

Check!

さらに細かい調整をしたい場合

エッセンシャルサウンドパネルのデュレーションの「Customize」の項目を開くと❶、さらに細かい調整が可能です。例えば、セグメント❷の数値を少なくすることで、編集箇所を極力減らすことができます。バリエーション❸は曲の内容に応じて変更します。例えば、オーケストラなど「音」が多い曲の場合は、数値を上げるのがいいとされています。

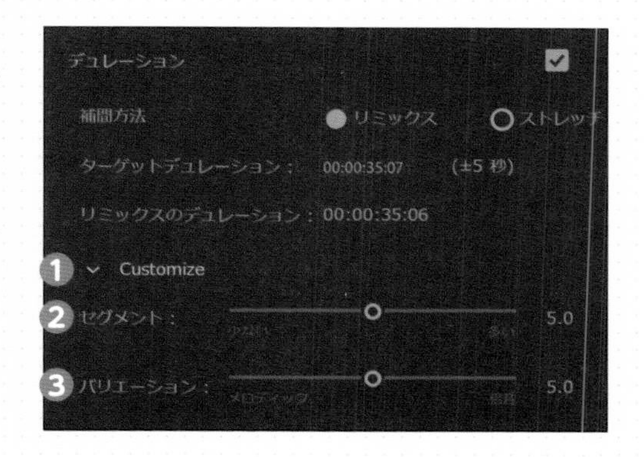

ラウドネスを測定＆変換してみる

ラウドネスは適切な音量を示す指標です。納品やアップロード前にラウドネスを測定し、適正な音量になるよう調整しましょう。

ラウドネスを測定する

3章、4章で作成したデータを使ってラウドネスを測定してみましょう。ワークスペースは「オーディオ」にします。

1 ここでは「4-12.prproj」のデータを開きますが、やり方は同じなのでお好きな映像で構いません。オーディオトラックミキサーのタブを選択し❶、左上の「>」をクリックして展開します❷。

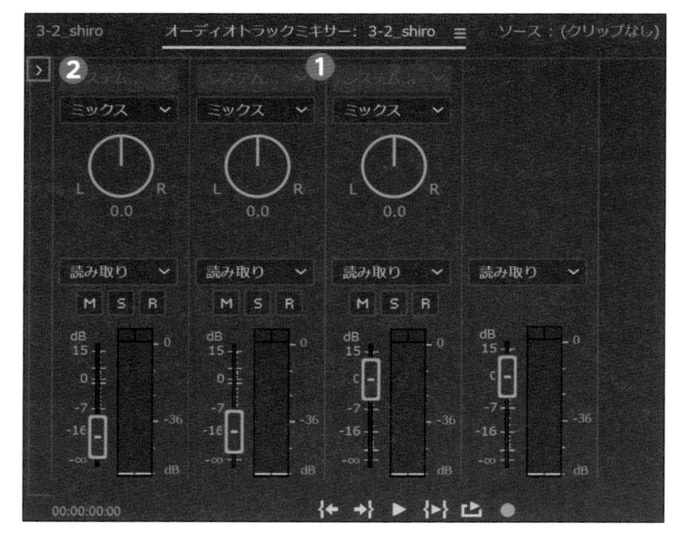

2 オーディオエフェクトをセットするスロット画面が表示されるので、右端のミックストラック（マスタートラック）の欄のグレーの「▼」をクリックし❸、スペシャル→「ラウドネスメーター」を選択します❹。

3 「ラウドネスメーター」がセットされるので❺、文字の部分をダブルクリックすると、ラウドネスメーターが開きます。

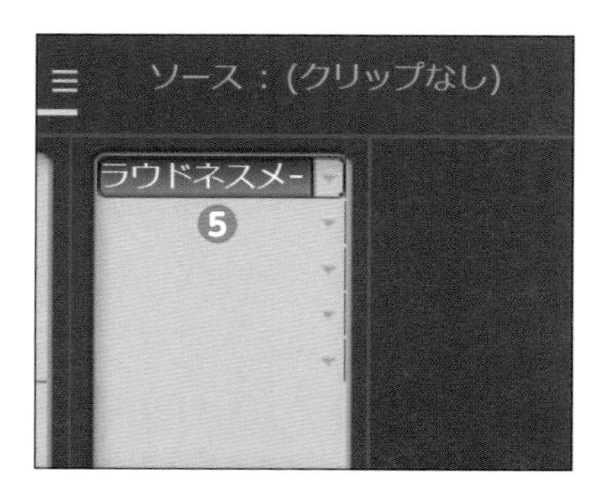

4 プリセットの「∨」をクリックし❻、ここでは「ITU BS.1770-3」を選択します❼。ITU BS.1770-3はテレビの納品物を基準としたプリセットです。ここで一度、設定のタブを押してみましょう❽。

5 設定タブではプリセットの設定値を確認できます。ターゲットラウドネスが「-24LUFS」になっていて❾、これがテレビの基準とされるラウドネスです。レベルメーターのタブを押して、元の画面に戻しておきます❿。

6 設定タブでは「LUFS」だった単位が、レベルメータータブでは「LKFS」になっていますが⓫、単位が違うだけで実質同じです。
ラウドネスメーターを開いたまま再生すると（Space）、測定が自動ではじまります。**ラウドネスは、測定したい範囲がすべて再生し終わるまで待つ必要があります。**ここでは、シーケンスの頭からお尻まで再生します。「統合」の数値＝ラウドネス値になります⓬。

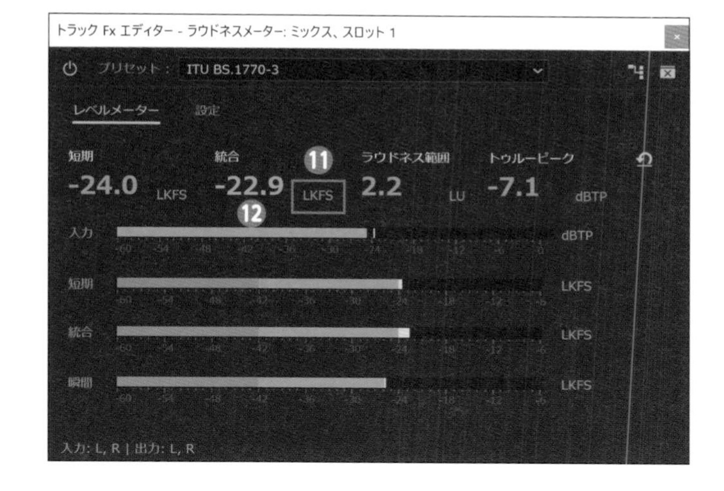

7 再生し終えると結果が確定します⓭。テレビの場合は、最終的な結果が「-24.0 LKFSの±1の範囲」、つまり「-23.0～-25.0」の範囲であれば納品できます。

※実際のテレビの納品では、カラーバー・クレジット・トメからの本編というような、「フォーマット」と呼ばれる特定のパターンに当てはめてシーケンスをつくる必要があり、その上で「本編」部分のラウドネスをはかる必要があります。

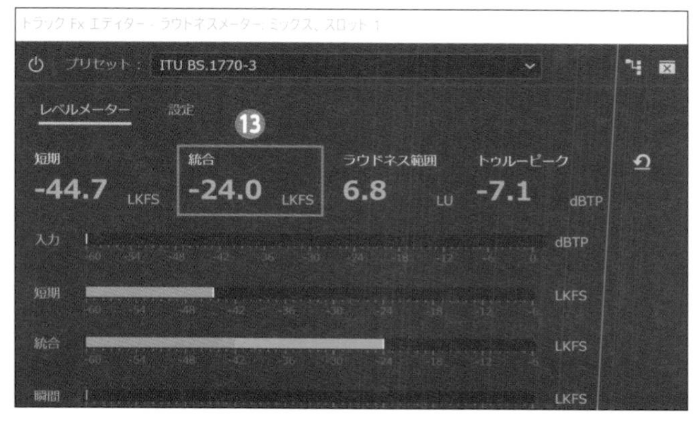

ラウドネスの数値を変換して書き出す

例えば、テレビ向けに作成したクリップを、YouTube用に変換するときなどに便利な機能です。

1 Ctrl（command）＋Mで書き出し画面を表示し、ファイル名や保存場所を設定したうえで、エフェクト❶→「ラウドネスの正規化」をクリックしてチェックを入れます❷。

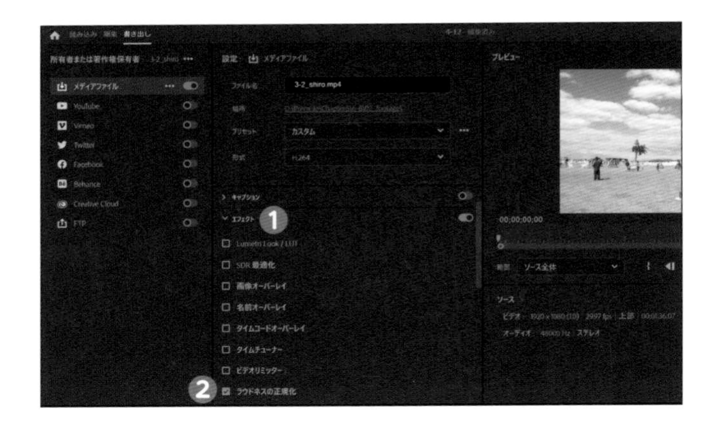

2 ラウドネスの設定項目が表示されるので、下記のように設定して書き出します。

❸ラウドネス標準：ITU BS.1770-3（ラウドネスメーターのプリセットとは別です。ここでは、YouTubeの項目がないため代用）
❹目標ラウドネス：-14
❺許容量［LU］：0（目標とのズレの許容値。1なら-14±1。0でもわずかに誤差アリ）
❻最大トゥルーピーク：-2（音の上限値で0を超えると音割れが発生）

これで元のデータはそのままに、ラウドネス値を変更したクリップとして書き出せます。

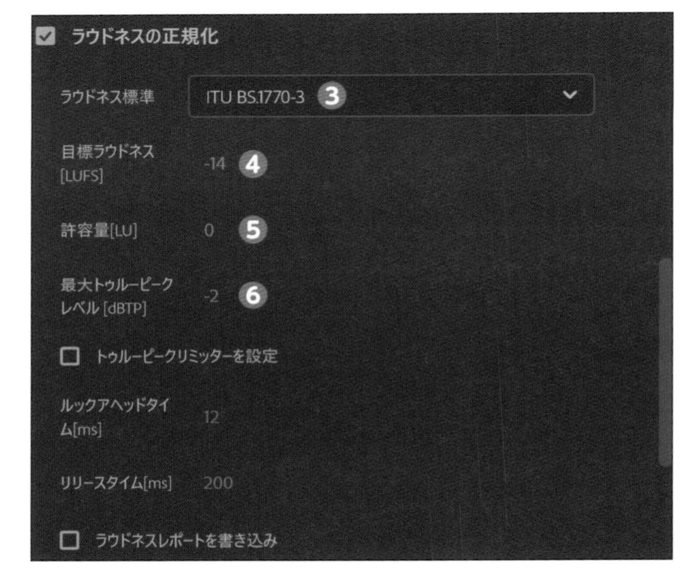

ラウドネスメーターの見方

❶**プリセット**：複数ある中から選択
❷**短期**：過去3秒の平均値
❸**統合**：再生から終了までの平均値（実際のラウドネス値）
❹**ラウドネス範囲**：音の大小の幅
❺**トゥルーピーク**：瞬間的なピーク値（部分的に高い音の値）
❻**メーターをリセット**

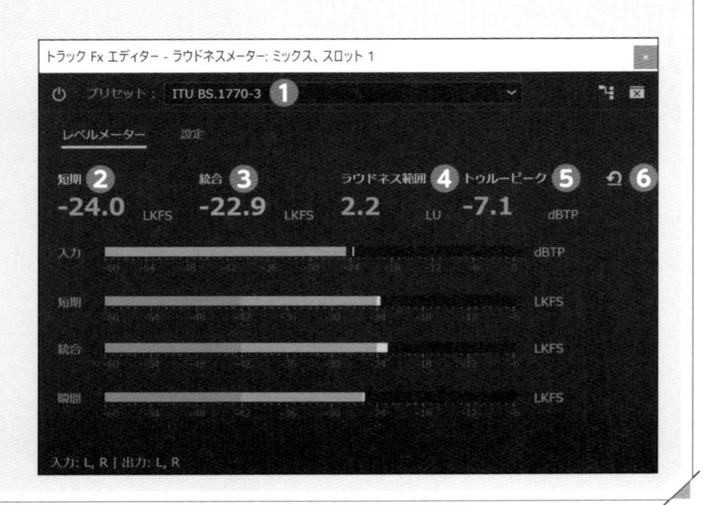

テクニック編

Chapter 7

時短のための
効率化テクニック

ショートカットを割り当ててみる

ショートカットは、自分の好みにカスタマイズして保存することができます。どんどんカスタマイズして、自分にとって効率のいい作業環境を構築していきましょう。

ショートカットを割り当てる

最初から登録されているショートカットには、キーを2つ以上押さないといけないものや、押しにくい配置のものもあります。よく使う項目は、入力しやすいキーに変更しましょう。

1 まずは、ショートカットの登録画面を1キーで出せるように設定しましょう。どのプロジェクトでもいいので開き、キーボードの Ctrl + Alt + K を押すか、メニューバーの編集（Macは「Premiere Pro」）❶→キーボードショートカット❷で開きます。

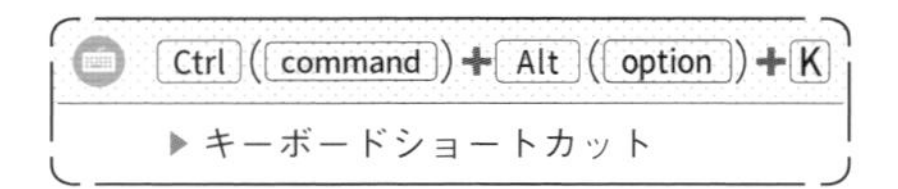

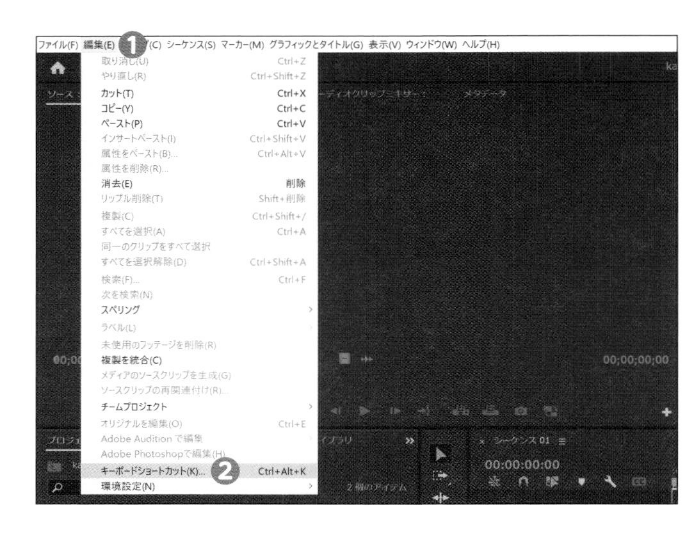

2 ここでは、初期設定をベースに新規作成していきます。画面左上のキーボードレイアウトプリセットが「Adobe Premiere Pro 初期設定」になっているのを確認して❸、右側の「別名で保存」をクリックします❹。

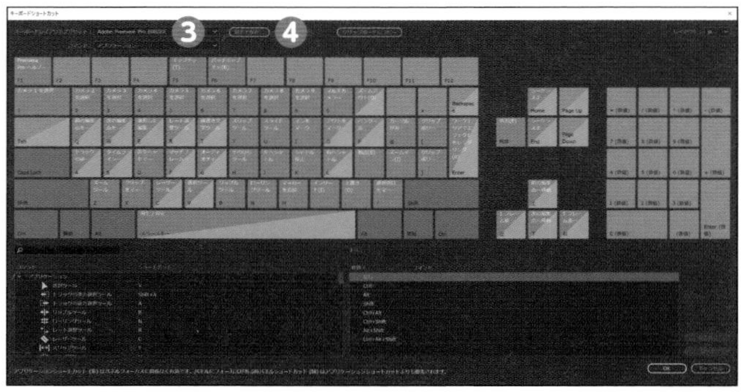

3 別画面が表示されるので、任意のプリセット名（ここでは「Premiere Pro Plus」）を入力し❺、「OK」をクリックします❻。

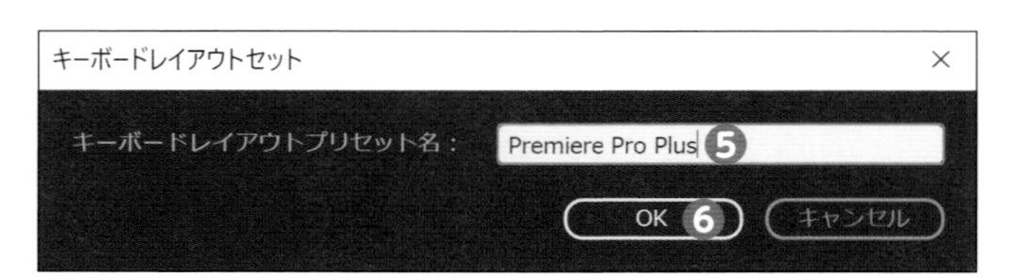

4 「キーボードレイアウトプリセット」の表示が、手順3で入力した名前になっているのを確認します❼。

5 画面左下の検索窓で、登録したいショートカット内容を検索します。「キーボード」と入力すると❽、その単語が含まれるショートカット一覧が表示されます❾。今回の目的は「編集」のほうです❿。すでに登録されているショートカットが右側に表示されます⓫。

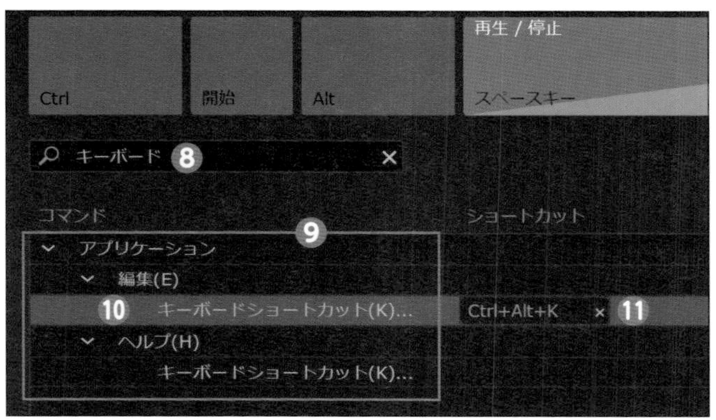

6 ショートカットの登録方法はいくつかありますが、視覚的にわかりやすい方法で解説します。画面上のキーボードから、割り当てたいキー（ここでは仮に F12 ）を、左下のコマンド欄の項目にドラッグします⓬。登録箇所が水色になるので、一目でわかります⓭。
Ctrl 、 Shift 、 Alt を組み合わせて登録したい場合は、各キーを押しながらドラッグします。

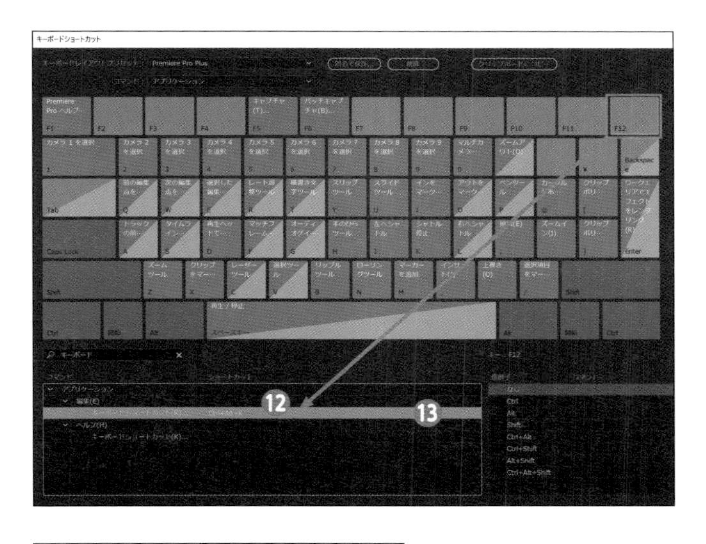

7 キーボードの F12 にショートカットが登録されました⓮。画面上のキーボードに、登録されている名前が表示されます。

8 ショートカットの欄を見ると、[F12][Ctrl＋Alt＋K]と表示されています。これは元々登録されていたショートカットと、追加で登録したものが2つ登録されている状態で⑮、どちらのショートカットでも開くことが可能です。登録したショートカットを消すときは「×」を押します⑯。

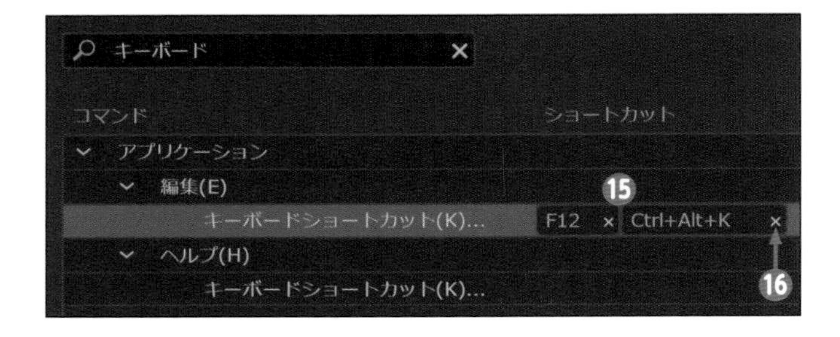

9 最後は、必ず「OK」を押して画面を閉じてください⑰。**「OK」を押さずにプリセットを切り替えると、直前に登録したショートカットが無効になってしまいます。** F12 を押して、キーボードショートカットが開くか確認します。

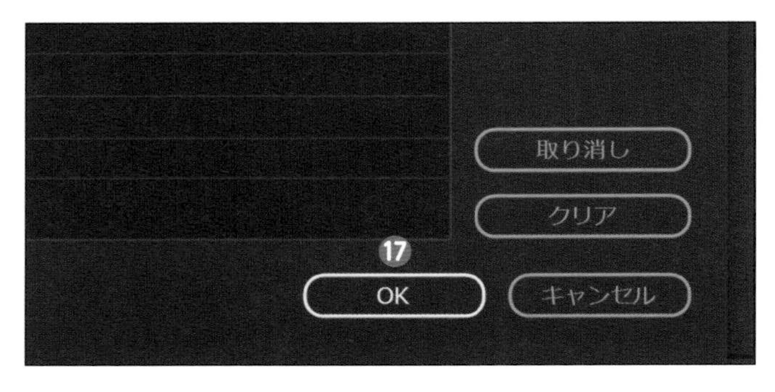

Check!

他にもあるショートカットの登録方法

■ コマンドの項目を、登録したいキーにドラッグ

手順6の逆で、コマンドの項目の中から、画面上のキーボードにドラッグすることで登録が可能です。

■ ショートカットの空欄をクリックして、登録したいキーを直接入力

ドラッグでの登録がうまくいかない場合（^など）、登録したいショートカットを検索し❶、表示されたショートカット名の右側の欄をクリックしてキーを入力します❷。

Check!

かな入力のままでも効くショートカット

Windowsの場合、ショートカットの入力は1キー、または Shift ＋〇の組み合わせでは「英数字」に切り替えて入力する必要があります。しかし、Ctrl ＋〇、Alt ＋〇、F1 〜 F12 なら、「かな入力」のままでも効きます。ただし、Alt ＋〇については、ショートカットとは別に Alt ＋ F や Alt ＋ E などで各種メニューバーが開く機能があるので注意が必要です。

※今後のバージョンアップで変更される可能性もあります

ショートカット割り当ての考え方

自分の操作方法に合わせた設定にする

自分がどんなやり方で編集するかによって適切なショートカットの配置は大きく変わります。例えば、下記のどちらが自分に向いているか一度考えてみてください。

- マウス（右手）＋キーボード（左手）派 → キーボードの左側によく使う項目を集中配置
- キーボードオンリー派 → 極力マウスを使わなくていい配置

未割り当ての機能や、手間がかかるものを登録する

よく使う機能なのに、ショートカットに登録されていない機能は意外と多いです。また、Ctrl、Shift、Altなどを押さないといけないものは手間がかかるので、すぐに実行できるように押しやすいショートカットに登録しておきましょう。

参考例

・イーズイン／イーズアウト／カーニングを 50 ユニット単位で減少（増加）／垂直（水平）方向中央／調整レイヤー／フレーム保持を追加／ビデオのキーフレームを追加または削除／前の（次の）キーフレームを選択／インからアウトをレンダリング／ネスト／空のトラックを削除／編集点をすべてのトラックに追加／インからアウトをレンダリング／環境設定 など

※「環境設定」は、環境設定の項目のどれかを登録

あまり使わないショートカットを削除し、別の機能を割り当てる

使わない設定は思い切って削除し、よく使う機能と入れ替えましょう。例えば、マルチカメラ編集をほぼしない人には「1 ～ 9」のショートカットは不要ですし、キャプチャ（直接カメラからの取り込み）を使わない人には、「F5、F6」も不要です。初期設定から使わない内容を削除するだけで、1キーで登録できる数がかなり増えます。

ショートカットが離れているものを横並びで登録する

拡大／縮小などのショートカットは、キーが横並びのほうが使いやすいので、下記のように変更すれば、タイムラインの縦幅、横幅を広げるものは－ ^を使う設定にまとめられます（テンキーの－は不可）。

- ：：ズームイン → ^に変更※
- －：ズームアウト

- Alt＋B：ビデオトラックの縦幅を広げる → Ctrl（command）＋^に変更※
- Ctrl（command）＋－：ビデオトラックの縦幅を狭める

- Shift＋B：オーディオトラックの縦幅を広げる → Alt（option）＋^に変更※
- Alt（option）＋－：オーディオトラックの縦幅を狭める

- Shift＋N（control＋shift＋E）：すべてのトラックを拡大表示 → Shift＋^に変更
- Shift＋－：すべてのトラックを最小化

※^は直接入力での登録を推奨。また、Macでは初期設定

知っておくと便利な操作を覚えてみる

知らなくても同じことはできるけど、知っておくと手間が省けて便利な操作方法を紹介します。

Altを使ってクリップを移動する ※学習用ファイルの7-2-1シーケンスで確認可

Alt（option／command）は、**タイムライン上のクリップを移動するときに非常に便利**です。タイムラインのクリップを選択した状態で次の操作をすると、組み合わせるキーによってさまざまな動きができます。

Ⓐトラック間の移動：Alt（option）＋↑／↓（複数クリップまとめて移動可）
Ⓑ1フレームずつ移動：Alt（command）＋←／→（複数クリップまとめて移動可）
Ⓒ5フレームずつ移動：Shift＋Alt（command）＋←／→
Ⓓクリップのコピー：Alt（option）を押しながら別の場所にドラッグ

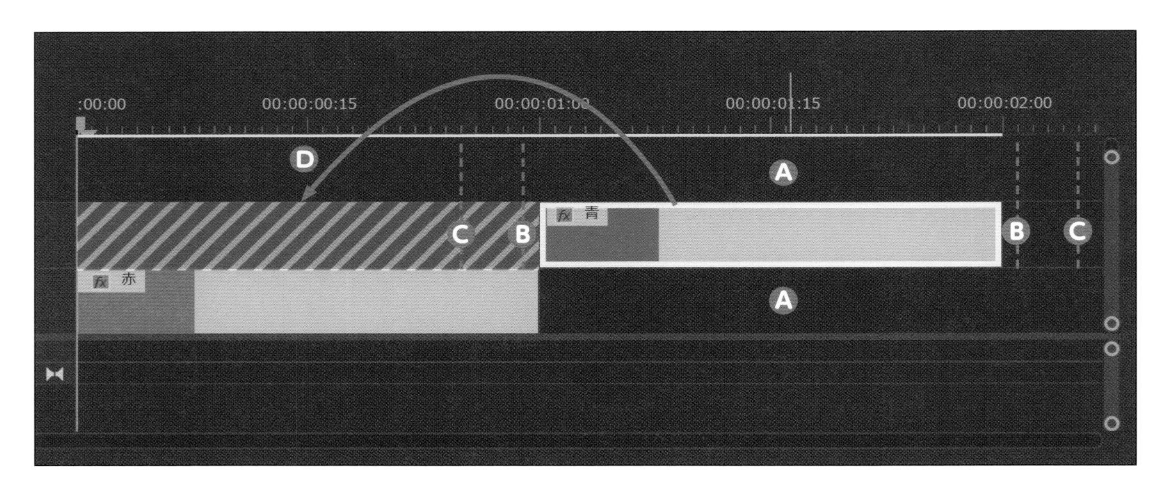

ちなみに、ビデオクリップの場合（ビデオとオーディオがくっついている状態）、↑を押せばビデオトラックが上に移動し、↓を押せばオーディオトラックが下に移動します。ビデオとオーディオを別々に動かしたい場合は、Ctrl（command）＋Lでリンク解除してから動かすようにしてください。

タイムラインのクリップを別の素材で置き換える ※7-2-1シーケンス

「クリップで置き換え」は、タイムラインのクリップと、プロジェクトパネルやソースモニターの素材と置き換える機能です。尺／エフェクト／トランジションなどを維持したまま、クリップだけ置き換えることができます。同一ファイルを更新したものと入れ替えるときなどに便利な機能です。

1 「7-2.prproj」を開きます。プロジェクトパネルに置き換えたい素材を読み込んで、選択します(ここでは「緑」のカラーマット)❶。**選択していないと置き換えができない**ので注意してください。

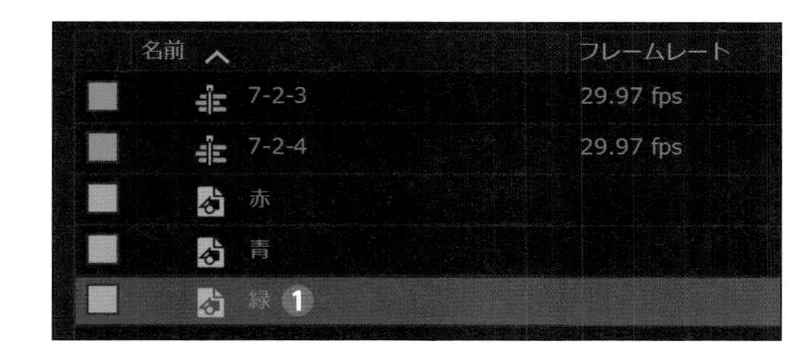

2 入れ替えたいタイムラインのクリップを選択します❷。

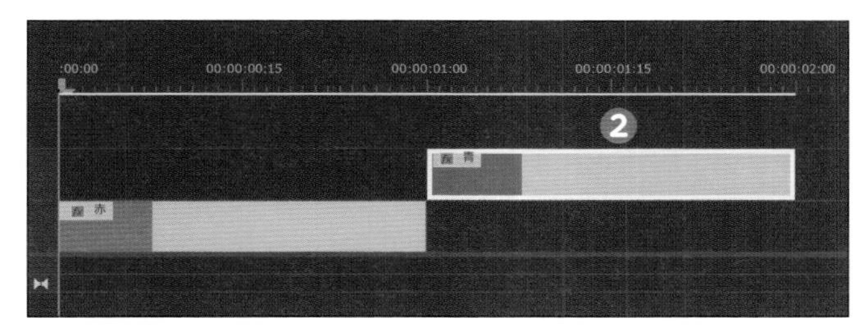

3 右クリック→クリップで置き換え→ビンから❸を選択します。プロジェクトパネルではなく、ソースモニターのクリップと置き換えたいときは、選択を「ソースモニターから」にします。

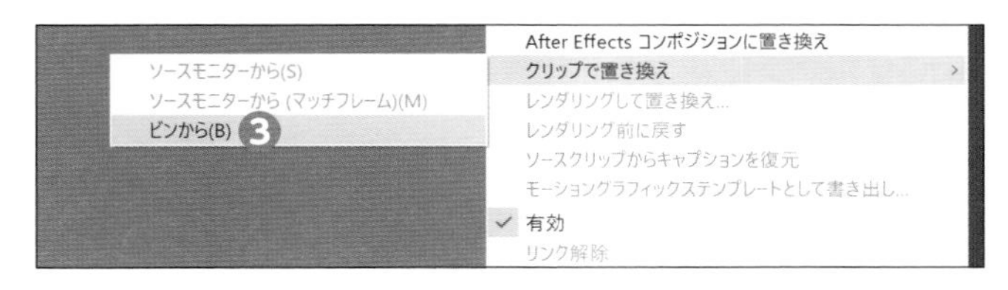

4 プロジェクトパネルのクリップに置き換えられました❹。

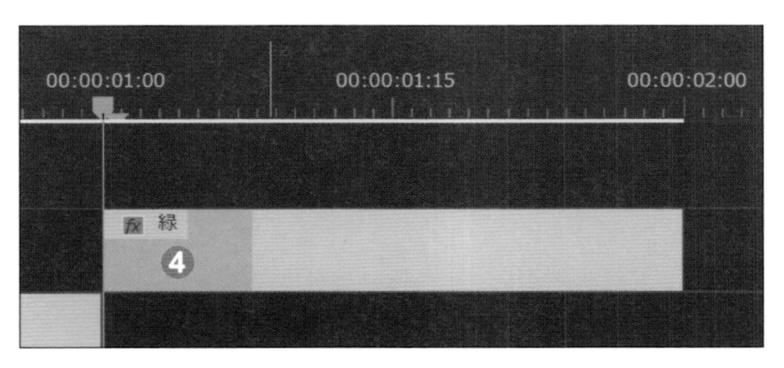

Check!

未登録のショートカットを登録する

「クリップで置き換え」の機能は、キーボードショートカットに登録されていません。登録時は、キーボードショートカットの検索窓で「ビンから」と検索し❶、「ビンから(B)」を任意のショートカットに割り当てます❷。

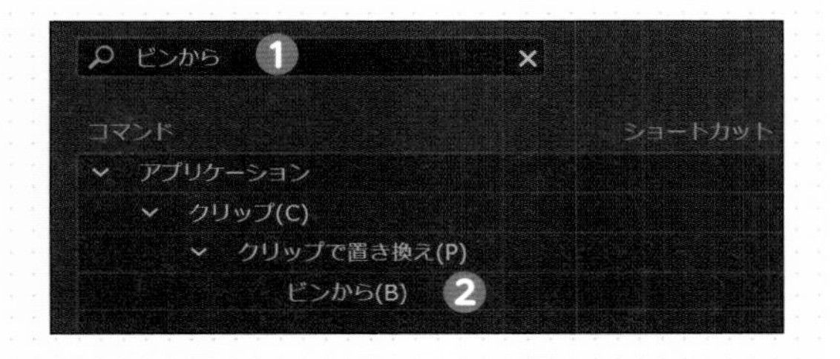

フレームサイズに合わせてスケールする ※7-2-2シーケンス

「フレームサイズに合わせてスケール」は、シーケンスの画面サイズに収まるように、自動でサイズ調整をしてくれる機能です。素材の比率が画面の比率と違う場合は、縦横どちらかに合わせます。

1 プロジェクトパネルの「7-2-2」シーケンスをダブルクリックして開きます。例えば、フルHDのタイムラインに4K画像を配置すると、画面いっぱいに表示されますが、実際にはさらにサイズが大きく、画像全体が表示されていません❶。

2 タイムラインに配置済みのクリップを選択し❷、右クリック→フレームサイズに合わせてスケール❸を選択します。

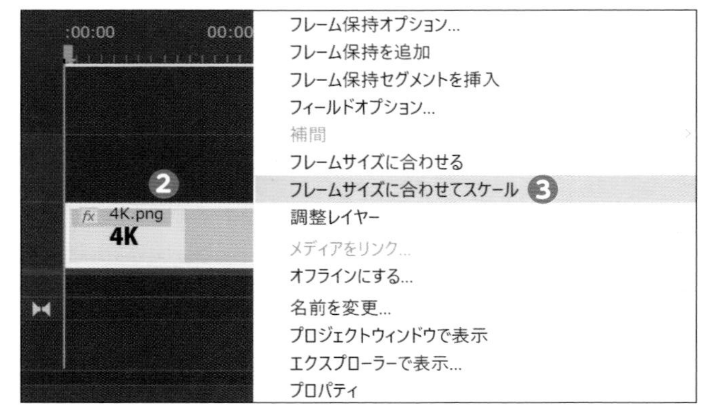

3 すると、自動でサイズを調整してくれます❹。小さい画像に適用すると、拡大することになるため、画質が荒れてしまうので注意が必要です。

「フレームサイズに合わせる」との違い

似た機能に「フレームサイズに合わせる」があります。「フレームサイズに合わせてスケール」が元の解像度(ピクセル数)はそのままに、スケール(拡大/縮小)を自動調整して合わせるのに対して、「フレームサイズに合わせる」は元の解像度を変更して合わせるような動作をします。そのため、スケールは「100%」になり、そこから拡大すると粗くなってしまうので注意が必要です。通常は、あとからでもサイズ変更ができる「フレームサイズに合わせてスケール」をおすすめします。

ギャップをまとめて詰める ※7-2-3シーケンス

「ギャップを詰める」を使うと、シーケンス内の複数のギャップ(隙間)をまとめて削除できます。

1 プロジェクトパネルの「7-2-3」シーケンスをダブルクリックして開きます。タイムラインパネルを選択している状態で❶、メニューバーのシーケンス❷→ギャップを詰める❸をクリックします。

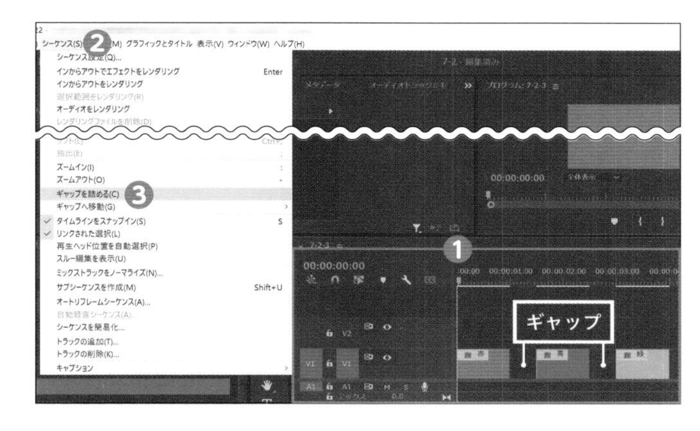

2 実行後は、すべてのギャップが削除され、詰まります❹。使用頻度の多いかたはキーボードショートカットに登録しておくと便利です。

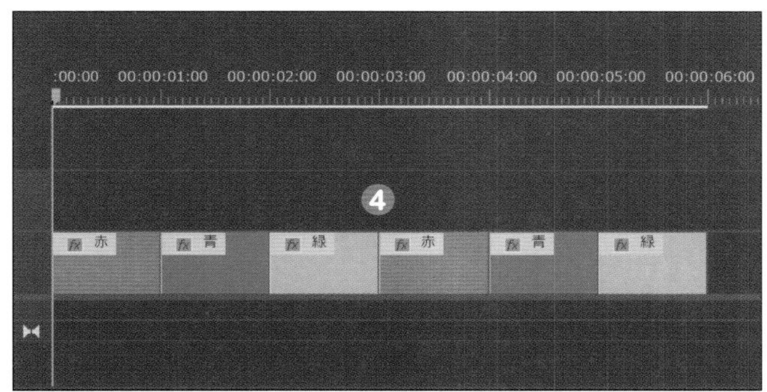

編集点を追加、編集点をすべてのトラックに追加の使い分け ※7-2-4シーケンス

「編集点を追加」は再生ヘッドの位置でターゲットトラック(青いハイライトのトラック)のクリップのみをカット、「編集点をすべてのトラックに追加」はすべてのクリップをカットします。**特定のクリップのみカットするか、すべてをカットするかの違い**です。

1 画像は、V1／V3／V5のターゲットトラックがオンになっています❶。そこだけ編集点を入れる場合はCtrl＋K❷、全トラックに編集点を追加する場合はCtrl＋Shift＋Kと使い分けられます。
「すべてのターゲットビデオを切り替え」、「すべてのターゲットオーディオを切り替え」も一緒に覚えておくと便利です。

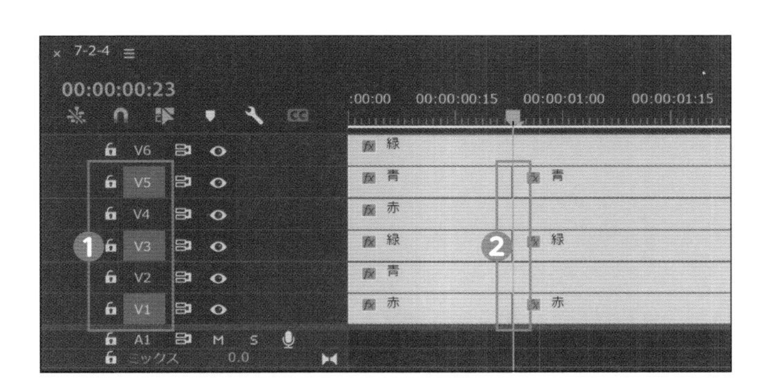

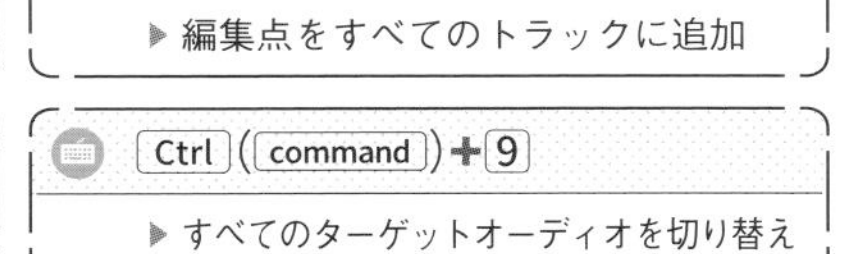

Ctrl (command) + 0
▶ すべてのターゲットビデオを切り替え

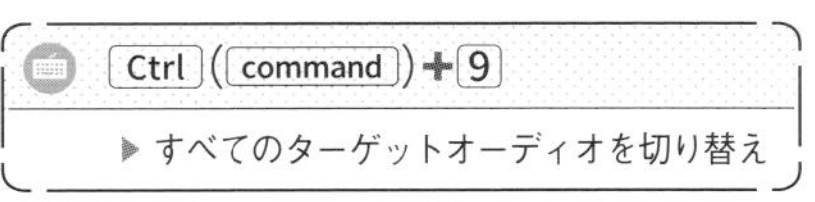

7-3

ワークスペースをアレンジしてみる

ワークスペースにはさまざまな種類があり、また、自在にアレンジすることができます。自分が使いやすいように設定しましょう。

ワークスペースの種類と主な用途

既存のワークスペースはそれぞれパネルの配置が異なります。素材の確認、カラコレ、テロップ作成など目的に応じてワークスペースを切り替えることで、効率よく作業できます。

- **初期設定**：シングルモニター向け。タイムラインが長く表示
- **垂直方向**：縦長の動画用に最適化された配置
- **学習**：Adobeのチュートリアル用
- **アセンブリ**：素材の確認、カット編集に最適。プロジェクトパネルが大きく表示
- **編集**：編集全般。ソースモニターとプログラムモニターの2画面表示
- **カラー**：カラーコレクション（色補正）、カラーグレーディング（色の演出）
- **エフェクト**：効果付け
- **オーディオ**：音調整
- **キャプションとグラフィック**：文字起こしやテロップ入れ
- **レビュー**：Premiere Proを所有していない人にも、レビュー用にプロジェクトを共有できる
- **ライブラリ**：素材の確認、CCライブラリや、Adobe Stockの使用
- **すべてのパネル**：主要なパネルをまとめて表示
- **メタデータ編集**：映像の情報の確認。メタデータとは各ファイルの付帯情報のこと
- **プロダクション**：チーム編集向け。複数プロジェクトを管理できる

ワークスペースの切り替えメニューを編集する

「ワークスペースを編集」から、ワークスペース一覧の並べ替えや非表示設定ができます。

1 右上のワークスペースのアイコンをクリックして❶、表示されるメニューの一番下にある「ワークスペースを編集」を選択します❷。

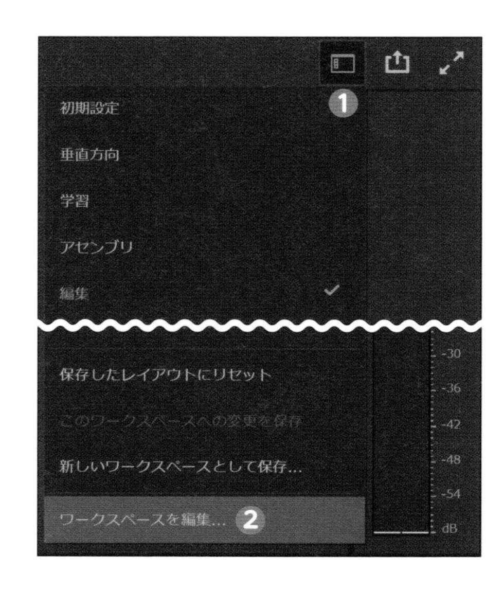

2 別の画面が表示されます。「メニュー」にあるワークスペースは、アイコンをクリックしたときに一覧として表示されるもので❸、ドラッグで並べ替えることができます。下にスクロールすると❹、「表示しない」の欄が表示されます。

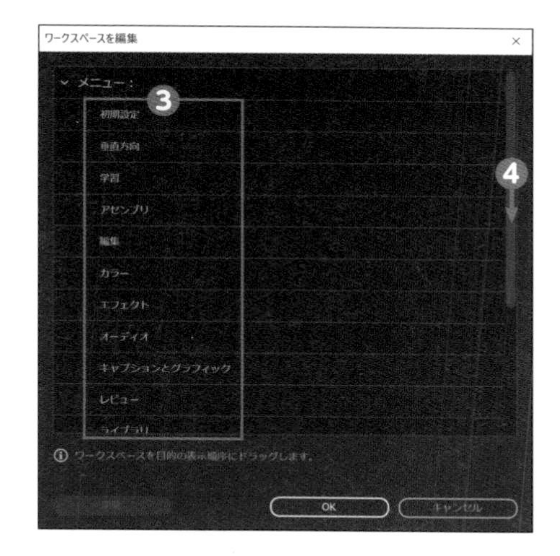

3 「表示しない」の欄に各ワークスペース名をドラッグすると❺、一覧に表示されなくなります。

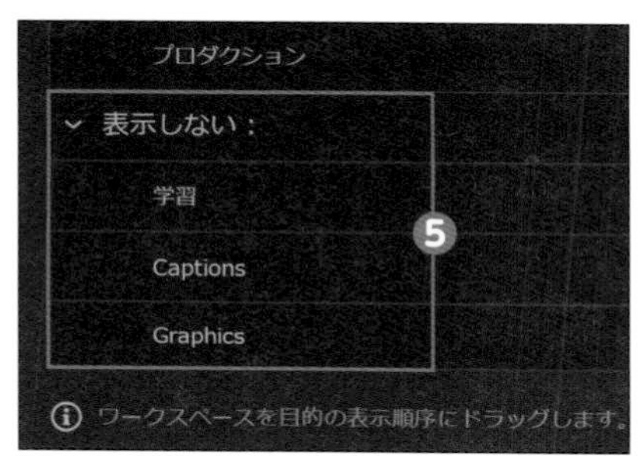

4 ワークスペースアイコン→「ワークスペースラベルを表示」をクリックすると❻、選択しているワークスペース名が、アイコンの左側に表示されるようになります❼。

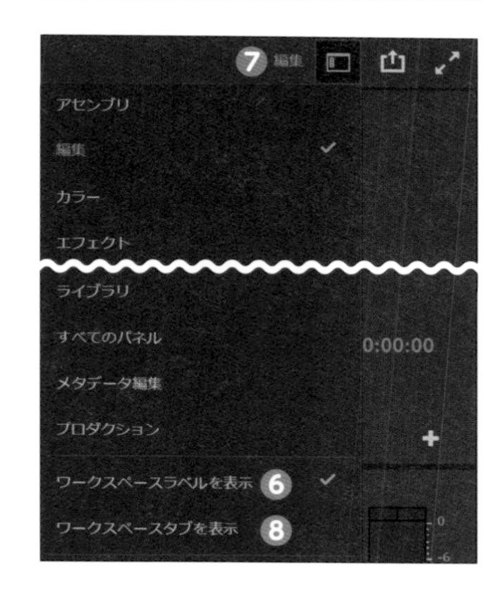

5 おすすめは「ワークスペースタブを表示」です❽。これをクリックすると、「メニュー」にあるワークスペースが、アイコン左側に一覧で表示され❾、ワークスペース名をクリックで切り替え可能になります。表示範囲は左端の「|」をドラッグすることで調整できます❿。

ワークスペースのレイアウトを変更する

ワークスペースが使いにくいと感じたら、どんどんアレンジしていきましょう。ここでは、パネルごと移動する流れで解説します。各パネルの右上部分をドラッグすると、カーソルが変化するので❶、好きな場所にドロップします。

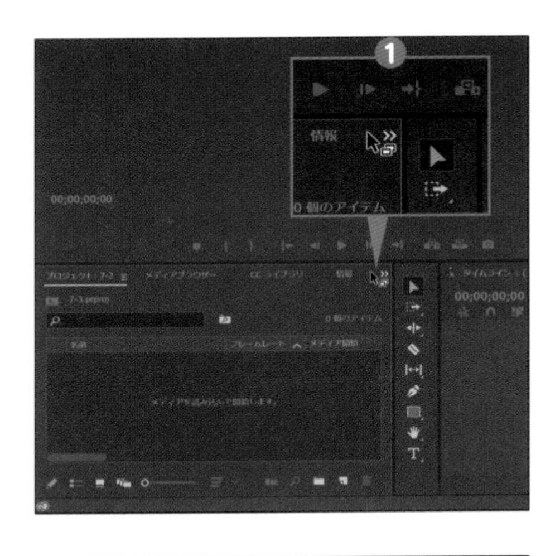

既存のパネルに分割配置

移動先のパネルに青い台形が見える状態でドロップすると❷、既存のパネルのエリアで2分割されます❸。

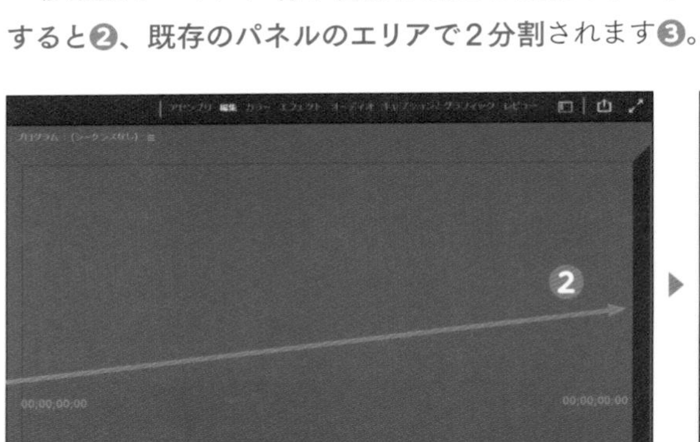

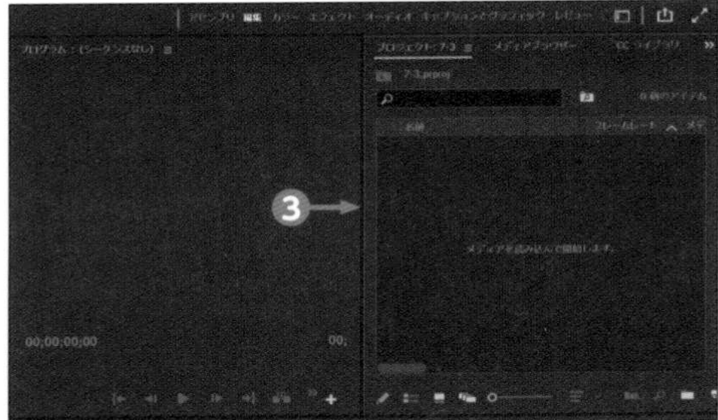

画面端に配置

画面端が緑色に見える状態でドロップすると❹、パネルを移動できます❺。あとはパネル間をドラッグして、お好みのサイズに調整します。

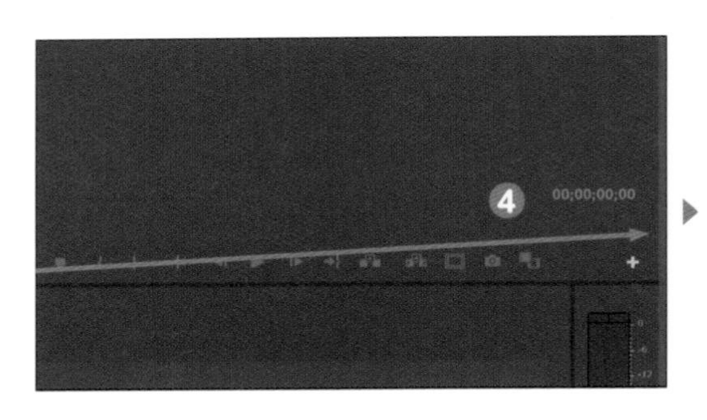

Check!

他の移動方法

タブ単位で移動したり、他のパネルにドッキングしたりすることもできます。

- 移動したいタブをドラッグ
- タブ／パネルともに、移動先のタブ❶、または画面中央❷で離すとドッキング
- タブ／パネルともに、移動先の画面の上下左右で離すと、画面分割❸

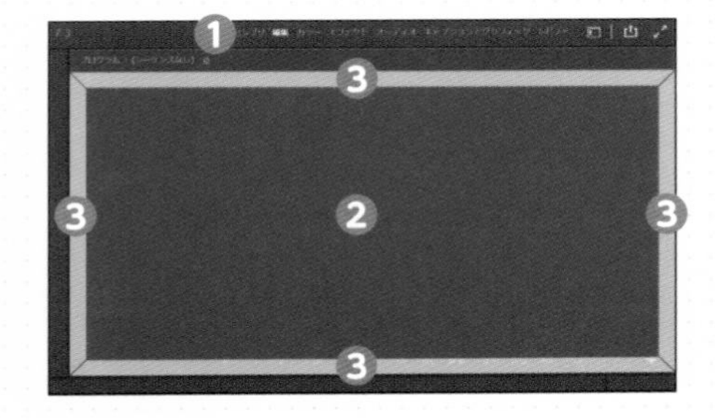

新規ワークスペースを保存／更新する

既存のワークスペースは、一時的な変更はできても上書き保存はできません。レイアウト変更後は、新規ワークスペースとして保存しましょう。

1 レイアウトを変更した状態で、メニューバーのウィンドウ❶→ワークスペース❷→新規ワークスペースとして保存❸を選択し、名前をつけて保存します。例えば、デュアルモニターなら、ネット検索しながらのときはシングルモニター用、作業集中時はデュアルモニター用といった使い分けもできます。
また、作成したワークスペースは「このワークスペースへの変更を保存」をクリックして上書き保存できます❹。

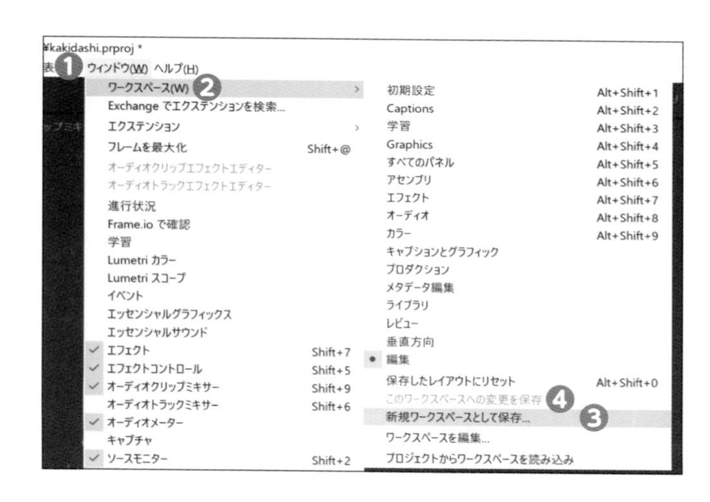

ワークスペースをリセットする

1 ワークスペースを元に戻すときは、Alt ＋ Shift ＋ 0、またはメニューバーのウィンドウ→ワークスペース→保存したレイアウトにリセット❶で戻せます。
「ワークスペースラベルを表示」、または「ワークスペースタブを表示」がオンのときは、ワークスペース名をダブルクリックすることでもリセットが可能です❷。

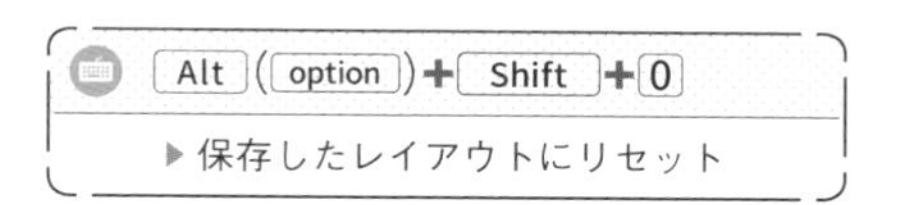

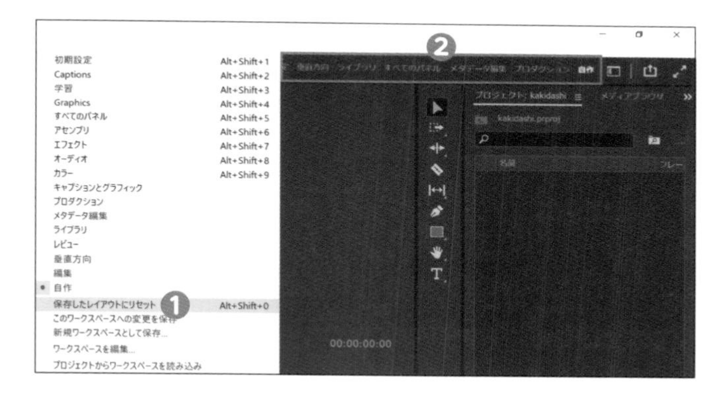

作成したワークスペース名の変更方法

ワークスペースアイコン→「ワークスペースを編集」の画面で、作成したワークスペース名をクリックすれば、名前を変更することができます。

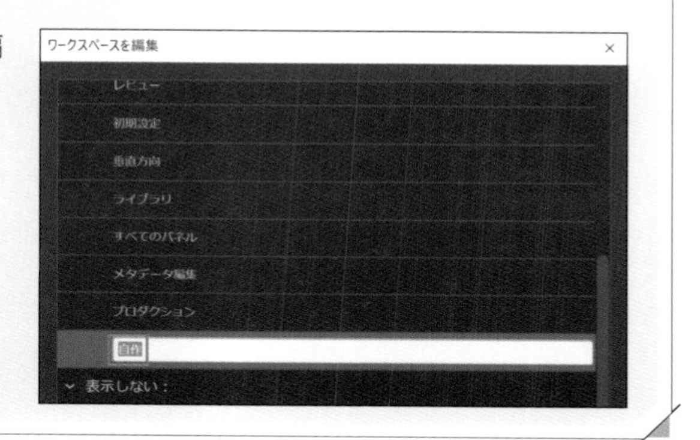

よく使うエフェクトをまとめてみる

慣れてくると、よく使うエフェクトは決まってきます。毎回検索したり、ビン（フォルダー）の階層をたどったりするのは不便なので、1つにまとめておきましょう。

エフェクトをビンにまとめる

1 エフェクトパネルの右下のフォルダーアイコンをクリックすると❶、「カスタムビン01」が作成されます❷。

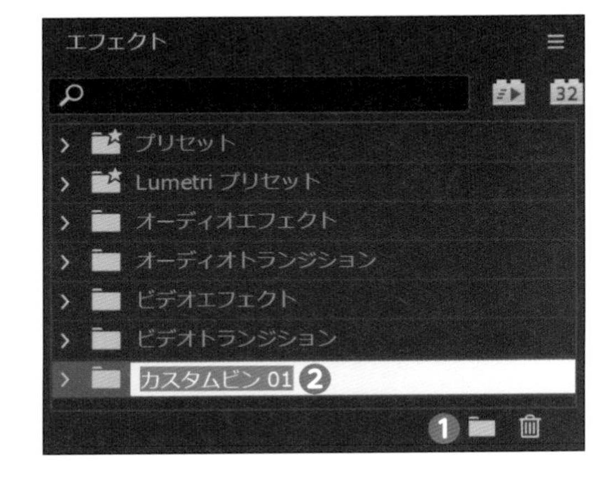

2 クリックすると名前を変更できるので、ここでは「よく使うもの」に変更します❸。

3 検索窓で、まとめておきたいエフェクトを検索します。「ディゾルブ」と検索します❹。

4 ここでは「クロスディゾルブ」を、作成したビンにドラッグします❺。**新規ビンにエフェクトをドラッグしても、元々の階層からは消えません。**
同様に、ご自身でよく使う項目を登録してください。**一度登録すれば、どのプロジェクトでも次回からすぐに読み出せます。**

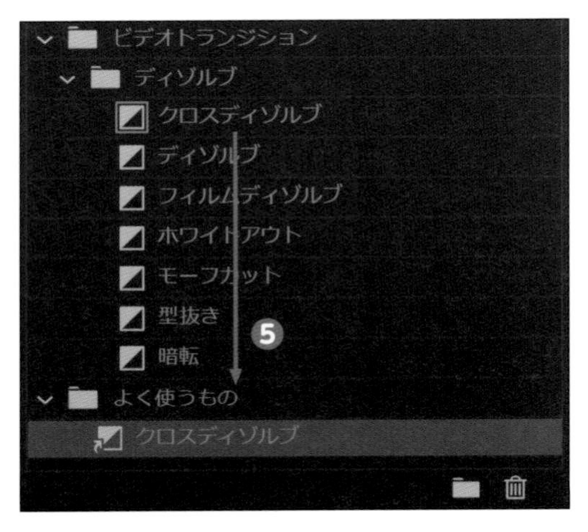

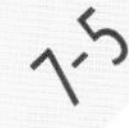

7-5 設定したエフェクトをプリセット化してみる

各種パラメーターを設定したエフェクトは、「1つのプリセット」として保存できます。プリセットはエフェクトと同じようにすぐに使うことができます。

エフェクトをプリセットとして保存する

サンプルファイルは、5-20で使用したデータの調整レイヤーに、エフェクト「クロップ」の効果を足したものです。ここでは、エフェクト設定後の流れをご紹介します。

1 「7-5.prproj」を開きます。タイムラインの調整レイヤーを選択した状態で、エフェクトコントロールパネルの「クロップ」のエフェクトを右クリックし❶、「プリセットの保存」を選択します❷。このとき、**登録したいエフェクトを** Shift（command）**で複数選択すると、複数のエフェクト1つのプリセットとして登録できます。**

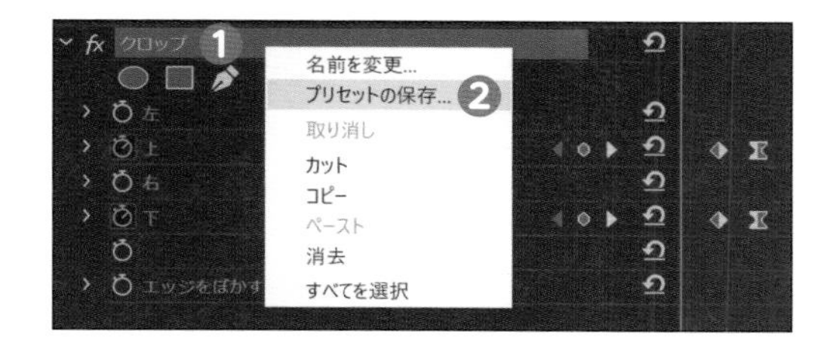

2 別の画面が表示されるので、任意の名前をつけます❸。キーフレームを打っているエフェクトは基本、「インポイント基準」を選択し❹、Enter または「OK」をクリックします。

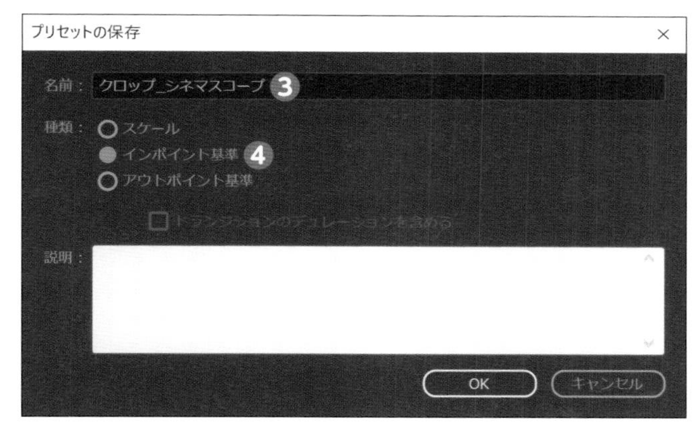

3 エフェクトパネルの「プリセット」の欄を確認すると、保存されたのが確認できます❺。このプリセットを、クリップにドラッグすると、キーフレーム付きのエフェクトが適用されます。

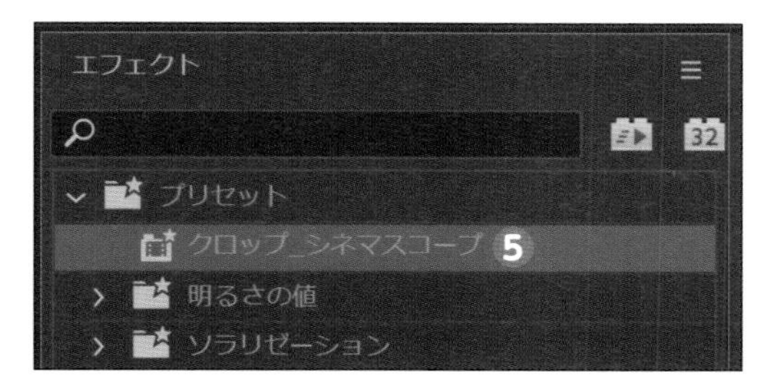

プリセットの「種類」について

- **スケール**：適用するクリップの長さに合わせて、エフェクト開始のキーフレームの位置を自動調整する
- **インポイント基準**：クリップの頭から、エフェクト開始までのタイミングを維持する（例：1秒後にエフェクトが開始など）。キーフレームを打っている場合は、基本コレ
- **アウトポイント基準**：エフェクト開始からクリップ終了までのタイミングを維持する。クリップの最後に動きをもってくる場合はコレ

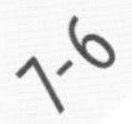

モーションググラフィックスを テンプレート化してみる

動きをつけたテロップやオブジェクトは、「モーショングラフィックステンプレート」として登録しておけば、すぐに読み出して使えます。

モーショングラフィックステンプレートとして登録する

1 「7-6.prproj」を開きます。タイムラインの動きをつけたテロップや、オブジェクトを右クリックして「モーショングラフィックステンプレートとして書き出し」を選択します❶。

2 別の画面が表示されるので、名前を入力します❷。保存先をローカル以外にしたいかたは保存先を変更❸、テンプレートを受け渡しするのであれば互換性にチェックを入れておきましょう❹。キーワードはテンプレート検索時に使用されます❺。

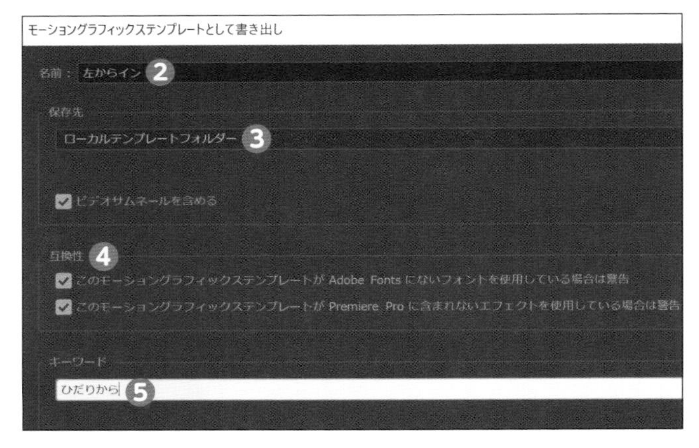

3 保存されたモーショングラフィックステンプレートは、エッセンシャルグラフィックスパネルの参照タブで確認でき❻、検索窓に先ほどのキーワードを入力すると表示されます❼。
あとはそれをタイムラインにドラッグするだけです。タイムラインに配置後に文字を打ち換えることも可能です。

情報はあとから修正可能

情報アイコンを押すと❽、画面が切り替わり、登録したテンプレートのタイトルやキーワードなどを編集できます。

マーカーをつけてみる

マーカーは、目印やチャプターとして利用でき、コメントを入れることもできます。設定したマーカーの位置には瞬時に移動することが可能です。

マーカーの種類

マーカーには、いくつか種類がありますが、このうち主に使うのが「コメントマーカー」と「チャプターマーカー」です。

- **コメントマーカー**：主に目印として使い、修正内容の指示などのコメント入力にも使用
- **チャプターマーカー**：ビデオファイルにチャプターをつける

マーカーを追加する

1 「7-7.prproj」を開きます。マーカーはM、またはプログラムモニターの「マーカーを追加」ボタンで行います❶。試しにマーカーを打ってみてください。
標準で追加されるマーカーは「コメントマーカー」です❷。追加すると、タイムラインやプログラムモニター上にマーカーが表示されます。

M ▶マーカーの追加

2 マーカーは、クリップを選択していない状態だとシーケンスに追加されますが、クリップ選択状態だと、クリップにマーカーが追加されます❸。クリップに追加すると、ソースモニターで確認したときも連動して確認できます。

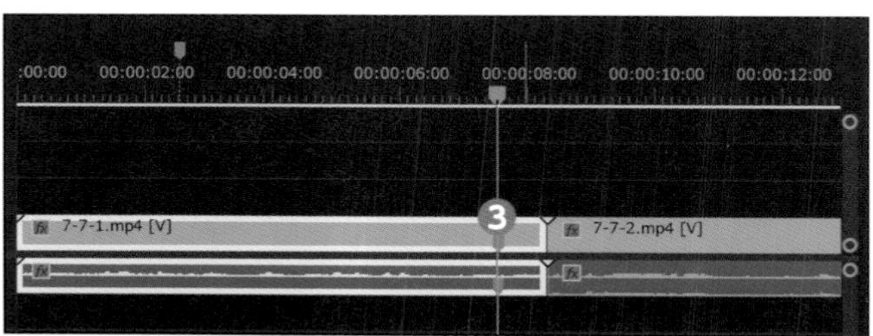

マーカーの長さを変える／名前やコメントを追加する

1 Alt（option）を押しながらマーカーをドラッグすると、長さを変更できます❶。これにより、マーカーのインアウトを設定することができます。
※クリップ内のマーカーは不可

2 マーカーをダブルクリックすると、マーカーの編集画面が開きます。ここでは、名前の欄に「修正」❷、コメント欄に「ここをカット」と入力し❸、マーカーの色の中から「赤」を選択して❹、「OK」を押します。
マーカーの編集画面は、再生ヘッドをマーカーに合わせてMでも開けます。

3 マーカーに内容が反映されます❺。例えば、チームでプロジェクトデータを共有している場合、赤なら修正指示など、色を決めておくとやりとりがスムーズに行えます。

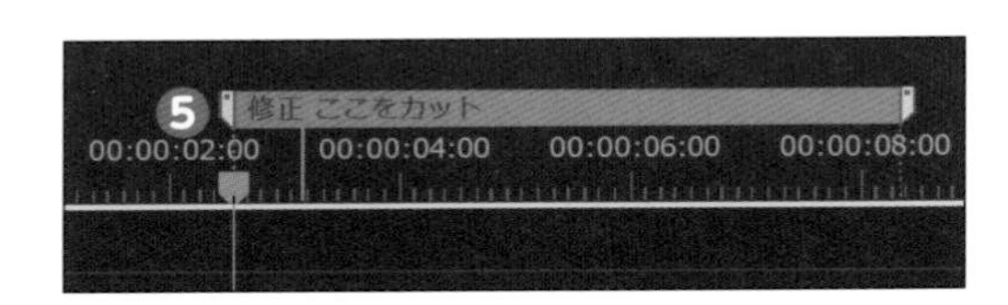

マーカー間を移動する

1 再生ヘッドがどこにあっても、マーカーに瞬時に移動できます。Shift＋Mで次のマーカーに移動、Ctrl＋Shift＋Mで手前のマーカーに移動です。
タイムラインのルーラー上❶で右クリック→「次のマーカーへ移動」「前のマーカーへ移動」❷でも可能です。

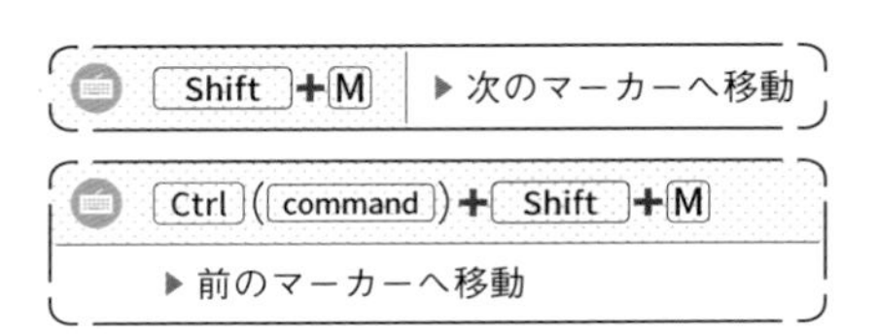

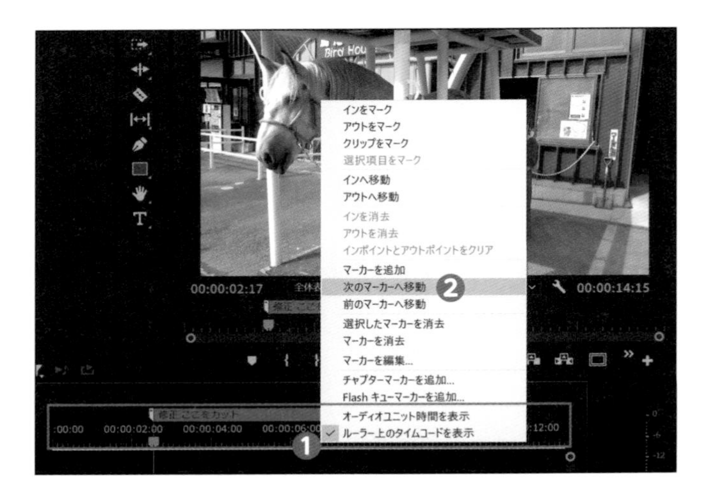

マーカーパネルを確認する

マーカーパネルはワークスペースごとに位置が異なります（「編集」だとプロジェクトパネルと同じ）。メニューバーのウィンドウ→「マーカー」でも開けます。

1 マーカーパネルは、マーカー名❶、インアウトのデュレーション❷、コメント❸などをまとめて確認できます。また、サムネイル付近をクリックすると❹、瞬時にマーカーのイン点に移動できます。マーカーを色分けしていれば、各カラーをクリックすることでフィルタリングも可能です❺。
なお、**シーケンスのマーカーと、クリップのマーカーは、パネル上では別扱い**になります。

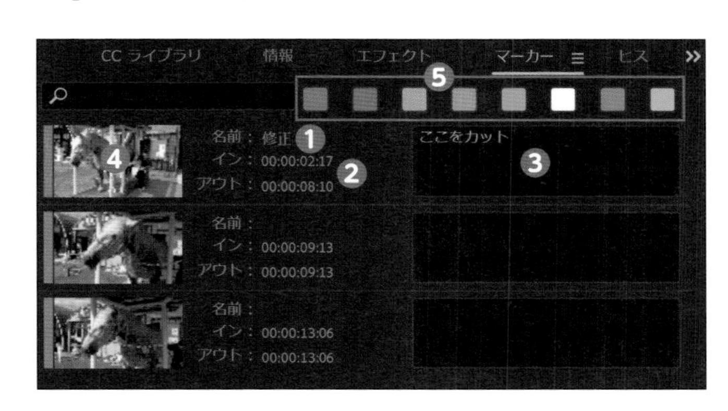

マーカーを削除する

1 個別に消すときは、マーカーを選択した状態で❶、Ctrl＋Alt＋M、または右クリック→選択したマーカーを消去❷です。**マーカーパネルで、サムネイルを選択してDeleteでも可能**です。シーケンス内の全マーカーを消去するときは、Ctrl＋Alt＋Shift＋M、または「マーカーを消去」を選択します❸。

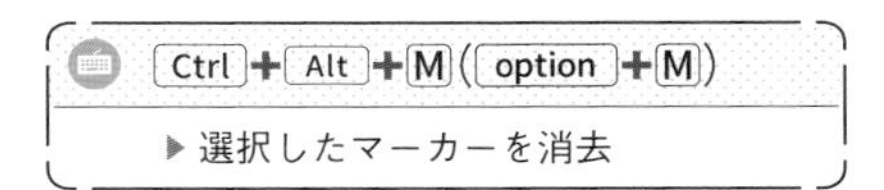

▶ 選択したマーカーを消去

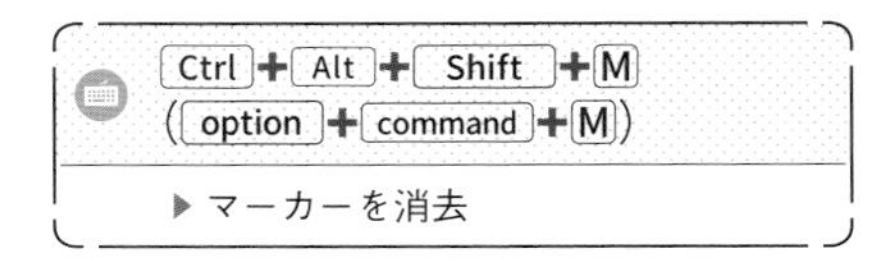

▶ マーカーを消去

Check!

便利な設定

メニューバーのマーカー→リップルシーケンスマーカー❶をオンにすると、マーカーがある状態でリップル削除を行うときに、マーカーも一緒に移動します。マーカーの位置を固定したいときはオフにしてください。また、コピー＆ペーストにシーケンスマーカーを含める❷をオンにすると、シーケンスマーカーを含めてクリップをコピペできます。

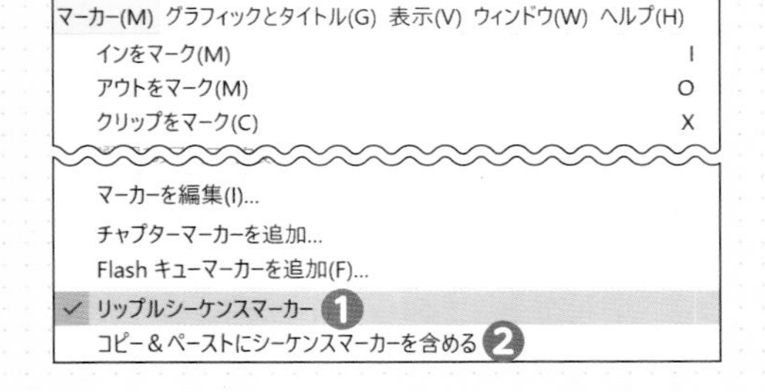

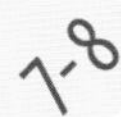

クリップの色を変えてみる

ラベルはクリップの表示色の設定です。色分けすることで、視覚的にわかりやすくしたり、まとめて選択してエフェクトをかけたりできます。

ラベルを変更する

初期設定で「ビデオ／オーディオ／静止画」などラベル分けされていますが、チャプターごとなど、自分で決めたルールに基づいて色を変えたほうが、わかりやすくなります。

1 「7-8-1.mp4」のビデオクリップを右クリックして❶、「ラベル」の項目を選ぶと❷、アイリスにチェックが入っています。そのまま、別の色（ここではマゼンタ）を選択します❸。

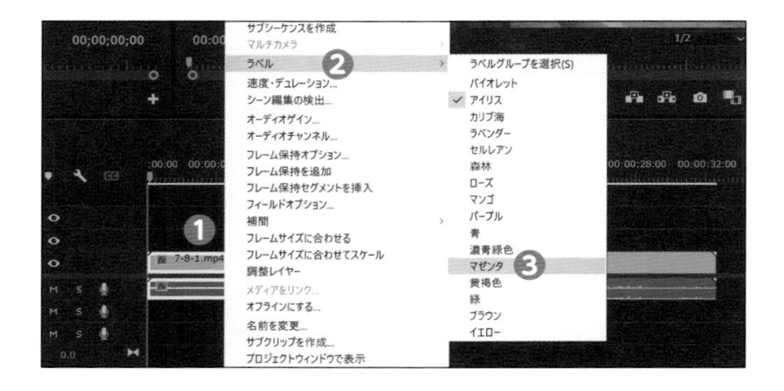

2 クリップの色が変わったのが確認できます❹。

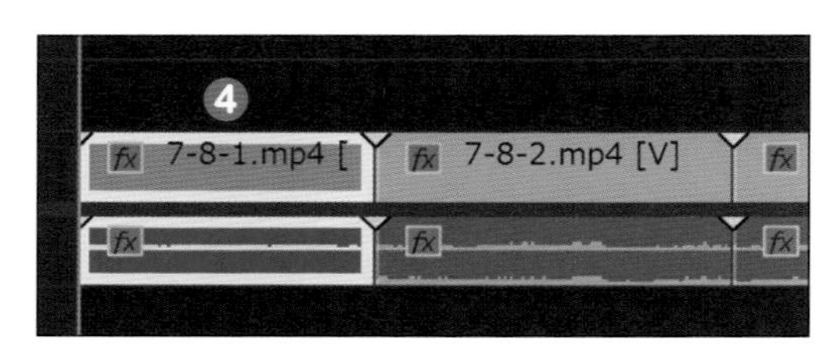

3 今度はプロジェクトパネル側で色を変えてみましょう。プロジェクトパネルの「7-8-2.mp4」のクリップを右クリック❺→ラベル❻→イエロー❼を選択します。

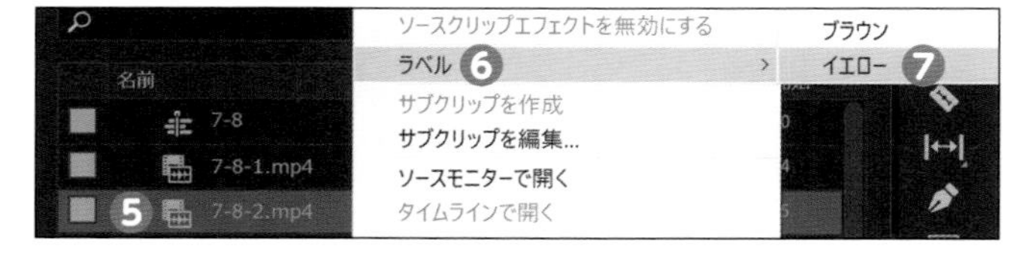

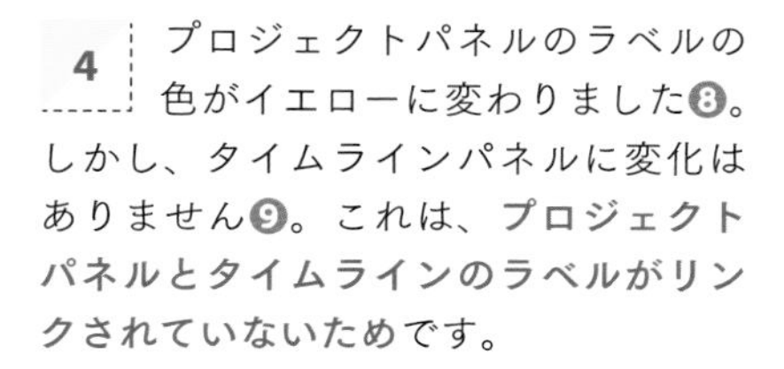

4 プロジェクトパネルのラベルの色がイエローに変わりました❽。しかし、タイムラインパネルに変化はありません❾。これは、プロジェクトパネルとタイムラインのラベルがリンクされていないためです。

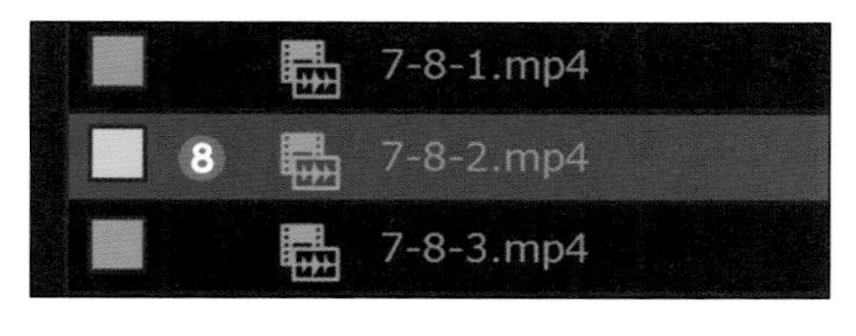

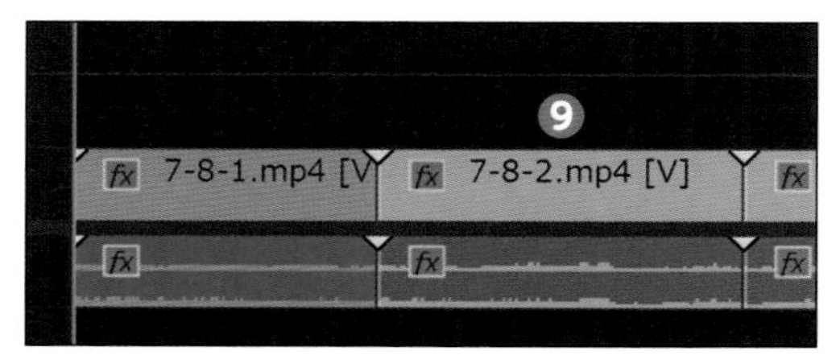

プロジェクトパネルとタイムラインのラベルをリンクする

1 プロジェクトパネルとタイムラインパネルのラベルの色をリンクさせてみましょう。タイムラインのスパナアイコンをクリックして❶、「ソースクリップ名とラベルを表示」を選択します❷。

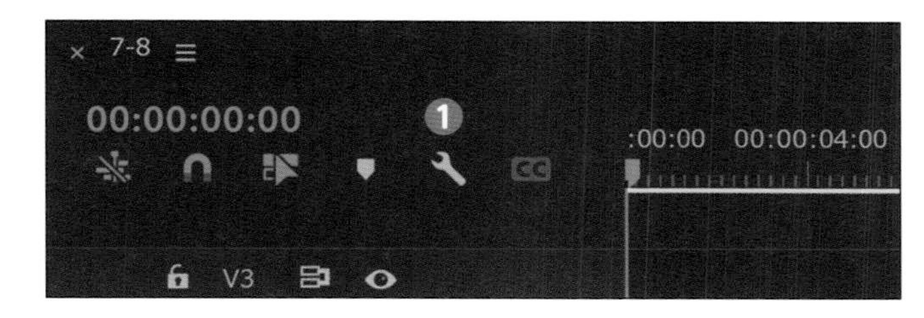

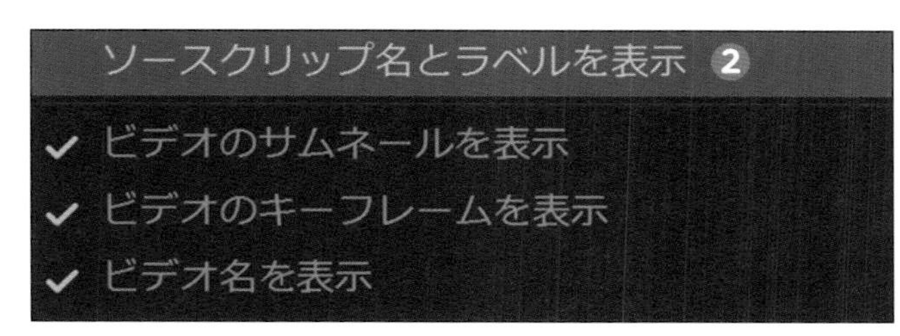

2 タイムラインパネルのクリップの色が、プロジェクトパネルとリンクしてイエローになりました❸。しかし、「7-8-1.mp4」のクリップが元の色に戻ってしまいました❹。

「ソースクリップ名とラベルを表示」にチェックを入れた状態であれば、プロジェクト／ソースどちらかのパネルの色を変えればリンクします。リンクする／しないは、使い勝手のいいほうに設定してください。

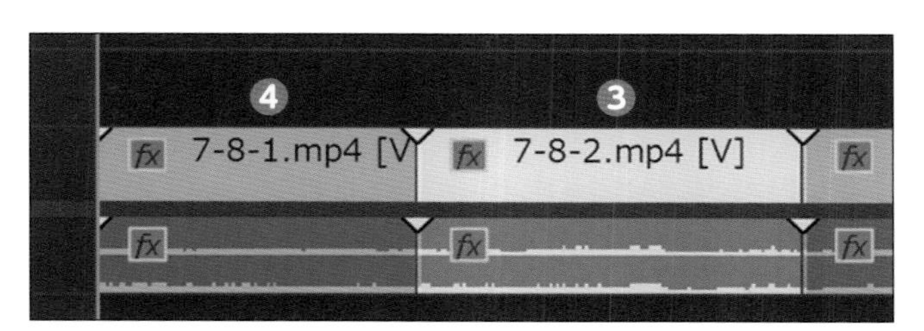

ラベルグループを選択する

1 クリップを選択して右クリック→ラベル→ラベルグループを選択❶をクリックすると、**現在選択中のクリップと同じラベルのクリップをまとめて選択できます。まとめてエフェクトをかけたり、一気に消したりするときに便利です。**

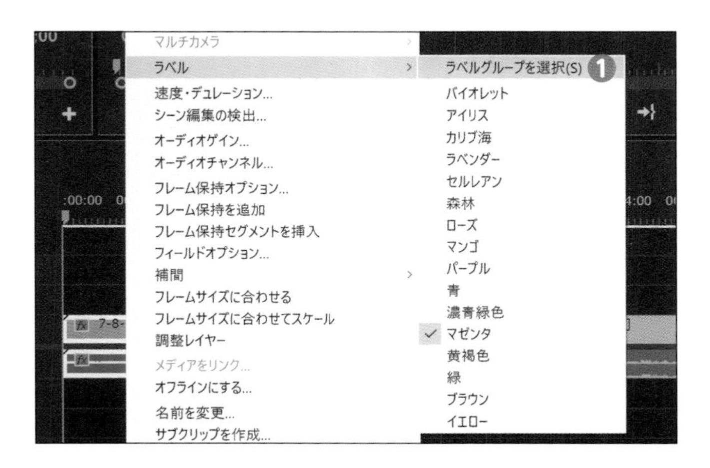

7-9 タイムコードを直接入力してみる

タイムコード(以下TC)の直接入力は大きく分けて2通りあります。1つは現在の再生ヘッドの位置から動かす場合、もう1つはピンポイントの位置に飛ぶ場合です。

再生ヘッドの位置から指定した分を動かす

好きな位置にジャンプできるようにするには、TCの入力方法を知る必要があります。

1 現在位置から指定した分だけ動かすには、TCの欄をクリックして、数字の頭に「+」または「−」をつけて入力します。例えば「30fps」の場合、「+30」と入力して❶、Enterを押すと、1秒=30フレームなので1秒先に進みます。「+61」だと2秒1フレーム進み、「−30」なら1秒手前に戻ります。

2 **TCの入力は「100」を超えて、数字が3桁以上になると考え方が変わります。**再生ヘッドを一度、頭に戻して「+100」と入力して❷、Enterを押します。

3 再生ヘッドがTC［00:00:01:00］に移動しました❸。なぜ「1秒」?と思いますよね。**3桁目からは、フレームではなく「秒数」として考える必要があります。**「+100」と打てば、コロンを足して「+1:00」と打ったことになり、「+1秒」になります。つまり「+30」と打つのと、「+100」と打つのは、同じになります。

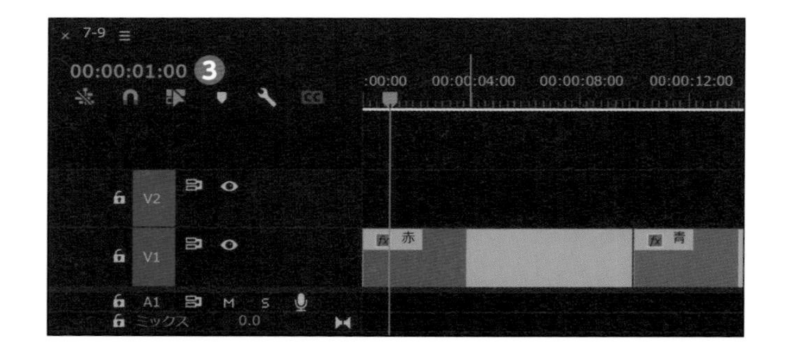

4 続けて、TCに「+131」と入力して❹、Enterを押してみましょう。

5 TC［00:00:01:00］からTC［00:00:03:01］❺に再生ヘッドが移動しました。理由は下記の通りです。

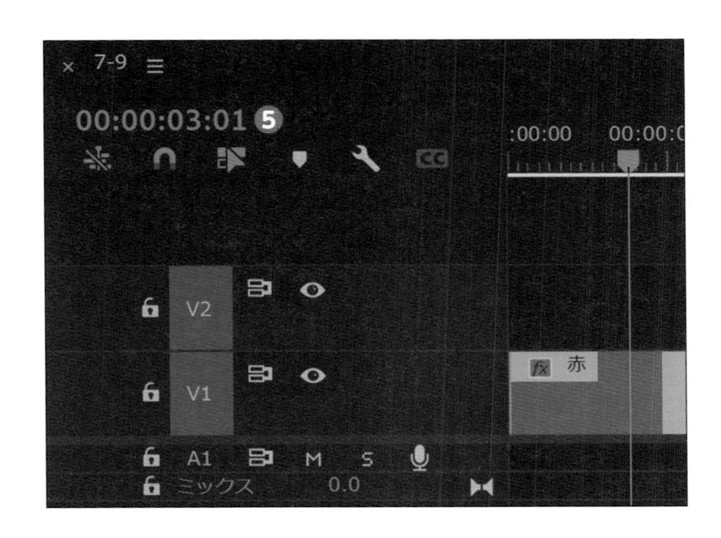

3桁以上は分けて考える

TCの入力は、3桁目から、秒数として考える必要があります。まず、「＋131」を「＋100」と「＋31」というふうに、3桁以上と2桁以下に分けて考えましょう。3桁目からはコロンを足して「秒数」に変換、2桁までは「フレーム」です。「＋131」の場合、「＋100＝1:00＝1秒」、残りの「＋31」が1秒1フレームということです。

※フレームレートが30fpsの場合

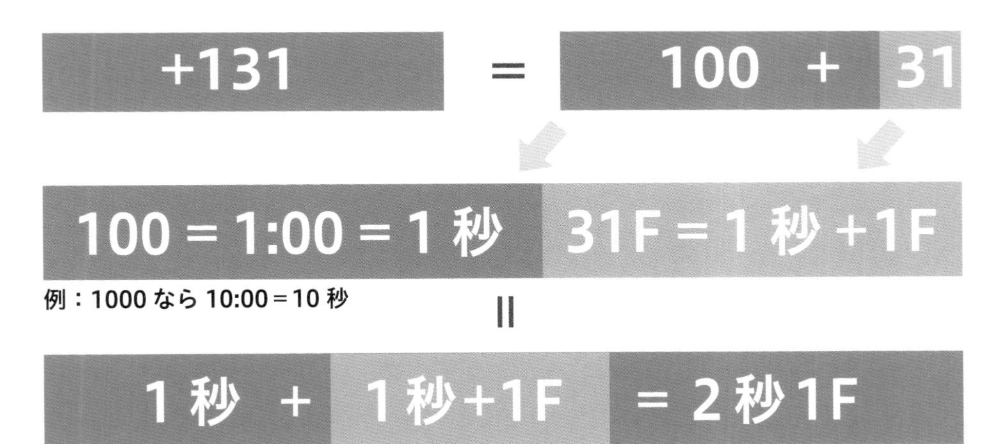

▶3桁以上は2桁ごとに「:」を足す
▶2桁までは「フレーム」
※30fpsなので30F＝1秒

直接、指定した場所にジャンプする

1 ピンポイントで特定の位置に移動するには、「+」や「−」をつけずに数字のみ入力します。その際、コロンは入力不要です。TCの欄をクリックし「1509」と入力して❶、Enterを押します。

2 再生ヘッドが、タイムコード[00:00:15:09]にジャンプしました❷。

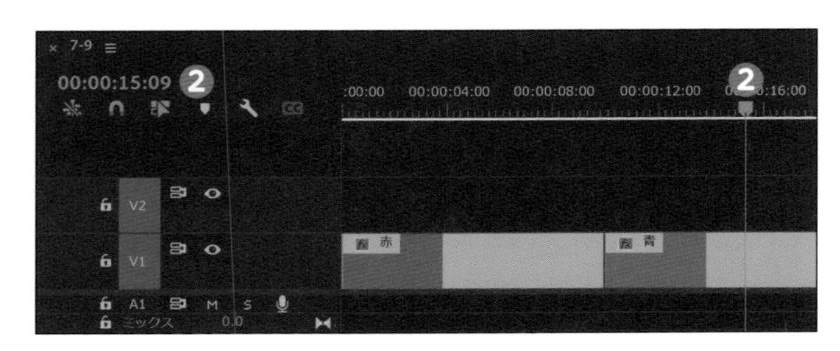

1509 = 15:09 = 15秒09F

1000 = 10:00 = 10秒

10000 = 1:00:00 = 1分

100000 = 10:00:00 = 10分

▶「+」を付けないときは入力したTCにジャンプ

▶TCは2桁ごとに区切って考える

シーン編集の検出を使ってみる

「シーン編集の検出」は、クリップを自動で分析し、シーンの切り替わり部分を自動でカットしてくれる機能です。ただし、ディゾルブの箇所は対応できません。

自動でシーンの切り替わりをカットする

1 「7-10.prproj」を開きます。タイムラインに配置したクリップを選択し❶、右クリック→シーン編集の検出❷を選択します。

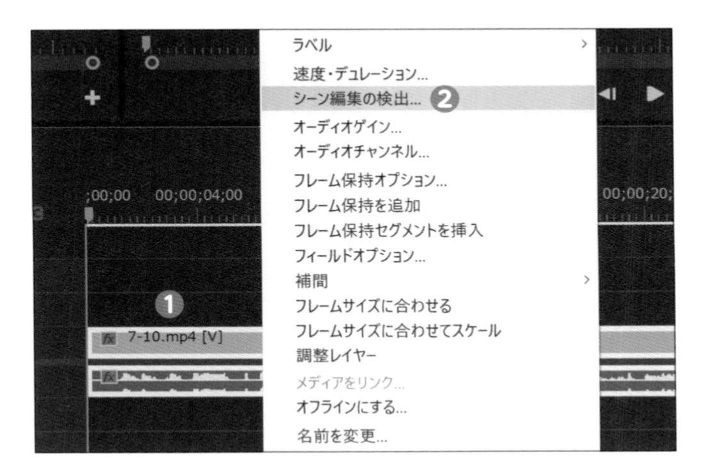

2 別の画面が表示されるので、ここでは「検出された各カットポイントにカットを適用する」❸にチェックを入れて「分析」を押します❹。
「検出された各カットポイントからサブクリップのビンを作成する」にチェックを入れておくと、シーン検出で分割されたデータがサブクリップとしてプロジェクトパネルに保存されます。

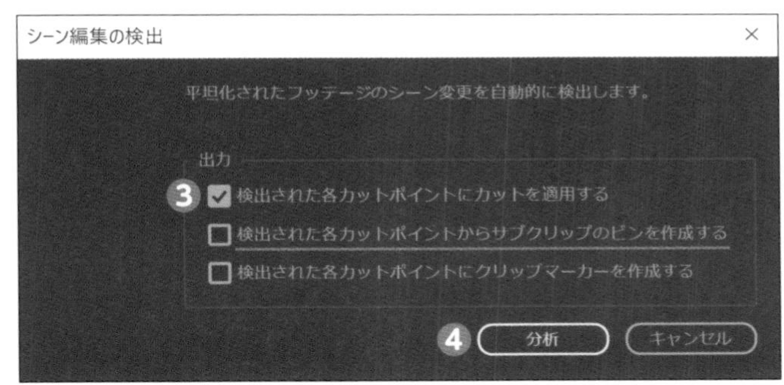

3 分析が終わると、シーンの切り替わりでクリップがカットされます❺。

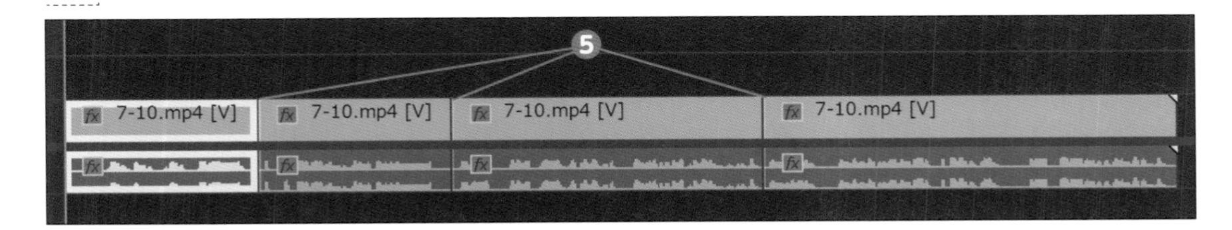

シーン編集の検出

- **検出された各カットポイントにカットを適用する**：シーンごとに自動的にカットする
- **検出された各カットポイントからサブクリップのビンを作成する**：プロジェクトパネルに、シーンごとにサブクリップを作成する
- **検出された各カットポイントにクリップマーカーを作成する**：シーンの切り替わりにマーカーを追加する

文字起こし機能を使ってみる

音声を自動で認識し、キャプション（字幕）として書き起こしてくれるのが文字起こし機能です。コメントテロップなどの作成が、手動で1つ1つ行うよりも簡単にできます。

自動で文字起こしをする

1 「7-11.prproj」を開きます。ワークスペースを「キャプションとグラフィック」にすると、左上の画面にキャプションタブが表示されるので、「シーケンスから文字起こし」を選択します❶。

2 別の画面が開くので、下記のように設定します。

❷**言語**：日本語
❸**オーディオ分析**：トラック上のオーディオ→オーディオ1

「言語」は、クリップ内で話している言語を選択します。**オーディオ分析の「トラック上のオーディオ」は今回、A1トラックにしかないので、ミックスとオーディオ1しか表示されません。**設定後、「文字起こし開始」をクリックすると❹、オーディオ分析が自動ではじまります。

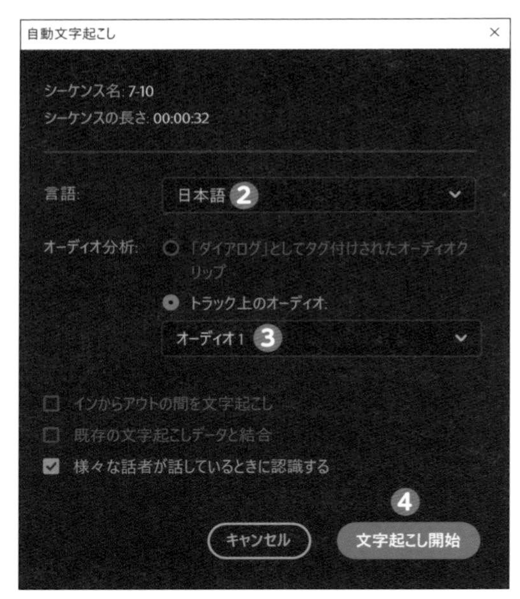

3 分析終了後、書き起こされたテキストが表示されます。再生すると、再生ヘッドの位置に応じてテキストが青くハイライトされます❺。テキストはあとから修正できるので、まずはキャプションを作成しましょう。「キャプションの作成」ボタンをクリックします❻。

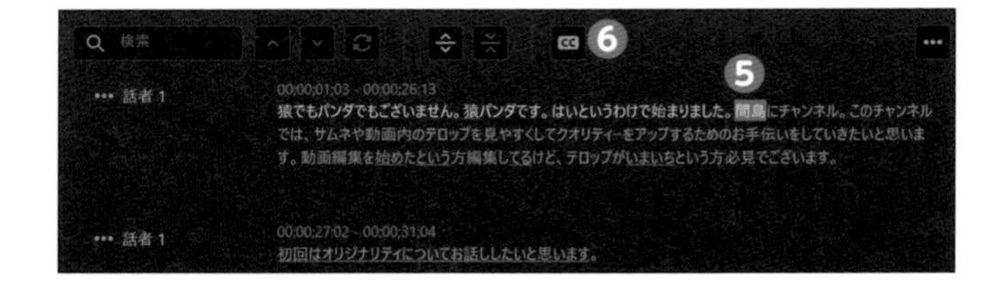

4 別の画面が表示されますが、ここでは、特に設定を変更せずにそのまま「作成」をクリックします❼。その後、自動でキャプションの作成が行われます。

5 先ほどのテキストがキャプションテロップとして配置されます❽。音声に合わせて自動配置されるため、**あとから隙間を埋めたり、分割／結合したりして整える**必要があります。
また、**文字起こしで作成されるテロップは、C1トラック(キャプショントラック)に配置されます。**テロップ間を移動しやすくするために、「C1」をクリックしてトラックターゲットをオンにしておきます❾。

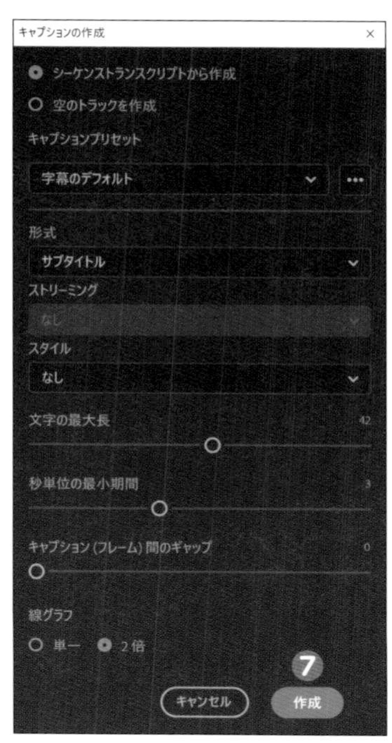

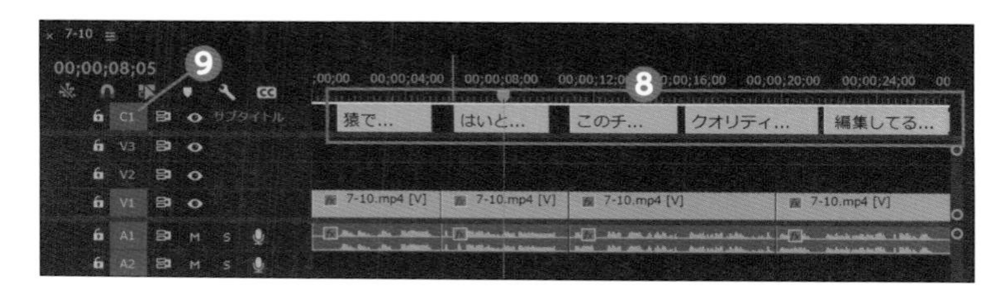

6 また、手順3ではブロック単位でまとめられていたテキストが、配置に合わせて分割され❿、インアウトも表示されています⓫。

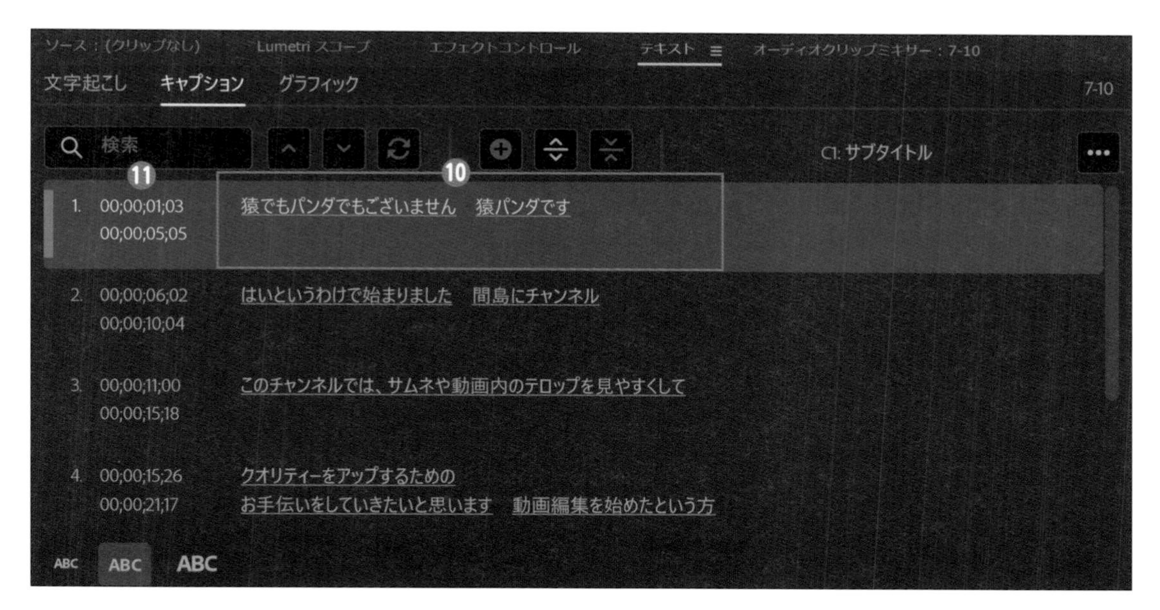

句点は削除される

音声に応じてブロックが細かく分割されたことで、「句点(。)」も削除されます。テロップでは句読点をあまり使いません。残っている句読点があれば、文字修正とあわせて削除していきます。

キャプションの区切りを調整する

文字起こし機能は、分けたいテキストが1枚のテロップになることがあるので調整が必須です。分割／結合／カット&ペーストなどを使って調整します。

1 ブロック単位のテキストをダブルクリックすると、文字の編集画面に入ります。ここでは、正しく文字起こしできなかった「間島に」を「もじもじ」に打ち換えます❶。

2 ここでは「もじもじチャンネル」がいわゆるタイトルコールのため、別テロップにします。「キャプションを分割」ボタンを押すと❷、テロップが分割されるので、編集画面に入り、❸と❹の内容を消します。空きスペースも一緒に消しましょう。

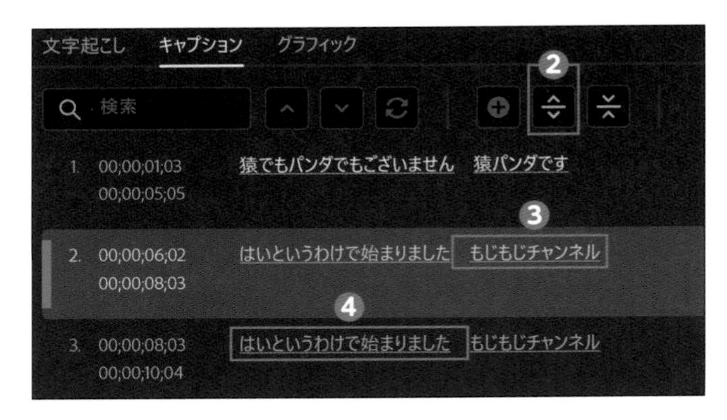

3 テロップの修正と分割ができました❺❻。他のテロップも修正／分割／結合／改行などを行います。改行することで実際のテロップも改行されます。

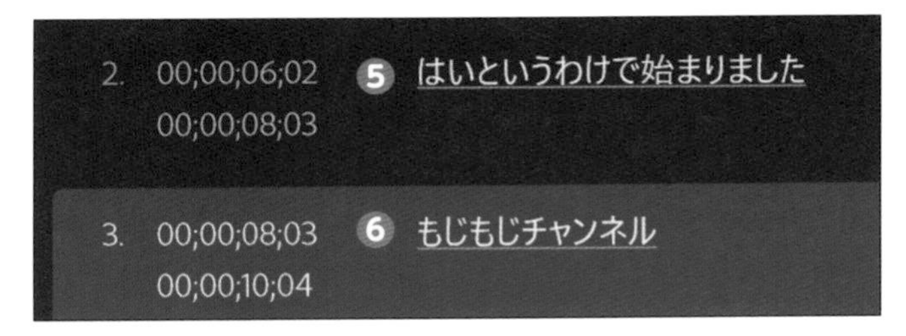

4 あとは、テロップの表示範囲を整えます。間が空いている部分を引き延ばしたり❼、カットの頭まで伸ばしたりと❽、各種調整を行います。一通りできたら再生して確認します。

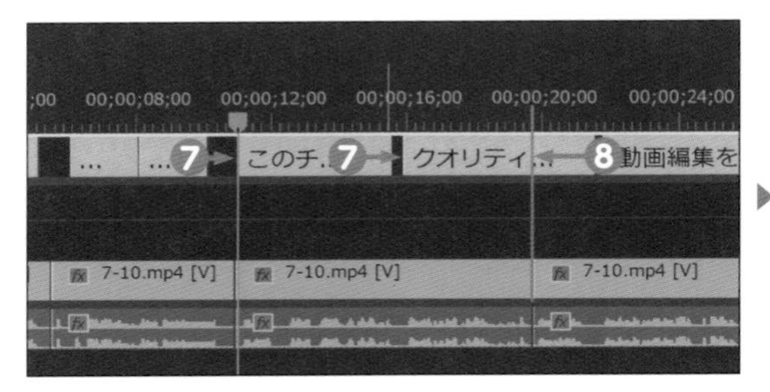

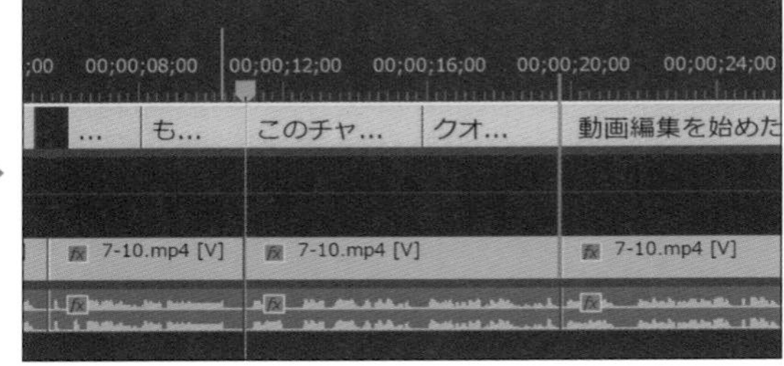

テキストを置き換える

キャプション内に変更したい文字が複数ある場合は「置き換え」を使うとまとめて変換できます。検索窓に置き換え前の文字を入力すると❶、テキストがハイライト化します❷。「置き換え」ボタンを押すと❸、「次で置換」などのメニューが追加表示されるので、置き換えたい文字を入力します❹。個別の置き換えは「置き換え」❺、一括の置き換えは「すべてを置換」❻です。

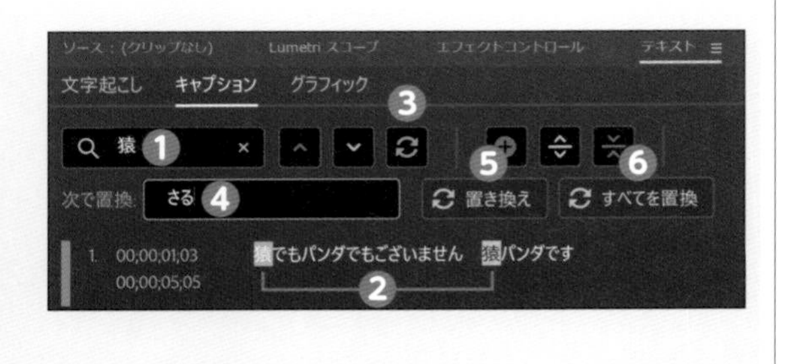

キャプションのスタイルをまとめて設定する

1 どれでもいいので、キャプションテロップを1つ選択して、エッセンシャルグラフィックスパネルでフォントや塗りなどを設定します。そのテロップを選択した状態で、トラックスタイルを「なし」から「スタイルを作成」にします❶。

※テロップの装飾を飛ばしたいかたはサンプルスタイルを読み込んでください。
学習用データ：7-11→02_footageに「Yellow_Black.prtextstyle」

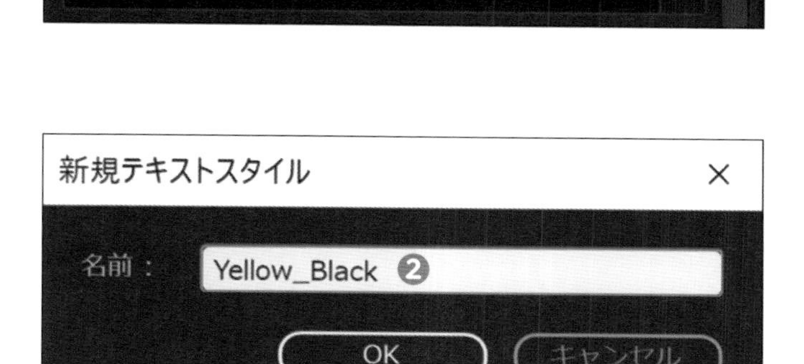

2 別の画面が表示されるので、任意の名前（ここでは「Yellow_Black」）をつけます❷。

3 トラックスタイルの上向きの矢印（トラックまたはスタイルに押し出し）をクリックします❸。

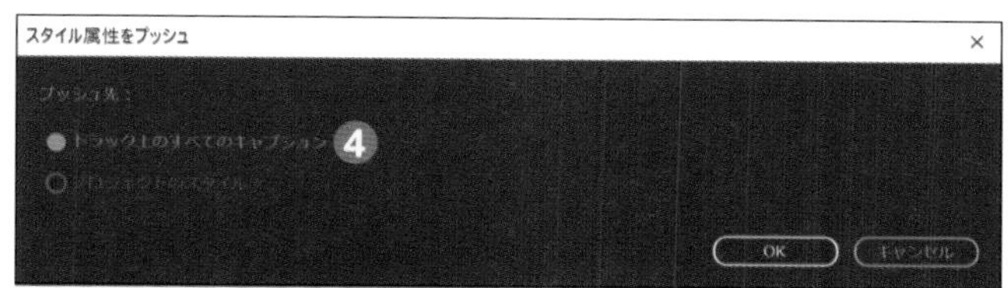

4 「トラック上のすべてのキャプション」が選択されているのを確認して❹、「OK」を押します。再生すると、すべてのキャプションテロップにスタイルが適用されているのが確認できます。

スタイル属性をプッシュ

OK キャンセル

Check!

書き出し時の注意点

動画に書き出したときに、キャプションテロップが反映されていないときは、書き出し時の画面で、キャプション→書き出しオプション→「キャプションのビデオへの書き込み」になっているか確認してください。

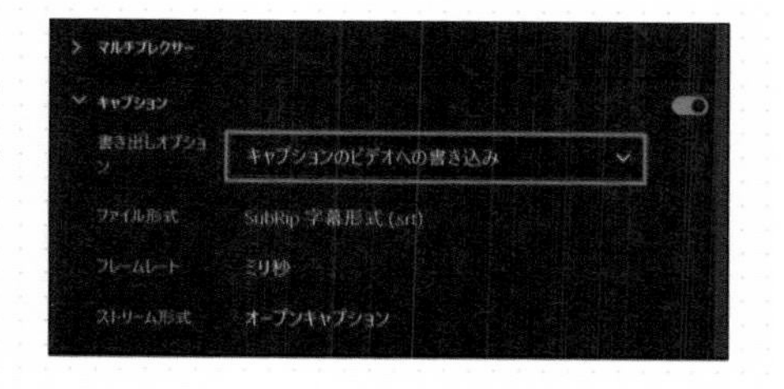

7-12 フリー素材を使ってみる

フリー素材は無料にもかかわらず、クオリティの高いものが多く、動画編集の強い味方です。使用ルールがサイトによって異なるので「利用規約」に必ず目を通してから使うようにしてください。

ルールを守ってフリー素材を使う

フリー素材は無料ですが「著作権」があります。**「決められた利用規約の範囲内であれば自由に使える」という制限つきのフリーです。どんな制限かはサイトごとに利用規約が違います。**1つの作品に20点までならOKというものや、クレジットの明記が必ず必要なもの、印刷やウェブ関連には使っていいけど、放送はダメなどさまざまです。

フリー素材を使用し、気づかずに**利用規約を破っていた場合、映像の公開が禁止になる可能性があるだけでなく、訴えられる可能性もあります。**あとからトラブルにならないためにも「利用規約を確認する」を徹底するようにしてください。

イラストAC［無料・有料］

URL https://www.ac-illust.com/

イラスト数が豊富で、クオリティも高いサイトです。無料会員と有料のプレミアム会員があります。同一アカウントで、写真やシルエット画像などのサイトも利用できます。

Pixabay［無料］

URL https://pixabay.com/ja/

写真だけでなく、4Kの動画素材まであります。サムネイルにカーソルを合わせるだけで動画の確認ができたり、類似の動画を表示してくれます。

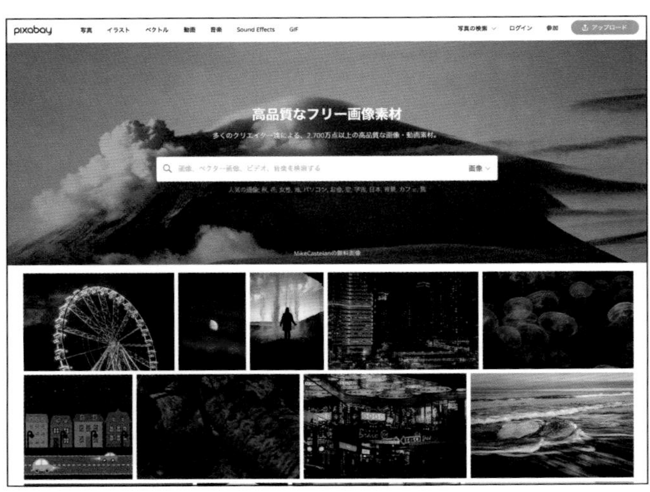

DOVA-SYNDROME［無料］

URL https://dova-s.jp/

BGM・ジングル・効果音など、すべて商用利用可能です。利用規約と別に、音の制作者によって利用条件が異なるので、よく確認してご使用ください。

フォントフリー［無料・有料］

URL https://fontfree.me/

各種フォントがたくさん紹介されています。フォントごとに利用条件は異なりますが、わかりやすく明記してくれているので安心して使用できます。

テロップ・サイト［無料・一部有料］

URL https://telop.site/

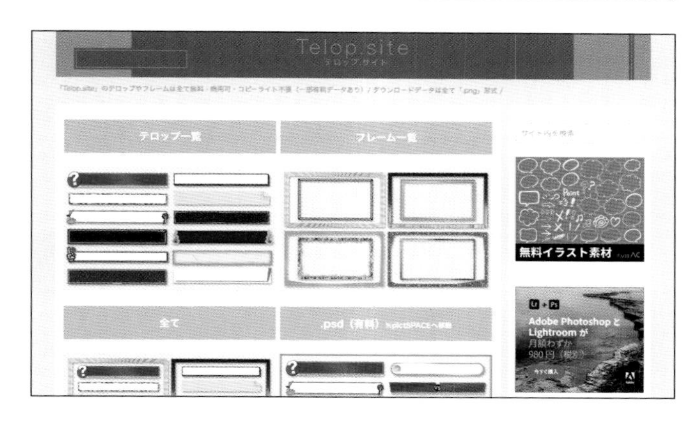

数少ない「テロップ素材」に特化したサイトです。幅広いジャンルを取り揃えており、一部を除きすべて無料、商用利用可能です。素材は「.png」形式なのでダウンロードして、Premiere Proに読み込むだけですぐに使えます。

テロップ作成に役立つサイト

■ ナカドウガ

URL https://note.com/meec/

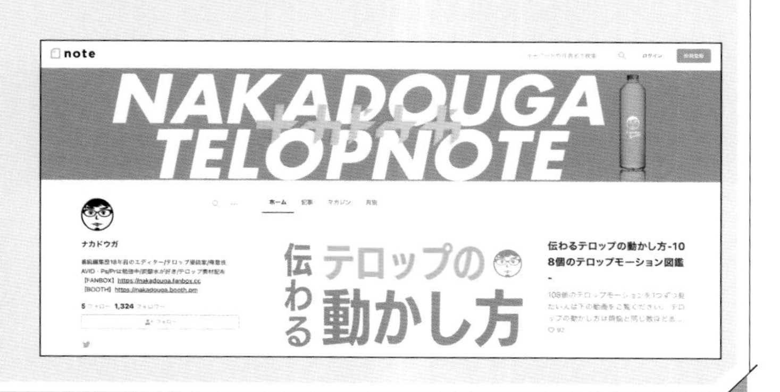

映像関連のセミナーや雑誌連載などでご活躍のナカドウガさんが、テロップに関する情報を、とても見やすく、わかりやすく解説されています。テロップをつくることになったらまず読んでいただきたい内容です。他にも、月に1度のペースで素材の有料配布なども行われています。

CCライブラリを使ってみる

CCライブラリは、クラウド上でデータの保存／読み出しが可能な、Adobe社の「素材管理ツール」です。チームで素材共有するときなどにも役立ちます。

CCライブラリに登録したデータを使う

CC（Creative Cloud）ライブラリに保存したデータは、**Photoshopや Illustrator、Premiere Pro、After Effectsなど各ソフトで使用可能**です。例えば、Photoshopで作成したデータをCCライブラリにアップロードして、Premiere Proで読み出して使うことができます。

1 ワークスペースは「エフェクト」を使用します。CCライブラリパネルを開いて❶、登録したデータをタイムラインにドラッグします❷。CCライブラリパネルが見当たらない場合は、メニューバーのウィンドウ→ライブラリで表示させます。

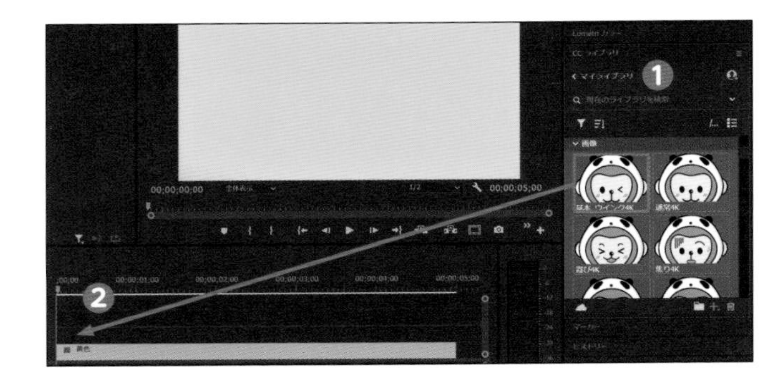

2 画像が配置され、プログラムモニターに表示されます❸。

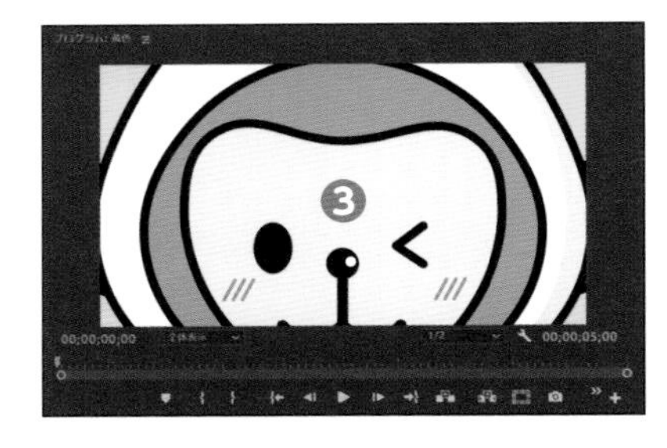

Check!

Adobe Captureと連携する

Adobe Captureは、iPhone、iPad、Android用のアプリです。カメラで撮った画像をシェイプやパターンなどのデータに変換でき、撮影画像はPremiere Proの「Look」としても使えます。CCライブラリに保存されるので、すぐにPC上で利用できます。

■ 主な機能

- **オーディオ**：音声データを録音
- **マテリアル**：テクスチャに変換
- **文字**：撮影した文字データを読み取り、類似フォントをAdobe Fontsの中から表示（日本語未対応）
- **シェイプ**：紙に書いたイラストなどをベクター画像に変換
- **カラー**：色を抽出し、カラーパレット（色情報）やグラデーションを作成
- **Look**：Lookに変換
- **パターン**：パターン画像を作成
- **ブラシ**：カスタムブラシに変換

※2022年10月現在

テクニック 編

Chapter 8

こんなときはどうすればいい？ Q&A

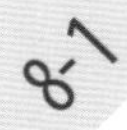

YouTubeにアップロードしたい

Premiere Proに用意されているプリセットを使えば、簡単にYouTube用の動画を書き出せます。また、Premiere ProからYouTubeへ直接アップロードすることも可能です。

YouTube用の動画ファイルとして書き出す

1 YouTubeに書き出すときは、書き出し画面で「YouTube」の表記があるプリセットを選べば間違いありません❶。あとはサイズなどの違いです。全プリセットから選択する場合は、「その他のプリセット」を選択します❷。

2 プリセットマネージャーが開きます。検索窓に「YouTube」と入力すれば❸、YouTubeのプリセットのみ表示されます。お気に入りはスターマークにチェックを入れて❹、プリセット一覧で常に表示されるようにしましょう。

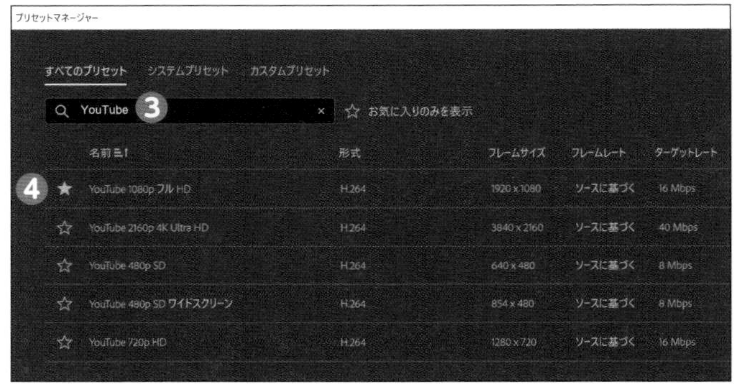

YouTubeに直接アップロードする

YouTubeにアップロードするためには、チャンネルをすでに開設していて、ログインできる状態にしておく必要があります。

1 書き出し画面で「YouTube」の設定をオンにし❶、表示される設定の「サインイン」をクリックします❷。

2 Media Encoderが、Googleアカウント（YouTubeアカウント）への許可を求めてくるので、許可します❸。

Adobe Media Encoder に以下を許可します:
YouTube アカウントの管理
Adobe Media Encoder を信頼できることを確認
Adobe Media Encoder のプライバシー ポリシーと利用規約をご覧ください。
キャンセル　許可 3

3 タイトル／説明／タグなどの項目を入力します。説明❹＝YouTubeの「概要欄」にあたります。プライバシーの欄はいったん「非公開」にしておくのがおすすめです❺。**アップロード→即公開もできますが、動画に不具合がないかチェックしたあとに公開に変更するほうが無難です。**
タグを複数入れる場合は、カンマ（,）で区切りを入れてください❻。一通り入力したら、「書き出し」を押します。

YouTube
チャンネル　もじもじチャンネル
再生リスト　なし
タイトル　【テーマはオリジナリティ！】テロップはどこにこだわる？
4 説明　テロップを見やすくするためのチャンネル。毎回テーマを決めて、テロップについて話します。
5 プライバシー　非公開
6 タグ　#テロップ,#オリジナリティ
カスタムサムネール　なし
アップロード後にローカルファイルを削除

4 書き出し完了後、しばらくしてからYouTube側で確認すると、ファイルがアップロードされているのがわかります。動画のサムネイルをダブルクリックすると、詳細設定で確認できます❼。

5 タイトル❽、説明❾など、Premiere Proの書き出し画面で入力した内容が反映されているのが確認できます。ここで再度、Premiere Pro上で入力した内容を変更することも可能です。
非公開でアップロードした場合は、動画を再生して内容に問題なければ、「公開」に切り替えて完了です❿。

SNS用に縦長動画をつくりたい

横長の動画を、縦長や正方形にしたい場合は「オートリフレームシーケンス」を使います。これは、画面比率を変更しつつ、被写体を中央付近に映るように自動で調整してくれる機能です。

オートリフレームシーケンスを使う

「8-2.prproj」を開き、ワークスペースを「垂直方向」にします。

1 オートリフレームシーケンスは、**シーケンスの比率を変更し**ます。タイムラインパネルを選択した状態で、メニューバーのシーケンス→オートリフレームシーケンス❶を選択します。

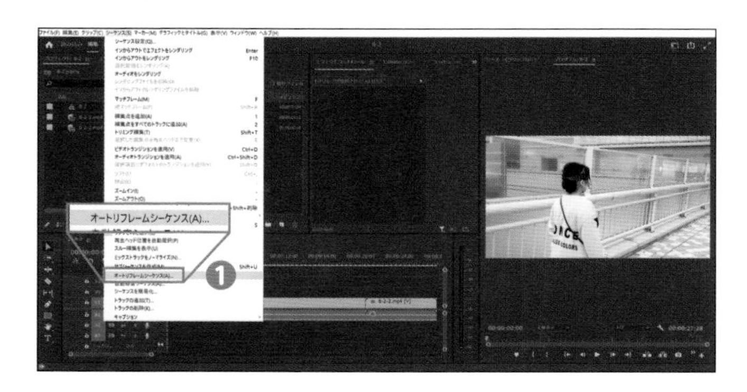

2 別の画面が表示されるので、ここでは下記のように設定し、「作成」を押します。

❷**シーケンス名**：SNS
❸**ターゲットアスペクト比**：垂直方向 9:16
❹**モーショントラッキング**：デフォルト
❺**クリップをネスト**：クリップをネスト化せず、現在のモーション調整を破棄した上で新たにフレーミングを自動調整

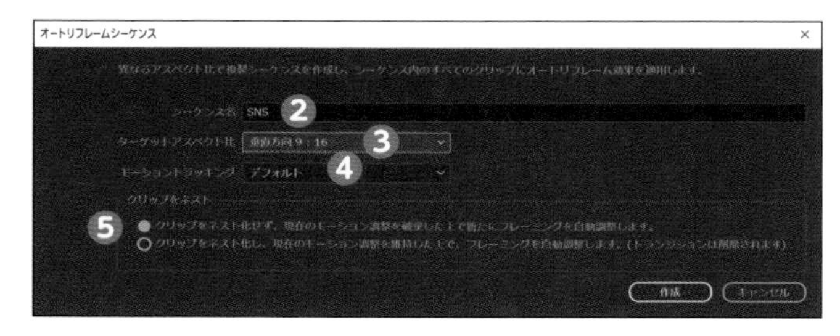

3 自動分析が終わると、開いていたシーケンスの隣に先ほど名前をつけたシーケンス（ここではSNS）が作成されます❻。プログラムモニターの画面サイズが縦長になっているのも確認できます❼。再生して確認します。

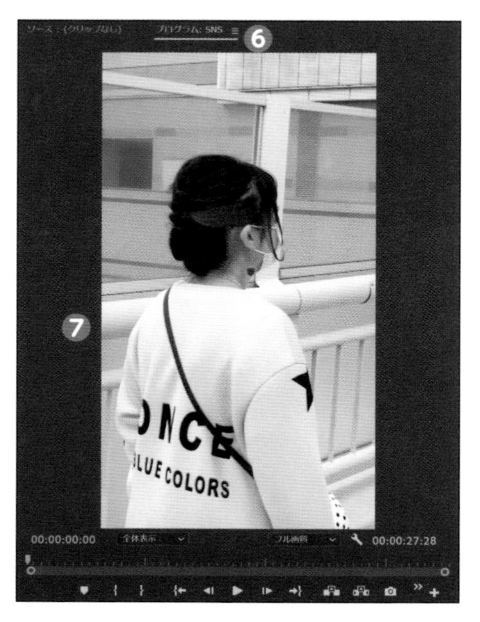

オートリフレーム後も調整可能！

さらに調整を加えたい場合は、エフェクトコントロールパネル→オートリフレームの設定でモーショントラッキングの設定変更や、位置の調整などが可能です。

必要な箇所だけ書き出したい

インアウトを打ってから書き出すと、その範囲のみを書き出すことができます。部分的な動作チェックにも使えます。

インアウトを指定してから書き出す

編集画面でインアウトを指定

イン点❶とアウト点❷を打ってから書き出しをすると、その範囲だけ書き出すことができます。書き出し時に、「範囲」の表示が自動で「ソースイン／アウト」になります❸。

書き出し画面でインアウトを指定

書き出し設定のプレビュー画面で通常の編集と同じように、ショートカットやボタンで、インアウトを設定／変更することも可能です。

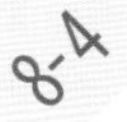

1コマを静止画として書き出したい

「フレームを書き出し」を使うと、動画の1コマだけを画像データとして書き出すことができます。

フレームを書き出す

1 静止画にしたい位置に再生ヘッドを合わせて、Ctrl＋Shift＋E、またはソースモニター、プログラムモニター下部にある「フレームを書き出し」ボタンをクリックします❶。

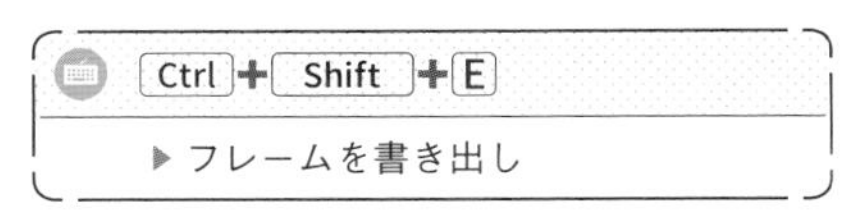

※Macでは未登録

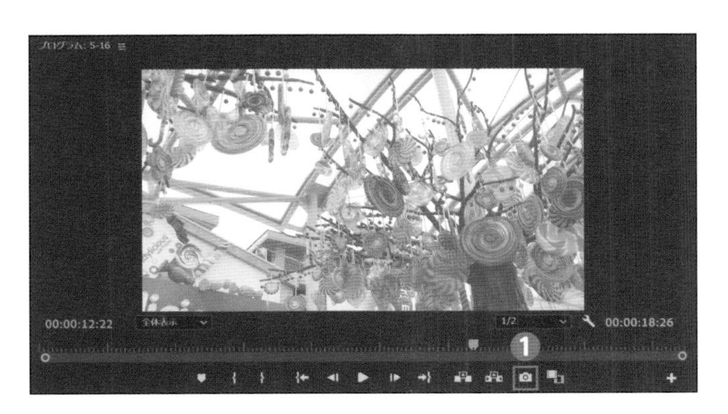

2 別の画面が表示されるので、下記を参考に設定して「OK」を押します。

❷名前：ファイル名
❸形式：拡張子の選択
❹パス：ファイルの保存場所。変更する場合は「参照」を押して❺、任意の場所に指定
❻プロジェクトに読み込む：切り出した静止画をそのままプロジェクトパネルに読み込む

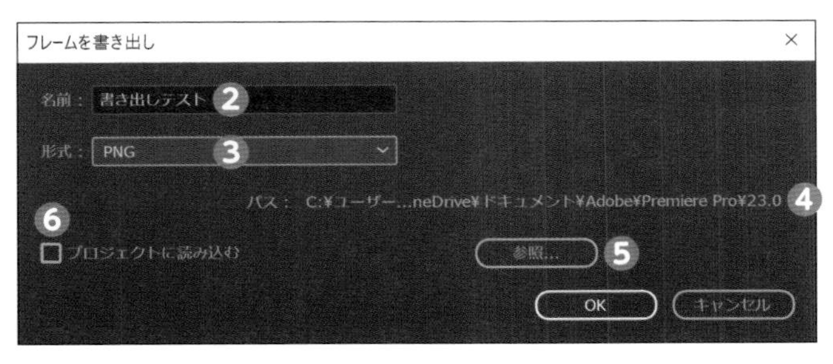

動画がカクつくのを何とかしたい

エフェクトをかけたりトラックが積み重なったりすると、動画がスムーズに再生できないことがあります。そんなときは、ここで紹介する方法を試してみてください。

レンダリングしてみる

通常、問題なく再生できるレベルだと、レンダリングバーは「黄」です。しかし、PCのスペックによっては、黄色でも動作がカクつく場合があるので、レンダリングして、バーを「緑」にしましょう。「赤」は通常再生が難しく Enter を押すだけでレンダリングされますが、「黄」から「緑」はメニューからレンダリングする必要があります。

1 メニューバーのシーケンス→インからアウトをレンダリング❶で行います。最終的に動画を確認するときは、レンダリングバーが「緑」の状態で再生するのが望ましいです❷。よく使う機能なので、ショートカット登録をおすすめします。

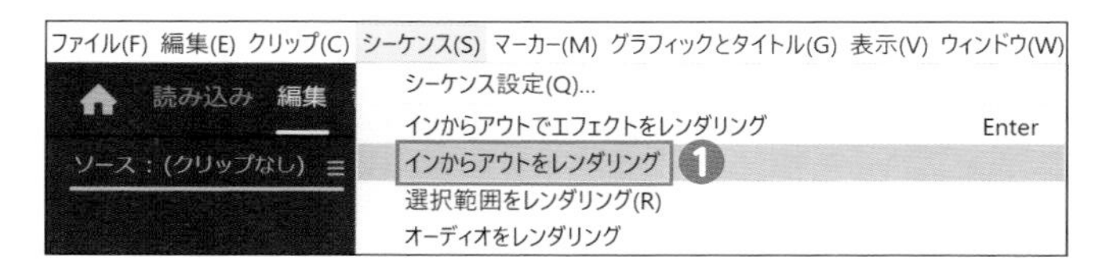

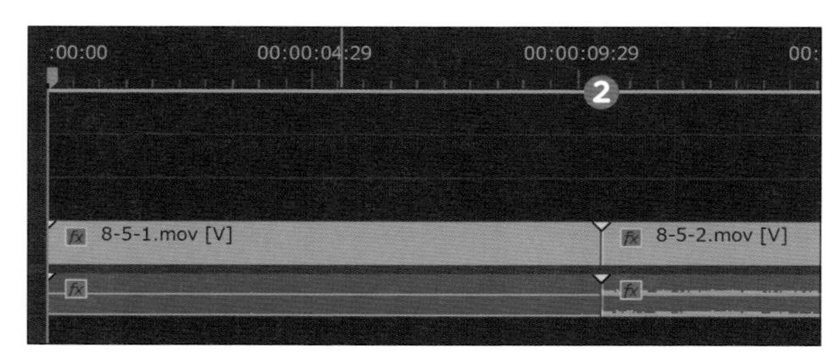

解像度を下げてみる

プログラムモニターの「解像度」を下げることで改善される可能性もあります。

1 「フル画質」や「1 ／ 2」になっているところを、さらに解像度を下げてみてください。ただし、画質が粗くなるので作業に支障のない範囲で変更してください。この操作はプレビュー映像の画質を下げるだけなので、書き出し時には影響ありません。

選択できない解像度

「1 ／ 8」や「1 ／ 16」などの解像度は、4Kや8Kなど素材が大きくなることで選べるようになります。

キャッシュを削除してみる

ビデオやオーディオファイルを読み込んだとき、素早くアクセスするために「キャッシュファイル(以下、キャッシュ)」が自動で作成されます。**動作が重いときは、溜まったキャッシュを削除することで動作が改善することがあります。**キャッシュファイルには、メディアキャッシュファイルと、プレビューキャッシュファイル(レンダリング時に自動作成)があります。ここでは、動作不良の原因になりやすいメディアキャッシュファイルの削除方法を解説します。

1 メニューバーの編集(Macは「Premiere Pro」)→環境設定→「メディアキャッシュ」を選択して、「メディアキャッシュファイル」の欄の「削除」をクリックします❶。
なお、古いキャッシュファイルは、初期設定で「90日」で自動削除されるように設定されています❷。必要に応じて設定を変更してください。

2 別の画面が表示されるので「未使用のメディアキャッシュファイルを削除」が選ばれているのを確認し❸、「OK」を押します。

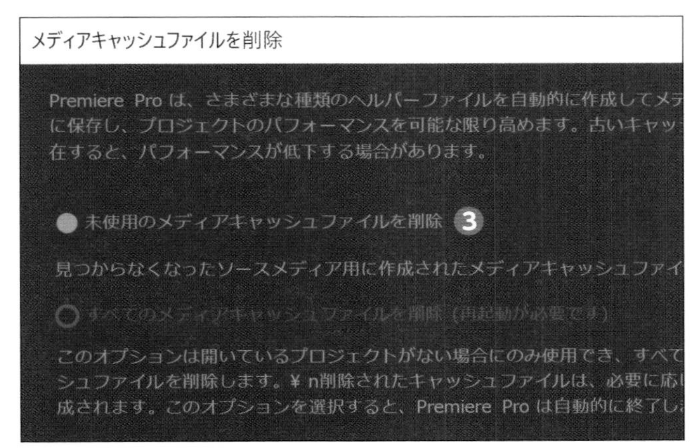

すべてのキャッシュを削除するには？

手順2の画面で「すべてのメディアキャッシュファイルを削除」を選択するには、Premiere Proを再起動し、「プロジェクト」を開く前に実行する必要があります。

キャッシュの保存場所を変更するには？

キャッシュの保存場所は、初期設定ではCドライブ(Macの場合、Macintosh HD)に設定されています。Cドライブの容量が少ないときは、「メディアキャッシュファイル」と「メディアキャッシュデータベース」の「参照」を押して❹、保存場所を別ドライブにしておきましょう。

赤い画面が表示されてしまったら

プロジェクトファイルを開いたとき、または編集中に突如、「メディアオフライン」という赤い画面が表示されることがあります。その場合の対処法を解説します。

ファイルのリンクをつなぎ直す

Premiere Proは、読み込んだ素材が「どのディスクの、どのフォルダーの中の、どのファイルか」ということを常に認識しています。そのため、ファイルを移動したり名前を変更すると、「リンクが外れてファイルが見つかりません」と、この赤い画面を表示します。**表示を元に戻すためには、ファイルを元の場所、元の名前に戻すか、変更したファイルを指定して、再リンクする必要があります。**

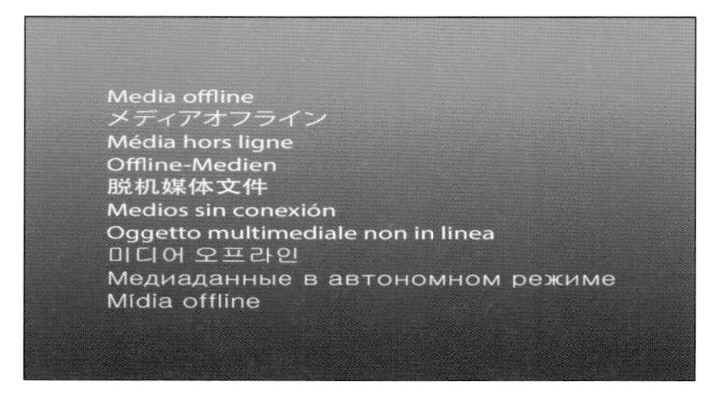

1 オフライン表示されているクリップを選択し❶、「検索」をクリックします❷。
表示された画面をキャンセルしてしまったときは、メディアオフラインのクリップを右クリックし「メディアをリンク」を選択すると再表示されます。

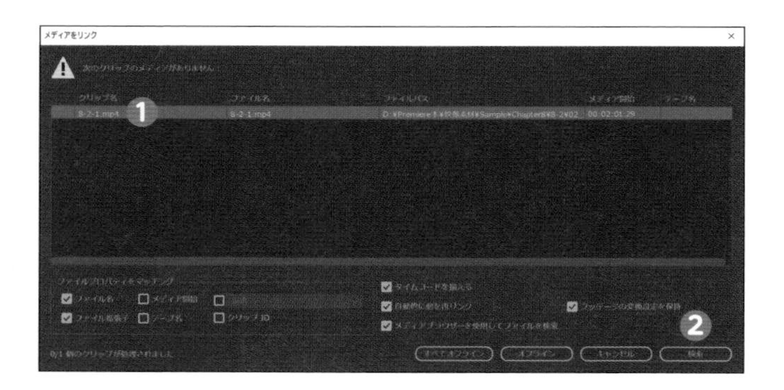

2 検索画面が表示されるので、リンクが外れたファイルを探し、選択した状態で❸、「OK」をクリックします❹。**名前を変更していないのであれば、「名前が完全に一致するものだけを表示」にチェックを入れると、同一名のファイルだけが表示されるので見つけやすくなります❺。**復旧後、動作確認と、保存を忘れずにしてください。

Premiere Proが落ちた……ファイルを復元したい

強制終了は突然やってきます。今までの作業が水の泡……と諦める前に、まずは自動保存されたファイルが残っていないかチェックしましょう。

自動保存ファイルから復元する

自動保存のファイルがあれば、一定時間前の状態に復元可能です。

1 設定を変更していなければ、プロジェクトファイルと同じ階層に、「Adobe Premiere Pro Auto-Save」というフォルダーがあります❶。

2 フォルダーの中には、自動保存されたファイルが並んでいます。ファイル名は「元のファイル名-年-月-日-時間」になっているので、ファイルの「更新日時」とあわせて確認し、もっとも新しいプロジェクトファイルを開きます❷。

名前	更新日時	種類	サイズ
5-7-2022-05-31_14-18-00.prproj	2022/05/31 14:18	Adobe Premiere P...	100 KB
5-7-2022-05-31_14-33-39.prproj	2022/05/31 14:33	Adobe Premiere P...	100 KB
5-7-2022-05-31_16-07-32.prproj	2022/05/31 16:07	Adobe Premiere P...	100 KB
❷ 5-7-2022-05-31_16-53-29.prproj	2022/05/31 16:53	Adobe Premiere P...	100 KB

3 データを確認します。問題なければ、すぐに元のプロジェクトファイルがある場所に「別名で保存」します❸。うっかりそのまま上書きすると、自動保存時のファイルを上書きすることになってしまいます。

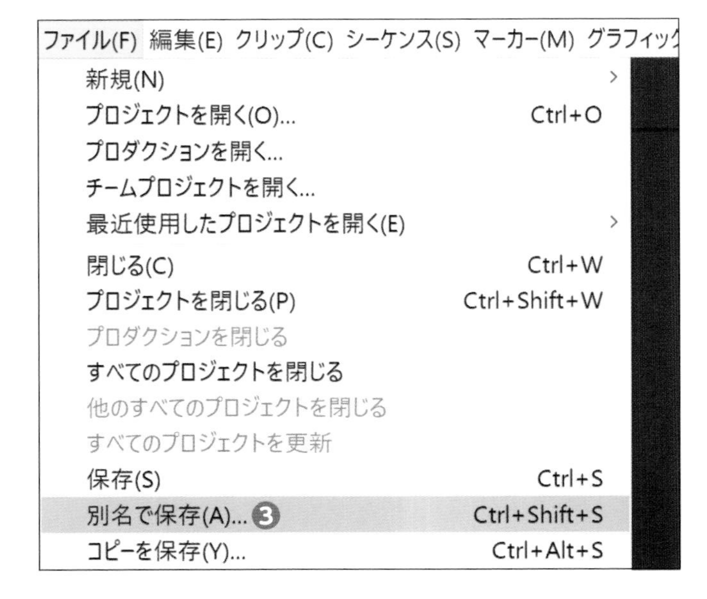

索引

▶ 記号・英数

▶ あ行

▶ か行

▶ さ行

▶ た行

▶ な行

▶ は行

▶ ま行

▶ や行

▶ ら行

▶ わ行

■著者紹介

さるぱんだ（河崎義成）

見やすいテロップにこだわるフリーランス（映像制作・デザイン）。関西の放送局に、映像制作会社スタッフとして十数年勤務し、テロップ・CGなどに携わる。個人から行政や企業、大手ケーブル局まで幅広いクライアントを手がけており、関西を中心に活動している。ツイッターでもテロップのことをゆるく配信中。

ツイッター：sarupanda_papa

●カバーデザイン　小口翔平＋畑中茜（tobufune）
●本文デザイン・DTP　クニメディア株式会社
●撮影協力　ワールド牧場　http://www.worldranch.co.jp/
　橋本征憲（カメラマン）
●編集　石井亮輔

さわる、楽しむ、理解する
Premiere Pro入門　基本の「き」からプロ技まですべて身につく

2022年12月2日　初版　第1刷発行
2023年 8月2日　初版　第2刷発行

著　者　さるぱんだ
発行者　片岡　巌
発行所　株式会社技術評論社
　東京都新宿区市谷左内町21-13
　電話　03-3513-6150　販売促進部
　　　　03-3513-6185　書籍編集部
印刷／製本　株式会社加藤文明社印刷所

定価はカバーに表示してあります。

ISBN978-4-297-13136-4　C3055
Printed in Japan

■お問い合わせについて

本書の内容に関するご質問は、Webか書面、FAXにて受け付けております。電話によるご質問、および本書に記載されている内容以外の事柄に関するご質問にはお答えできかねます。あらかじめご了承ください。

〒162-0846　東京都新宿区市谷左内町21-13
株式会社技術評論社　書籍編集部
「さわる、楽しむ、理解する　Premiere Pro入門」
質問係

Web　https://book.gihyo.jp/116
FAX　03-3513-6181

なお、ご質問の際に記載いただいた個人情報は、ご質問の返答以外の目的には使用いたしません。また、ご質問の返答後は速やかに破棄させていただきます。

Premiere Pro ショートカット集

※Mac版でキーが異なる場合は、カッコ内に記載しています。
※「変更後」の欄は、キーの割り当て変更時の記入用にお使いください。
※バージョンアップに伴い、初期設定が変更される可能性があります。

●タイムラインパネルの操作

ショートカット名[意味・補足]	変更後	初期設定
ズームアウト		-
ズームイン		:(^)
シーケンスに合わせてズーム		¥
ビデオトラックの縦幅を狭める／広げる		Ctrl(command)+-／Alt+B(command+^)
オーディオトラックの縦幅を狭める／広げる		Alt(option)+-／Shift+B(option+^)
すべてのトラックを最小化／拡大表示		Shift+-／Shift+N(control+shift+E)
すべてのターゲットビデオを切り替え		Ctrl(command)+0
すべてのターゲットオーディオを切り替え		Ctrl(command)+9

●再生ヘッドの操作

ショートカット名[意味・補足]	変更後	初期設定
シーケンスまたはクリップ開始位置へ移動		Home
シーケンスまたはクリップ終了位置へ移動		End
前の編集点へ移動／次の編集点へ移動		↑／↓
1フレーム前へ戻る／1フレーム先へ進む		←／→

●インアウトの操作

ショートカット名[意味・補足]	変更後	初期設定
インをマーク[イン点を打つ]／アウトをマーク[アウト点を打つ]		I／O
インへ移動／アウトへ移動		Shift+I／Shift+O
インを消去／アウトを消去		Ctrl+Shift+I(option+I)／Ctrl+Shift+O(option+O)
インとアウトを消去		Ctrl+Shift+X(option+X)
抽出[インアウト間をリップル削除]		;(:)

●クリップの操作

ショートカット名[意味・補足]	変更後	初期設定
編集点をすべてのトラックに追加		Ctrl(command)+Shift+K
前の編集点を再生ヘッドまでリップルトリミング[前の編集点から再生ヘッドまで]		Q
次の編集点を再生ヘッドまでリップルトリミング[再生ヘッドから次の編集点まで]		W
インサート		,
上書き		.
選択した編集点を再生ヘッドまで変更[頭かお尻を選択状態で有効]		E
再生ヘッドでクリップを選択[再生ヘッド位置のクリップを選択]		D
リンク		Ctrl(command)+L
速度・デュレーション		Ctrl(command)+R
ビデオトランジションを適用[デフォルトビデオトランジションを適用]		Ctrl(command)+D
オーディオトランジションを適用[デフォルトオーディオトランジションを適用]		Ctrl(command)+Shift+D
選択項目にデフォルトのトランジションを適用		Shift+D
コピー		Ctrl(command)+C
同じトラックにペースト[属性のコピー含む]		Ctrl(command)+V
属性をペースト[エフェクトやモーションなどをペースト]		Ctrl+Alt+V(command+option+V)
インサートペースト[再生ヘッド位置にコピーしたものを挿入]		Ctrl(command)+Shift+V
有効[クリップの有効／無効の切り替え]		Shift+E ※Macは初期登録なし

●ツール

ショートカット名[意味・補足]	変更後	初期設定
選択ツール		V
レーザーツール		C ※切り替え後、Alt(option)+クリックでビデオ、オーディオのみ分割
リップルツール		B ※Ctrl(command)+ドラッグでも可能
ローリングツール		N ※編集点で、Ctrl(command)+ドラッグでも可能
ペンツール[シェイプ、マスク、タイムリマップなどに使用]		P

●再生

ショートカット名[意味・補足]	変更後	初期設定
再生／停止		Space
左へシャトル		J　※押すたびに倍速
シャトル停止		K
右へシャトル		L　※押すたびに倍速
前後を再生[再生ヘッド位置の前後を再生]		Shift + K

●音の調整

ショートカット名[意味・補足]	変更後	初期設定
オーディオゲイン		G
クリップボリュームを下げる／上げる[1dBずつ]		[／]
クリップボリュームを大幅に下げる／上げる[6dBずつ]		Shift + [／ Shift +]

●テロップ

ショートカット名[意味・補足]	変更後	初期設定
横書きテキスト		Ctrl（command）+ T
選択したオブジェクトを上下左右に1つ移動[テキストやシェイプなど]		Ctrl（command）+矢印キー
選択したオブジェクトを上下左右に5つ移動[テキストやシェイプなど]		Ctrl（command）+ Shift +矢印キー
フォントのサイズを1単位小さくする		Ctrl + Alt + ←（command + option + ←）
フォントのサイズを1単位大きくする		Ctrl + Alt + →（command + option + →）
フォントのサイズを5単位小さくする		Ctrl + Alt + Shift + ←（command + option + shift + ←）
フォントのサイズを5単位大きくする		Ctrl + Alt + Shift + →（command + option + shift + →）
行間を1ユニット単位で減少		Alt（option）+ ↓
行間を1ユニット単位で増加		Alt（option）+ ↑

※横書きテキストのみタイムラインパネルでも可能。他はプログラムモニター上で実行

●マーカー

ショートカット名[意味・補足]	変更後	初期設定
マーカーの追加		M
前のマーカーへ移動／次のマーカーへ移動		Ctrl（command）+ Shift + M ／ Shift + M
選択したマーカーを消去		Ctrl + Alt + M（option + M）

●その他

ショートカット名[意味・補足]	変更後	初期設定
フルスクリーン表示の切り替え		Alt + N　※ Esc で元に戻る（shift + command + F）
マルチカメラ表示を切り替え		Shift + 0
リスト[プロジェクトパネルのリスト表示]		Ctrl（command）+ Page Up
アイコン[プロジェクトパネルのアイコン表示]		Ctrl（command）+ Page Down
フレームを書き出し[静止画を作成]		Ctrl + Shift + E ※Macは初期登録なし
次の表示項目フィールド[次の入力項目に進む]		Tab
前の表示項目フィールド[前の入力項目に戻る]		Shift + Tab
各パネルを選択[プロジェクトパネル、ソースモニターなど]		Shift + 1 ～ 9
カーソルがあるフレームを最大化または戻す[カーソル位置のパネルを最大化／戻す]		@
保存したレイアウトにリセット		Alt（option）+ Shift + 0
キーボードショートカット		Ctrl + Alt + K（command + option + K）

●ショートカット記入欄

ショートカット名	変更後